中国城市群空间发展的理论与规划实践

Spatial Development Theory and Planning Practice of Urban Agglomeration in China

张兵 等 著

商务印书馆
The Commercial Press
创于1897

图书在版编目（CIP）数据

中国城市群空间发展的理论与规划实践/张兵等
著.—北京：商务印书馆，2021
ISBN 978-7-100-18854-8

Ⅰ.①中… Ⅱ.①张… Ⅲ.①城市群—城市空
间—空间规划—研究—中国 Ⅳ.①TU984.2

中国版本图书馆 CIP 数据核字（2020）第 140129 号

中国城市群空间发展的理论与规划实践
张兵 等 著

商 务 印 书 馆 出 版
（北京王府井大街 36 号 邮政编码 100710）
商 务 印 书 馆 发 行
北京艺辉伊航图文有限公司印刷
ISBN 978-7-100-18854-8
审图号：GS（2021）1848 号

2021 年 11 月第 1 版 开本 710×1000 1/16
2021 年 11 月北京第 1 次印刷 印张 28 1/2
定价：168.00 元

本书是在"十一五"国家科技支撑计划课题"城市群空间发展的关键技术研究"（课题编号：**2006BAJ14B03**）成果基础上编写完成。感谢国家科技支撑计划资助出版。

课题负责人：张　兵

主要参加人：陈　睿　胡京京　孙建欣　林永新

　　　　　　胡晓华　王宏远　汤芳菲　耿　健

内 容 简 介

我国第十一个五年规划纲要首次提出"要把城市群作为推进城镇化的主体形态"。迄今为止，我国科学界尚未形成关于城市群的统一标准，对城市群空间发展规律也缺乏系统认识，缺少对城市群发展预测、预景等关键技术手段的研究。在"十一五"国家科技支撑计划的资助下，本书力图在我国城市群空间发展和规划实践方面做出系统性的探讨，提高对我国城市群发展特征的认识，希望为规划决策奠定必要的理论基础。

本书首先提出，我国城市群概念的特殊性在于兼有功能属性和政策属性。有一部分冠以"城市群"的区域，虽然并没有在功能意义上成长为成熟的城市群，但在区域经济组织方式上采取了推进城市群发育的政策。我国近一个阶段的城市群规划实践，很大程度反映了这种特点。

本书立足国情，深化对城市群空间网络的功能组织和动力机制的研究，以网络联通度来测度城市群的空间联系强度。从形成机理看，足够庞大的市场需求是城市群集聚的首要条件，全球化带来的庞大外需市场也正是我国城市群形成与发展的重要动因之一。认识城市群空间发展的规律，不仅要关注城市群内部的联系，而且需要重视城市群与外部区域、城市群与城市群之间的联系，因为城市群是国内、国际两个功能网络的交叠区。

"多中心"发展是城市群空间发展的核心机制，其中既包括中心城市，也包括边缘节点。不同层次的边缘地带是城市群空间增长的主要空间，这些边缘地带大多经历了"边缘节点—专业功能发展—综合功能完善—中心节点"的发展过程，但其动力机制存在较大差异。因此，作为"多中心"的各个城市，其政府在合理规则下的博弈和竞争，有利于城市群整体发展，但竞争的最佳方式在于制度创新方面的竞争。

本书收集了我国一个时期出台的城市群规划样本，对规划文件中有关产业发展、空间布局、资源环境保护、实施协调机制等方面内容做了梳理和分析，提出城市群规划政策应当充分结合城市群发展阶段特征来制定。基于这些研究，本书提供了一个基础性的规划编制技术框架。

Abstract

The 11th Five-Year Plan for National Economic and Social Development outline, for the first time, utilized Urban Agglomeration (Cheng-shi-qun in Mandarin) as a subject to promote China's urbanization. However, in Chinese academic community there has been no consensus regarding the standards of urban agglomeration in terms of scale, density, accessibility and GDP per capita, meanwhile systematic cognition about its development rules and key technologies upon forecasting and scenario analysis should be strengthened further so as to make the decision-making of the regional policy more effective. Against such a background, the research project named "Key Technologies on the Spatial Development of Urban Agglomeration" was sponsored by the Ministry of Science and Technology during the Eleventh Five-Year Plan. This book is just edited on the basis of some parts of the Final Report.

In this book, firstly, the concept of Cheng-shi-qun, urban agglomeration in China's context is defined carefully as not only the geographic phenomenon but also the development intention described by the governmental policy statement. That is to say that Cheng-shi-qun has the dual attributes of function and policy. Many policy regions named by *Cheng-shi-qun* might be not qualified strictly according to some functional standards, but a set of policy measures that could be regarded as to enhance the regional functions.

Secondly, based on China's specific conditions, this book extends the researches of urban agglomeration's spatial network particularly upon the functional organization and driving mechanism. The conception of "Intensity of Network Connection" is advanced to describe the relation between hub cities inside and outside the urban agglomeration which is empirically based on the complicated market connection. It is argued that sufficient domestic market demand should be the primary condition for the formation of urban agglomeration, while huge external market demand driven by the process of globalization historically be an important impetus. Therefore, the connection of hub cities does not only mean that of cities within the same urban agglomeration but also that of the cities between the different urban agglomerations. The spatial development of urban agglomeration, in some sense, could be understood as an interweaving process of market forces both internal and external. Thus, the urban agglomeration exists as an overlapped space of the domestic urban network and the world city network.

Thirdly, polycentric development mode is the key mechanism of the spatial development of urban agglomeration. The so-called centers in the polycentric structure does not only imply the hub cities at the regional level, but also the smaller nodes with specific functions at the marginal areas surrounding the hubs. Actually the marginal areas, where the spatial growth normally happens, could be divided into different layers according to the futures of connection with the hubs. Usually the marginal areas undergoes a process of from marginal node, and then specific functional node, and then comprehensive functional node, finally to central node, although the driving mechanism might differ from each other. Undoubtedly, in such a process, the city as a node in the polycentric urban agglomeration would be facing to a competitive challenge. In order to keep an advantageous position in the region, the city government should initiate the institutional innovation to enhance the competitiveness. However, it is necessary for the city governments to play games with rational rules so as to safeguard the holistic interest of the whole region.

Based on the cases of plans for urban agglomeration published in the past period, the book sorts out common crucial issues emerging in the planning documents, i.e. industrial development, spatial structure, protection of resources and environment, and coordination mechanism. It is argued that the decisions of planning policies should be made in light of development phase and its features of urban agglomeration. The authors of this book had been involved into Regional Planning for Yangtze River Delta Cheng-shi-qun (2007-2020), Strategic Planning for the Greater Guangzhou, Comprehensive Planning for Wenzhou City, and some other urban and regional planning projects. Based on their own planning experiences at the urban agglomeration regions and many planning cases collected, a fundamental framework of planning for urban agglomeration is induced and put forward in order that plan-making technology, hopefully, could be improved constantly in the near future.

序　　一

　　本书是由我院张兵博士领衔的国家科技支撑项目的研究成果。读罢全书，感到有几个突出印象。首先，立足规划实践。书中对我国几乎所有的城市群、绝大多数的城市群规划文件均有广泛的涉猎、整理和总结，工作基础扎实。其次，重点关注理论构建。虽然书中有大量篇幅属于规划实践内容，但作者的着眼点却显然是在理论构建层面。我注意到书稿中理论部分置于实践部分之前，可能也有此意。全书很好地贯彻了理论与实践相结合的研究宗旨。再者，本书是关于城市群的一项研究。正如城市群的概念通常难以清晰阐释一样，本书的很多主题往往同样也是较难解析的，更不要说相关科学理论的构建。尽管如此，张兵博士带领的研究团队依然做出了可喜的创新努力，使中国的城市与区域规划和科学研究又向前迈出了重要一步。例如书中提出的城市群具有功能和政策双重属性，就是很好地结合了中国的特殊国情而归纳出的重要学术观点，这对于我们增进对城市群实质内涵的认识，以及更有针对性地推进相关规划及相关文件的编制，均有积极意义。同时，书中还将区域层面的城市群与其内部的城市或片区层面的空间单元联动，将相关问题及规划思路作"上下结合"的互动式探究，有助于我们对城市群进行更深入的整体性、系统性的认识。

　　张兵博士是我十分欣赏的一位同志。早年参加他的博士论文答辩时，即意识到他是一位难得的人才，后来他来中规院参加工作，迄今已近 20 年。张博士这些年的工作和所取得的成绩，包括现已成为中规院的总规划师，也验证了我当年的眼光没错。特别要说的是，在中规院这个以规划项目为主导、"实际至上"的环境中"生存"这么多年，张兵博士早年关注理论、志在科学的心念一直未曾动摇，尤弥足珍贵。

　　中国的规划界需要更多的像张兵这样的有理想、有抱负、脚踏实地而又迎难而上的研究型人才。

　　是为序。

郭德慈

中国城市规划设计研究院学术顾问

中国工程院院士

二〇一四年十月九日

序　二

　　本书是关于城市群研究的总结性、探索性、应用性的有价值的学术文献，也是国家科技项目有创意的研究成果。城市群作为我国城镇化发展的主体形态和城市科学理论建设与实践应用的重要主题，引起了政府部门和学科领域专家学者的广泛关注与积极参与，相关的研究论文和应用规划项目大量涌现，也呈现不少见仁见智、有质量的成果。但是，鉴于城市群问题的复杂性和中国国情的特殊性，应当说，还很少出现系统的、有创见的、实用性的成果，尤其是来自于规划实践者之手的亲历之作，这是与当前城市群发展与规划实践迫切需要的形势不相适应的。本书，正是以作者几乎遍及全国的大量的多类型、多层次的城市群规划实践，通过系统深入的思考、梳理、提炼、升华而形成的以课题总结形式表现的学术成果。本书，不仅以其严密的逻辑思维、鲜明的学术观点、丰富的实例佐证，活跃了当前学术界城市群研究的氛围，丰富了城市学科的理论建树，也为风生水起的城市群规划热潮提供了及时的指引，其意义和价值是显而易见的。

　　本书基于一份课题研究总报告和两份分报告，构建了以两个理论（城市群空间发展理论、城市群空间规划理论）为基础，以空间发展信息系统和多种方法为支撑，中国实例为佐证，多类指南供应用的完整的研究框架。这种理论与实践结合、理论与方法结合、规划与应用结合、总结与提升结合的符合逻辑和有机关联的思路是值得肯定及值得同类研究借鉴的。

　　理论探索是本书的重点内容和特色体现。本书理论探索与一般理论研究不同的是，作者以其规划师的感悟和视角，乃至直接从实现规划价值的愿望来理解、认识、探究城市群的种种问题，并由此提出了许多独特的、富有新见解的观点，形成了本书的特有贡献。

作者以"城市群识别"这一内涵丰富的词语来包容其理论研究的主要内容。城市群概念是城市群识别的首要问题。作者梳理归纳了国外城市群概念的五类和国内四类主要的认识模式，并依据中国城市群发展的主要动力来自"上级政府的整合和推动"这一特点，首次提出了中国城市群"兼有功能和政策双重属性"的新的概念以及"政策手段对城市群规划具有重要的作用"的论点，也由此提出了城市群空间规划政策、产业政策等针对性的措施建议。

城市群识别另一个重要问题是城市群的范围边界，这也是当前城市群研究中颇具争议的命题之一。作者根据城市群概念的多义性和模糊性的特点以及城市群开放、交流联系的动态性特征，既认为"对其范围的精确认识并不是一个十分重要的理论命题""不宜过度追求""其边界往往是动态的、统计的、政策的、偶然的，通常是武断的"；同时，又指出"从城市群政策属性看，追求城市群有效率的政策作用范围，以作为对城市群范围的识别"。也就是说，不要过度地、精确地、武断地追求"范围"，又要有一个发挥政策作用的规划范围，这是一个辩证的、符合实践要求的具有创意的观点。

与城市群概念和边界识别有关的是对城市群空间实质的深度剖析。作者指出城市群概念中的集聚和空间联系（作者归纳为集聚、联系和多中心性）两个共性。集聚是现象，空间联系是所以成为"群"的前提和本质反映，多中心则是群的空间形态和功能体系的载体。作者通过研究认为："城市群不是集聚下的空间联系的密集区""集聚只是一种空间状态，而成为城市群必须形成城市群内外紧密联系的空间网络体。两者相互依赖、互相反馈、不断增强。"这就纠正了当前简单地把形式上城市密集分布的现象作为划定城市群的片面做法。同时，作者通过对空间联系、多种"流"的深入分析，提出网络联通度的概念来测定城市群空间联系的强度，进而指出这种空间联系不仅在城市群内部空间之间，还包括城市群与外部和城市群之间的联系。"城市群是内外两个网络的交叠点"，这也是城市群空间发展的重要规律。这些结论深化了对城市群内涵的认识。

城市群形成发展机制是本书理论建构的重要部分。作者在指出"分散化"和"多中心化"是国内外城市群形成发展的共同机制之外，详细分析阐述了我国城市群的多中心状态，给出了多中心的定义："城市群的多中心化是指各种经济社会要素在区域内多个节点相对均衡发展的过程"；运用城市规模均衡分布指数和各种经济要素均衡分布指数来界定城市群的多中心结构状态，进而以此对我国主要城市群进行计算，并以长三角为例，剖析了多中心结构对城市群集聚的影响。同时，还通过对资本、人口、企业、信息和技术等多项要素的流动探讨，研究城市群多中心发展及其网络特征。在进一步分析了城市群"流"的网络形成的微观机理和城市群空间增长与演化的微观机制后，指出"城市群空间增长主要来自于不同层级的'核心—边缘'的边缘地带，并在不同尺度上塑造了新的功能中心，形成了多中心的城市群形态"，清晰地描绘出城市群形成发展的内在机理和外部表现。通过上述的理论探讨，作者提出了城市群新的概念定义："城市群就是那些与国内（甚至于国外）所有城市（而不仅是城市群内部的这几个城市）网络联通度较大，超出一定门槛值，且空间相邻的城市集合体。""在全国城市体系的空间结构上表现为多中心。只有具备以这样多中心结构为核心的区域才能称之为已经形成的城市群。"同时指出，"网络联通性构成了城市群概念的空间实质。"上述观点是对城市群识别理论研究的新的创建。此外，作者通过建立城市群空间演化扩展的经济、生态、资源、交通影响的模拟计算的试验系统，解释了一些新的理论线索和演化机理，完成了本书理论建构的基本内容。就城市群的理论研究而言，这是很具特色的研究思路和内容体系，颇具启示和新意。

城市群空间结构和经济绩效研究是本书的一个重要的创新点。论以致用，用以求效。长期以来，规划界重空间、重布局，而很少关注路径、涉及绩效。这也正是规划予人以"空谈"的原因之一。作者以城市群空间结构为对象进行了经济绩效的研究和实证。首先，建立城市群空间结构测度指标体系（10 个指标）对城市群空间结构特征进行描述；其次，选择 20 个城市群的空间结构指标和经济绩效指标进行统计分析，分别从总量经济绩效、结构性经济绩效、综合性经济绩效分析提出提高城市群空间结构的意见。这是来自实践的、重要的、有价值的结论。

本书的第二部分是城市群规划实践的研究。理论与实际结合，从实践中总结、在总结下实践，行中有知、知之再行，这是本书的一个重要特色，也是作者写作本书的本意和愿望。规划实践的研究主要有两个部分。第一，作者以其亲自参加的城市群规划的经验，对中国城市群及规划进行了系统性研究。通过建立城市群发展评价指标，依据城市群发展阶段，参照国内外城市群划分标准，对所选的 54 个城市群分别按国家级、省区级、地区级三个等级，对各类城市群进行清晰的叙述，为读者描绘出我国城市群发展的特点和未来图景。第二，对我国城市群规划活动做了简要回顾，介绍了对城市群规划的主要观点（包括对规划的认识和范围界定、作用和地位、技术内容、运作实施机制），梳理了"十一五"以来国家有关城市群的主要政策和对各地方城市群规划编制目的、定位构想的解读，提出了城市群规划概念政策属性的理解，并与中国城市群分等分类研究一起，共同勾画了中国城市群及其规划的发展情景，为中国城市群研究和规划提供了很好的基础与启迪。

从本书写作和课题研究的需求出发，本着论以致用的原则，本书还对城市群规划政策提出了研究建议：要树立健康城市化的基本理念，以城市群地区总体生态安全和环境容量为前提进行发展，提高资源利用效率、改进生态环境容量、实行土地集约开发、保障城市群地区的可持续发展是城市群健康发展的根本要求；重视城市群形成发展的运行规律，采取有针对性的规划政策措施，包括空间政策及对边缘地区的促进和调控，产业政策重在对宏观产业结构的引导和调控，适度放松对微观层面的限制，以及对不同发展阶段城市群有区别的政策与实施机制等，都是有实践指导价值的。

城市群是城市分布的形式、城市空间组织方式、城市经济社会的综合体、城乡共存的城市区域，其规划兼具城市规划和区域规划的特征。因此，其研究需要多学科、多视角、全方位。本书是城市群研究规划视角的一份创作，也是十分可贵的城市群探索中的新锐。本书的价值不仅在于其颇多创意的观点、内容、体系，还在于其是来自规划亲历者的心得、感悟、责任和愿望，这是应当大大倡导的。

　　作者索序，欣然命笔。是为序。

南京大学教授、博士生导师

二〇一五年一月十五日

目　　录

第二部分　城市群规划实践研究

第三部分　城市群规划编制几个重要问题

Contents

Part One
Spatial Development Theory of Urban Agglomeration

Part Two
Research on Urban Agglomeration Planning Practices

Part Three
Several Important Issues in Plan-Making of
Urban Agglomeration

前　　言

《中华人民共和国国民经济和社会发展第十一个五年规划纲要》在"形成合理的城镇化空间格局"一节中首次提出"要把城市群作为推进城镇化的主体形态"。2017 年党的十九大报告在"贯彻新发展理念，建设现代化经济体系"的政策陈述中，进一步强调"以城市群为主体构建大中小城市和小城镇协调发展的城镇格局"。在国家促进城镇化健康发展、建设现代化经济体系、优化区域经济格局的进程中，建设"城市群"在政策层面已成为重要措施。

在科技部"十一五"国家科技支撑计划的资助下，本书基于城市群规划工作经验，聚焦规划实践中发现的重大问题，从城市群空间发展理论和城市群规划实践两条线索入手，探讨有关城市群空间发展的重大理论和规划技术。这里就本书中有关城市群概念、城市群功能网络、城市群规划方法的研究角度做些说明。

一、关于城市群的概念

回顾 20 世纪 90 年代中后期，"严格控制大城市规模、合理发展中等城市和小城市"的城市发展方针开始在实际执行中有所松动。在珠三角城镇密集地区，广东省政府在 20 世纪 90 年代中期以推动城镇和区域协调发展为目的开启了珠三角城市群规划实践。过去十多年间，从中央到地方，推动城市群发展及其规划编制已形成一股热潮。截至 2017 年 9 月，我们整理发现在国家和省层面已经编制或明确提出启动城市群规划编制的不少于 60 个。如果把一些地方政府主动作为所组织编制的类似规划文件一并统计进来，这个数字恐怕会更惊人。

尽管"城市群"见诸规划文件已有多时，但什么是城市群仍然是一个值得研究的问题。中国科学院姚士谋等地理学家在《中国的城市群》一书中初次提出了"城市群的基本概念"[①]。在 2006 年修订再版的《中国城市群》中，姚士谋先生基本延续了 1992 年第一版的定义，即"在特定的地域范围内具有相当数量的不同性质、类型和等级规模的城市，依托一定的自然环境条件，以一个或两个超大或特大城市作为地区经济的核心，借助于现代化的交通工具和综合运输网的通达性，以及高度发达的信息网络，发生与发展着城市个体之间的内在联系，共同构成一个相对完整的城市'集合体'。这种集合体可称之为城市群"。[②]作者指出，大都市地带、城镇密集区和城市连绵区都是与城市群、城市体系密切联系的基本载体[③]，这五种地理概念内涵和外延上的比较在这部经典著作中虽未进一步展开，但是就城市群具有的发展动态性、空间网络结构性、区域内外的连接性和开放性以及内部城市之间吸引集聚和扩散辐射功能等特征的阐述，很好地丰富了城市群的定义。不过在实际工作中，城市群概念的应用还是遇到了一些问题。

首先，公开的重点城市群之间基本发展状况和地理特征相差悬殊。我们对《全国城镇体系规划（2006～2020）》和 2010 年国务院印发的《全国主体功能区规划》中所列出的城市群做基本情况整理，总量上讲，重点城市群覆盖的国土面积占到全国陆地国土总面积的 20%，人口超过 50%，第二产业从业人口与增加值都占到全国的 2/3，国内生产总值占了 80%，城市群的重要性毋庸置疑。但若观察和比较城市群个体情况（采用 2007 年数据），会发现这些重点城市群之间的人口规模，大小之间可以相差 50 多倍，人口密度可以差出 30 多倍。

---

① 吴传钧："序"，姚士谋，《中国的城市群》，中国科学技术大学出版社，1992 年，第 I 页。

② 姚士谋、陈振光、朱英明等：《中国城市群》，中国科学技术大学出版社，2006 年，第 5 页。

③ 同上书，第 7 页。

其次，规划文件中使用的术语也还未完全统一。譬如在长江中游地区，《全国城镇体系规划（2006～2020）》中提出了以武汉为中心的武汉城镇群、以长沙为中心的长株潭城镇群和以南昌为中心的昌九城镇群。《全国主体功能区规划》将武汉、长沙、南昌所在地区圈定为主要城市化地区，统称为"长江中游地区"。2007年，经国务院同意，国家发展改革委发布的《关于批准武汉城市圈和长株潭城市群为全国资源节约型和环境友好型社会建设综合改革配套试验区的通知》中使用了武汉城市圈（即常提到的武汉"1+8"都市圈）和长株潭城市群的字眼。2015年3月26日，国务院批复《长江中游城市群发展规划》，规划的长江中游城市群是以武汉为中心，以武汉城市圈、环长株潭城市群、环鄱阳湖城市群为主体的所谓"特大型国家级城市群"，覆盖国土面积32.61万平方千米（2017）。在同一地域空间单元上，城市圈、城镇群、城市群等概念交错使用，前后文件中用城市群同一概念来命名的地区从2.8万平方千米的长株潭，到5.78万平方千米的武汉及周边地区，再大到32.61万平方千米的长江中游地区，着实令人为城市群概念背后的学理感到困惑。

最后，同一个城市群有多种规划范围。以长江三角洲地区为例，建设部（现住房和城乡建设部，下同）组织编制的《长江三角洲城镇群规划（2007～2020）》规划范围覆盖沪苏浙皖三省一市，陆地国土面积有35.44万平方千米。而几乎同时期，国家发展改革委组织编制、后来由国务院于2010年6月批复的《长江三角洲地区区域规划（2009～2020）》，规划覆盖沪苏浙两省一市，陆地国土面积21.9万平方千米。两个规划在目标上高度一致，都是研究如何将长江三角洲地区发展为亚太地区重要的国际门户、全球重要的现代服务业和先进制造业中心、具有较强国际竞争力的世界级城市群。事实上，这项规划工作之初，国家发展改革委的编制工作曾一度只将沪苏浙两省一市16个核心城市列为规划范围。到2016年5月11日国务院常务会通过的规划期至2030年的《长江三角洲城市群发展规划》，规划地域范围覆盖的则是沪苏浙皖三省一市的26个城市，即上海市、江苏省9市、浙皖两省各8市，规划陆地国土面积21.17万平方千米（2014）。同称为"长江三角洲城市群"，规划范围可以有这么多样的界定，难道说长三角城市群的地域是可以随意调整的"行政区组合空间"①？研究长江三角洲城市群的发展，有没有一个更为合理的空间范围？判断合理性的基础又是什么？

这些问题无疑说明目前对城市群概念还缺乏基本的共识和判断标准②。在这种情形下，大家自然会想到给城市群设定一个基本的认定标准，通过规定中心城市和所在区域的人口、土地、经济总量和强度等方面的指标值，来划分哪些算是城市群，哪些不算。多年来，地理学家为此做了大量努力，姚士谋、胡序威、周一星、顾朝林、方创琳等学者对此发表了重要的见解③，但有关认定标准的学术结论在政策领域的实际影响似乎并不大。

抛开对"城市群"术语本身严谨性的意见④不论，"城市群"一词经过十多年政策领域的使用，基本形成这样的事实：城市群已经从一个地理学概念转化为一个区域政策概念。我们注意到，同一概念在学术领域的使用和在政策领域的使用同时存在，区分界线常常并不严格，甚至学者们对城市群政策的评论和建议有时可以徘徊于学术和政策之间，上面列举的长江中游城市群和长三角城市群规划实践中的现象表明，现实生活中学术逻辑和政策逻辑往往很难吻合。

作为规划政策的城市群和作为地理现象的城市群，有没有连接的桥梁？规

---

① 方创琳、姚士谋、刘盛和等：《中国城市群发展报告（2010）》，科学出版社，2011年，第3页。

② 2016年1月15日，在由中国科学技术协会主办、中国城市规划学会承办的"创新城市工作与多学科协同共治研讨会"上，周一星先生指出，"在我国城市发展的现实中，'城市群'已经变成一个任意性极大，完全缺乏定量规范的一个正在泛滥的名词，它既没有内含的标准，也没有尺度的标准和组合的标准。"我们理解，周一星先生所说的"内含的标准"指的应该是城市群学术定义的科学性，而"尺度的标准"和"组合的标准"更多与政府决策的合理性相关。

③ 姚士谋、陈振光、朱英明等：《中国城市群》，中国科学技术大学出版社，2006年。胡序威、周一星、顾朝林等：《中国沿海城镇密集地区空间集聚与扩散研究》，科学出版社，2000年。方创琳："城市群空间范围识别标准的研究进展与基本判断"，《城市规划学刊》，2009年第4期，第1~6页。

④ 有趣的是，关于政策概念的争论中，还有就国外文献中外语术语译法的讨论，不同背景的学者对同一术语会有不同理解，这样无疑更增加了学术争论。

划工作者在研究城市群空间发展规律和城市群规划实践的工作中，不应忽视同一概念在两个领域应用中的差别，而且应尝试建立两者之间的映射关系，来解决规划实践面临的这一难题。

这个情形我们其实并不是第一次遇到。回顾过去，"城镇化""中央商务区"（CBD）等这些原本在国外地理学研究中用来描绘地理现象的学术概念，移植到我国后转化为推动城市和区域发展的政策概念，意在循着西方城市和区域发展的规律趋势，通过政府积极有力的引导和支持，推动我国经济社会的发展进程。例如中央商务区的规划部署，在重要城市扶持高端服务业发展，主动谋划提升城市辐射带动的能级，更快地释放重要城市的发展潜能，并且在城市土地使用模式上效仿欧美城市的中央商务区，在土地开发强度和建筑形式上塑造具有现代化意象的空间形态。这种做法是我国改革开放历史上城市规划建设的一个有趣现象，城市决策者通过学习仿效，把西方城市在市场经济条件下自发形成的城市发展结果当作自己努力构建的目标，这可以认为是对"城市发展规律"的顺应，更是在新的历史条件下地方政府的主动作为。从规划实践的角度，由于决策者的目标很清楚，规划工作者是在既定的前提性下完成"命题作文"，困惑常常难免。同一概念同时在政策领域和学术领域使用时，前者会更多强调它的目的性、时效性和操作性，自然不会拘泥于理论研究所追求的科学性和专业性，后者视角下的那些"不科学""不专业"往往一开始就嵌入规划，并伴随于全过程。毋庸置疑，决策领域有它自身的逻辑和合理性，而专业领域的科学性和专业性对政策长久的正向效应也具有重要的不可或缺的支撑作用，二者并非对立，实现积极的互动或许正是规划工作者要推动的。有鉴于此，我们在开展城市群空间发展的关键技术研究中，不回避这种现象中存在的矛盾，而是努力从概念的建立着手，搭建起联系两个领域的桥梁。

本书中我们首先重新认识城市群，梳理城市群概念所具有的双重属性。在观察和分析国内外有关城市群理论和政策实践基础上，我们提出，"城市群"作为一个空间地域概念，可以区分为功能性的地域和政策性的地域。地域的"功能性"指地理学研究中所谓的"城市的'集合体'"，是一个内在紧密联系的、相互作用的、整体而开放的、具有巨大经济力量的"功能体系"；地域的"政策性"指以空间治理为目的的制度安排，从发展的目标、政策区所覆盖的城镇、推动城镇协调发展的体制机制等方面，会形成一个内在相互联系的"政策体系"。城市群作为一个空间地域，两个内在的体系相互支撑。空间治理方面的制度安排，无论是目标导向还是问题导向，无疑离不开对城市群功能体系发生和演化规律的认识，而城市群功能体系的动态变化背后的力量和进一步发展的支撑都与政策体系有着极其密切的关系，那些具有预见性和针对性的政策会对城市群功能体系的发育和完善产生积极的作用。总之，城市群概念内在的"两个世界"，意味着城市群地域的功能属性和政策属性不是分离与对立的两个部分，而是有机统一的整体。这是我们研究城市群空间发展及其规划原理的重要认识基础。

　　在此认识基础上，实际工作中想要对城市群设定所谓的认定标准，会有两个角度：一是把城市群作为一种地理现象进行科学的描述和归纳，获取地理学意义的界定，如同戈特曼（Jean Gottmann）1957年对美国东北部地区大都市带（megalopolis）给出的人口规模、密度等认定标准那样，对我国城市群发育状态有一个客观的识别；二是在政府决策的层面，针对城市群规划政策的合理性和可操作性，提出一个基本的评估框架。城市群规划政策旨在推动区域协调发展，增强区域整体竞争能力，因此需要判断规划范围是否合理，城市群政策所覆盖的空间单元在经济、社会、文化、生态方面的相互关系是否紧密，规划政策的目标导向和问题导向是否清晰，规划对策在处理政府、市场、社会相互作用方面是否符合城市和区域发展的阶段特征等等，以避免造成城市群规划范围和内容的随意性。如果说对城市群的认定存在一定标准，那么城市群功能属性（偏向客观性）和政策属性（偏向主观性）这两个方面都应该兼顾，由此也看到，假设认定标准有充分的客观性，那么一旦考虑了政策性的影响，决策层面出现的任何改变现状的意图，比如为带动周边较弱地区，把现状评价中达不到认定标准的地区纳入城市群规划范围，就会迫使本来"很客观"的标准阈值有所调整，使标准的纯客观性不保。但如果完全排斥这些政策性影响，那么研究者所给定的标准，无论被认为有多精确多周全，也仅为一家之言，在实践中恐怕不足以应付实际需要，难以上升成为政策性的认定标准。回归到城市群的本质上去，既然是国家的区域政策，那么其目的是管理城市和区域的发展变化，而不是简单地要让这个区域发展到合乎既定标准的"终极"状态，因为毕竟城市群发展还处在一个剧烈变化的时期。唯其如此，现阶段的有关理论研究不宜过度追求城市群范围识别的精度。

二、关于城市群的功能网络

把城市群当作一个纯粹的地理现象，试图建立对城市群范围的精确识别和认定标准，在城市群规划的实践中并无太大意义。不过，这并不意味着我们要放弃对城市群空间发展规律的探索，放弃对城市群功能内核的探究，放弃对城市群内外重要的空间关系进行定量测度，相反地，为了使城市群发展的规划政策更具有针对性，需要围绕城市群的"功能属性"加深研究城市群空间发展的机理，拓展对城市间联系的特征、强度、功能和方向等方面的研究，以寻求规划政策最为有效的作用范围和作用领域。我们对城市群功能和空间结构的研究有两方面的重点考虑：一是重视经济全球化对我国城市群空间发展的影响；二是强调宏观分析和微观分析的相互结合。

首先，要对我国城市群发展作总体把握，需着眼于来自经济全球化的内在作用。

像珠三角、长三角这些城市群，从改革开放之前的空间形态逐步发育成为今天的城镇高度密集地区，重要动力是与改革开放相伴的不断深入的经济全球化过程。在规划研究层面，我们关心经济全球化影响下城市群空间的结构和形态有什么特征？陆大道先生提出在工业化阶段形成"点—轴"空间结构系统，认为"生产力地域组织的空间过程模式是在大量的区域发展经验基础上总结的，是普通规律"[①]，那么在产业全球分工和外向型经济推动下展开的快速工业化、城镇化过程，在城市群的空间结构系统方面新的表现形式和内在规律又会是什么？这个问题值得考虑，会对城市群空间发展的规划有很大帮助。

通常来讲，揭示城市群空间发展的机理，会用各种分析手段对城市群的网

---

① 陆大道：《区域发展及其空间结构》，科学出版社，1999年，第137页。

络结构和内部的城市间联系进行全面梳理，将网络分析的结论多多少少体现到城市群规划的空间结构中去。不过时至今日，在规划前期投入大量精力开展空间分析后，对于城市群这样复杂的"多层次的开放的网络体系"①，规划文件中它的空间结构最后往往只是凝结成几"核"几"轴"几"带"，分析得出的大量具有丰富内涵包括功能联系在内的地理关系都在规划阶段消失了。地理研究与规划之间的距离堪比"鸿沟"。关键问题是，规划中的"核""圈""轴""带"是不是反映了"城市群"空间发展的特点？规划对策是不是针对了"城市群"的特性？

　　这些疑问源于一次规划实践中的"发现"。2004 年，我们得到《武汉城市空间发展战略规划研究》的工作机会。当时恰逢湖北省推动武汉"1+8"都市圈的建设，将江汉平原的 8 座邻近城市组织起来，协同构建一个能代表湖北参与区域竞争的城市群。我们发现在这个城市群中，武汉作为省会城市同市域内处于边缘的各区县的联系，无论是经济还是行政上都是比较紧密的，但与周边 8 座省内地级城市的联系强度则有明显衰减。对此我们容易解释为这些城市与武汉中心城区的空间距离在增大，因此引力就在减小，但规划研究中的"异常现象"是，武汉中心城市同距离更加遥远的北京、上海、广州的经济往来非常密切，联系强度不降反增。武汉与区域城市的联系上"舍近求远"，说明在认识城市联系强度上简单地采用引力模型是有局限的。我们在规划中第一次提出，在武汉都市圈（城市群）的空间演化过程中，武汉中心城区（中心城市的功能硬核）与市域、"1+8"都市圈、全国重要中心城市的联系紧密程度，呈现了一个"强—弱—强"的分布规律②，因此认为，当武汉市制定自己的城市空间发展战略规划时，要高度重视加强同全国重要中心城市的经济联系，优先加快相关基础设施建设，提升服务能级。这个规划研究结论提出之初，武汉天河机场客运吞吐量还不到 400 万人次，时至今日已经远超 2 700 万人次，但城市之间联系

---

① 姚士谋、陈振光、朱英明等：《中国城市群》，中国科学技术大学出版社，2006 年，第 64 页。

② 中国城市规划设计研究院：《战略规划》，中国建筑工业出版社，2006 年。

流强度的分布规律仍没有改变。十多年后，武汉开展"2049 战略研究"时，分析中还继续沿用了"强—弱—强"的表述。

在开展城市群空间发展的关键技术课题研究中，我们通过对武汉上市企业控股子公司的分布研究进一步证实了这种看法。武汉城市群在国家层面主要是通过同几个全国重要中心城市的紧密联系获得市场、技术和人力等资源；在市域层面，特别是就业居住关系密切的通勤圈内，中心城区同市域内部区县有较强联系；在"1+8"都市圈的层面，武汉城市的区域扩散过程仍然在一个非常有限的空间范围里，换言之，武汉城市群空间演化的进程仍然处于功能集聚阶段。因此，促进与全国重要中心城市的紧密联系，在市域层面加强重点地区功能培育提升，在中心城区促进综合服务功能升级和完善城市内部空间结构，才是现阶段武汉城市发展战略规划的着力点（当然无意否认生态环境、文化传承等因素的重要性），规划对策的难点和突破点在于综合处理这三个空间尺度上相关因素的内在关系，要有利于功能结构的优化和网络关系的强化。这种城市间联系强度的分布规律具有非常重要的启发性：假设我们是在研究制定武汉城市群规划，那么建设武汉城市群，同样应把加强武汉城市群同京津冀、长三角、珠三角等城市群的网络联系摆在极为优先的战略位置上，这个重要性甚至超越了通常以为的加强城市群内部城市间经济联系、提高城市群内部所谓"多中心""网络化"程度的意义。

城市群规划不能就城市群论城市群，需要认识到在经济全球化背景下城市群空间网络结构的形成发育并不是城市群规划范围能够限定的，网络化的空间地域可能远远大于政策文件中界定的城市群规划范围，城市群的外部区域可能大到全国甚至全球。那些囿于"1+8"都市圈（城市群）规划范围内的"圈""轴""带"，怎可能体现出武汉中心城市同全国甚至全球城市网络联系的真实状态？"从本质上讲，'就区域论区域'的弊端和'就城市论城市'是相通的。城市和区域都不是封闭系统而是开放系统。"[1] 在研究中我们提出，对城市群空间发展

---

① 周一星："区域城镇体系规划应避免'就区域论区域'"，《城市规划》，1996 年第 2 期，第 15 页。

过程产生作用的影响同时来自于国际和国内，城市群是内、外两个功能网络的交叠区，是内外两股力量相互交织相互作用的结果。

从全球的视角，"全球城市现象不能化约为只是层级顶端的少数都市核心。这是在全球网络里连接了先进服务业、生产中心以及市场的过程，相较于全球网络的相对重要性，位于每个地区的活动有各自不同的强度和规模。在每个国家里，网络化的构造将自身复制于区域和地方中心，因此整个系统在全球层次上相互扣连在一起"①。这种网络关联性的存在，使得世界城市网络对我国的城市群空间演化产生了深刻影响。我们的研究聚焦在世界 500 强企业在中国内地和港澳的分布，来揭示世界城市网络如何被"缩小复制"到我国。在这项课题开展之初（2012），课题组骨干陈睿博士借鉴泰勒（Taylor）的分析方法，提出"网络联通度"的概念和方法，分析评价全国城市体系与世界城市网络紧密联系的城市和区域，以及在全国城镇体系内部中心城市之间联系紧密的整体状况。这个研究帮助我们认识全国城市体系同世界城市网络联系程度紧密的节点所在。在经济全球化背景下，长三角、珠三角地区同时存在多个同世界城市网络联通密集程度较高的城市，这个现象促使我们从功能网络的角度重新定义城市群，并且从城市群外部联系的角度来解释城市群内部多中心结构形成的基本逻辑。

在经济全球化影响的同时，国内农村和城市的改革释放了巨大的工业化、城镇化动力，全国城市体系的发育从职能结构、规模结构、空间结构方面都更趋复杂、更加高级，交通通信基础设施的不断完善，也对国内城镇体系形成多中心、网络化的格局起到了助推作用。从 20 世纪 80 年代开始，乡镇企业、各类各级开发区、新城新区的设立与扩张过程，从空间形态上造就了城镇连绵的景观，但是这些城镇景象连绵不断的地区是否能称为城市群，关键还在于这些地区能否生长出较为高级的城镇功能体系和网络结构，并且具有多个在更高网络层级中发挥作用的功能节点，归根结底在于这些扩张的空间所承载的产业和经济活动是否成功地融入国内国际市场。没有捕捉到持续的、成规模的国内国

---

① 曼纽尔·卡斯特：《网络社会的崛起》，夏铸九、王志泓等译，社会科学文献出版社，2001 年，第 471 页。

际市场机会，这些地区即便物质环境的景观上貌似连绵了、城镇化了，终究也不可能算作功能意义上的城市群。

其次，城市群是国内、国际两种作用相辅相成的结果，两种作用往往交织在一起。认识全国城市体系中的城市群，除了宏观层面观察空间发展的总体格局，还需要不断拓展和加深在微观层面对城市群空间演化机理的认知。在这个方面，我们利用规划实践的机会，从城镇个体发展的层面加深理解城市群空间演化的微观过程，领会城市群网络联系的真实状态。我们从学理上虽然还不能像地理学前辈那样精炼地概况出城市群空间结构系统的模式，但就真实的地理关系而言，还是得到了对规划研究有益的启发。例如，对浙江义乌的研究，认识到作为世界城市网络中专业化功能节点，国际化小商品市场带动了以小商品制造为主的产业集群在周边地区的产生发展，在乡镇层面培育出各类相关功能节点，过去相对于"核心"的"边缘"地区，慢慢成长为新的"核心"。这些地方性网络的生长发育反过来进一步壮大了义乌城市的服务能力，其结果除了冲破历史上长久以来固化的行政等级关系，使浙中地区形成金华—义乌双中心的城市发展格局，同时还依靠经济全球化和市场化力量，整体提升了所在区域的工业化和城镇化水平，有更多小城镇活跃在这个地区。浙中地区城镇密集的空间形态背后是国内国际两种市场力量不断作用和塑造的过程，其中活跃的市场主体（企业）努力拓展着生存和发展空间，市场主体决策出于经济性、便利性和人脉等方面的考虑，其生产分工和生产性服务需求会与位于不同国家、不同国内区域、不同等级和功能的城镇发生联系，资本、技术、劳动力这些要素的流动通过有形的场所和无形的网络不断改变城镇空间发展的内在秩序，是市场主体的选择彻底改变了按照城市和乡镇行政等级自上而下层层传导配置资源的惯性。再如，在台州玉环的规划研究中，通过对几个重点企业生产和管理网络进行调查，看到城市群往往是那些大型企业集中布局的区域，企业生产经营网络虽各有特点，但产业分工链条和依靠的生产性服务会在同一城市群内或者几个不同的城市群之间有一个稳定的联系，产业集群的形成不断放大循环反馈的效应，加深了功能和空间的集聚过程，使城市群内部或者城市群之间的联系网络越来越复杂、越来越高级。在宁波宁海西店镇规划中也发现，即便下沉到小型的家庭作坊，也有长期形成的联系紧密的地方企业网络。西店镇几种知名的电器产品其外部市场不是同长江三角洲而是同珠江三角洲有密切的联系，企业需要的生产性服务不是靠着空间紧邻的宁波和杭州，而是同上海或者其他中心城市建立更为紧密的联系。这些微观层面的情况说明，节点城镇之所以成为所在城市群同全国城市网络甚至全球城市网络之间相互联系的衔接点，在于微观层面企业经济活动在广大区域的延伸，并使经济要素在城市网络的不同层级之间流动，使城市之间、城市群之间获得了内在的联系。在宏观层面研究城镇在产业链、价值链位置关系的同时，对微观层面企业生产销售全过程链条进行的调查研究，展现了城市群网络结构内部的层次叠合和搭接扣连的复杂关系，会有助于解释城市群空间结构内在的逻辑。

研究城市群空间发展，我们主张从规划研究角度，把宏观分析与微观分析结合起来，破除那种将区域研究简单理解为就是宏观研究的思维惯性，钻研真实世界的真实，关注不同空间尺度上地理关系的发掘，在思想过程中将宏观与微观、理论与现实进行多维度的交汇，对城市群空间演化中核心—边缘、集聚—扩散的动态过程建立更深的理解，让平时那种一说到城市群一说到区域发展就挂在嘴边的"多中心""网络化"，展现出真正生动的经济和社会意义。城市群空间发展的规划研究要做好结构关系和个体行为分析方法的整合，使宏观研究和微观分析相互启发，从中寻求一条解决理论研究和规划实践相互脱节问题的道路。

三、关于城市群规划方法

无疑，对这些微观层面空间演化过程的认知是令人感兴趣的，空间演化背后活生生的网络关联有时会超出所在的都市区和城市群，与全球或全国城市体系中其他网络层级上的城市相互链接，这些关系的存在启发我们，城市群的规划研究不可能也不应该只是限于城市群本身的研究，这既是说明要看到全球经济和全国经济的外部影响，也是要说明透过这些外部作用力的分析，来看清城市群内部真实的功能网络关系，而避免被可能靠主观意图组合而成的城市群地域边界所迷惑。既然认为城市群空间结构形态是由全球、全国、区域之间、区域内部各种复杂的市场力量相互交织、共同作用的结果，那么，就应当进一步在城市群内部把体现这种相互作用关系的空间单元分层次地识别出来，对空间关系做更为具体的把握。接下来，我们关心的问题是，这些真实的空间关系对城市群规划的意义究竟在哪里？

回到城市群规划上来。从根本上讲，城市群不是规划出来的，而是在市场作用下长期发展演化的结果，但科学的规划政策对于城市群更好更快更健康的发展具有重要作用。规划工作者需要重点研判城市群在国家战略部署中的定位、资源环境约束条件、城市群区域地位和发展潜力、城市群发展阶段特征以及城镇功能和空间关系协调优化中的主要问题，从而明确城市群发展战略目标，制定空间资源配置、生态环境治理和基础设施完善的方案，谋划协同治理的机制和支持政策。但与一般的区域规划不同，城市群规划政策应聚焦于城市群功能网络发展，聚焦于城市群网络化的功能体系建设，包括了城市群与其外部城市体系相互联系的功能网络以及城市群内部城镇相互联系的功能网络，认识功能网络进一步发展所需完善的条件，寻求提升城市群竞争力的综合方案。

前面提到，城市群是国内、国际两个功能网络的交叠区。城市群中的中心城市是体现内外功能网络交叠的关键节点。在城市群规划过程中，作为分析的关键内容，对城市群中心城市发展结构和趋势的把握是至关重要的。在全球化背景下，中心城市各种经济产业活动所拥有的外部市场是本地区不断发展的基础，对城市群的成长起着重要的助推作用。外部市场对其产品和服务的有效需求规模越大，城市群发展的动力也就越强。在全球或者全国城市网络中，中心城市的对外开放是发展的根本，它的能级可以通过网络联通度的高低、外部市场规模的大小得到体现。我们注意到，通常情况下，中心城市在全国或全球城市中的排名在规划研究过程中容易受到关注，但是，更值得关注的应该是排名背后围绕中心城市的功能网络的发育状况，通过其产品和服务的输出路径的研究，客观地把握中心城市同全国或全球重要城市的联通状况、本地区内多中心的发育状态以及这些有经济活力的城市之间分工协作和竞争的状态。在对功能网络进行充分研究的基础上，再进入对规划区域内部的结构研究。在我们所整理的一些城市群规划案例中，这些关键问题的分析往往比较粗糙，不少流于概念化的表述，对多中心、网络化的发展趋势固然都有共识，但往往见到对中心城市的城市体系排位得出研究结论后，就回归到对区域空间关系进行"平面的"分析，例如利用重力模型补充分析特定区域内部中心城市辐射范围，描述中心城市与腹地的结构关系等等，所以，就分析判断功能网络多层叠合的空间关系这一点而言，城市群规划技术应当有很大的改进和拓展空间。

通过研究中心城市，规划对城市群发展具有引擎作用的核心地区应有所把握，并建立起对城市群功能网络结构中支撑点的整体认识；与此同时，对规划范围内城乡空间和功能体系进行多角度的分析，识别具有各种功能意义的空间单元，这可能包括了城镇功能、生态功能、农业保障功能、资源保障功能、文化旅游休闲功能，从而进一步加深对城市群空间结构的理解。基于此，进一步提出完善城市群内部功能体系的区域空间政策，包括资源利用与保护的空间政策、支持产业结构调整的空间政策、城乡融合发展的空间政策、文化保护与发展空间政策以及重大基础设施和公共服务设施建设的空间政策。

这些综合性空间政策的制定通常指向宏观层面，不过相对于这些整体的、系统的、宏观的规划政策安排而言，规划还需要在认识城市群空间集聚—扩散、核心—边缘的动态演化过程基础上，进一步深入识别那些对完善城市群功能体系具有重要作用的空间单元。我们的研究中感受到，在这个环节规划工作者尤其需要处理好城市群概念中功能与政策双重属性之间的关系。在决策者给定的规划范围里，规划政策覆盖全部的规划范围，上述那些宏观的规划政策当然也具有功能意义，但是规划要切入城市群的功能内核，就需要从给定的规划范围内，筛选出对完善城市群功能体系具有重要作用的空间单元，确保空间资源配置、重大基础设施和公共服务设施能够优先投放到规划期内具有发展潜力与需求的地区，这既包括一些区位和基础设施等方面具有重大战略价值的地区，可以正向提升城市群功能体系的能级，也包括一些需要解决生态环境、基础设施、城镇功能等方面存在发展冲突的重点地区，通过减少负的外部性来达到完善城市群功能的目的。如果规划工作者能够在这个工作环节上做出认真理性的把握，牢牢立足城市群功能来研判空间的发展，就可以很大程度避免城市群规划范围界定时存在的主观性和随意性所可能造成的一系列问题，较好地弥补当下城市群规划理论和实践中存在的诸多不足。

在这个问题上，我们在《长江三角洲城镇群规划（2007～2020）》的实践中有过一点体会。无论将长三角城市群规划范围给定的是两省一市还是三省一市，规划工作者要把握住两个基本点：一是都要认清长三角地区在资源环境、经济社会、交通能源和人文历史等方面的内在功能联系，即便规划范围是两省一市，安徽、江西北部地区和长三角地区之间内在固有的紧密关系都应纳入规划研究，不可忽略；二是都要围绕上海、南京、杭州三个中心城市的功能体系和空间结构深入谋划。在长三角地区编制城市群规划，不是把长三角地区当作"一个"城市群，而是要以体现城市群功能的区域政策来推动这个地区的协同发展，因此，上海、南京、杭州三个中心城市周边紧密联系的地区被规划界定为建设世界级城市群的"重点推进区"。重点推进区的空间范围以中心城市为圆心，"实现一日往返交通"的时间距离为半径。当时规划开展的时间是 2006 年前后，国家高速铁路还仅在武汉—广州一线修建，规划认为高铁时代来临指日可待，因此提出以上海国家中心城市为核心，以高速铁路为交通方式一日往返的交通范围（300 千米半径），以及以南京、杭州两个区域中心城市为核心，以高速公路为交通方式一日往返的交通范围（150 千米半径），共同围合的相关地域范围作为长三角城市群发展的重点推进区[①]。尽管这样的空间界定还可以再精确，但是今天从规划对策的方向上看还是正确的。规划认为，在推进长三角地区建设城市群的过程中，规划期内进一步聚焦三座中心城市的都市区建设，才是现阶段抓好城市群建设的重中之重。扣紧这个规划对策，自然就摆脱了长三角城市群究竟是三省一市还是两省一市的范围之争，使城市群规划更趋向于理性。

总而言之，无论对城市群空间地域的规划范围如何划定，规划工作者都需要基于资源环境，基于发展阶段，基于功能体系发育，来制定正确的工作策略，做实事求是的把握。在现阶段城市群作为国家推进城镇化发展、建设现代化经

---

① 住房和城乡建设部城乡规划司、中国城市规划设计研究院：《长江三角洲城镇群规划（2007～2020）（上卷）》，商务印书馆，2016 年，第 41～42，241～242 页。

济体系的优先地区，开展城市群规划必须聚焦在对完善和提升城市群功能具有关键作用的重点发展地区和重点区域协同地区，这些重点地区的数量或多或少，取决于该空间地域中城市功能网络结构发育的状况和潜力，而绝不是把任意给定的城市群规划范围所覆盖的空间地域都当作"一个"城市群来认识和组织。基于城市群概念的功能与政策双重属性，"城市群规划"是一种具有特定政策取向的区域规划，即在给定的规划范围内，以提升重点城镇在全国城市网络乃至全球城市网络中的网络联通度为目的，促进某些具有潜力的地区更好地完善功能网络，并围绕可持续发展的综合目标，在空间资源配置、生态环境保护、基础设施和公共服务设施供给等领域进行战略性、结构性、系统性的部署。

长期以来，在珠三角、长三角典型城镇密集地区从事城市发展战略规划、城市总体规划实践，逐步意识到这些区域内部结构的高度关联性，深感城市群研究的必要和迫切。对城市群有关问题集中深入的思考，始于参加《长江三角洲城镇群规划（2007~2020）》编制工作。2005 年 11 月，中国城市规划设计研究院参加了建设部组织的这项工作，我担任综合组组长，之后的三年里，我们与上海市城市规划设计研究院，江苏、浙江、安徽三个省的城乡规划设计研究院合作承担了这一规划任务。作为新世纪我国第一个跨省域的城市群规划实践，规划范围覆盖沪苏浙皖三省一市。在这一空间尺度上，城市群规划究竟该做什么，一直是项目组热烈讨论的问题。作为一个新的规划类型，城市群规划应当有不同于一般区域规划的特殊性。但究竟特殊在哪里？如何体现？在整个规划编制过程中，这个思索始终萦绕在心头，难得轻松。回头看，在学理上我们对城市群的认识太有限了。正因为如此，这项规划任务即将结束的时候，在李晓江等院领导的支持下，我们联合中国科学院地理科学与资源研究所方创琳教授、国家发展改革委综合运输研究所郭小碚所长、中国人民大学环境学院王西琴教授的研究团队，申请了科技部"十一五"国家科技支撑计划重点项目课题"城市群空间发展的关键技术研究"（2006BAJ14B03），使有关思考得以继续。我们将城市群规划实践中感到困惑的问题带到课题研究中，围绕"城市群空间发展理论"和"城市群规划实践"两条线索展开研究工作，特别是针对我国一个时期公开发布的一批城市群规划文件进行了整理分析，希望比较准确地把握理论研究的正确方向和重点问题，从认识什么是城市群，到回答如何体现城市群规划的特殊性，以问题为导向，更好地解决实际工作中的难题，增进城市群规划的实效。这些对城市群空间发展规律的认识和规划方法的探讨，今天呈现给读者，多是出于规划师实际工作中的理论关怀，视界有限，请方家批评指正。

课题成果于2011年3月通过验收，有关城市群的思考并未停顿。在课题研究中，我们曾按课题指南要求拟定了一份《城镇群规划编制技术指南》，提出了初步的编制技术框架。当时住房和城乡建设部城乡规划司分管区域规划的张勤副司长看到后，鼓励我们把工作做下去，并支持设立了部研究课题《城镇群规划编制技术导则研究》，成果于2012年12月通过了专家组评审。在我们将国家科技支撑计划重点项目课题成果集结成册时，也对这部分成果内容做了提炼整理，一并收入。

在中国城市规划设计研究院牵头课题研究的过程中，与方创琳教授、郭小碚所长、王西琴教授团队的合作让我们受益匪浅，这里要真诚感谢这几位学者及其团队成员给予我们的帮助和对课题研究的贡献！在我们所承担的子课题研究中，"城市群空间发展理论"和"城市群规划实践"两个小组分别安排陈睿和胡京京两位骨干牵头，陈睿博士在师从吕斌教授完成的博士论文《都市圈空间结构的经济绩效》基础上，系统梳理了城市群方面的有关理论，就城市群概念和空间实质提出了自己的真知灼见，独立完成了基于微观动态的城市群网络结构演化模拟和多中心绩效评价与城市群协调机制等章节的研究撰写；胡京京则带领刚刚毕业的孙建欣耐心梳理了我国城市群规划实践的一批样本，对规划对策同城市群发展阶段特征做了很好的相关性分析；胡晓华、林永新、汤芳菲、王宏远、耿健等中规院名城所的同事积极参加，从不同角度为子课题的完成付出努力，大家结合规划项目所做的实地调查，加深了我们对城市群空间关系的思考；部研究课题《城镇群规划编制技术导则研究》有林永新、王宏远、陈睿、孙建欣参加，在胡晓华最初起草的《城镇群规划编制技术指南》基础上，进一步深化城市群规划方法和内容；在子课题研究初期，当时区域所所长朱波、陈怡星、许顺才等同志以及来自香港浸会大学地理系邓永成教授、贝尔法斯特女王大学的访问学者迈克尔·默里（Michael Murray）博士多次参加讨论，给予我们很多启发。后期插图绘制中规院区域所所长商静、李派、何彤也给予了大量帮助。大家通力合作，辛勤努力，在此一并致谢！

我国城市群空间发展处于变化之中，基础理论研究和规划实践还有许多难题需要攻克。感谢在我们涉足这个领域的过程中姚士谋教授、周一星教授、陆大道院士、顾朝林教授等学者的研究成果给予我们的启发，感谢中规院王静霞老院长、王瑞珠院士、课题审查专家组组长程振华先生、同济大学郑时龄院士、吴志强院士都曾对课题完善提出过重要意见。感谢中规院科技委各位领导和同事支持课题成果申报并获 2015 年华夏建设科学技术奖一等奖。还要特别感谢邹德慈院士和崔功豪教授，从开展长三角城镇群规划时起，两位老前辈就时常为我解惑，当我们的研究遇到"瓶颈"时，他们的点拨似醍醐灌顶，后来又督促我们尽早将成果出版，并欣然为本书作序，对此我由衷感激！

最后，感谢商务印书馆李平、田文祝、李娟、姚雯为本书出版给予的帮助和支持！在成书过程中，因工作缘故，完成修改的计划不断延期，感谢几位编辑极大的耐心和宽容，我们在此致以敬意！

张　兵

总论：城市群空间发展的关键技术研究

导　　言

城市群发展是我国现阶段城镇化过程中的一个重大理论命题。作为我国参与世界经济竞争和推进城镇化发展的主体形态，城市群地区的科学发展肩负着重大的历史使命。如何真正认清城市群空间发展的客观规律，准确预景同社会经济、资源环境等其他子系统间的影响关系，是保证我国城市群规划和政策制定科学合理、稳妥有序，避免城市群流于形式从而造成城市用地无序扩张的技术前提，这也是本书关于"城市群空间发展关键技术"的主要研究目的。

1. "城市群空间发展关键技术"的含义

从地理学开始研究城市群的空间结构和功能递嬗规律，到区域规划对城市群理论的探索，城市群的概念早已成为一个耳熟能详的学术概念。但由于相关概念多样，而对城市群概念的传统解释缺乏确定性，使得对城市群概念的理解和使用显得参差不齐；而且城市群本身也并不是一个具有明确边界的地域实体，因此要明确界定城市群研究的空间范围存在困难，其意义和必要性也值得再探讨。经过研究我们发现，无论国内或国外，城市群都具有政策性和功能性的双重特征。在中国特色的空间规划体系中，城市群的政策属性体现得更为明显，对我国城市群的形成和发展起到了关键性作用。因此，**本书通过"城市群空间发展理论"和"城市群空间规划理论与实践"两条线索，分别围绕城市群的功**

能属性和政策属性展开研究。就关键技术而言，重点关注城市群作为一种空间现象、其可持续发展的基本原理以及城市群在规划实践中存在的核心矛盾和政策的有效性问题。

2. 本书研究的技术框架

本书研究思路的一个突出特点就是对城市群政策属性和规划实践的高度重视，围绕"理论"和"实践"两条线索，其中，理论研究涉及的研究目标和关键问题均来自规划实践中所总结的问题和疑惑，甚至是对某些"公理"的反思；而通过定性或定量分析、理论推演得出的更加确切的规律和结论将反馈到城市群规划理论中，形成指导实践的技术导则。简单地说，**规划实践既是本书研究目标和问题意识的来源，也是最终落脚点**；理论线索则有的放矢，真正探索解决城市群空间发展中的关键技术问题（图 0-1）。

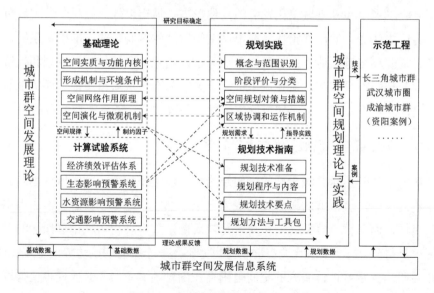

图 0-1　本书研究的总体技术框架

具体来说，城市群空间发展理论部分包括基础理论和计算试验系统两部分，前者是针对城市群内部系统规律的研究，与规划实践所总结的问题导向是对应的；后者是针对城市群与其他系统关系的研究，通过动态模拟、预景和监控等先进技术的应用，重点探讨城市群空间发展的约束。城市群空间规划理论与实践则首先是对国内外已有城市群规划实践活动的总结，并根据理论研究的结论或工具软件包提出城市群规划编制的技术指南，作为指导未来城市群规划的依据。所有的基础研究数据和规划成果数据我们都希望通过一个共同的数据库平台，即"城市群空间发展信息系统"进行综合管理，以便于研究的扩展和深入时对数据的调用和共享。选择重点区域、重点部门对研究成果进行集成应用示范，为我国城市群空间发展和规划理论体系的完善提供更具实效性的支撑。

第一节　我国城市群规划实践总结
与亟待突破的关键理论问题

一、我国城市群发展及规划实践总结

1. 城市群现状特征：是我国经济总量的高效集聚区、生态环境保护的压力集中区，城市群间表现出巨大的差异性

2007 年,国家重点城市群[①]总面积约占全国总面积的 1/5,但总人口超过 1/2,非农人口、二产从业人员数、三产从业人员数都占全国的 2/3 左右,国内生产总值、二产产值、三产产值都占到了同期全国各项经济指标的 80%以上(图 0-2)。

---

① 这里所指的国家重点城市群是对应于《全国城镇体系规划（2006～2020）》中提出的城镇群和《全国主体功能区规划》中提到的重点、优化开发区对应的城市群，共 18 个样本，包括：长江三角洲城市群、珠江三角洲城市群、京津冀城市群、山东半岛城市群、辽宁沿海经济带、长株潭城市群、武汉都市圈、环鄱阳湖城市群、中原城市群、成渝经济区、海峡西岸城镇群、内蒙古呼包鄂、哈大齐工业走廊、北部湾经济区、关中城镇群、乌鲁木齐都市圈、滇中城镇群、太原经济圈。需要说明，过去不同的政策文件有用"城镇群"的，也有用"城市群"的，本书在引用政策文件时尊重原用法，此外的其他论述统一采用"城市群"。

从省域重点城市群^①来看，同样，城市群人口占各自省域的 1/3～1/2，而同期GDP 占全省比重普遍都超过了 2/3（图 0-3）。城市群各项经济发展指标的地均、人均水平也都高于其他地区。另外，城市群地区的生态环境压力也是最大的。2007 年，国家级城市群工业废水排放量和二氧化硫排放量分别占全国总排放量的 72% 和 62%。因此，城市群地区是我国经济增长和环境污染的集中区。

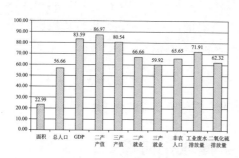

图 0-2　国家级城市群各项经济指标
占全国的比重（%）

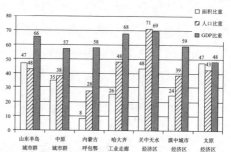

图 0-3　部分省域重点城市群主要
经济社会指标占全省的比重（%）

　　对我国已经或正在编制规划的城市群进行对比可以发现，城市群之间的社会经济发展水平、与生态环境的关系均表现出差异性或阶段性特征。2007 年，这些城市群总人口规模的最大和最小极值间相差 50 多倍，人口密度的极值间相差 30 多倍，非农化率的极值间相差 50 多个百分点，外向度的极值间相差 70 倍，人均国内生产总值的极值间相差 10 倍，呈现出巨大的区域间差异（图 0-4～6）。

　　将城市群的社会经济指标和环境压力指标反映在一张坐标图上，可以发现，我国城市群在经济发展和环境污染关系上的演变路径表现出一种非线性的阶段关系：城市群处于起步期的时候呈现出与生态环境和谐型或污染型两类模式（Ⅲ、Ⅳ）；随着社会经济水平的提高，快速发展期的城市群与生态环境普遍呈

<hr />

　　① 这里所选省域重点城市群包括山东半岛城市群（山东省）、中原城市群（河南省）、内蒙古呼包鄂城镇群（内蒙古自治区）、哈大齐工业走廊（黑龙江省）、关中天水经济区（陕西省）、滇中城市经济区（云南省）、太原经济圈（山西省）共 7 个城市群。

现出一种恶化的态势（Ⅲ、Ⅳ过渡到Ⅱ）；城市群步入稳定期后（Ⅱ过渡到Ⅰ），随着城市群产业及空间结构的调整，对生态环境的压力又逐步得到控制和缓解（图 0-7）。

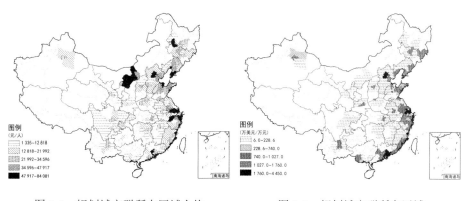

图 0-4　规划城市群所在区域人均　　　　图 0-5　规划城市群所在区域
　　　　　地区生产总值　　　　　　　　　　　　　经济外向度

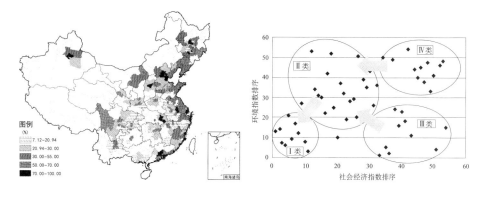

图 0-6　规划城市群所在区域　　　　　图 0-7　我国城市群经济发展与
　　　　　非农化水平　　　　　　　　　　　　　环境污染的关系

2. 城市群政策发展历程：逐步走向国家政策的中心

我国的城市群规划及其相关政策最早始于区域和国土规划，20 世纪 90 年代，城市群规划开始逐渐被作为区域规划的一种新形式（崔功豪，2005）。伴随这一时期城镇化进程的快速推进，我国出现了一批不同类型、不同规模、区域联系密切的城市群体；为了解决城市快速增长中不断尖锐的区域问题，引导我国城市群地区向着现代化、市场化的方向优化协调发展，国家与各级地方政府逐渐采纳了专家学者关于重点推进城市群健康发展的建议（姚士谋等，2006）。

城市群政策在国家战略层面的真正确立是与我国城镇化进程的加快推进紧密相关的。"十五"时期之后，国家推动城市群概念与规划的政策意图更加明显，先后在国家"十一五"规划、全国城镇体系规划、全国主体功能区规划、党的十七大报告、中央经济工作会议、国家"十二五"规划等多份重要文件及会议上中出现；其中，城市群被视为推进国家城镇化主体形态的重要载体，并要求城市群承担带动区域发展、落实国家区域协调发展总体战略的重任。

3. 城市群规划编制总结：2005 年后进入热潮期，组织和编制主体表现出多元多层次特点，规划的编制形式和范围也具有多义性

我国城市群规划实践始于东部沿海地区，2005 年后进入规划热潮期。1995年，广东省率先开展了"珠江三角洲城市群规划"。2002 年，江苏省也先后完成了《南京都市圈规划》《徐州都市圈规划》《苏锡常都市圈规划》。随后，浙江、山东等沿海发达地区省份也相继出台了多种形式的城市群规划，如《环杭州湾地区城市群空间发展战略规划》(2003)、《山东半岛城市群发展战略研究》(2004)等。"十一五"以来，随着城市群逐步上升到国家战略的高度，城市群规划也迎来了热潮期。2005 年开始我国城市群规划编制数量迅速增加，2006、2008 年城市群规划的编制审批数量都接近 10 个，2009 年更达到了近年来的高峰值 14 个。

本书选取目前我国官方文件中提到的 54 个城市群作为样本（表 0-1），根据各省市政府工作报告、"十一五"规划纲要等政府文件，这些城市群已经或正在编制城市群规划，并且属于《国家主体功能区规划》提出的 15 个优化和重点开发区、《全国城镇体系规划（2006～2020）》提出的 17 个城镇群（3 个重点城市群和 14 个城市群），具有典型性和代表性。其中，前者有 14 个已经编制了城市

群规划，后者提出的 17 个城镇群已经全部落实到规划。

表 0-1　城市群发展阶段评价样本汇总

	样本名称		样本名称
1	南京都市圈	28	粤东城镇群
2	徐州都市圈	29	北部湾经济区城镇群
3	苏锡常都市圈	30	北部湾经济区
4	江苏沿海地区	31	成都平原城市群
5	江苏沿江城市带	32	安徽省会经济圈
6	环杭州湾地区城市群	33	安徽沿江城市群
7	温台地区城市群	34	安徽沿淮城市群
8	浙中城市群	35	关中—天水经济区
9	山东半岛城市群	36	关中城市群
10	济南都市圈	37	西咸一体化
11	胶东半岛城市群	38	环鄱阳湖经济圈
12	太原经济圈	39	南昌经济圈城市群
13	中原城市群	40	昌九工业走廊
14	内蒙古自治区呼包鄂城镇群	41	乌鲁木齐都市圈
15	长株潭城市群	42	乌昌地区城镇体系
16	武汉城市圈	43	兰州都市圈
17	海峡西岸城市群	44	滇中城市经济圈
18	海峡西岸经济区	45	贵阳城市经济圈
19	辽宁省中部城市群	46	湖南省 3+5 城市群城镇体系
20	辽宁沿海经济带	47	长江三角洲地区
21	辽西城市群	48	长江三角洲城镇群
22	沈阳经济区	49	珠江三角洲地区
23	哈大齐工业走廊	50	珠江三角洲城镇群
24	哈尔滨都市圈	51	成渝经济区
25	吉林省中部城镇群	52	成渝城镇群
26	中国图们江区域	53	京津冀都市圈
27	宁夏沿黄城市带	54	京津冀城镇群

　　从组织和编制主体的层次来看，国家、省、市三级政府都表现出了对城市群的高度重视和热情（图0-8）。在省层面，34个省市自治区中有25个提出要建设行政区划范围内的城市群，其中23个已经编制完成了规划，北京、上海、天津、重庆、香港、澳门虽未提出单独编制的意向，但这些重点地区实际上已经包含在长三角、珠三角和京津冀等重点城市群中，仅有西藏、青海、海南三地尚未正式提出编制计划。在地级市层面，具备条件的城市也在积极组织编制规划，如哈尔滨市委市政府组织编制完成了《哈尔滨都市圈总体规划（2005～2020）》。

图0-8　规划城市群所在区域的空间分布

　　除了编制主体的"国家—省—市"三大层次外，城市群规划编制按系统又可以分为发改委部门主导、建设系统主导两种形式。如《中原城市群总体发展规划纲要（2006～2020）》由是河南省发展和改革委员会组织编制，而《内蒙古自治区呼包鄂城镇群规划（2007～2020）》则由内蒙古自治区建设厅组织编制。

　　从规划编制形式和地域范围来看，我国城市群规划也表现出了明显的多义性。全部选取的规划项目中，规划名称包括了区域规划、城市群规划、城市带规划、都市圈规划、城镇体系规划、经济区规划、经济带规划等多种提法；从空间范围上来说，则有跨省市界限的（如长三角），覆盖全省的（如海西），省内的重点城市单元组合的（如长株潭），以及单个城市为中心的（如哈尔滨都市圈）等不同形式，而规划范围间的关系更是复杂，出现了省内多个城市群规划满覆盖省域单元（浙江、江苏、山东）、规划范围之间"圈套圈、圈叠圈"、同一概念名称下的规划范围界定不同等各种复杂的现象（图0-9）。

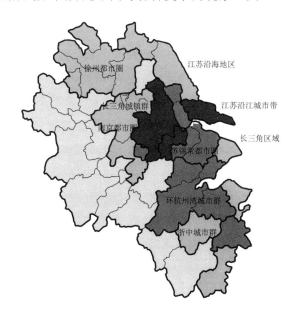

图0-9　长三角城市群规划的多义性

4. 规划技术特点：各种技术方法层出不穷，有关技术的探索正在不断深化

　　本书从我国已经编制或正在编制规划的城市群中选取了 15 个典型实例重点分析。所挑选出的这 15 个城市群均位于我国区域经济格局中最为重要的区位，分布地域广泛，涵盖了东、中、西三大区域。规划编制单位包括中国城市规划设计研究院、国家发展和改革委员会、中国科学院、南京大学、武汉市规

划院、江苏省规划院等（表 0-2）。

表 0-2 选取的已编制规划的城市群样本

	规划名称	组织编制单位	编制时间
1	长江三角洲地区区域规划（2009～2020）	国家发展改革委	2010 年 5 月公布
2	珠江三角洲城镇群协调发展规划（2004～2020）	建设部	2004 年公布
3	珠江三角洲地区改革发展规划纲要（2008～2020）	国家发展改革委	2009 年 1 月公布
4	京津冀城镇群协调发展规划（2008～2020）	建设部	2008 年获建设部审批
5	京津冀都市圈区域综合规划研究	国家发展改革委	2010 年上报国务院待审批
6	山东半岛城市群总体规划（2006～2020）	山东省建设厅	2006 年省政府批准实施
7	海峡西岸城市群协调发展规划（2007～2020）	福建省建设厅	2009 年获国务院批复
8	成渝城镇群协调发展规划	建设部	2010 年 12 月获批
9	中原城市群总体发展规划纲要（2006～2020）	河南省发展改革委	2005 年 11 月正式出台
10	长株潭城市群区域规划（2008～2020）	湖南省发展改革委	2008 年获国务院批复
11	武汉城市圈空间规划（2008～2020）	湖北省建设厅	2008 年获国务院批复
12	太原经济圈规划纲要（2007～2020）	山西省建设厅	2009 年完成编制及公示
13	关中一天水经济区发展规划	国家发展改革委	2009 年 6 月 25 日正式公布
14	哈尔滨都市圈总体规划（2005～2020）	哈尔滨市规划局	2006 年 11 月通过专家评审
15	南京都市圈规划（2002～2020）	江苏省建设厅	2002 年 12 月通过专家论证

在这些城市群规划中，编制所面临的问题普遍集中在产业和经济发展、资源环境要素制约两大方面。此外，不同发展阶段的城市群发展所关注的问题也呈现出一定的差异性：我国发展最为成熟的东部三大城市群，即长三角、珠三角、京津冀，十分重视区域协调发展以及区域一体化的问题；而其他仍处于发展期的城市群往往聚焦于区域中心城市的发展和城镇体系的建设。

城市群规划中产业规划的技术手段主要包括产业结构目标和产业分工协调两个途径。在分析的样本中，所有城市群的产业规划对产业结构目标的定位具有相似性，都侧重于发展现代服务业、重化产业、装备制造业、物流业等，体现出国家产业政策在各大城市群的落实和导向性。同时，处于不同发展阶段的城市群的侧重又略有差异：长三角、珠三角、京津冀三大城市群的产业规划更加侧重于区域内产业分工协调；而其他处于发展期的城市群的产业规划则兼顾了产业体系完善和产业分工协调布局两个方面。

　　城市群空间结构规划中也体现出这种差异性：三大成熟期城市群的空间规划大多采用网络型结构，引导功能有机疏散（图 0-10）；而发展期城市群大多规划为向心型结构，引导要素的集聚过程（图 0-11）。此外，空间分区也是一种有效的空间组织手法，按照一定的原则对城镇密集区各类型空间进行划分，按分区分别针对性地制定发展目标和政策加以引导，作为空间管制和空间协调的基础（图 0-12）。

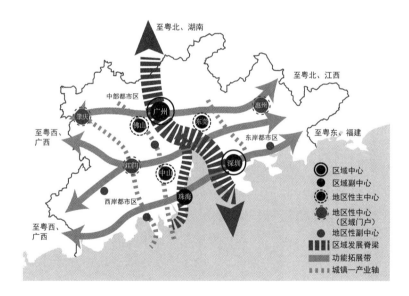

图 0-10　珠三角城镇群空间结构

　　城市群规划由于是跨行政区的规划，因此协调是规划实施的主要任务。现阶段城市群规划实施和协调主要采取三大手段：一是设立区域性协调机构、搭建协调平台，如珠三角城镇群规划提出建立常设机构，中原城市群规划提出建

图 0-11　南京都市圈空间结构

立协调机构等；二是对规划进行立法，目前仅有少数进行了落实，包括《广东省珠江三角洲城镇群协调发展规划实施条例》《湖南省长株潭城市群区域规划条例》《浙江省浙中城市群区域规划建设条例》等；三是通过制订行动计划或重大项目进行协调和实施，如珠三角城镇群规划提出了重大行动计划，长株潭城市群区域规划提出了行动计划与项目库，哈尔滨都市圈规划提出了都市圈重大项目计划等。

二、我国城市群发展理论亟待突破的关键问题

1. 基于规划实践的研究与反思

2005 年至 2010 年年底，国内城市群的研究论文约 1 270 篇，相应地，城市

图 0-12   长株潭空间分区

群规划相关的研究论文（城市群、都市圈、城镇群、城镇密集地区的规划研究）约 81 篇，其中，基于规划实践对城市群规划基本问题的总结和反思是研究热点。具体来说，对城市群规划的研究主要集中在四个方面。

一是对城市群规划的认识和界定的讨论，一部分学者倾向于明确城市群概念的地理意义，主张通过一定的标准进行范围识别；而基于规划实践经验的总结，有学者提出不同层级政府的规划意图、政治或行政的考虑都是决定城市群规划范围的重要因素。

二是对城市群规划作用的讨论，一些观点认为城市群规划是对城市群区域的战略性思考和管治手段；另有观点认为城市群规划是城市群地区新的发展平台和协调机制；还有观点认为城市群规划的作用主要是促进职能提升，使城市群成为引领区域发展的极核与发动机，以及促进模式转变、降低城市群发展的资源环境影响。

三是对城市群规划技术方法的讨论，普遍认为城市群规划应该针对性地解决问题，根据区域经济发展规模与城镇化水平将城市群规划分为协调型、促进增长型、培育型三类，规划内容应有所侧重。除了常规性地研究确定经济社会整体发展策略、空间组织、产业与就业、基础设施建设、土地利用与区域空间管治、生态建设与环境保护、区域协调措施与政策建议等内容外，还应重视根据城市群发展阶段的不同，有针对性地加深有关的规划内容。

四是对城市群规划实施与运作机制的讨论，认为我国的行政体制背景使得规划必须通过行政权力与权威性手段才能得以施行，但在实际中，各级政府事权划分缺乏明确性和规范性，相关利益方的互动和达成共识也十分困难；而城市群规划目标难以预测、内容难以把握、局限性明显等问题是造成规划实施运作困难的一大原因。此外，城市群规划的法律地位、与其他部门规划间的关系、与现有规划体系间的衔接往往不够明确，规划缺乏统一规范的空间信息平台和有效的实施途径，编制、审批、实施、管理、监督机制缺乏都常常是比较集中的问题。

2. 当前城市群规划与政策面临的关键问题

通过对我国城市群规划实践的总结发现，尽管城市群规划及其政策实践已经在全国各地如火如荼地展开，但关于城市群的基本概念、空间范围、发展城市群所具备的基本条件、城市群发展与协调的基本原理等基础性问题仍然存在较大争议，甚至一些习以为常的近乎"公理"的提法还存在误解或混淆，城市群规划的效用还值得进一步探讨。这些争论和误解导致了实践中城市群规划及政策制定产生多义性，制约了城市群规划政策的效用和权威。要解决这些疑惑只能追根溯源地在城市群的概念、形成机制、功能结构、空间组织等基本理论问题上做进一步探讨，并且就城市群空间拓展对资源环境的影响以及城市群规划政策的实施机制等现实问题做深度的研究把握。可以说，城市群规划与政策制定需要有系统性的理论与技术作为支撑，开展上述理论问题的研究十分迫切和必要。

第二节　城市群概念的多重属性与内核重构

一、国外城市群概念的多义性与政策性

城市群概念发展的渊源来自 P. 格迪斯（P. Geddes）和戈特曼在欧洲与美国观察到的在特殊区域内城市高密度分布、城市空间或影响范围相互交叠形成的独特地理现象，被称作大都市带或城市区域。而在中国类似的现象更多情况下被称作大都市连绵区或城市群。其最初原型来自郊区化过程中城市功能区向城市外的扩展，包括居住、工业、商业办公等城市功能向外扩散的过程，与之伴随的是肉眼可见的城市用地和空间形态的连绵。因此，无论是国内或是国外，尽管城市群相关概念众多，城市群最初就是特指一类可观测到的城市高度密集区域，是客观存在的地理现象，概念之间并无实质性差异。

从 20 世纪初到 21 世纪的近百年间，伴随技术、经济和地缘格局的巨大变化，城市群作为各国乃至世界经济、政治、文化核心的地位愈加突出，其中的矛盾愈加激烈，也受到越来越多的重视，对于城市群的认识也发生了巨大甚至根本性的变化，在（新）区域主义的思潮下政策考量或区域管治成为城市群概念中的重要因素；并且在交通技术不断革新的支持下，城市和城市之间的联系变得更加便捷，城市群的空间尺度和功能范围向纵深延伸，使得在不同的历史时期、不同的国家和国情，对于城市群认识的角度表现出显著的多义性。通过对国外大量文献的综述，可以总结出如下五类与城市群相关的概念的认识模式。

1. 基于人口统计的大都市区

欧美国家在 20 世纪初期开始了郊区化的过程，城市向外蔓延，由此导致城乡功能和界限模糊，给城乡统计带来不便，需要重新划定统计单元，这就产生

了统计意义上的大都市区。美国人口普查局定义的大都市统计区具有典型性，是以一个或两个具有一定人口集聚规模的大城市为中心，以及与之有密切通勤来往的多个外围县（outer county）构成；大都市区之间随着郊区化过程的加深而相互联结，连绵一体，形成联合大都市区或大都市带。

统计大都市区的核心在于中心城市规模、外围县的非农人口和非农经济比重以及与中心城市的通勤频率等统计指标门槛值的确定，美国人口普查局对这些门槛值作了多次调整，英国、加拿大、澳大利亚等国也都有各自的普查都市区的统计标准。这一相对严谨、基于统计数据的概念对我国最早研究都市区、城市群的学者产生了重要影响，并至今仍被国内外学术界认为是确定城市群理论范围的主要方法。这种认识模式存在的问题在于两方面：一是统计范围可能因某些不确定因素产生动态变化；二是与政府行政管理边界可能存在错位。

2. 基于区域管治的城市区域

如果说统计大都市区是根据空间现象进行的概念识别，那么基于区域管治的城市区域则正好相反，是将城市区域的概念和空间范围作为前提（或规划目标），通过管治或政策的力量来推动该区域以更加理想的方式发展。20 世纪 80 年代开始产生两个重大背景。一是战后经济恢复和经济全球化进入史无前例的阶段，国际经济政治重新洗牌的背景下催生了两个区域集团：在国家层面之上建立了超国家组织（如欧盟），形成与超级强权国家的制衡；在国家层面之下凸显了若干城市和城市区域，成为国家实力的代表，并且也成为超国家组织空间发展政策的核心（European Spatial Development Perspective，1999）。面对制造业持续下滑、高端服务业竞争激烈的现实，欧洲主要国家将城市区域尤其是以首都或金融中心为核心的城市区域作为参与国际竞争的主体，通过区域管治、城市联合等手段促进制造业和服务业在区域乃至全国的振兴。二是交通、信息技术的飞速发展，高速铁路等新技术的应用大大压缩了空间尺度，使得城市群并不一定表现为戈特曼见到的城市建成区高密度分布的形式，郊区化也不再是形成城市群的唯一机制；更大尺度上的高密度网络化更加符合这一时期的城市区域特征，更强调城市与城市间的协调发展而不是中心城市与外围县之间的功能拓展，这一发展机制的转变导致区域管治成为城市群概念的核心。

3. 基于国土/区域规划的都市圈

以日本多轮国土规划为典型。日本由于国土资源十分稀缺，大都市毫无节制地集聚扩张而任意侵占土地显然是日本国情下难以容忍的事情。因此，致力于解决城市功能和土地利用存在的问题，对东京等大都市及其周边辐射地区所组成的都市圈进行合理的规划布局就成为日本国土规划的核心。无论是 20 世纪 50 年代对大都市发展的抑制，还是最新一轮多轴多核多圈的均衡发展模式，都体现了通过规划手段对城市高密度发展地区空间布局的调控。由于土地利用的矛盾重点在于大都市及周边的影响区，因此，日本的都市圈更接近于围绕中心都市的通勤圈范围。日本的都市圈概念对我国的区域和城市规划实践产生过显著的影响。

4. 全球化下的网络式全球城市区域

全球化竞争的深入使得一些全球性城市的周边发生了深刻变化，传统的需要集聚在全球性城市当中"面对面"的功能正经历着"集中式的分散"的复杂过程。它们在一个城市区域范围内重新集聚，出现了许多专业化的节点，形成多中心的、相互链接的结构。泰勒（Taylor，2004）认为，全球城市区域与戈特曼的大都市带的根本区别在于，它是建立在卡斯特（Castells）的"流的空间"的基础上。斯科特（Scott，2001）认为，全球城市区域不同于仅有通勤联系的城市连绵区，而是在高度全球化下以经济联系为基础，由全球城市及其腹地内经济实力较雄厚的二级大中城市扩展联合而形成的独特空间现象。正是因为如此，霍尔和佩因（Hall and Pain，2006）研究认为，对巨型城市区域任何的边界划定事实上证明都是武断的。

5. 快速城镇化过程中的扩展大都市区

亚洲、拉丁美洲的多数发展中国家都表现出快速城镇化、以特大城市为核心的城镇化和基于区域的城镇化这三大特征。在这些国家大都市区的边缘存在大规模的城乡混合的模糊地区，并且处于不断的变化当中，应用欧美有关概念进行描述和解释存在明显的不适应性。因此有学者提出，在大都市区之外，还存在一个扩展大都市区的圈层，是发展中国家快速城镇化过程中城乡相互作用的特殊空间结构。扩展大都市区的认识模式，是发达国家大都市区理论根据发展中国家社会经济特点做出的扩展。

综观上述五种城市群概念模式可以发现，如果暂且抛开城市群本身存在的空间特征和地理属性，那么，无论是在郊区化下对城乡统计管理的要求、在全球竞争中对区域均衡发展的要求、在城市集聚扩张中对国土规划利用的要求，还是在快速城镇化过程中对城乡矛盾协调的要求，这些概念模式的产生均与各国社会经济发展特征相关，也与本国发展的战略要求相关，概念模式中包含的政策角度的考量，是一个不应忽略的内容。在这一点上，转而观察我国现阶段城市群规划和研究的状况，与国外已有的这些概念研究有相似之处，不过相比之下，政策因素对于我国城市群概念和理论方法的影响更加深刻。

二、我国城市群概念的多重属性与识别原则

我国有关城市群的各种学术概念多来自欧美以及日本的经验，包括都市区、都市连绵区、都市圈等，各自均有相对完整的理论系统，但又相互交叉，难以严格区分。城市群是一个颇有本土色彩的概念，最初在国内学术界并未得到一致认可，但在政策层面逐渐接受和采纳后，在我国"十一五"和"十二五"规划中被作为推进我国城镇化的主体形态，学术界的观点才逐渐倾向一致，这一点类似于国外城市区域概念的政策考量。姚士谋等（2001）对城市群所作的学术定义基本得到认同，即"在特定的地域范围内具有相当数量的不同性质、类型和等级规模的城市，依托一定的自然环境条件，以一个或两个超大或特大城市作为地区经济的核心，借助于现代化的交通工具和综合运输网的通达性以及高度发达的信息网络，发生与发展着城市个体之间的内在联系，共同构成的一个相对完整的城市集合体"。仔细研究发现，这一概念虽然描绘了城市群的空间图景，但并未明确城市群的地域概念实质，所谓"内在联系"实际是所有类型

地理区域的共有特征，"联系"的特性、强度、功能、方向并不明确，任何存在特大城市的区域根据这一定义都可以称作是城市群，这也是导致我国的城市群五花八门的根本原因。

1. 关于城市群功能的多重认识

城市群的功能实质是什么？这是最基本的问题，也是最难回答清楚的问题，这关系到将城市群作为我国城镇化主体形态等政策表述的意义。国内许多学者都试图对这一问题进行解答，包括从城市间功能关系的角度、从抽象的系统论角度、从国外相关具体概念，或从其他相关具体概念的某种发展阶段，或通过与其他相关具体概念的差异对比以及动态的方式来认识城市群的实质，但仍大都是以表面的、抽象的方式进行的解读。根据国内现有关于城市群概念的研究文献，可以总结出四种主要的功能认识模式，即城市群是对应于欧美大都市区的城市功能地域，或是城市经济区，或是一种区域经济布局模式，或是引导区域合理发展的大都市协调区。前两种是基于对城市群地域功能的认识，后两种是基于对城市群政策功能的认识。最近的研究已清晰认识到，城市群具有明显的制度性地域特征，即承载并实施相关制度结构的地域单元，是对区域内涉及的所有地方政府、非政府组织和相关企业个人产生普遍约束和激励的空间安排，是为弥补市场和政府在供给区域性公共物品中失灵的一种制度创新。

2. 我国城市群概念中的政策属性

无疑城市群已经成为中央和地方在推进城镇化发展过程中的一项重要政策，并且对待城市群规划表现出空前的政策热度。从城市群的政策意图来看，可分为两个层次：中央政府所提出的城市群是推进我国城镇化健康快速发展、支撑产业经济、提升国际竞争力的核心空间载体，也是我国区域政策走向均衡化的发展要求，尽管城市群不是我国区域经济升级和城镇化发展的唯一途径，但应当鼓励有条件的地区发展成为城市群。地方政府（主要是省级政府）提出的城市群主要来自于地方发展的实际需要，包括解决内部无序竞争所导致的整体利益丧失的问题，以及通过区域整合寻求在现实经济、制度领域甚至国家战略中的制高点。因此，城市群的政策属性在于，它不仅是一种区域经济组织结构，更是中央和省级政府推进城镇化健康发展的重要抓手；健康城市群的建设，应当立足于省级政府的事权，重在省域范围内的制度安排。

3. 对城市群范围识别的原则

城市群概念的多义性和模糊性既是其政策属性使然，也是因为其本身发展具有的动态特征，因此，从这两方面讲，对城市群范围的精确识别并不是一个十分重要的理论命题。

本书提出对城市群概念的重新界定，既要理解在国家社会经济发展的宏观背景下政府提出城市群概念的战略意图和政策属性，同时也要重新认识我国城市群的空间实质和形成机制：城市群不单是一种区域空间组织模式，更是社会经济主要功能在运转过程中集聚与扩散的网络核心；国家和区域政府对城市群的发展发挥调控作用，但城市群的形成却必然源自于多个基本地方政府单元的竞争。因此，城市群的"边界"往往是动态的、统计的、政策的、偶然的，甚至是武断的，事实上也是非约束性的，我们可以从理论上判断城市群的内核，但不宜过度追求城市群范围的理论精度，更多地应从城市群的政策属性看，追求城市群最有效率的政策作用范围，作为对城市群范围识别的重要角度。

三、城市群功能内核的重构

不追求城市群识别的理论精度，并不等于不去探究城市群的功能内核，更不是放弃城市群概念的基本原则，对于目前城市群概念中有关中心城市的特征以及城市间联系的特性、强度、功能甚至方向都必须重新理解。

根据本书的研究发现，对城市群功能内核的认识不仅是关注城市群内部的功能集聚或联系网络，而且要跳出城市群，关注城市群与外部、城市群之间的功能联系；城市群内、外两个联系同等重要，城市群是内、外两个网络的交叠区。

以2009年世界500强企业在中国内地及港澳的分布网络来研究城市群如何在内、外两个网络的共同作用下产生。在这 500 强企业中，除去中国本土的企业，共有 175 家跨国企业在中国有分支分布，共设立分支 3 168 家，平均每家企业有 18 个分支。这些分支机构主要分布在珠三角、长三角和京津冀三大城市群中，所占比重高达 80%，反映出高度集聚的特征；尤其是长三角城市群，集聚了 42% 的跨国公司分支，是我国对接世界城市体系的窗口。这 175 家跨国公司在中国设立大区域总部 114 家，主要管理中国或者亚太事务。这些总部主要在北京和上海两个城市集聚，占到来华总部总数的 87%；而珠三角在吸引跨国公司的总部方面不具备优势，无论是广州、深圳还是香港，都不具备国家赋予北京、上海的独特职能（表 0-3）。

表 0-3　世界 500 强企业在中国各城市群的分布

地区	珠三角城市群					长三角城市群				
	深圳	广州	香港	其他	小计	上海	南京	苏州	其他	小计
分支机构	139	168	132	160	599	786	73	159	299	1 317
比例（%）	4.39	5.30	4.17	5.05	18.91	24.81	2.30	5.02	9.44	41.57
总部	3	2	5	0	10	41	1	0	0	42
比例（%）	2.63	1.75	4.39	0	8.77	35.96	0.88	0	0	36.84

地区	京津冀城市群				国内其他区域					全国合计
	北京	天津	其他	小计	厦门	重庆	大连	青岛	其他	
分支机构	406	194	23	623	37	35	107	67	383	3 168
比例（%）	12.82	6.12	0.73	19.67	1.17	1.10	3.38	2.11	12.09	100
总部	58	1	0	59	2	1	0	0	0	114
比例（%）	50.88	0.88	0	51.76	1.75	0.88	0	0	0	100

资料来源：根据《2009 跨国公司中国报告》（王志乐主编，中国经济出版社，2009 年）附表统计得到。本表不包括中国的世界 500 强企业。

研究提出"网络联通度"的概念对城市群的空间联系强度进行测度，方法借用泰勒（Taylor，2004）研究世界城市网络所采用的方法。该方法认为如果一个企业在多个地区分布有分支机构，那么其中任意两个地区各自 1 个分支机构之间就会产生 1 个单位的联系；如果两个地区（A 和 B）分别有 a 和 b 个分支机构，那么这两个地区之间的联系量就为 a·b。如果 A 地区为该企业的总部所在地，那么这两个地区之间的联系量为 2a·b。根据这一定义，每个企业都可以确定其内部各分支所在城市之间的网络联系量。将每个企业的这张网络进行加总，就得到在这 500 强跨国公司眼中全国城市体系的多中心网络结构。通过MATLAB 对上述过程进行计算，得到我国城市两两之间的联系强度，再以每个城市为节点，计算该城市与其他所有城市的联系总量除以该城市的面积，就得到每个城市的网络联通度（图 0-13、图 0-14）。

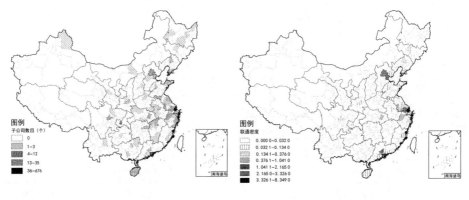

图 0-13　上海上市企业控股
子公司分布

图 0-14　基于跨国公司联系的
多中心网络联通度分布

网络联通度反映了一个城市或城市群不仅在区域内部，而且在全国乃至全球城市网络中的地位和影响力。城市群的空间联系不是封闭在城市群中，而是开放的，不仅长三角、珠三角、京津冀三大城市群内部各自存在密切的空间联系，三大城市群之间的空间联系也同样十分紧密，这就体现为三大城市群均具有较高的网络联通度和在全球城市网络中的重要地位。网络联通度较高的若干城市相互间连绵在一起，就形成了多中心城市群的内核，这在长三角和珠三角表现得尤为明显。其他地区虽也有部分城市具有较高网络联通性，如济南、青岛、烟台、厦门、福州、大连、沈阳、武汉、重庆、成都、西安等，在国内也具有一定的影响力，但都是零散分布的城市点，没有形成片状的巨型城市区域。因此，城市群的功能核心区就是那些与国内（甚至包括国外）所有城市（而不仅是城市群内部的这几个城市）网络联通度较大、超过一定门槛值，且空间相邻的城市的集合体，该区域在全国城市体系的空间结构上表现为多中心。理论上说，只有具备以这样的多中心结构为核心的区域才能被称为已经形成的城市群；城市群的功能就在于其拥有一批具有全球影响力甚至控制力或战略性地位的城市节点。

第三节　城市群的空间特征与形成机制

一、国外城市群的形成与演变机理

通过对国外大量文献的回顾发现，绝大多数有关"metropolitan area / region"的研究都在强调一个现象，即分散化（decentralisation），与向心的集聚过程相反，被认为是 20 世纪"90 年代一场无声的革命"。特征表现为，大城市增长速度放缓，各种经济活动被分散到外围区域，伴随着中等城市的发展，成为城市网络体系中的重要角色。例如美国的这种分散化在城市景观上表现为跳跃式的、随机的增长或条带式的发展，大片的低密度和单一土地利用的空间蔓延（sprawl）；分散化发展给中心城市带来很大的冲击，导致其人口下降、财政减少、社会阶层降低、城市衰败；而郊区得到了较大的发展，出现了郊区商业中心、办公园区、边缘城市（edge city）等集聚节点。加拿大、欧洲的分散化更主要地表现为多中心式地集聚在办公园区或者郊区城市中心之中，大面积的低密度蔓延式分散化并不明显。导致欧美国家大都市区分散化的制度根源来自地方政府结构的破碎化（fragmentation），即地方政府数目的增多和公共物品的多样化使得人们可以"逃离"中心城市污染的环境，选择最能满足自己所需要的公共服务，且邻里社会阶层与自己最相似的地方居住，企业则可以选择避开中心城市的高税收，而布局于最接近熟练劳动力和消费市场的区位。美国与加拿大、欧洲在城市空间分散化形态上的差异也与不同国家政府治理结构的差异高度相关。

发展中国家的分散化一方面表现为城市快速扩张下居住区在郊区的大规模开发；另一个重要动力来自于 20 世纪 80 年代中后期经济发展模式由进口替代向出口导向的转变，这一过程中，国内制造业和投资为寻求低劳动成本的区位优势由首都或其他大城市转移至周边的中小城市，我国城市群的发展也明显具有这样的特征。

因此，各国由城市转而关注大都市区、城市群的原因就是大城市的各项要素均出现了明显的分散化，包括土地利用、地方政府、人口、制造业、各类办公甚至贫困。每个要素形成分散化的时间不同，空间特征也不同（表 0-4），但相互叠加在一起就形成了复杂的大都市区或城市群空间结构。

表 0-4　国外大都市区分散化的功能及空间特征

功能	状态	出现时间	空间变化特征
土地	蔓延（sprawl）	20 世纪 60 年代	郊区大面积低密度、非连续的土地开发，多单一功能
地方政府	破碎化（fragmentation）	20 世纪 70~80 年代	美国地方政府数目增加，欧洲地方政府自主权力扩大
人口	郊区化（suburbanisation）	20 世纪 20 年代	人口由中心城市向大都市区内的郊区净迁出
	分散化（decentralisation）	20 世纪 70 年代	人口迁移至大都市区以外的非都市区，但这不一定是郊区化阶段之后的必然规律
制造业	郊区化	20 世纪 40~50 年代	制造业企业由内城向外城和外围郊区净迁出
	分散化	20 世纪 80 年代	郊区制造业开始向大都市区以外转移，制造业的地位下降，而且可能高技术制造业分散化的程度还更大
后台办公	郊区化（suburban dispersal）	20 世纪 70~80 年代	不需要面对面交流的幕后办公由 CBD 向边缘城市或郊区商业中心迁移，90 年代更分散到无边城市，但仍处于大都市的范围之内
高端服务	郊区开发（suburb development）	20 世纪 80 年代	郊区商业中心或边缘城市的集聚经济逐渐达到可与 CBD 竞争的规模，郊区的高端服务业快速增长，超过 CBD，比例上看为分散化，但并未发生郊区化迁移
贫困	郊区贫困（suburb poverty）	20 世纪 80 年代	贫困人口也开始向近郊区集中，但比中心城市好得多

各国学者对于城市群演化规律的研究也都基于分散化阶段的判断；分散所导致的多中心化正是国外城市群形成的共同机制和特征。

二、我国城市群的特征与形成机制

1. 我国城市群的多中心化

（1）多中心与我国城市群

分散化或多中心化同样也是我国城市群形成的内在机制。早在 20 世纪 90 年代，许多学者就证实了北京、广州、上海、沈阳、大连、杭州、南京、苏州、无锡、常州等大城市开始了郊区化过程，人口、工业开始外迁，城市空间迅速向外扩张，并由此引发了对都市区、都市连绵区以及城市群的关注。至今，郊区甚至许多城市远郊的快速发展已发生在大多数大中城市的周围，成为我国城镇化发展的重要特征，也深刻影响着我国城市群的空间形态。

通过 Google Earth 夜景灯光模式可以对我国主要城市群地区的空间形态进行观测，并与美国东北海岸、日本东京—名古屋—大阪、英国伦敦—伯明翰—利物浦等国外典型成熟城市群地区进行对比，可以明显发现，我国只有长三角、珠三角、京津冀这三个城市群在空间形态上具有与世界典型城市群类似的结构，在主要城市郊区化过程的推动下呈现出分散化或多中心的空间连绵发展态势和巨大的增长动力；而辽中南、山东半岛、长株潭等城市群以及武汉都市圈等则仍为散点集聚的状态，中心城市稍有扩张的动力，但总体仍处于集中发展的城市群雏形阶段（图 0-15）。因此，如果认为长三角、珠三角、京津冀是我国城市群的典型形态，辽中南等是城市群发展的初期，那么，多中心化将是城市群由雏形期过渡到成熟的必由机制。这里的多中心化包括多个层级，既指首位城市的扩散和次级城市的发展导致的多中心化，也包括城市郊区化形成的城市内部的多中心化。

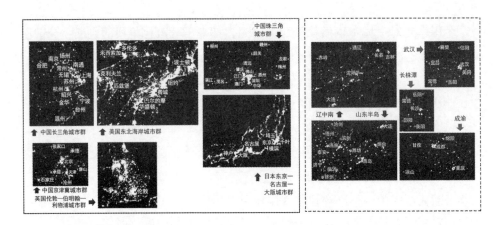

图 0-15　2009 年我国主要城市群与国外城市群灯光影像比较（同比例尺）

资料来源：作者根据 Google Earth 图像进行的分析。

（2）我国城市群多中心化的测度

城市群多中心化是指各种经济社会要素在区域内多个节点相对均衡发展的过程；在城市规模上由首位分布走向均衡分布，在经济要素上各城镇间的规模差距逐渐缩小，并随着社会分工日益深化，各城镇形成广泛分工体系的过程。通过多中心指数对我国城市群的多中心程度进行研究。其中包括两种方法。一是城市规模的均衡分布指数，这里采用四城市指数进行分析：

$$SI = \frac{3S_1}{S_2 + S_3 + S_4}$$

其中：SI 为四城市指数；$S_1 \sim S_4$ 分别是城市群中规模排名前四位城市的规模。SI 值越小，说明城市群多中心程度越高；反之则多中心程度越低。二是各种经济要素的均衡分布指数，采用如下公式进行测算：

$$PI_X = \sqrt{\frac{\sum_{i=1}^{n}(X_i - \bar{X})^2}{n-1}} \Big/ [\bar{X} \cdot (\sum_{i=1}^{n} LC_i / \sum_{i=1}^{n} L_i)]$$

其中：PI_X 为经济要素 X 的均衡分布指数；n 为城市群内主要城市（镇）的数目；X_i（$i=1, \cdots, n$）为 i 城市 X 要素的规模值；$\bar{X}$ 为所有城市 X 要素的平均规模，这里的经济要素 X 可以是任何反映全社会经济投入—产出的指标；LC_i 为 i 市城市建设用地面积；L_i 为 i 市土地总面积。PI_X 值越小，说明城市群多中心程度越高；反之则多中心程度越低。

采用城市建设用地规模来计算城市群四城市指数 SI，采用人口密度、建设用地、经济产值、工业产值等经济要素来计算均衡分布指数 PI（表 0-5）。综合各项指标，发现长三角和珠三角两个城市群多中心程度最高；其次为山东半岛城市群；中原城市群由于郑—洛—汴等中心城市密集分布以及历史积淀的原因，也存在明显的多中心特征；京津冀虽然拥有两个巨型大都市北京和天津，但其他城市的实力明显较弱，多中心指数相对不高，该区域并未完全被"城市群化"；东部地区城市群的多中心特征明显优于中西部地区城市群。这些现象与我国城市群发育的实质状态相符。可以大致判断，当多中心指数 PI 小于 10 甚至小于 5 时，说明该区域已经具备了明显的城市群的多中心化特征；PI 大于 10 则反映出城市群的发育水平仍处在较低的阶段。

表 0-5　我国城市群多中心指数比较

城市群	SI	PI			
	四城市指数	人口密度指数	建设用地指数	经济产值指数	工业产值指数
京津冀城市群	4.09	3.42	10.75	7.91	8.17
长三角城市群	6.73	0.76	3.11	1.48	1.51
珠三角城市群	2.38	1.34	2.88	2.67	2.47
辽中南城市群	1.69	2.96	6.11	7.28	7.21
山东半岛城市群	1.63	2.30	3.76	3.30	3.33
闽东南城市群	1.80	7.21	10.15	9.98	11.05
北部湾城市群	4.08	15.70	33.16	34.62	31.11
中原城市群	1.92	2.19	5.85	6.52	6.27
武汉都市圈	8.60	5.98	22.23	19.83	21.98
长株潭城市群	2.10	7.51	12.95	21.99	15.76
成渝城市群	4.14	5.09	23.78	20.62	20.10
西安都市圈	6.11	8.66	24.74	22.33	19.59

资料来源：根据《中国城市统计年鉴 2007》（国家统计局城市社会经济调查司编，中国统计出版社，2008年）计算整理。

我们也就长三角城市群 1998 年以来的多中心指数的变化趋势进行了测算，选取的经济要素包括工业、服务业、客运、货运、FDI 和就业（表 0-6）。1998～2007 年，长三角城市群多中心化趋势明显，其中，工业指数和 FDI 指数的下降幅度最大，与工业经济尤其是外资工业主导了长三角城市群发展的判断相符。

表 0-6 1998 年以来长三角城市群多中心指数变化

年份	工业 多中心指数	服务业 多中心指数	客运 多中心指数	货运 多中心指数	FDI 多中心指数	就业 多中心指数
1998	1.352	1.235	0.484	1.101	1.824	1.818
1999	0.728	1.263	0.475	1.092	1.662	1.817
2000	1.145	1.277	0.474	1.120	1.621	1.896
2001	1.127	1.228	0.471	1.087	1.472	1.967
2002	1.067	1.185	0.476	1.115	1.434	1.222
2003	1.087	1.138	0.474	1.158	1.171	1.175
2004	1.044	1.125	0.466	1.106	1.094	1.070
2005	1.006	1.197	0.476	1.037	1.125	1.217
2006	0.971	1.157	0.470	1.005	1.097	0.927
2007	0.944	1.167	0.479	0.949	1.039	0.957

资料来源：根据《中国城市统计年鉴》（1999～2008 年）计算整理。

2. 我国城市群多中心化的特殊性

城市群是一种区域尺度上的集聚现象，而作为城市群发展机制的多中心却是分散化的表现，二者是否存在机制的背离？

以长三角为例，选取 1994～2007 年的数据，采取长三角从业人数占全国的比例来反映城市群的集聚程度，仍以工业、服务业、客运、货运、FDI 和就业多中心指数来反映城市群的多中心状态，通过计量分析模型研究了多中心结构对城市群空间集聚的影响关系（表 0-7）。结论显示，长三角城市群多中心属性与其集聚程度之间存在较高的关联性；换言之，城市群的多中心发展能够形成更大规模的空间集聚，这是对中国城市群形成机制的基本认识，集聚和分散便在城市群尺度上统一起来。在我国目前的经济发展阶段下，工业经济尤其是外资经济的多中心发展是促进城市群集聚最为关键的要素；我国还没有发展到服务业多中心决定城市群空间集聚的阶段。

表 0-7　多中心对城市群集聚影响回归参数估计结果

变量	（1）	（2）	（3）
PI_1：工业多中心指数	−0.038**	−0.348*	−0.041*
	（−2.454）	（−1.918）	（−2.189）
PI_2：服务业多中心指数	−0.029	−0.096	—
	（−1.658）	（−0.583）	
PI_3：客运多中心指数	0.83*	2.694	—
	（2.355）	（1.259）	
PI_4：货运多中心指数	−0.077***	−0.504*	−0.033*
	（−3.484）	（−2.103）	（−1.939）
PI_5：FDI 多中心指数	−0.050**	−0.457*	−0.014*
	（−3.27）	（−1.944）	（−2.124）
PI_6：就业多中心指数	0.039***	0.307*	0.014*
	（3.508）	（1.954）	（2.210）
C：常数	−0.11	−0.063	0.193***
	（−0.754）	（−0.039）	（7.332）
R^2 检验	0.773	0.596	0.559
F 检验	3.97**	1.72	2.85*
DW 检验	1.84	1.67	1.68

注：（1）是全部经济要素按照线性方程进行回归的结果；（2）是全部经济要素按照对数线性方程进行回归的结果；（3）是选取（1）、（2）结果中具有显著关联性的经济要素进行线性回归的结果。***置信度 99% 以上，**置信度 95% 以上，*置信度 90% 以上。

进一步以长三角和上海为例，我们通过计量分析模型研究了首位城市对城市群多中心化的影响（表 0-8）。研究结果发现，和国外的同类城市相比，上海经济增长从整体上对于城市群经济的多中心化发展贡献并不明显。这说明我国城市的多中心化不能简单地认为是首位城市自上而下的溢出，更重要的是来自自下而上的力量。但上海作为长三角的国际门户，对城市群的支撑作用仍十分显著，体现在港口吞吐量增长对外商直接投资的多中心化贡献明显。

表 0-8　上海经济增长对城市群多中心影响回归参数估计结果

变量	（1）	（2）	（3）	（4）
上海 GDP 增长率	−0.039	−0.031	−0.289***	−0.092
	（−1.039）	（−0.674）	（−3.319）	（−1.449）
上海工业产值增长率	0.007	−0.003	0.004	0.005
	（0.717）	（−0.275）	（0.175）	（0.265）
上海港口吞吐量增长率	−0.002	0.004	0.003	−0.035***
	（−0.392）	（0.573）	（0.258）	（−3.693）
上海城市居民收入增长率	−0.008	0.003	0.003	0.011
	（−1.418）	（0.455）	（0.251）	（1.178）
C：常数	1.483***	1.509**	4.568***	2.752***
	（3.712）	（3.045）	（4.919）	（4.057）
R^2 检验	0.357	0.153	0.687	0.690
F 检验	1.25	0.41	4.94**	5.01**
DW 检验	2.68	2.56	1.83	2.00

注：（1）、（2）、（3）、（4）分别是长三角城市群工业多中心指数、服务业多中心指数、就业多中心指数和 FDI 多中心指数对上海经济增长变量按照线性方程进行回归的结果。***置信度 99% 以上，**置信度 95% 以上，*置信度 90% 以上。

3. 我国多中心城市群的形成机制

根据前面的研究，我们认为城市群的形成机制本质上是城市群多中心结构的形成机制。城市群多中心的形成主要源自政府的破碎化，动力来自地方自治的偏好、公共服务的多样化需求以及现代行政管理体制的扁平化倾向。政府的破碎化使得较小的地方政府有较大的积极性和自主性来参与竞争，从而导致经济版图和空间发展的多中心结构。假如在一个经济体中只存在少数几个地方政府（最极端的情形是仅存在一个政府），那么通常情况下政府会选择发展条件最好的少数地区进行集中开发；由于缺乏竞争，发展的规模将仅由该经济体的市场规模和市场范围决定。而存在大量地方政府的情形下，如果人口、制造业或服务业向外分散化发展所增加的空间开发、通勤、运输或信息成本，能够被地方政府竞争所带来的公共服务质量的提升、优惠政策下发展成本的降低所替代，就存在了分散化发展的动力；而市场的进一步累积将使更多的地方政府通过竞争吸引经济要素多中心地集聚，这就导致了城市群的形成。因此，运用破碎化理论来解释，城市群的形成机制在于充裕市场条件下多中心的地方政府间的博弈竞争，这一机制能够降低企业和居民的生产、生活成本，从而促进社会经济有更大规模的良性发展。这里实际说明了城市群作为一种城镇化空间政策的优势或者说必要性：多中心结构下城市群的绩效体现在，如果庞大的市场仅仅向中心城市集聚，一是市场需求会推动成本上升，二是中心城市形成的资源垄断，会降低政府提供服务的效率，降低绩效；多中心的博弈能够降低企业和居民的成本，从而促进区域经济增长。

　　基于上述市场机制，城市群多中心的形成必须具备以下四个条件。第一，要有足够庞大的需求市场容量，包括产业经济发展的需求市场以及人口增长的需求市场，也就是住房，这些需求在空间上将表现为对土地的需求，因此，城市群往往表现为空间连绵的特征。第二，要有足够多的为上述庞大需求市场提供土地和服务的地方政府作为参与市场竞争的主体，参与竞争的手段例如通过招商引资、产业鼓励政策、税收优惠、建设经济适用房等行为，吸引企业和人口向当地集聚。第三，首位城市必须是上述需求市场能量的爆发中心，这是市场的核心，也就是说，城市群的形成首先需要有集聚的过程，然后才有成本升高之后的分散，首位城市在这个过程中产业结构不断升级，成为整个区域的市场门户，并使得各级地方节点在竞争中需要与首位城市发生联系。第四，多中心之间的沟通要非常方便，包括交通、信息、金融等各种方式，强调市场竞争的环境和秩序，目的是使得在博弈竞争中消除信息不对称，使各地方主体都具有类似的发展机会。

第四节　城市群的集聚—扩散与空间相互作用原理

集聚和扩散是城市群空间演化和运行的基本过程，也是城市群内各城市之间相互作用的基本形式；两者看似矛盾，实则统一。根据研究结论，城市群的集聚与扩散是同时存在但联系方向和作用机制截然不同的两个过程。其中，城市群的集聚是市场集聚势能高低的反映，集聚下的空间联系是吸引与被吸引的关系，作用的范围与城市群边界无关；城市群的扩散是经济网络化发展的反映，也是地方政府间博弈的结果，扩散下的空间联系是控制与被控制、服务与被服务的关系，作用的范围既覆盖城市群，也跨越于城市群之间。我们从生产联系、资本流动、人口流动、信息和技术流动四个方面，对我国城市群在集聚与扩散过程中，城市群内、外分别发生的空间联系特征进行研究。

一、集聚下的空间相互作用机理

1. 生产要素和产业链的集聚

生产要素和产业链的集聚过程并非主要在城市群内来实现。通过以铁路货运联系量为指标，衡量各地区之间原材料供应联系进行分析发现（图 0-16），泛

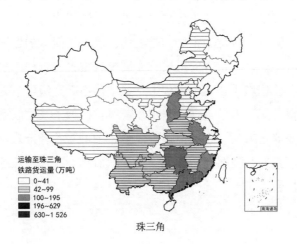

运输至珠三角
铁路货运量（万吨）
0～41
42～99
100～195
196～629
630～1 526

珠三角

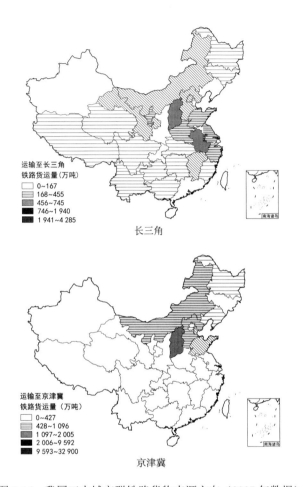

图 0-16　我国三大城市群铁路货物来源方向（2007 年数据）

资料来源：根据《中国交通年鉴 2007》（中国交通年鉴社，2007 年）整理。

珠三角、泛长三角经济（合作）圈、京津冀晋蒙等经济区意义上的空间范围分别是珠三角、长三角和京津冀城市群生产要素集聚联系的主要方向，而远不止于各城市群内部范围，这也深刻反映了城市群与经济区在概念内涵上的差异。

地区间的产业链关联通过中国分省区投入—产出表进行分析，并采用相关系数法和乘积法将地区内产业之间的投入—产出关系间接转化为地区间的投入—产出关系（图 0-17、图 0-18）。结论同样发现，长三角、珠三角、京津冀三大城市群产业投入所发生的与各地区产业间的关联也并非主要位于各自城市群内，产业间联系的方向十分随机，完全取决于各地的产业优势。因此，关于

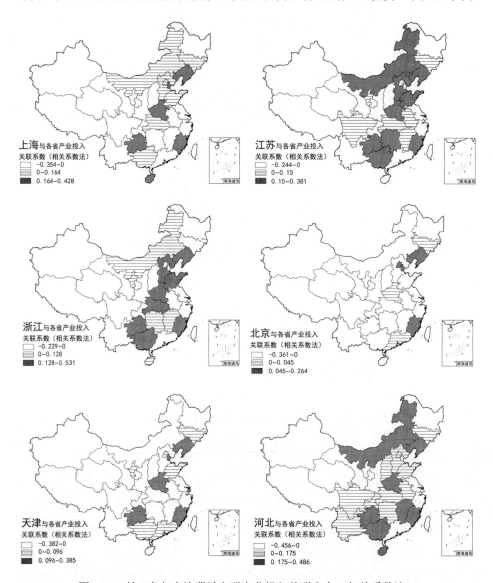

图 0-17　长三角与京津冀城市群产业投入关联方向（相关系数法）

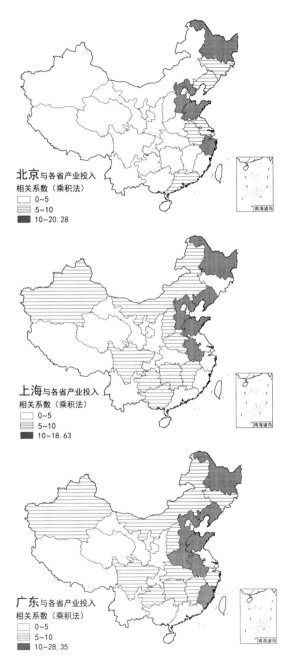

图 0-18　北京、上海、广东产业投入关联方向（乘积法）

城市群内部存在密切生产联系的观念需要修正：城市群内未必就一定存在比城市群外更加紧密的联系，而存在紧密生产联系的区域也未必就是城市群；集聚产生的联系与分散产生的联系性质完全不同，产业要素集聚产生的空间联系与城市群的范围识别无关。

2. 人口的集聚

通过 2005 年全国 1%人口抽样调查数据分析，迁入长三角、珠三角、京津冀三大城市群的人口来源多样，并非主要集中在城市群区域内部或周边邻近地区，中西部地区均是三大城市群流动人口的重要来源地（图 0-19）。

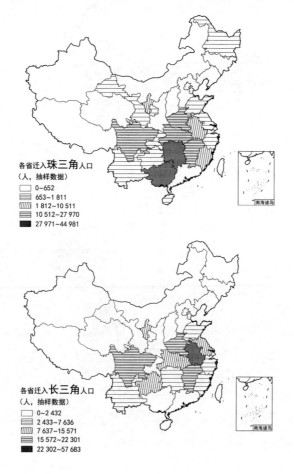

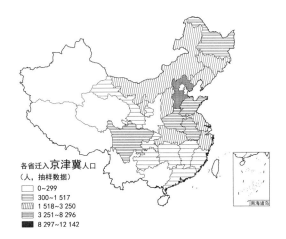

图 0-19　我国迁入三大城市群人口来源方向（2005 年抽样数据）

资料来源：国家统计局网站。

3. 资本的集聚

资本的流动主要存在三种形式："看得见的手"对资本的调控、"看不见的手"对资本的调节以及资本"用脚投票"。"看得见的手"是指银行的存贷款在中央银行调控下或者通过银行间交易实现的跨地区流动。我国现行的银行信贷管理体制是与行政区划高度相关的，通过将全国划分为 11 个区域，分别由 9 个分行和 2 个营业管理部进行管理，通过存款准备金率、利率等宏观杠杆，为各地区经济发展协调信贷和货币供应（图 0-20）。因此，总体上看，目前我国区域之间大幅度的资金流动并不明显，资金的调配主要位于央行各分行所辖的各区域内，但这种管理上的区域与城市群无关，城市群也并未呈现出明显的资本集聚现象。

"看不见的手"是指企业通过资本市场直接融资而实现的资本空间流动，典型的如通过股票、债券等证券市场进行的融资。从表 0-9 可以明显看到，通过资本市场进行融资的主要分布于东部，即总的方向是资本从中西部流入东部，在东部地区则呈现为网络化交织；这种资本集聚的空间特征仍无法呈现城市群的形态。

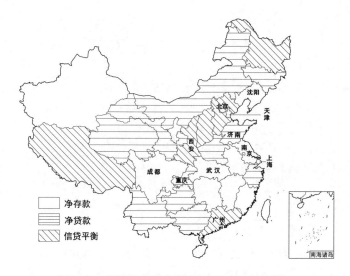

图 0-20　我国各省份信贷状况（2005 年数据）

资料来源：根据《中国金融年鉴 2006》（中国金融年鉴编辑部编，中国金融出版社，2006 年）整理。

表 0-9　2008 年末非金融机构部门融资额地区分布（%）

	东部	中部	西部	东北	全国
贷款	56.7	14.8	20.8	7.7	100
债券（含可转债）	84.5	6.8	6.4	2.3	100
其中：短期融资券	82.0	6.2	9.8	2.0	100
中期票据	98.0	2.0	0.0	0.0	100
股票	72.6	10.7	13.7	3.0	100

资料来源：中国人民银行货币政策分析小组：《2008 年中国区域金融运行报告》，中国金融出版社，2009 年。

　　资本"用脚投票"是指企业在区域内重新布局而实现的资本流动。通过对我国 1 600 多家上市公司总部迁移的研究（表 0-10），资本流动虽然存在十分明显的向以北京、上海、广东为中心的三大城市群集聚的现象，但无论是北京、上海、广东，甚至包括成都，迁入的资本都是来自远离城市群的地区，而城市群内其他地区的产业资本并不以这些中心城市为迁移对象，资本联系更多发生在城市群之外。

表 0-10　上市公司总部迁移距离

目标省份	迁移数量（家）	平均迁移距离（千米）	目标省份	迁移数量（家）	平均迁移距离（千米）	目标省份	迁移数量（家）	平均迁移距离（千米）
北京	25	1 422	河南	1	2 106	宁夏	1	300
上海	5	1 305	山西	1	274	全国	86	1 108
江苏	2	201	陕西	1	1 509	东部地区	54	1 127
浙江	8	409	吉林	2	462	东北地区	3	408
安徽	2	570	黑龙江	1	300	中部地区	11	577
广东	9	1 532	川渝	12	1 702	西部地区	18	1 493
福建	1	263	海南	1	363	直辖市	33	1 475
湖南	4	556	云南	2	364	副省级市	5	923
湖北	3	201	贵州	1	155	省会城市	35	1 057
山东	3	234	新疆	1	3 768	普通城市	13	387

资料来源：赵弘主编：《中国总部经济发展报告（2009～2010）》，社会科学文献出版社，2009 年。

总之，无论是由央行进行调控的资本流动，还是市场自主下的资本流动，均是由我国中西部等投资回报率低、市场机会少、风险较大的地区，流向投资回报率高、市场机会多、风险相对较小的沿海地区，呈现的也是典型的核心—边缘结构，这就从资本运行的空间上为城市群的发展奠定了外部环境，但这种资本集聚的方向和格局不受城市群内部结构的任何约束。

因此，无论是产业、人口还是资本，经济要素的集聚并不能导致城市群内部空间联系的网络化，集聚形成的空间相互作用大多发生在城市群与外围边缘地区之间，这种空间联系密集区是属于城市经济区范畴的地理概念，而非城市群。也就是说，城市群不是集聚现象下要素流动的源头和集聚地之间形成的空间联系密集区。但在实践中往往会将经济要素输出地和集聚地之间的流动当作城市群内的空间联系，而将其界定为城市群；从这一角度出发，所有区域性中心城市与周围紧密腹地区域都能够形成所谓城市群，这是导致城市群概念混淆的一个重要原因。因此，城市群内的空间联系必然存在其他内涵，必须从集聚的另一面——分散化或多中心化的角度进行考察。

二、分散下的空间相互作用机理

1. 生产企业的多中心网络

生产企业的多中心集聚是塑造我国城市群空间的直接力量。我们以上海本地上市企业控股子公司的网络分布，来研究长三角城市群基于企业分散化布局的多中心联系。截至 2010 年 1 月，上海共有上市公司 156 家，其中提取制造业企业以及部分计算机硬软件服务业和交通物流类企业共计 66 家；在公司披露企业基本架构信息中选择控股子公司、控股孙公司、合营公司、参股公司、其他下属关联公司中的制造业公司进行统计汇总（不计算各地销售子公司和房地产开发公司等服务类公司），其中合营公司、参股公司和其他下属关联公司的控股比例需超过 30%，由此得到该上市公司下属控股子公司在全国各地包括国外的分布情况。

统计的 66 家上市公司总共拥有控股、参股子公司 1 106 家，平均每家企业就有 16～17 个子公司；其中位于上海的就有 676 家，占到全部的 61%；其余的有近 40% 位于长三角城市群的江苏和浙江两省，尤其是南京、苏州、无锡、杭州、宁波、嘉兴、南通等主要城市，平均每个上海上市企业都会在长三角其他城市布局近 3 个生产点，与上海之间建立起交织密切的企业网络联系。除长三角城市群外，中西部地区的中心城市在承接上海企业的分散化上也十分突出，如合肥、南昌、武汉、成都、重庆、西安等中西部省会城市都与上海之间关系密切，成为上海企业向内陆拓展市场和布局生产基地的重要选址，上海平均每个上市企业都会在中西部的中心城市布局 1.5 个生产性子公司（表 0-11）。因此，上海生产的分散化存在向长三角城市群和向中西部中心城市这两个最主要的扩散方向，这两个方向上都具备较好的工业发展基础，拥有充足的熟练劳动力，并且在生产成本上也存在一定比较优势。显然，通过企业的分散化布局所反映的上海空间紧密联系区域和从城乡空间形态所理解的长三角城市群的范围是基本一致的；同时还发现，除了城市群内部以外，相距较远的城市群之间，尤其是城市群的核心城市之间，通过经济要素的分散化也存在十分重要的空间联系。于是分散化成为城市群空间演化和网络构建的重要机制。

表 0-11　上海上市企业控股子公司分布

区域	数目（家）	比例 1（%）	比例 2（%）
长三角	847	76.6	39.8
京津冀	36	3.3	8.4
其他东南部沿海	49	4.4	11.4
中西部其他城市	21	1.9	4.9
安徽江西	29	2.6	6.7
珠三角	38	3.4	8.8
中西部中心城市	69	6.2	16.1
国外	17	1.5	4.0
合计	1 106	100.0	100.0

注：比例 1 与比例 2 的区别在于，比例 1 包括了上海本地的子公司，而比例 2 只计算了上海以外的子公司分布。其他东南部沿海包括福建、山东、广西、海南以及东北三省。

此外，我们对武汉采取相同的方法进行了对比研究。结论发现，除武汉外，更多的企业将子公司向长三角、京津冀、珠三角这三大城市群进行布局，以获得更好的市场、技术和劳动力资源，武汉的企业还远未达到在武汉城市群区域范围分散化的阶段，这也是武汉城市群仍处于向心集聚的雏形阶段的一个重要论据（表 0-12）。

表 0-12　武汉上市企业控股子公司分布

区域	数目（家）	比例 1（%）	比例 2（%）
湖北省	104	62.3	18.2
京津冀	16	9.6	20.8
国内其他城市	15	9.0	19.5
长三角	18	10.8	23.4

续表

区域	数目（家）	比例1（%）	比例2（%）
珠三角	13	7.8	16.9
国外	1	0.6	1.3
合计	167	100.0	100.0

注：比例1为包括了武汉本地子公司的占比；比例2为只计算武汉以外子公司的占比。

2. 人口的分散迁移

仍采取2005年全国1%人口抽样调查数据，对京津冀、长三角、珠三角三大城市群各城市城区人口的迁出方向进行分析发现，城市群人口的迁出均集中于城市群区域内部以及这三大城市群之间，体现了这三大城市群内部及其之间所构筑的密切人口流动联系（图0-21）。从人口迁移机制上进行解释，人口的流动总是从个人发展机会小、生活品质低的地区迁入发展机会大、生活品质高的区域，三大城市群人口集聚和分散的特点显示了城市群区域内部在发展机会与生活品质上的相对均衡性，构成了城市群扁平化城市网络的空间基础。

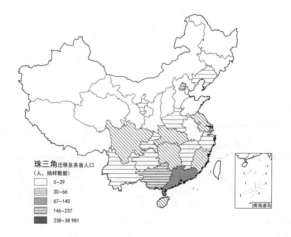

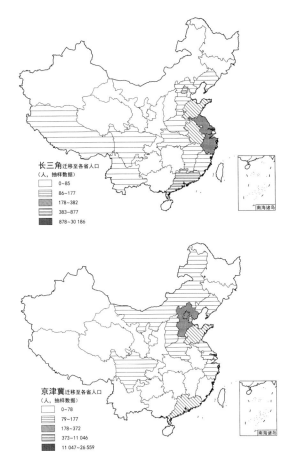

图 0-21　我国三大城市群城区人口迁出方向（2005 年）

资料来源：国家统计局网站。

3. 资本的分散化流动

资本的流动是在某种机制下通过某种媒介，在一定范围内进行操作而实现的，在同一范围甚至更大范围内的资本转移。资本流动的主要形式和规模如表 0-13。我国资本的总体流动方向是从中西部相对欠发达地区向东部发达地区流动，反映了资本的逐利性；但资本在东部集聚后将进一步进行空间配置，这就形成了分散化的资本流动网络。以 2009 年为例，整个货币市场上最具流动性的 M1（狭义货币量）为 22 万亿元，货币供应总量为 61 万亿元，其中，大多数资本流动的方向，包括贷款融资、证券融资、企业资本以及游资等，均是由中西部向东部流动；而在所有的资本流动形式中，通过银行间市场发生的资本转移规模在资本流动中占有绝对主体地位，规模级在 20 万亿元左右，与 M1 接近，其他资本形式的流动与之相比显得微不足道；而银行间市场作为调节货币流通和货币供应量、调节银行之间货币余缺以及金融机构货币保值增值的重要手段，才是真正反映资本市场需求的资本流动形式，实际的地区间资本流动也清楚地体现在银行间市场上（表 0-13）。

表 0-13 资本流动的主要形式

资本形式	流动方向	流动机制	流动媒介	操作范围	操作手段	流动范围	净规模（万亿元）
贷款（现金）	中西部向东部集聚	存款准备金制度	中国人民银行	央行分行辖区	现金投放或回笼	全国	0.15
银行（定活期）存款	金融中心向东部沿海分散	银行间市场	全国银行间同业拆借中心	全国	同业拆借、债券回购交易等	全国	20
交易所证券（股票、债券等）	中西部向东部城市群集聚	二级市场交易	沪深证券交易所	全国	证券买卖	全国	0.5
企业资本	中西部向京沪深等城市集聚	企业总部迁移	—	企业内	—	全国	0.05
游资	温州、山西等地向京沪集聚	—	房地产、资源、农产品等市场	游资集中地区	占领资源、囤积居奇	全国	0.7
2009 年货币供应量（万亿元）	M0（货币量）：3.8		M1（狭义货币量）：22			M2（广义货币量）：61	

从银行间市场来看，资本的流动方向基本是由北京、上海等金融中心融给天津、山东、辽宁、浙江、福建、广东等各城市群内的经济发达省市，实现资

金的重新优化配置；也就是说，金融资本的流动更大程度上是通过全国银行间同业拆借中心的平台，产生在金融中心城市与各城市群之间的流动（图0-22）。因此，至少现阶段我国的金融中心由银行总部区位决定，如我国的金融中心主要就是北京的银行总部、金融政策制定中心以及上海的银行总部、证券交易中心，深圳、重庆等部门或区域金融中心的影响力则相对小得多；银行通过向各金融机构和其他非金融机构融出资金，实现了作为金融中心最重要的配置功能。但高等级的金融中心与城市群的分布并不是一一对应的，高等级金融中心城市所在区域并不一定是成规模的城市群，而成熟城市群内也并不一定拥有高等级金融中心，这是由金融业的高端属性所决定的。国家金融中心如北京、上海的资金分散化流动的范围是超越所属城市群的，向全国辐射；而区域性金融中心的资金运作区域往往集中在本省市行政区内。

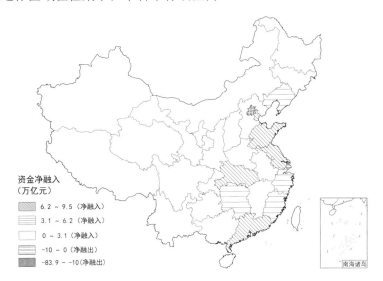

图0-22　2005～2009年五年内银行间市场资金融入

资料来源：中国人民银行货币政策分析小组：《中国区域金融运行报告》，2005～2009年。

4. 多中心城市群的信息和技术流动

重点对企业之间的高端信息服务联系进行分析，包括技术研发企业与技术

需求企业之间的技术流动，以及专业化生产服务企业与服务需求企业之间的以
信息服务产品为载体的信息流动。一般而言，这种高端信息流动主要从生产这
些信息的中心城市向其他对高端信息具有需求的城市进行扩散。

通过对上海、北京、武汉等几个既是城市群中心城市又是智力资源高度密
集的城市的技术交易成果输出情况进行研究，发现技术成果的空间流动存在两
个主要特征。一是技术交易输出主要集中在本市及周边经济区域，城市群是技
术交流的最主要空间，技术流动的这种区域化特征对城市群结构的强化作用不
容忽视，例如上海的技术交易市场对江苏和浙江的技术创新就起到了十分关键
的作用。二是城市群之间的技术交易在整个技术流动中占有重要地位（图0-23）。

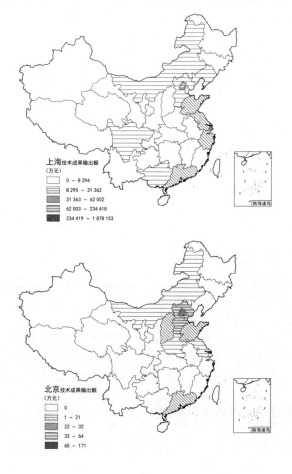

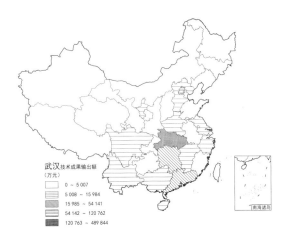

图 0-23　主要城市技术成果输出流向（成交额）

资料来源：上海为 2006 年数据，北京为 2007 年数据，武汉为 2001～2007 年数据。上海、北京数据来自
《中国总部经济发展报告（2009～2010）》，武汉数据来自科技部网站。

　　通过我国 1 727 家上市公司生产服务提供商的分布来对生产服务信息的地区间流动进行研究。分析发现，证券（投行）、审计、法律等生产服务市场主要由北京、上海、深圳、广州等中心城市所掌控，如证券承销业务的 76.3%，审计业务的 78.3%，法律咨询业务虽具有较强的本地性，但也有 62.3%集中在这四个城市提供；其他也主要由各省会或副省级以上城市提供相关服务，如 98.2%的法律中介服务由省会或副省级以上城市提供，呈现为高度集聚特征；上海和深圳的证券服务业、北京的审计和法律服务业所占的市场份额均远远超过其他城市（表 0-14）。各生产服务业态的空间作用特征如下。

表 0-14　我国主要城市生产服务公司服务上市公司数目分布（家）

腹地	证券服务						审计服务						法律服务					
	北京	上海	南京	杭州	深圳	广州	北京	上海	南京	杭州	深圳	广州	北京	上海	南京	杭州	深圳	广州
北京	44	24	0	0	50	6	116	15	0	0	2	0	133	2	0	0	0	0
天津	4	3	1	0	11	2	22	1	0	1	2	0	14	1	0	0	0	0
河北	5	15	0	0	8	1	32	0	0	0	0	0	27	0	0	0	0	0

续表

腹地	证券服务						审计服务						法律服务					
	北京	上海	南京	杭州	深圳	广州	北京	上海	南京	杭州	深圳	广州	北京	上海	南京	杭州	深圳	广州
山西	5	9	0	0	8	3	17	9	0	0	0	0	10	1	0	0	1	0
内蒙古	2	6	0	0	9	0	17	1	0	0	0	0	9	1	0	0	0	0
辽宁	5	17	17	0	18	7	42	3	0	1	3	0	30	1	0	0	0	0
吉林	4	11	0	0	9	2	30	1	0	0	0	0	18	1	0	0	0	0
黑龙江	2	14	0	0	5	2	22	0	0	1	1	1	13	1	0	0	0	1
上海	16	119	2	0	10	1	39	112	0	0	2	0	31	122	1	2	0	0
江苏	9	33	33	0	36	3	30	22	50	2	0	0	28	16	62	0	2	1
浙江	12	37	1	10	38	11	19	22	5	94	2	0	27	37	0	64	0	0
安徽	0	6	3	0	14	1	50	3	0	1	7	0	12	8	1	0	0	1
福建	0	11	1	0	10	7	29	1	0	0	0	1	14	3	0	0	1	0
江西	5	7	0	0	9	1	20	2	0	1	2	0	7	4	0	0	1	0
山东	7	24	1	0	37	6	53	11	0	2	1	0	59	8	1	0	0	1
河南	9	14	0	0	9	1	36	1	0	0	3	0	17	5	0	0	0	1
湖北	2	24	0	0	12	2	38	4	0	0	0	0	23	4	0	0	0	0
湖南	3	9	1	0	16	0	22	1	0	20	6	0	10	1	0	0	0	0
广东	21	21	2	1	114	55	104	17	0	3	61	50	88	6	0	1	65	63
广西	2	8	0	0	11	1	8	7	0	1	9	0	8	4	0	0	2	1
海南	1	7	0	0	3	1	16	1	0	1	0	0	5	3	0	0	0	2
重庆	4	8	0	0	6	1	24	1	0	0	1	0	3	2	0	0	0	0
四川	6	28	0	0	13	5	45	2	1	0	4	0	27	2	0	0	2	0
贵州	3	7	0	0	5	0	13	1	0	0	2	0	7	2	0	0	0	0
云南	3	11	0	0	7	1	26	0	0	0	0	0	3	1	0	0	0	0
西藏	4	3	0	0	2	0	5	2	0	0	0	0	2	0	0	0	0	0
陕西	3	13	0	0	4	2	21	2	0	0	1	0	25	1	0	0	0	0
甘肃	4	4	0	0	3	1	15	1	0	1	0	0	4	1	1	0	0	0

续表

腹地	证券服务						审计服务						法律服务					
	北京	上海	南京	杭州	深圳	广州	北京	上海	南京	杭州	深圳	广州	北京	上海	南京	杭州	深圳	广州
青海	1	0	0	0	4	3	6	0	0	0	1	1	3	1	0	0	0	1
宁夏	4	2	0	0	1	1	11	0	0	0	0	0	2	1	0	0	0	0
新疆	4	11	1	0	9	0	13	5	0	0	0	0	29	1	0	0	0	1
总计	194	506	65	11	491	127	941	248	56	129	111	53	688	241	66	67	74	73

资料来源：根据新浪网财经频道（http://finance.sina.com.cn/）数据进行统计，数据更新日期：2010 年 1 月。

（1）证券业。城市群首位城市证券服务范围比较分散，上海证券业服务市场远不止于长三角城市群的范围；次中心城市证券服务范围相对集中，主要集中在省内或城市群内。企业选择券商更重要的是看在哪个交易所上市，而与是否是城市群首位城市关联不强。

（2）审计业。审计机构的总部在北京高度集聚特征明显，但为了更好地服务于企业，审计服务仍分散到各分支机构展开，审计分支的数目与地方市场的规模具有高度相关性。城市群内的上市企业更倾向于选择本城市群尤其是省内的总部型审计机构为其服务。

（3）法律业。法律服务受地理和行政约束最为明显，除北京的市场遍布全国外，省域中心城市是提供高级法律服务的核心。

综上，生产服务业的各种业态，甚至包括金融业（也是一种信息服务业），其中的信息流动和空间相互作用机制各不相同，对城市群空间的塑造或强化作用也存在明显差异：审计业、法律业使得城市群内部形成密切的信息联系，而金融业、证券业更多强调的是城市群外部或城市群之间的"联系"；在市场机制下，一些服务业态甚至对城市群的空间范围并不敏感。正如上文在城市群功能内核重构中所认识到的那样，城市群是网络联通密集区，是各种网络叠加后的综合图景，但这并不意味着每种网络均会呈现出完全一样的图景。

三、基于微观层面的进一步研究

1. 对宁波市西店镇企业间合作的分析

以往对城市群网络结构和空间相互作用的研究止于各种"流"的综合形态分析，如研究交通流、信息流，却不深入剖析流的形成机理。前面的研究对"流"的功能构成特征进行了解剖，但在微观上又如何形成？这里以宁波市西店镇为案例，通过对当地企业的问卷调查，自下而上地观察城市群"流"的形成机理。

我们重点对企业间的战略合作联系进行了调查，主要包括资金合作、市场合作、技术合作、供应链合作、股权收购等关联方式。总体来看，西店镇作为长三角城市群的典型节点，其空间联系却并不完全受长三角城市群的空间约束，表现出与珠三角等其他城市群广泛的经济关联；但相对而言与长三角的经济联系更为突出。具体来说，西店镇与宁波的企业间开展最多的是市场合作（如借助宁波来拓展市场）、技术合作以及供应链合作，也有部分资金合作。与宁波以外的其他地区不存在资金合作，这反映出西店镇地区企业的社会关系主要集中在宁波市。长三角城市群的平台对于西店企业发展的意义不言而喻。与长三角其他地区主要会开展技术合作，主要指向杭州、上海等地技术力量雄厚的企业或单位，和这些地方也有部分市场合作和供应链合作。此外，企业间股权收购也主要发生在长三角地区。从西店、宁波到杭州、上海，西店与这些地区进行企业间联系的功能层级是不断递进的，越往上，联系的功能也越高端，从而建立了城市群城市等级体系的微观解释。与长三角相比，珠三角等其他区域的城市对西店的影响力就小得多。正是借助于长三角城市群这一平台的市场和技术力量，加上本地化的资金网络运作，形成了西店镇经济发展的核心机制（表0-15）。另外，企业之间的合作联系平均每个月都会进行一次面对面沟通，频繁时甚至每周一次；电话、电子邮件等非面对面的联系则更为频繁，每周都会发生联系。正是每个企业与城市群内其他企业的频繁联系，累加到一起就形成了我们所见到的城市群内庞大而复杂的交通、物流、信息网络。

表 0-15　西店镇企业战略合作伙伴分布（%）

	西店	宁波	长三角其他	珠三角	京津冀	国内其他地区	港澳台地区及国外
资金合作	29	7	0	0	0	0	0
市场合作	6	16	11	4	2	4	16
技术合作	7	12	19	4	1	2	2
供应链合作	15	13	13	9	2	6	9
股权收购	4	3	2	1	0	0	0

2. 对山东半岛城市群生产—消费市场行为的微观模拟

城市群是国家经济发展重心和内外经济网络的复合中心，基于这一基本认识，本书对城市群的空间作用机制重点是从经济功能的联系进行研究的，针对生产过程中企业与企业、产业与产业之间所形成的各种流展开分析，强调流的功能性。这里通过建立基于 Dixit-Stigliz 不完全竞争原理的动态模拟模型，分析城市群内各城市之间的生产—消费市场联系，对城市群网络中物质性的内容作研究补充。

国内外许多研究对于城市群的一个重要判据是通勤，这是流的物质性的主要表现形式之一。但以中国的实际情况来看，通勤不是城市群最主要的联系方式，由于快速公交系统不发达，城市间的远距离通勤并不频繁，而且通勤数据难以获取，因此，在国内实际上并无多少研究将通勤率作为衡量城市群空间联系的主要指标。但生产和消费过程所产生的城市间联系是存在的，既包括各类制造半成品和终端制造产品的消费，也包括服务的消费，前者将产生物流，后者将产生客流，这是我国区域联系的物质性特征。在 Dixit-Stigliz 模型的基础上，通过市场份额（market share，MS）的计算来衡量空间联系的强度：

$$MS_k^h(r) = L_k^h (w_k^h)^{-(\sigma^h-1)} e^{-(\sigma^h-1)\tau^h d_{kr}} \Big/ \sum_j L_j^h (w_j^h)^{-(\sigma^h-1)} e^{-(\sigma^h-1)\tau^h d_{jr}}$$

反映的是 k 地生产的 h 行业的产品在消费地 r 的市场份额，它是劳动力数量 L、工资水平 w 和距离 d 的函数。模型详细推导过程参见第一部分第五章。

本书以山东半岛城市群为例进行了实例模拟研究。动态过程包括总人口不变的短期动态和总人口有增加的长期动态两种情况，所反映的是人口在不同地区之间自由流动以追求自身效用和利益最大化的过程。动态过程相对稳定后计算每个城市在其他所有城市的总市场份额，作为城市间的联系强度，并规定提取联系强度的门槛值（即 K 值，联系强度在 K 值以下则认为联系不强，网络图的表达上不进行提取），就得到城市群的空间联系网络。这种不考虑产业间关联，仅考虑日常消费市场联系的城市群网络具有如下三个特征（图 0-24）。

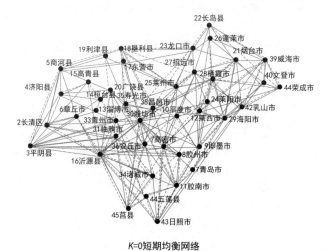

$K=0$ 短期均衡网络

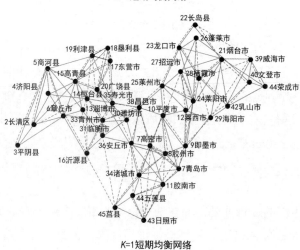

$K=1$ 短期均衡网络

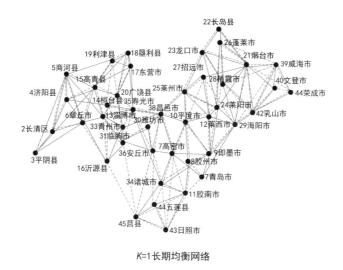

K=1长期均衡网络

图0-24　山东半岛城市群模拟市场空间联系网络

资料来源：作者采用 MATLAB 进行计算并绘制。

（1）城市群内相邻城市间市场联系较强，整体上呈现为分片区的网络化耦合特征，这种分区网络可以认为是中国式的都市区，是由于跨地销售或跨地消费导致的经常市场联系所形成的城市功能区。这些网络化"都市区"的进一步耦合就形成了城市群,如山东半岛城市群就是由济南—淄博—潍坊都市区、烟台—威海都市区和青岛—日照都市区三个次区域网络化耦合而成。

（2）由于产品结构和服务等级基本类似，城市群内中心城市之间的消费市场联系并不强，明显弱于都市区内部的市场联系。这与山东半岛城市群中心城市集聚程度不足有一定关系，但更重要的是说明了城市群空间作用网络的层次性：中心城市之间的联系主要是生产经济上的联系，是具有较高价值门槛的网络功能关系；而中心城市与周边以及相邻地区之间的市场联系则构建了城市群日常联系网络的基础，并在不断交流中形成了城市群共同的文化认知。

（3）在模拟过程中，山东半岛城市群的首位度由短期均衡下的约等于1

转变成长期均衡下的 2，青岛的集聚效应随着人口的增加显现出来，但这种结构的剧烈变化并不影响城市群内的空间网络，仍是由三个都市区构成，具有明显的锁定效应。因此，随着时间的推移、经济人口规模的变化，城市群网络的变化主要体现在城市群内部以及城市群之间的产业关联上，而市场机制下形成的都市区的基本结构则十分稳定。

四、城市群之间的空间相互作用

城市群是国际经济大分工背景下部分城市功能高度集聚所形成的空间载体，因此，城市群内部的所谓分工必须是建立于城市群之间的大分工基础上的；同样，城市群内部城市之间空间相互作用的网络化也必然建立于城市群之间的空间相互作用网络之上。因此，在前面研究中我们发现的无论是何种功能联系，城市群内和城市群之间的空间联系都同等重要便不难理解。

我国的城市群在国际分工中是制造业的空间载体，因此，生产联系就是构筑我国城市群最基本的力量，在研究中我们也发现服务功能（典型的如审计服务）所产生的城市群的联系是基于生产联系之上的。根据上海制造业上市公司的研究，城市群的生产联系存在城市群内和城市群之间（或城市群与中心城市之间）两个最主要的联系方向。例如我们在对浙江玉环县进行深入研究后了解到，苏泊尔作为一个在玉环发展壮大起来的企业，为了获得更好的管理和人力资源，将总部迁至杭州；生产基地除本地外，在长三角的杭州和绍兴又分别建有工厂，在珠三角的东莞也建有工厂，以更好地利用浙江和东莞产业集群的优势，同时又能积极获取竞争对手的信息。此外还将生产拓展至武汉城市圈，既可更加便捷地采购原材料，又能获取更加丰富且廉价的劳动力。事实上，像苏泊尔这样的企业在各个城市群中十分普遍，在苏州、宁波等地的调研中我们发现，企业的生产联系网络既与本城市群具有十分密切的关系，又完全不受城市群的约束，而后者便是体现在城市群之间的生产联系上。

城市群之间的高端服务联系则更加突出，这是由高端服务业的高门槛所致。银行、证券等业态的高级总部功能只在少数几个甚至唯一城市中集聚，使得这种信息联系大规模发生在北京、上海、深圳等顶端城市和对高端服务具有大量需求的城市之间；城市群作为全国最重要的制造业基地，正是高端服务的主要需求市场，并且这种需求也是多样化的。以服务门槛相对较低的技术流动为例，上海的技术输出除长三角外，其余的有 67%的成交额是输出到珠三角和京津冀；北京这一比例也达到 50%左右。此外，像武汉这样的智力密集城市，对三大城市群的技术进步也是贡献明显，除湖北省外，武汉 60%的技术成果输出到三大城市群。

因此，在制定城市群空间发展政策的过程中，必须认识到城市群之间空间相互作用的重要性，完善相关通道建设，建立城市群之间交流的各种制度性措施，以保障这种联系能够更加畅通。但无论是城市群内的空间作用更强，抑或城市群之间的空间作用更强，城市群的功能实质仍是多中心的空间联系密集区。

第五节　城市群空间增长与演化的微观机制

一、城市群空间演化路径与规律

城市群的空间演化经历了从城市—都市区—都市圈—大都市圈（城市群）—大都市带（都市连绵区）的四次扩展过程（图 0-25）。在这样一条主线的时空演进中，集聚和扩散始终是推动城市群演化的核心动力。在这种集聚和扩散的共同作用下，一方面中心城市规模得以扩大，另一方面，中心城市与周围城镇的联系得以加强，多中心逐渐形成，中心城市向都市区过渡，普通的区域向城市群过渡，体现出城市群梯度演进和多层次的结构特征。具体来说，城市群每一次扩展的基本特征如表 0-16 所示。

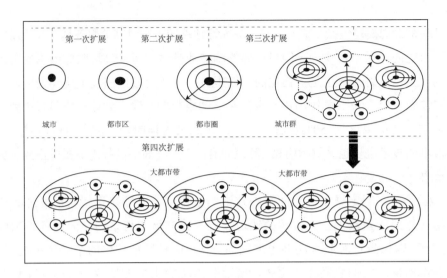

图 0-25   城市群空间演化中的四次扩展过程

表 0-16   城市群空间演化中四次扩展过程的基本特征

城市群演化的扩展过程	第一次 扩展	第二次 扩展	第三次 扩展	第四次 扩展
名称	城市	都市区	都市圈	大都市圈	大都市带
空间范围	小	逐步扩大	进一步扩大	跨区扩大	跨界扩大
影响范围	市内意义	市级意义	市际意义	大区及国家意义	国家及国际意义
城市个数	1	1	1	3 个以上	多个以上
人口规模	500 万～1 000 万人	500 万～1 000 万人	1 000 万～1 500 万人	大于 2 000 万人	大于 3 000 万人
空间组成	1 个城市	1 个城市及毗邻 地区	1 个城市及周边 地区	3 个以上城市或 3 个以上都市区	2 个以上大都市 圈，数十个城市
交通网络	向市内延伸， 城市之间交通 网络不发达	向邻近地区延伸	向周边地区 进一步延伸	向市外延伸， 都市圈之间交通 网络较密	向界外延伸， 大都市圈之间 交通网络更密
产业联系	城市之间很弱	城市之间较弱	城市之间开始 互补联系	都市圈之间互补 联系较强	大都市圈之间 互补联系更强

城市群演化的扩展过程		第一次扩展	第二次扩展	第三次扩展	第四次扩展
地域结构	单核心结构	单核心圈层结构	单核心放射状圈层结构	单核心或多核心轴带—圈层网络结构	多核心、星云状高度交织的网络结构
梯度扩张模式	点式扩张	点环扩张	点轴扩张	轴带辐射	串珠状网式辐射
发展阶段	雏形阶段	初级阶段	中期阶段	成熟阶段	顶级阶段
中心功能	城市增长中心	城市增长中心	区域增长中心	国家增长中心	国际增长中心

二、城市群的核心—边缘结构与微观增长动力

无论是哪个扩展阶段，城市群的空间演化总体而言是由单中心向多中心的演替过程，并不断地有新的城镇节点成为增长的"兴趣点"，融入城市群网络，使之壮大。相对于原来的城市群中心，这些新增城镇节点就是边缘，可以说，城市群的空间增长就是核心—边缘不断递嬗的过程。我们重点通过长三角城市群多个地区的发展案例，对城市群空间演化的这一微观机制进行深入研究，研究结论也验证了之前的观点：城市群的空间增长主要来自于不同层级的"核心—边缘"的边缘地带，正是因为边缘地带的发展，在不同的尺度上塑造新的功能中心，形成了多中心的城市群形态。这里核心—边缘结构的"不同层级"包括以下四个方面。

1. 城市群的首位城市—二级城市

通过对长三角城市群 1990/1992 年、2000 年、2004/2005 年三个时相的 Landsat 卫星遥感影像进行解译和建设用地提取，发现长三角城市群中用地增长最快的地区发生在苏州、南京、宁波、台州等二级城市，即相对于首位城市上海的"边缘地带"，长三角城市群整体多中心趋势十分明显。从单位土地的产出效率也可以看到，首位城市上海的空间利用效率随着产业的升级显著提高，

而二级城市继续以工业发展为主，土地利用仍然十分粗放，这是导致二级城市成为城市群土地扩张和空间增长重心的重要原因（图 0-26）。

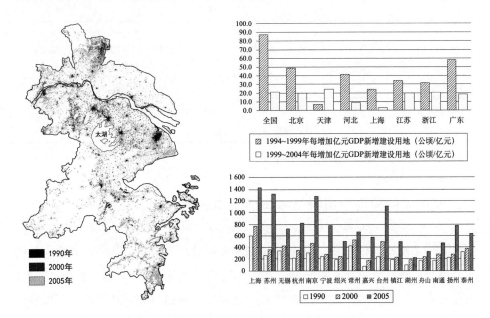

图 0-26　近 20 年长三角建设用地变化情况叠加和分地区统计

2. 城市群的中心城市—边缘城市

选取台州玉环县和金华义乌市进行案例研究，相对于各自中心城市，玉环和义乌的发展均取得了不亚于中心城市的成就。玉环是长三角城市群中极其普通的一个节点，无资源，无区位优势，无政策扶持，无人力资源，但却成长为经济高度发达的"中国海岛第一县"，称为"玉环现象"。股份合作制改革是释放玉环民营经济能量的核心机制，使最初的产业基础在裂变中逐渐发育成为巨大的产业链，成为城市群中的重要节点。而甬台温高速公路的建设给玉环带来历史性机遇，玉环正在寻求发展转型，积极发展服务功能，融入温台和长三角城市群，成为区域性的节点。义乌也是一个位于长三角城市群边缘地区的城市，在行政等级上较低，但是义乌在功能上已经成为全球城市体系一个重要的专业化节点，是全国性的小商品流通中心和国际性的小商品采购基地。义乌城市空间扩张动力来源于全球市场对于小商品交易的需求，规模化的集中式小商品市场的拓展跃迁是主要的空间表现。

3. 城市的中心城区—周边乡镇

选取苏州市域、宁波西店镇、昆山花桥镇进行案例研究。如对苏州市近年来城市建设用地的变化结构进行分析发现，乡镇一级城镇建设用地 1986～2004 年增长了 719.87 平方千米（增长近 10 倍），占这 18 年间苏州城市建设用地增长面积的 66.1%，并以工业用地增长为主，可见乡镇的工业经济发展构成了城市群空间增长中非常重要的动力。从西店镇案例可以看到，在自然村落发展的基础上，本地工业的发展是小城镇基层单元用地扩张最重要的动力。具体包括三种类型：一是镇区新建的工业园区；二是围绕着原来的村落周边发展起来的村级工业用地；三是与居住混合在一起的家庭小作坊。除工业外，部分乡镇还存在其他的增长动力，如花桥镇作为苏州最靠近上海的地区，凭借区位优势承接来自首位城市的商务服务功能的溢出，服务业发展成为其增长的源动力。

4. 城市中心城区中的主城区—新城区

选取苏州工业园区和宁波北仑西片区进行案例研究。对入驻苏州工业园区的企业进行的调查表明，企业选择苏州工业园区集聚发展的因素包括：政府服务水平、区位、供应链、交通物流、市场、专业人力资源、园区环境以及文化认同等多方面，其中，政府的优惠政策和服务环境是吸引外资经济发展的最重要因素之一。这种优惠政策和品牌效应由最初的新加坡工业园区逐步扩散至周边娄葑、胜浦、唯亭等镇，使得空间增长向这些乡镇转移（图0-27）。近年来苏州工业园区民营经济的发展得益于国有经济和苏南模式所积累下来的工业基础，同时也为外资经济的发展提供了良好的配套和人力资源。苏州工业园区从建设之初，就不是规划为纯粹的工业区块，生活服务和生产服务的发展也有相当的规模，未来苏州工业园区的发展将越来越综合化，形成苏州的东部新城，承载苏州的中央商务区。在这样的发展方向以及现有用地条件的限制下，大规

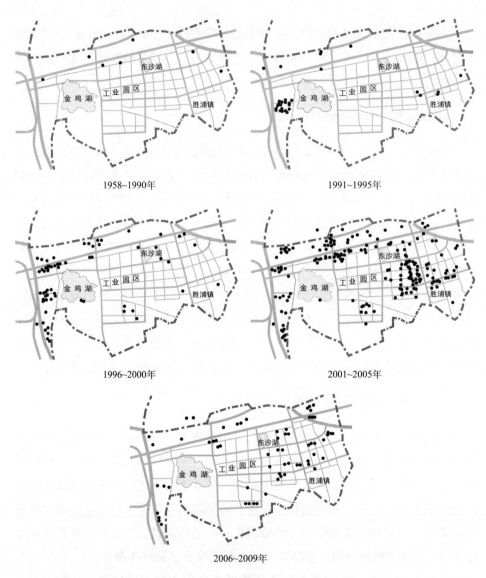

图 0-27　苏州工业园区各发展阶段进驻企业（打点表示）动态

模建设用地扩张的发展方式将逐步结束，工业用地的更新、道路交通系统的改善、生态景观系统的建设等将成为未来城市空间建设的核心内容。另外一个例证是北仑西片区，作为长三角城市群在快速发展阶段通过工业大规模扩张创造基础发展动力、实现产业资本积累的众多产业园区之一，随着近年来转型压力的增大，也开始逐步向综合型城市地区和特色工业基地转变。

综上，各类边缘区的空间增长动力和演化方向参见表 0-17。

表 0-17　边缘地区的增长动力和演化方向

边缘地区	空间增长的动力源	空间增长的构成主体	传统功能特征	功能演化方向
苏州工业园区	中新合作工业园区的政策，苏州古城保护的要求	以欧美外来投资为主，部分日资等，部分民营企业，制造业与服务业共同发展	苏州市的先进制造业基地	苏州市现代化综合新城、区域性的中央商务区、先进制造业基地
北仑西片区	国家级经济技术开发区的设置，北仑港的发展	临港型工业与出口加工业，以本地企业为主，部分外来投资	宁波市滨海工业区	滨海综合城市地区+特色工业基地
玉环县	股份合作制等制度环境的改善，专业市场的发展，当地的文化特征	本地民营加工制造业（大量以出口导向）	全国专业化制造业基地	先进制造业基地、海岛生态度假区
义乌市	国际市场下小商品交易的需求，文化特征	大型小商品交易市场和小商品专业街，小商品加工产业集群	区域小商品交易与生产基地	全球小商品贸易、商务服务中心
昆山花桥镇	邻近上海的区位优势，吸纳外溢的商务功能	商务服务、服务外包等	苏州市紧邻上海的普通小镇	上海市高端功能溢出的承接地，服务于区域的特色商务区
宁海县西店镇	国际市场对于出口加工业的拉动，交通优势	本地民营的出口加工业	宁海县的工业小镇	宁波的特色卫星城

三、城市群空间演化的微观机制

　　边缘地带这种优势城镇的不断涌现正是形成城市群多中心发展结构的空间机理。边缘地区的增长动力可能来源于其相对核心地区的功能扩散，或者可能与其相对核心地区功能关联不大，而是来源于更为广阔的市场的扩张；这些地区在完善自身城镇功能的过程中有些将逐步发展成为区域内新的功能中心，从而形成更加完善的城市群多中心形态。城市群空间演化的微观过程表现为：城市群中不同层级的"核心—边缘"地区向不同尺度和能级的多中心方向转化，并形成新的"核心—边缘"关系。据此可以将城市群的空间演化过程归纳为四个阶段（图 0-28）。

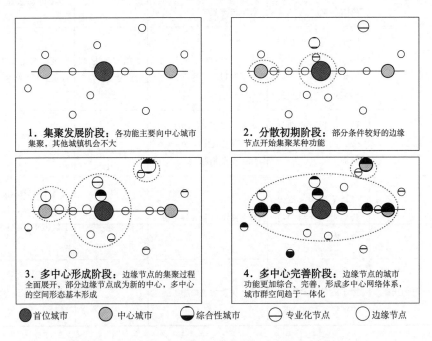

图 0-28　微观机制视角下城市群的空间演化模式

第一阶段为集聚发展阶段。这个时期各种功能均主要向中心城市集聚，其他城镇的发展机会十分有限，只是提供最基本的服务功能，城市节点之间也是孤立的发展，相互关联性不强。

第二阶段是分散初期阶段。这个时期市场需求开始启动，中心城市周边的部分节点以及部分条件较好的边缘节点开始承接市场扩张带来的功能集聚，但这些边缘节点此时集聚的功能仍相对单一，城市服务功能仍要依赖于中心城市，通勤开始产生，都市区逐步形成。

第三阶段是多中心形成阶段。这个时期市场需求爆发性增长，部分专业化功能向边缘节点集聚的过程全面展开，部分率先发展起来的节点功能逐步完善，转变成为新的具有吸引力的中心节点，多中心的空间形态基本形成。

第四阶段是多中心完善阶段。原来的那些边缘节点城市功能更加综合、完善，形成多中心的、分工明确的网络体系，城市群空间也趋于一体化发展。

第六节　城市群空间演化扩展的经济—生态—资源—交通影响机理

一、城市群空间结构的经济绩效

1. 研究意义与进展

空间结构是影响区域经济发展的重要因素，好的空间结构能够降低经济发展的成本，提高生产效率，这是空间规划理论的基本前提。空间结构的经济绩效，既强调经济产出，同时也强调福利的空间分配效应，意在促进均衡、可持续的区域经济发展。在国内外相关研究进展上，虽然区域经济与空间结构之间存在十分重要的关联这一观点早已被学术界所共识，但在实际研究中却总是倾向于将二者分开来考虑。有一些关于城市形态与经济发展关系的定性、定量研究，但系统研究两者关系的不多，相对综合的研究见于赛沃洛（Cervero，2001）

分别从宏观和微观两个尺度综合地研究了城市规模、城市形态、可达性、交通设施网络等多个因素对经济绩效的影响。研究的尺度上更倾向于基于大都市的区域，因为其反映了城乡经济的组织和广泛联系。

2. 模型构建技术与重大理论发现

（1）本研究分别从地理环境、规模密度、形态结构、社会经济结构、创新结构、空间制度结构六个方面建立了城市群空间结构的量化指标体系（表0-18）。采用两项指标综合衡量城市群的经济绩效，分别是人均 GDP 反映总量绩效和根据洛伦兹曲线计算的区域经济发展均衡度反映结构绩效。

表0-18 城市群空间结构测度指标体系

指标	含义	指标解释
GER	地理环境资源	反映城市群内主要自然地理资源的数目和属性
CCP	核心城市人口规模	城市群核心城市市区的户籍人口规模
MRPD	城市城市人口密度	城市群城市人口总量与城市群土地总面积的比值
TND	交通网密度	城市群高速公路总里程与城市群土地总面积的比值
CNBI	城市网络均衡度	反映城市群各级城市分布的空间均衡程度
MSDI	多中心服务分工指数	反映城市群各中心城市市区各种服务业职能的差异
CMDI	圈层制造业分工指数	反映城市群核心圈层与外围圈层制造业职能的差异
SMDI	分区制造业分工指数	反映城市群外圈各市市域或子区域产业自立性的程度
ICD	创新活动集中度	反映创新活动在核心城市内集中的程度
LGN	地方行政单元数目	城市群内平均每万人县级以上地方政府的数量

通过建立城市群空间结构与总量和结构经济绩效的计量模型，本研究选取我国 20 个城市群的两个年份数据作为样本，研究城市群空间结构影响经济发展的规律。模型根据 C-D 生产函数采用线性对数关系如下：

$$\ln PGDP_i（\ln GINI_i）= \beta_1\, GER_i + \beta_2 \ln CCP_i + \beta_3 \ln MRPD_i +$$

$$\beta_4 \ln TND_i + \beta_5 \ln CNBI_i + \beta_6 \ln MSDI_i + \beta_7 \ln CMDI_i +$$

$$\beta_8 \ln SMDI_i + \beta_9 \ln ICD_i + \beta_{10} \ln LGN_i + \mu_i + v_i \quad \forall\ i=1,\cdots, N$$

　　回归分析结果显示（表 0-19）：地理环境资源、城市群城市人口密度、交通网密度、创新活动集中度对于总量绩效具有十分显著的影响；地理环境资源、城市网络均衡度、分区制造业分工指数对区域发展的均衡度具有明显的促进作用；核心城市人口规模、交通网密度、圈层制造业分工指数、地方政府数目等对城市群的非均衡发展具有显著贡献。

表 0-19　模型回归参数估计结果

变量	变量含义	（1）	（2）	（3）	（4）
GER	地理环境资源	0.275 (3.142)***	−0.075 5 (−1.383)*	0.352 (3.511)***	−0.018 (−1.263)
CCP	核心城市人口规模	−0.009 6 (−0.046)	0.322 (2.470)***	−0.001 25 (−1.738)**	0.000 18 (1.732)**
MRPD	城市群城市人口密度	0.663 (2.897)***	−0.149 (−1.046)	1.768 (5.054)***	−0.043 (−0.869)
TND	交通网密度	−0.232 (−1.281)*	0.164 (1.453)*	−1.454 (−1.408)*	0.089 (0.604)
CNBI	城市网络均衡度	0.083 (0.714)	−0.138 (−1.897)**	−0.044 (0.339)	0.009 6 (0.516)
MSDI	多中心服务分工指数	−0.162 (−0.400)	−0.025 6 (−0.101)	0.196 (0.594)	−0.002 9 (−0.061)
CMDI	圈层制造业分工指数	−0.157 (−0.393)	0.404 (1.626)*	−0.019 (−0.06)	0.062 8 (1.394)*
SMDI	分区制造业分工指数	0.083 (0.282)	−0.225 (−1.231)*	0.213 (0.357)	−0.050 5 (−0.596)
ICD	创新活动集中度	0.376 (2.136)***	−0.105 (−0.952)	1.143 (2.356)***	−0.046 7 (−0.676)
LGN	地方政府数目	0.261 (0.808)	0.468 (2.321)***	14.097 (1.227)*	1.799 (1.099)
Constant	常数项	0.161 3 (0.843)	−1.837 (−1.537)*	−0.531 (−0.525)	−0.073 9 (0.513)
调整后的 R^2	—	0.532	0.157	0.705	−0.081
F 检验	—	5.438***	1.725*	10.311***	0.707
DW 检验	—	1.84	2.23	1.92	2.71

　　注：（1）和（2）是按照对数模型分别关于人均 GDP 和基尼系数回归得到的结果；（3）和（4）是对各项空间结构指标不求对数、直接关于人均 GDP 和基尼系数回归得到的结果。（1）～（4）的结果中，括号内的数值为 t 统计值。***置信度为95%以上，**置信度为90%以上，*置信度为80%以上。

（2）经济绩效的高低需要从总量绩效和结构绩效两方面进行综合评价。经济总量越大，意味着总量绩效越高。而结构绩效的评价相对复杂，与城市群所处的发展阶段存在密切关系：处于发展初期的城市群单中心结构或均衡度更低是更好的经济绩效；处于发展成熟阶段的城市群，多中心结构或均衡度更高是更好的经济绩效。

根据模型分析结果对各变量贡献度的解释，对城市群空间发展的经济绩效预景结果如下。

（1）积极推进城市群城镇化、构建更为均衡的交通网络、促进科研创新部门在城市群核心城市集中发展等空间策略，将能促进所有城市群经济绩效的提高。

（2）引导核心城市规模集聚、强化核心城市各种服务业职能集聚、引导制造业按比较优势分圈层发展、重点培育某一子区域的城市网络发展、采取更加分权的行政区划结构等空间策略，预期能进一步促进发展初期城市群经济绩效的提高。

（3）控制核心城市规模并引导中小城市规模集聚、分散核心城市的服务业功能并培育服务职能分工体系、分散核心城市的制造业功能并促进内外两圈层产业整合和垂直分工、引导外圈多个自立性子区域产业功能的分别集聚发展、培育更为均衡的区域城市网络、采取更加集权的行政区划结构等空间策略，预期能进一步促进发展成熟期城市群经济绩效的提高。

二、城市群空间扩展的生态影响①

1. 研究意义

我国城市群形成发育中呈现出高密度集聚、高速度成长、高强度运转以及发育程度低、投入产出效率低、紧凑度低、资源环境保障程度低的"三高四低"

---

① 该部分为子课题"城市群空间扩展的生态影响机理与计算实验系统"的主要研究结论，由中国科学院地理科学与资源研究所方创琳研究团队承担。

特点，城市群形成发育与空间扩展对周围地区的生态环境造成了不同程度的影响。采用科学的技术手段，分析城市群形成发育的生态影响机理，对建设资源节约型和环境友好型城市群具有十分重要的意义。

2. 模型构建技术与应用

（1）采用模糊隶属度函数模型、熵技术支持下的 AHP 模型和生态系统服务价值综合评估模型，开发出城市群生态状况诊断与服务价值评估技术，对武汉城市群进行诊断后发现，1997～2006 年武汉城市群生态状况诊断的综合评价指数呈先下降后上升的缓慢变化趋势，说明 1997～2003 年武汉城市群土地利用变化带来生态环境质量下降，而 2003～2006 年伴随城市群土地利用转化，生态环境质量不断提高。1997～2006 年武汉城市群生态系统服务总价值表现出逐渐上升的变化趋势，由 1997 年的 901.51 亿元，上升到 2006 年的 918.79 亿元，说明武汉城市群土地利用和空间变化所产生的生态环境影响是积极的（表 0-20）。

表 0-20　1997～2006 年武汉城市群生态状况诊断综合评价指数

城市	1997	1998	1999	2000	2001	2002	2003	2004	2005	2006
武汉市	0.836 1	0.790 1	0.723 6	0.571 0	0.344 3	0.460 9	0.505 7	0.570 1	0.494 0	0.421 6
黄石市	0.705 5	0.634 9	0.505 7	0.616 8	0.625 0	0.401 0	0.408 1	0.342 4	0.406 2	0.358 5
鄂州市	0.730 1	0.673 0	0.639 4	0.705 0	0.630 9	0.517 3	0.330 5	0.285 7	0.203 8	0.180 0
孝感市	0.682 5	0.660 6	0.558 6	0.662 0	0.625 2	0.543 8	0.610 8	0.539 2	0.554 9	0.459 1
黄冈市	0.553 4	0.486 4	0.337 6	0.427 4	0.474 5	0.452 5	0.510 1	0.508 8	0.492 6	0.464 0
咸宁市	0.650 5	0.671 2	0.590 1	0.605 6	0.629 4	0.543 0	0.486 6	0.514 5	0.541 0	0.532 4
仙桃市	0.477 5	0.474 4	0.457 5	0.537 7	0.533 6	0.538 5	0.464 5	0.388 0	0.595 7	0.633 6
潜江市	0.864 2	0.786 1	0.681 7	0.726 0	0.609 4	0.457 1	0.325 1	0.311 5	0.333 4	0.310 0
天门市	0.858 6	0.782 3	0.688 9	0.750 8	0.757 0	0.476 5	0.389 0	0.212 8	0.175 6	0.159 6
武汉城市群	0.501 1	0.535 6	0.519 1	0.477 1	0.461 8	0.455 8	0.417 6	0.485 4	0.478 0	0.511 6

（2）基于 RS/GIS 技术，开发出城市群空间扩展的生态功能区划技术和软件系统。根据城市群生态环境容量所允许的扩展幅度和扩展强度，由大到小将

城市群地区划分为优先开发区、适宜开发区、允许开发区、限制开发区和禁止开发区五个生态功能区。通过分析武汉城市群五类生态功能区演变趋势后发现，禁止扩展区总体上表现为前期（1980～1995 年）不断扩展、后期（1995～2000年）不断萎缩的特点，限制扩展区变动极其微弱，允许扩展区处于持续拓展的态势，适宜扩展区处于缓慢增长的态势，优先扩展区处于缓慢下降态势；生态功能区变动的主体是优先扩展区和适宜扩展区。如 1980～1995 年以优先和适宜扩展区为核心的变动占土地总面积的 1.83%，占总变动面积的 82.8%；1995～2000 年以优先和适宜扩展区为核心的变动面积占总面积的 12.79%，占总变动面积的 82.67%（图 0-29）。

			优先开发区
			适宜开发区
1980年	1995年	2000年	允许开发区
			限制开发区
			禁止开发区

图 0-29   1980、1995 和 2000 年武汉城市群生态功能区演变的空间格局

（3）采用 GIS 空间分析模块，以武汉城市群为例，揭示了城市群空间扩展的生态响应机理（图 0-30）。研究结果发现，武汉城市群林地、耕地和水域的生态价值贡献率高达 90%，但年度变化较小；居民点、工矿及交通用地生态价值的贡献率只有 4.18%，但年度变化较大；用地规模变化较大的类型是对生态贡献最大的耕地、林地和水域；用地增加幅度较大的类型为交通用地、居民点及工矿用地，减少幅度较大的类型为耕地、牧草地和未利用土地；双向变化规模较大的用地类型均为非建设用地。其他建设用地拓展的负面生态影响越来越大；城镇用地拓展的负面生态影响逐渐降低；农村居民点用地的负面生态影响低水平上升；城市群生态价值随城镇化水平的提高而逐步降低，随经济社会发展速度的加快而逐步降低。总体而言，现有的发展状态下，城市群的空间扩张对生

态的影响是有限的，林地、耕地、水域的生态价值远远高于居民点、工矿和交通用地。

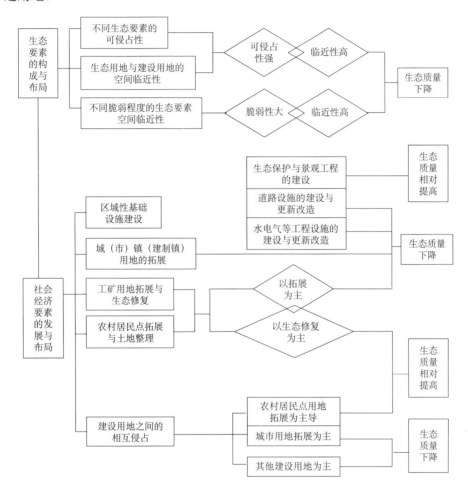

图 0-30　城市群空间扩展的生态影响机理

（4）借助 GIS 技术和系统动力学 SD 模型，构建了城市群可持续发展的生态影响预景分析模型（图 0-31），开发出城市群可持续发展仿真模拟系统和城市群空间扩展的计算实验系统软件（图 0-32）。以武汉城市群为例，通过调控变量的计算实验，提出了不同的计算实验方案，调控城市群空间扩展的状态。

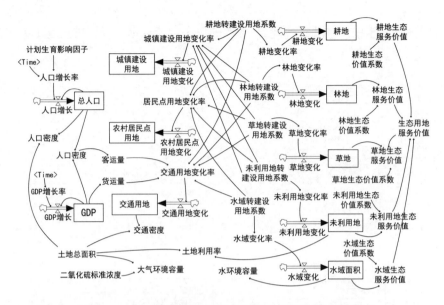

图 0-31　城市群可持续发展的计算实验系统因果反馈流程

ID	原始地类	目标地类	1990-2000年	1990~2000年均_参考	年均_变动	1990~2000比例_参考	比例_变动
1	耕地	城镇建设用地	20.68	2.07	2.07	20.47	20.47
2	耕地	居民点用地	33.07	3.31	3.31	32.73	32.73
3	耕地	其他建设用地	47.28	4.73	4.73	46.8	46.8
4	耕地	交通用地	9.46	0.95	0.95	9.36	9.36
5	耕地	建设用地	101.03	10.1	10.1	100	100
6	林地	城镇建设用地	2.34	0.23	0.23	28.3	28.3
7	林地	居民点用地	1.3	0.13	0.13	15.72	15.72
8	林地	其他建设用地	4.63	0.46	0.46	55.99	55.99
9	林地	交通用地	0.93	0.09	0.46	11.16	11.16

ID	原始地类	目标地类	1990~2000年	1990~2000年均_参考	年均_变动	1990~2000比例_参考	比例_变动
1	耕地	城镇建设用地	20.68	2.07	2.07	20.47	20.47
2	耕地	居民点用地	33.07	3.31	3.31	32.73	32.73
3	耕地	其他建设用地	47.28	4.73	4.73	46.8	46.8
4	耕地	交通用地	9.46	0.95	0.95	9.36	9.36
5	耕地	建设用地	101.03	10.1	10.1	100	100
6	林地	城镇建设用地	2.34	0.23	0.23	28.3	28.3
7	林地	居民点用地	1.3	0.13	0.13	15.72	15.72
8	林地	其他建设用地	4.63	0.46	0.46	55.99	55.99
9	林地	交通用地	0.93	0.09	0.09	11.16	11.16
10	林地	建设用地	8.27	0.83	0.83	100	100

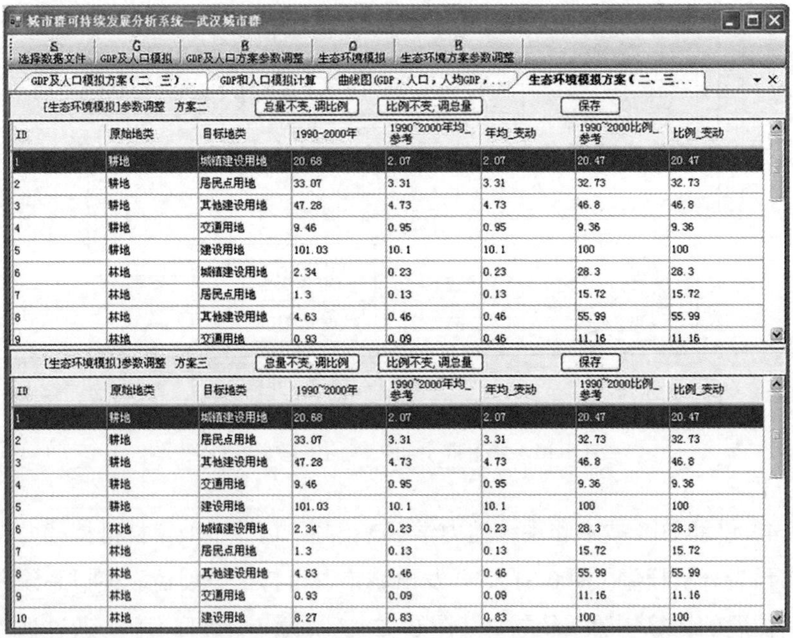

图 0-32　城市群空间扩展的生态影响计算实验界面

三、城市群空间扩展的水资源影响及预警[①]

1. 研究意义与进展

水资源是约束城市群发展的最主要因素。识别和诊断城市群发展对水环境压力的主要预警指标，通过模型运行，对这些主要的预警指标及时提出警示，避免经济社会发展偏离可持续发展的轨道，对于保证资源环境与社会经济的协调发展具有重大意义。从研究进展来看，大多数是针对生态系统安全的综合评价，或者是区域可持续发展能力综合评价，专门针对水环境的预警评价还比较欠缺。现有的预警模型实际是预测和评价的联合模型，即根据选定的预测模型，对指标进行预测，然后采用评价模型对预测结果进行评价。这实际仍是一种相对的预警评价，难以反映生态环境与经济社会之间的动态响应关系。

2. 模型构建技术与应用

本书采用系统动力学方法，建立了城市群发展对水环境压力的预警模型，以水资源量与污染物量为特征指标，建立各子系统之间的反馈关系（图 0-33）。通过调整产业结构、经济增长速度、污染处理力度、排放标准等可控指标，使关键的预警指标控制在可接受的警度范围内，达到经济社会发展对水环境压力的预警要求。该技术突破了以往仅以生态系统或者社会可持续发展为对象的相对预警评价，而是以水环境警度值作为目标，动态模拟出不同警度下的人口及经济社会发展规模，可为区域发展规划的制定和评估提供科学依据。

以长三角城市群内的湖州市为例，对湖州市 2008～2030 年水环境压力预警进行情景分析。根据警度等级划分原则和湖州市未来发展规划以及水环境现状，分别模拟水环境子系统警度值保持为现状警度（0.66）、2020 年达到无警下限值（0.8）和 2030 年达到无警下限值（0.8）三个情景方案（表 0-21）。预警分析

[①] 该部分为子课题"城市群发展与水环境相互作用的预警分析模型研究"的主要研究结论，由中国人民大学环境学院王西琴研究团队承担。

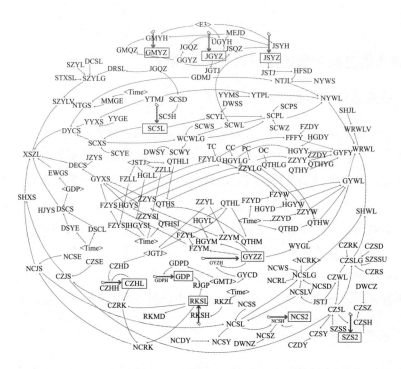

图 0-33　城市群与水环境相互作用的因果反馈流程

结果说明，通过对经济社会系统一些关键指标的调控，可以在满足水环境承载力的前提下，兼顾经济社会发展的目标。

表 0-21　湖州市水环境预警情景分析

方案名称	优点	缺点	推荐度
零方案	污水处理费用最低（占 GDP 年均 0.16%）	水环境逐步恶化，由现状轻警进入巨警状态（2028）	不推荐
维持轻警	污水处理费用相对较低（0.33%），经济社会结构变化较小	水环境状况无法改善	保留
近期无警	水环境改善最快，至 2020 年达到轻警状态	污水处理费用最高（0.46%）、经济社会结构调整幅度大	强烈推荐
远期无警	水环境逐步改善，至 2030 年达到轻警状态	污水处理费用相对较高（0.43%）、经济社会结构变动相对较大	推荐

四、城市群空间扩展与交通的相互影响①

1. 研究意义与进展

城市群空间发展与交通关系的定性研究十分多见，包括城市群交通系统发展演进规律研究、交通网络发展与城市群空间演进之间的内在关系研究、交通导向下的城市群发展模式研究等，但两者间关系的定量研究却存在难度，进展缓慢，其中的一个关键问题是城市群交通需求的预测和建模。交通工程学中对交通需求预测的技术方法比较成熟，一般采用四阶段法，但针对城市群的区域性交通需求预测，这一方法却很难适用。这是因为传统的四阶段法需要进行大范围的交通调查，对于城市群而言，数据采集工作量巨大，并且很难适应城市群地域范围广泛、不同城市或地区交通需求变化很大等特点，而且城市群城际交通方式复杂、运输通道的综合性、运输方式的多样性等因素也难以在既有模型中得到全面考虑。

2. 模型构建技术与应用

（1）建立了基于系统动力学方法的交通影响预景分析模型和城市群交通需求分析模型，对交通导向下的城市群发展进行模拟（图 0-34）。其中，交通影响预景分析模型包括交通导向下的城市群发展 SD 模型、效率评价模型和经济联系强度的引力模型。城市群交通需求分析模型包括城市群交通需求总量预测模型、城市群交通需求分布分析模型和基于 NL（Nest Logit）的城市群交通需求结构预测模型。通过预景分析可以对既有交通系统的适应性进行评价，对城市群交通系统备选方案的社会成本和收益进行比较，对交通系统与城市群发展之间的互动关系进行分析，并对给定交通发展模式下的城市群未来走势进行预景判断。

① 该部分为子课题"城市群交通影响机理及预景研究"的主要研究结论，由国家发展和改革委员会综合运输研究所郭小碚研究团队承担。

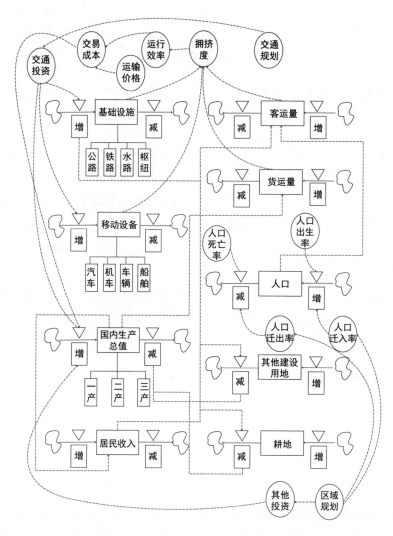

图 0-34　交通导向下城市群发展 SD 模型反馈关系

（2）交通系统与城市群区域经济之间的反馈关系主要通过交通系统的投资效应对区域经济的拉动作用、交通系统运行效率提高对区域经济的促进作用以及交通系统布局导向效应对区域经济格局的影响来实现的。交通设施的投资在短期内对城市群的经济发展有明显拉动作用，但城市群交通系统的投资效应受到边际消费倾向、比例税率、边际外购倾向等指标的影响，并且由于交通投资的挤出效应常使投资效果达不到理想水平。随着高速铁路、城际铁路在我国的投资建设，深刻改变了我国城市群内部以及城市之间的交通结构和空间结构，各种尺度上的空间联系进一步增强，如果站点设置密集、与城市内部公交换乘便捷、列车班次频繁，必将兴起我国城市群发展的一场空间革命。当然，要使高铁技术的社会价值得到充分发挥，还需综合运用降低价格、增加发车频率、扩大运量等管理运营手段。

第七节　城市群的规划政策建议

一、把握城市群发展的基本特征，树立健康城市群的基本理念

国家"十一五"规划纲要提出"要把城市群作为推进城镇化的主体形态"。当前我国城市群规划实践活动的热潮，很大程度上来自于将城市群作为一种带动区域经济发展和推动城镇化进程的核心空间结构的认识；但是对城市群基本特征的理论研究表明，城市群的发展存在正反、优劣两方面的效用，只有趋利避害，树立城市群健康发展的基本理念，才能真正推动区域发展水平的提升，从而进一步推动我国城镇化的健康发展。对于城市群的健康发展应当重点把握三个方面的基本特征。

（1）城市群的重要特征之一就是表现为一种高密度的市场容量。由于经济要素在区域内高度集聚，促进了"市场指向型"企业高度密集分布，推动了城市群经济增长极的形成。因此，增强城市群的产业和要素集聚能力，减少城市群内部及其与外部其他区域进行经济联系或交流的基础设施和制度性障碍，提升城市群的经济增长质量和自主创新能力，积极发挥城市群在区域经济社会发展中的龙头带动作用，实现城市群的高效增长是城市群健康发展的首要条件。

（2）城市群的另一重要特征表现为多中心的发展。城市群的多中心发展有利于空间的集聚。在我国目前的经济发展阶段下，工业经济的多中心分布更是

促进城市群集聚最为关键的要素。因此，引导城市群人口与经济要素的合理分布，加强城市群内部的紧密联系和要素流通，推动城市群的相对均衡发展，实现城市群地区的整体协调是城市群健康发展的重要基础。

（3）城市群的高密度市场容量和多中心发展，也是一把双刃剑。高密度往往意味着生态环境和资源条件集中消耗的潜在危机，多中心可能面临城市间过度竞争以及生态环境和资源条件耗散机制的系统性蔓延。因此，以城市群地区总体生态安全和环境容量为前提进行发展，提高资源的利用效率，改善生态环境质量，实行土地集约开发，保障城市群地区的可持续发展是城市群健康发展的根本要求。

二、认识城市群发展的功能与政策属性，探索城市群规划的政策效用范围

我国城市群产生的一个重要动力来自于上级政府的整合与推动，因此，作为一种政策手段的城市群规划在城市群地区的发展中具有非常积极的作用，使得我国城市群的发展在一般功能属性的基础上也具备了强烈的政策属性。如何寻求最有效率的政策作用范围无疑是城市群发展需要考虑的首要问题。

对城市群有效政策作用区域的判定，首先来自于对城市群功能属性的认识，这需要把握两个方面的要点。第一，城市群应当是一定区域范围内城市人口、产业的相对密集地区，因此地区人口与产业的规模和密度可以作为城市群范围划定的重要理论标准。第二，城市群应当是在一定区域范围甚至全球范围内与外部联系的联通密集地区，因此地区对外的经济与功能联系可以作为城市群范围划定的重要理论依据。对我国城市群规划实践活动的研究也表明，如何推动一个尽可能符合功能属性要求的理想城市群的形成，正是当前城市群政策制定的主要着力点。

但是，对于城市群有效政策作用区域的认识不能仅仅以静态的观点来做出功能属性角度的判断。由于城市群空间演化机制"集聚—扩散—集聚"过程的存在，城市群的空间范围事实上是一个不断循环、逐步增长的过程，具有动态

的特征。正是由于这种动态性特征的存在，城市群规划目标及其政策也是动态发展的。因此，城市群规划政策的意义不应当局限于符合标准的理想城市群未来蓝图的绘制和实施，而更应当高度关注对城市群运行机制的调控和优化。基于此，我们认为，对城市群规划与政策作用范围的界定既来自于对城市群范围的界定，又不能简单地等同于城市群范围的界定。通常，城市群规划与政策的作用范围根据城市群发展的不同状态而与城市群范围之间存在多种对应关系。

在城市群发展的初期，对城市群的规划调控应当集中于城市群内部的集聚—扩散效应，尤其是挖掘中心城市的发展潜力；而在城市群发展的成熟期，城市群规划政策作用范围应当同时作用于既有的城市群功能地域及其周边可能形成的多中心地区。

三、重视城市群形成发展的运行规律，采取有针对性的规划政策措施

1. 加强空间规划政策对边缘地区的促进与调控

城市群空间演化路径是"集聚—扩散—集聚"的循环过程，因此其空间结构也会呈现出交替性的"核心—边缘"结构。如何梳理城市群地区的空间结构，引导城市群"核心—边缘"结构的优化升级，从而带动城市群地区经济社会的协调发展是城市群空间规划政策的重要目标。

我国现阶段城市群空间发展政策主要包含两个方面：处于发展期的城市群，其空间结构仍然是集聚的，即单中心结构（包括单中心、双中心、组合型中心三类），其政策目标是通过强化核心地区，形成城市群的增长极，从而带动整个区域的发展；处于稳定期的城市群，其空间结构大多表现为网络型结构，其政策目标是通过构建网络空间，形成核心与边缘节点的多样化发展和紧密的互动联系，加强区域协调，进一步促进区域一体化的形成。

因此，城市群空间规划的政策重点在于判别出城市群空间的"核心—边缘"结构，并结合城市群所处的发展阶段，通过对城市群空间的合理引导，即强化城市群核心地区的实力，促进边缘地区的特色化增长，形成一体化的空间经济载体。

2. 城市群规划的产业政策重点在于对宏观产业结构的引导与调控，适度放松对微观层面的限制

产业发展是城市群集聚的重要方面。当前我国城市群规划的产业措施往往集中在产业结构定位和产业分工两大领域。产业结构是塑造城市群整体竞争力的主要内容，也是城市群功能结构的核心。由于城市群是整个国家经济的增长极，因此，我国产能过剩和产业结构的调整压力也都集中在城市群地区。城市群的产业政策应当符合国家产业政策的转向，既包括制造业结构的转型，也包括现代服务业的提升，总体上应当着力于宏观结构的引导。而对于每个城市个性化的经济职能，可以进行原则性指导，赋予地方政府较大的发展选择权。地方政府可以依据城市发展基础和发展机遇等内外部因素，调节自身产业升级和转型的重点。这在一定程度上也为城市群区域的自由竞争提供了机会，使资源配置和资本可以更为自由的流动，形成区域内的多中心竞争性氛围，这种竞争有利于城市群整体提高经济效率和社会福利。

但至今，对于城市群内部的产业分工和协调发展问题仍存在较大疑问。根据本书的研究，城市群内部各地区间存在的产业结构同构的问题是城市群市场容量庞大的必然结果，而且统计上存在的所谓"产业同构"并不影响企业之间产品和市场结构的差异化。我们所要避免的是产业或企业之间的恶性竞争，这主要是因为由此将会造成对资源的浪费。因此，产业分工政策应该适当予以弱化，不应该形成对各个城市产业结构的细分化控制。随着市场容量的饱和，产业同构的城市必然将自主转向，形成差异化的发展路径，形成新的产业分工均衡格局。

第八节　结论与展望

一、主要结论与观点

本书对城市群空间发展的关键技术总结为城市群空间发展的宏观和微观基

本原理，以及城市群作为一种空间政策的效用机制。

1. 宏观基本原理

（1）城市群是各种功能已经高度集聚或政策上促使其高度集聚，并且不断发生着强烈的内外联系或未来高度集聚发展后将发生强烈联系的特定城市密集区域。

（2）足够庞大的市场需求是城市群集聚的首要条件。全球化带来的庞大外需市场是我国城市群形成与发展的重要动因。

（3）城市群不仅内部存在密切的空间联系，城市群与外部、城市群之间也存在不可忽视的联系，在全国和全球城市网络体系中，城市群是其中的网络联通密集区。

（4）城市群的空间扩展对生态的影响相对有限，水资源短缺是城市群发展最关键的制约因素之一。

2. 微观基本原理

（1）"多中心"发展是城市群空间发展的核心机制。

（2）"多中心"既包括中心城市，也包括边缘节点，并且不同层次的边缘地带是城市群空间增长的主要空间。这些边缘地带大多经历了"边缘节点—专业功能的发展—综合功能的完善—中心节点"的发展过程，但其中的动力机制存在较大差异。

（3）"多中心"地方政府之间在合理规则下的博弈和竞争有利于城市群整体发展，竞争的最佳方式是制度创新的竞争。

3. 城市群政策的效用机制

（1）城市群规划的核心矛盾体现在产业经济发展、区域城镇空间结构、资源环境制约三方面。其中，产业经济发展是解决城市群市场容量的问题，区域城镇空间结构是解决"多中心"体系的问题，资源环境制约是解决多中心竞争规则的问题。

（2）城市群政策的效用体现在，保障城市群内部多中心之间在合理的制度框架下充分竞争，从而降低经济发展成本；对外竞争要加强联合，相互协同，保护好资源环境。

（3）处于不同发展阶段的城市群政策实施机制应有所区别，成熟期城市群侧重加强政府协商，强调对外竞争时的联合；发展期城市群侧重加强投资和空间管制，强调对多中心体系的促进和竞争中的资源环境保护。

二、对于我国城市群空间发展的展望

大力发展建设城市群已经成为我国中央及省级政府的一项共识，冀望它成为一剂"良方"，刺激国家重点区域及本省城镇化的发展。但事实上，具备本书所指出的功能内核的城市群却仅包括东部沿海的几个城市群，中西部的绝大多数城市群几乎都不具备这样的特征。这是由我国经济此前更多依赖于外需所导致的，沿海临港地区是庞大市场容量的集聚地，相反，中西部的市场容量则十分有限。可以断定，如果这种格局不改变，在中西部发展大规模的城市群并不具备可行性，而只能局限在相对较小的地区发展。

这种经济格局在"十二五"乃至更长期已经表现出转化的势头。美国次贷危机的爆发使得我国外需经济受到严重影响，东部沿海地区的城市群中发生工厂倒闭的现象，或许可以视为城市群转型发展的先兆。我国的经济政策在这一背景下开始转向通过自主创新和拉动内需来促进经济的持续发展，外需和投资拉动被弱化，从而改变市场容量的分布格局。中西部地区由于人口密集，内需的启动将使得该区域成为不断扩张的国内市场的集聚地，为城市群的进一步发展创造了条件。目前已有许多企业包括大型企业开始向中西部城市转移，以更加接近未来的需求市场，就是这一新机制的体现。

诚然，不是所有"政策性"的城市群都具备发展成为大规模城市群的实力，一部分城市群将在政策机制和发展机遇的共同作用下脱颖而出，甚至可能形成可与长三角、珠三角比肩的城市群，而其他城市群仍然由于市场容量的限制而难以获得更大程度的增长。沿海地区的城市群在外需规模难以进一步扩大的环境下，将依托其高端经济要素的优势促进其经济发展方式的转型，从外延式扩张转向内涵式增长，其空间发展将最终体现为内部结构的调整、优化和重构。

第 一 部 分

城市群空间发展理论研究

第一章　城市群相关研究综述

第一节　城市群概念研究综述

一、城市群：集聚现象与规划目标

随着我国城镇化发展进入新阶段，城市群已经成为被政府、规划师、理论学者们所普遍接受的概念。"十一五"以来城市群被确定为我国城镇化发展的主体形态。 显而易见，城市群是城市集聚发展的高级状态，是人口源源不断、快速涌入的空间结果。我们既能看到北京、上海这样的国家级中心城市持续的人口集聚过程，城市功能日趋服务化，白领和中产阶级高度集聚，伴之而来的是房地产价格高涨；也能感受到近十多年来珠三角、长三角工业区的快速扩张，农民工或外来打工者钟摆式迁徙，大量耕地被蚕食，产业层次不高、社会问题尖锐、用地指标紧张、生态环境恶化成为这些地区现在普遍遇到的问题。这成为我国城市群发展一个阶段性的现象。

我们对国内 12 个主要的城市群进行研究，包括三大核心城市群，即京津冀、长三角和珠三角，还包括四个沿海地区城市群、三个中部地区城市群和两个西部地区城市群（表 1-1）。这 12 个城市群以占全国不到 10%的土地面积集聚了全国 35.7%的人口，建成了 56.8%的城市建成区，创造了近 70%的经济产出；而三大核心城市群以占全国 4%的土地面积集聚了全国 15.6%的人口，建成了 31.6%的城市建成区，创造了超过 40%的经济增长，集聚趋势明显。

表 1-1　我国主要城市群基本情况（2008 年）

城市群	土地面积（平方千米）		建成区面积（平方千米）	年末总人口（万人）		生产总值（亿元）	
	全市	市辖区	市辖区	全市	市辖区	全市*	市辖区
京津冀城市群	182 501	23 323	2 836	7 339.62	2 959.77	25 072	20 991
长三角城市群	151 366	34 810	3 921.2	10 451.21	4 537.63	52 035	37 120
珠三角城市群	55 034	20 861	2 535	2 916.38	1 974.32	25 606	27 589
辽中南城市群	96 715	11 777	1 351	3 122.17	1 532.52	11 196	9 841
山东半岛城市群	73 855	18 345	1 437	4 021.08	1 525.68	17 108	11 214
闽东南城市群	42 627	6 151	563	2 272.49	728.57	7 013	4 007
北部湾城市群	42 473	15 025	320	1 298.67	503.61	1 779	1 450
中原城市群	56 390	3 851	942	4 036.04	900.72	8 224	3 236
武汉都市圈	50 798	7 258	671	2 745.78	873.03	5 058	4 242
长株潭城市群	28 110	1 771	404	1 322.17	405.78	3 468	2 648
成渝城市群	121 643	33 704	1 296	5 998.05	2 452.63	9 118	7 001
西安都市圈	37 232	7 771	411	1 919.69	815.64	28 768	2 443
所有城市群占全国比例（%）	9.78	1.92	56.76	35.72	31.66**	68.35	43.51
三大城市群占全国比例（%）	4.05	0.82	31.60	15.59	15.61	41.65	28.30

注：* 全市生产总值数据为 2007 年数据；** 市辖区人口占全国的比重是指市辖区人口占全国城镇人口的比重。

资料来源：根据《中国城市统计年鉴 2009》《中国城市统计年鉴 2008》计算。

　　从世界范围来看，早在 1961 年戈特曼就研究了美国东北海岸的大都市带空间集聚现象，今天，巨型城市区域（mega-city region，MCR）在世界高度城市化地区不断涌现，它由形态上分离但功能上相互联系的 10～50 个城镇，集聚在一个或多个较大的中心城市周围，通过新的劳动分工显示出其巨大的经济力量（Hall and Pain，2006）。如美国的 10 个 MCR 集聚了美国 68% 的人口，1992～1999 年美国 86% 的经济增长发生在大都市地区内，95% 的新增高技术工作都集聚在大都市区。城市群形成和发展成为世界经济发展过程中的一个普遍规律。

普遍的观点认为，全球化、信息化和向高端服务经济的转变所导致的人们工作方式与产业组织关系的变化，是位于这一显著空间过程背后的潜在机制。在全球化的机制下，通过全球竞争和分工，以世界城市为核心的城市群成为全球体系中高端经济部门和各种"流"的集结枢纽，成为构建国家竞争力和对世界经济施加控制力的核心空间经济体。换言之，城市群是全球高端经济要素的集聚体，是世界各国的经济命脉。于是，城市群成为世界各国通过政策机制重点规划、培育和管治的对象，如欧洲空间发展展望（ESDP, 1999）所提出的"在欧洲城市体系中进一步促进多中心、构建多个 MCR"，就是欧洲各主要国家博弈世界政治经济控制地位的结果。

中国对城市群的重视也是近十年来的事情，这与中国加入世贸组织从而更深地融入全球竞争以及 21 世纪以来中国步入快速城镇化阶段的客观趋势是恰好吻合的。这段时期，无论是东部、中部还是西部，特大城市成长迅速，集聚趋势明显；部分地区中小城市甚至小城镇发展活跃；大型基础设施建设形成新一轮高潮；分税制改革、省直管县进入新阶段；城市之间、区域之间的竞争和利益冲突日趋激烈。在这种背景下，区域规划重新回归人们的视野，各种省市域规划、城市群规划、都市圈规划、区域协调规划"花样百出"，除珠三角、长三角、京津冀外，山东半岛、辽宁中部、辽宁沿海、海峡西岸、北部湾、中原、长株潭、苏锡常、南京、徐州、武汉、济南、太原等各式城市群或都市圈一时间百花齐放。即使这些区域本质上存在巨大差别，甚至从某种意义上某些区域难言构成城市群，这些规划的意图都是类似的：以特大城市、大城市为核心进行区域分工与联合，尤其通过城市群规划和区域管治来提升区域经济竞争力及促进区域协调发展，成为新时期我国城镇化过程的重要特征。这种经过自下而上规划实践检验的空间发展形态逐渐得到中央政府的重视，"十一五"规划中明确指出要把城市群作为推进城镇化的主体形态，加强统筹规划，城市群已由地方自组织的战略行为提升到国家政策。因此，对于"城市群是集聚现象还是规划目标"的疑问是非常有价值的。这一问题恐怕难有结论，但它却是理解城市群概念的关键点。

二、城市群概念发展的渊源

从城市群概念发展的渊源来看，学术界一般认为，E. 霍华德（E. Howard）早在 1898 年其著名的田园城市理论中提出的城镇群体（town cluster）理念是这一思想的最早阐述。格迪斯较早发现了诸如伦敦、巴黎、柏林—鲁尔区、匹兹堡—芝加哥—纽约等地区正发生的形态—功能变化，在 1915 年提出的"conurbation"概念描述了城市功能向城市边界以外扩展过程中众多城市的影响范围相互交叠所产生的城市区域（city region），这是探讨城市群实质的源头。20 世纪 30 年代，英国、美国的统计部门对这一城市功能地域概念的量化做出重要贡献，相应的统计口径不断被完善，核心—外围结构和通勤构成界定这一地域范围的重要指标。随着 20 世纪以来尤其是战后西方城市郊区化和分散化趋势的不断深入，大都市多中心的空间结构愈加明显，在发达的交通体系下，在经济、社会、文化上具有密切联系的巨大城市群体地域成为现实。1957年，法国地理学家戈特曼在游历了美国东北海岸后惊诧于"从波士顿到华盛顿一带大城市沿着海岸线高密度分布的现象"，提出了"megalopolis"，在国内被译为大都市带，即由多个大都市组合而成的一种区域空间形态。参照西方国家经验，日本于 20 世纪 50 年代提出了"都市圈"的概念并分为大都市圈、地方枢纽都市圈、地方核心都市圈、地方中心都市圈等多种类型。根据日本地理学辞典对都市圈的解释，都市圈是以城市为中心形成的职能地域、集结地域，是一种具有具体职能的社会实体，其范围与都市势力圈相近，内容与日常生活圈、都市共同体相似，与经济圈、商圈也类似，其界限是与相邻城市势力的强弱对比关系的产物。1989 年，麦吉（McGee）在其"desa-kota"之上提出了东南亚国家的"mega urban region"概念，包括两个或两个以上由发达的交通联系起来的核心城市、当天可通勤的城市外围区以及核心城市之间的城乡交错融合的"desa-kota"区域。21 世纪初，随着信息化革命和全球经济一体化的发展，斯科特 2001 年提出了"全球城市区域"（global city region）概念，意指全球城市网络体系中不断扩张的多中心结节区域，构成了现代生活的中心。

在国内，城市群相关概念的发展明显受到西方包括日本的影响，在借鉴国外经验中不断发展。于洪俊、宁越敏在 1983 年首次用"巨大都市带"的译名向国内介绍了戈特曼的思想。以后的十年内形成了我国城市地理学界研究这一地理形态的第一次高潮，并为后来研究奠定了重要基础。周一星于 1988 年提出城市经济统计区（urban economic statistical area）和都市连绵区（metropolitan interlocking region）的概念，分别对应于西方的大都市区和大都市带，以求与国际概念接轨。1989 年，董黎明提出城市群的概念，认为城市群即城市密集地区，是由若干大中小不同等级、不同类型、各具特点的城镇集聚而成的城镇体系。1992 年，崔功豪提出城镇群体概念，认为是有着主次序列、相互分工协作的城镇有机系统，并包括城市—区域、城市群组和巨大都市带三种类型。姚士谋（1992）对城市群的定义堪称经典，即在特定的地域范围内具有相当数量的不同性质、类型和规模的城市，依托一定的自然环境条件，以一个或两个超大或特大城市作为核心，借助现代化交通工具和综合运输网的通达性以及高度发达的信息网络，发生于城市个体之间的内在联系，共同构成一个相对完整的城市集合体。城市群相关概念研究的第二次高潮是 2001 年以来在江苏省三大都市圈规划编制后兴起的一轮全国性区域规划编制浪潮。之前仍停留在学者笔下的各大城市群或城市区域都以规划的形式得到深入讨论，冠以都市圈、城市群等各式概念的城市区域层出不穷，显得参差不齐。为了使概念更为清晰，不致互相混淆，出现了一些对各种名词的比较研究，如胡序威等（2000）对比了城镇群和城镇密集区，吴启焰（1999）对比了城市群与大都市带，王兴平（2002）认为都市区—城市密集区—城市群—大都市区—都市连绵区—大都市带是一个演化序列上的不同阶段。政府通过规划进行调控干预成为这一轮概念研究的重要特征，如邹军等（2005）认为，都市圈是在原先经典定义之下有所扩展、具有区域一体化发展倾向并可实施有效管理的城镇空间组织体系。

三、国外城市群相关概念的变迁

1. 基于人口统计的大都市区（metropolitan area）

城市群概念的最初原型来自郊区化过程中城市功能区向城市外的扩展，包括居住、工业、商业办公等城市功能向外扩散的过程。由此导致城乡功能和界限模糊，给城乡统计带来不便，需要重新划定统计单元，这就产生了统计意义上的大都市区。大都市区之间随着郊区化过程的加深而相互联结，连绵一体，便形成了大都市带。大都市区一方面本身就是一个普查统计区域，是记录城市经济发展历程的基本单元；另一方面在确定该单元的过程中又恰当地体现了城市群集聚—扩散的形成机制，因此被我国许多学者作为界定城市群的重要方法和标准。

早在 1910 年，美国就提出了大都市地区（metropolitan district，MD）的概念。1930 年，美国人口普查局对大都市地区的定义是"集聚了 100 000 或更多人口，并且其中含有一个或多个具有 50 000 或更多居民的中心城市"的城市单元（urban unit），并识别出 96 个这样的地区。这一早期的大都市区概念只考虑了规模因素，而无城市功能和经济联系的概念。事实上，同时期英国也做了类似的工作，提出了相应的大都市区（conurbation）的划分标准，其中则考虑了经济联系。具体说，早期英格兰及威尔士地区对大都市区地域概念的研究可分为三个步骤：首先选择哪些城市可以算作大都市；然后依据各种功能联系划分出这些大都市所服务的区域；最后将混合重叠的大都市区划分开来，并对其区域经济功能进行解释（Dickinson，1934）。此外，认为若按这种标准，美国 1930 年人口普查局确定的 96 个 MD 中只有少数可被认为是大都市区。迪金森（Dickinson）采用这种"三步走"方法，对美国的大都市区域进行了研究，首先将居住人口在 5 万人以上且人均制造品的批发贸易额在 1 000 美元以上、货物仓储空间分布集中的城市提取作为大都市（metropolitan city），然后对批发、报纸、牲畜以及农业的市场区域进行综合，作为大都市区的划分依据。

此后，1940 年，美国人口普查局调整了统计口径，将大都市地区定义为中心地区人口达到 50 万以上，并由郊区环绕的人口密集区。人口普查局又对"二战"以前美国大都市密集区的自然边界的动态状况进行了研究，提取了 1940 年 140 个大都市地区（MD）。1950 年，美国对大都市区做了更加具体的规定以用于国情普查，并确定了大都市统计区（MSA）。1959 年又提出了标准大都市统计区（SMSA）。这些概念基本相似，认为大都市（统计）区是以一个或两个具有一定人口集聚规模的大城市为中心，以及与之有密切通勤来往的多个外围县（outer county）构成，并且关于外围县的非农人口和经济比重以及与中心城市地区的通勤频率做了相应的门槛规定。1980 年，美国提出基本大都市统计区（PMSA）和包含几个 PMSA 的联合大都市统计区（CMSA）的概念。这些概念显然将城市功能和经济联系作为大都市区的核心空间内涵，大都市区的功能地域概念在统计技术层面上体现出来。

大都市区的统计概念是研究大都市区发展结构的基础，尤其是大都市区并不是一个具有固定边界的行政区域，而是随着社会经济的发展具有动态变化的特征，因此，大都市区界定标准是否合适也影响着研究结果的判断。埃利希和吉尤科（Ehrlinch and Gyourko，2000）采用四种定义方法对美国大都市区的规模分布进行研究，这四种方法分为浮动的（floating）和固定的（fixed）两类，其中前者大都市区的边界和数目是随时间变化的，而后者的边界和数目都是不变的。浮动定义方法有两种：第一种是汤姆森的 MD，涵盖时间为 1910～1940 年，反映了大都市区应当的物理边界，由 1910 年的 44 个 MD 增加至 1940 年 140 个 MD；第二种是基于人口普查局定义的浮动大都市区（floating metropolitan areas），依据每个阶段发生的变化，在 1960、1970、1980、1990 年分别确定一系列浮动大都市区，并与 MSA 相合并，得到随时间地理边界和数目均变动的大都市区。第二种方法的缺点在于确定大都市区的数量方法过于严格，且标准随时间存在调整或不一致的情况，其由 1950 年的 172 个大都市区增至 1990 年的 335 个大都市区。固定定义方法也有两种：第一种是采用 1950 年的 MSA 定义，1950～1995 年均为 165 个大都市区，但忽略了 1950 年以来大都市区的发展；第二种采用 1983 年的 MSA 定义，1950～1995 年均为 308 个大都市区。

加拿大采取了与美国类似的大都市区概念，定义了普查大都市区（CMA）。此外，澳大利亚也定义了类似的普查扩展城市区（CEUD）。大都市区的概念不仅是几个特大城市的功能地域概念，非常重要的是国家可通过遍布整个国土的大都市统计区的动态，以掌握全国城乡社会经济发展的结构和趋势，而且 MSA或 CMA 等也给城市研究带来了标准化的数据。当然，在地方政府之间的博弈、交互和达成协同的过程中所涵盖的大都市管治区域范围并不一定与 MSA 完全一致，可能舍弃一些地方政府，也可能包括 MSA 以外的部分地区，而且不同的管治协调目的也可能覆盖完全不同的区域，但可以肯定的是，大都市统计区为这一过程提供了标准化的基础。

2. 基于区域管治（governance）的城市区域［metropolitan region（MR）/ city region］

对城市群更深一层的理解是从区域协调或管治体制角度，认识到城市群的核心矛盾在于内部各行为主体之间关系的调和。在此意义下，城市群的空间范围相对变得模糊，非严格界定，如近年来欧美国家所提出的城市区域并没有强烈的普查统计意义。我国近年来层出不穷的城市群也可视作此类。

作为管治对象的城市区域产生于国家政治/制度环境转变和经济全球化的共振。"二战"过后（20 世纪 50～80 年代），福利制成为欧洲几乎所有国家政治的主要特征，无论是那些有合作关系传统的国家，如荷兰，还是由区域联邦建构的国家，如德国、比利时，或是那些传统的集权政府国家，如法国、英国和东欧的社会主义国家等，中央政府在这一时期均扮演着绝对核心的角色，不仅保护着国家经济，同时也控制着大都市区内公共设施的供给。中央政府的这种强烈干预限制了大都市区空间协调功能的发挥，大都市尺度（metropolitan scale）上的自治组织在一些国家（如英国）可由国家政府的意愿废止。

1980 年以后，欧洲的政治经济环境发生了根本性的变化。一方面是信息经济发展所带来的全球经济一体化和经济市场自由化，使得表现为全球或区域"控制力"的城市层级体系更为明显：那些在这一过程中集聚了更多高端服务部门的城市凸显成为世界城市，如伦敦、巴黎、法兰克福；而那些在这一过程中由于遭遇持续制造业下滑和就业减少却难以恢复、在竞争中缺少高端服务业而不具有控制能力的城市，如曼彻斯特、杜伊斯堡、那不勒斯等，则逐渐成为欧洲城市体系中的下层。对于欧洲各国来说，少数具有国家、欧洲甚至世界控制力的城市成为各国经济发展的主体，这主要包括各国首都和国内一些主要的大城市。

与此同时，不同层级政府之间的关系也出现了转变，使得原来集权化的福利制国家向超国家的（即国家之间的）联合组织和分散化的（即地方多级政府自治）两个方向转变。在超国家的政策方面，20 世纪 80～90 年代欧盟的成立和相关政策，包括欧洲统一市场经济货币联盟、欧洲区域发展基金以及跨洲网络的建设等，对欧洲各国的空间经济产生了重大影响。1999 年，非正式内阁议会在波茨坦会议达成的欧洲空间发展展望（ESDP）反映了欧盟各国在共同目标和未来的发展思路上达成的共识。尽管涉及欧盟、各成员国和次国家（sub-national）政府等各个空间层次，但 ESDP 既非强调欧盟的领导地位，而是通过欧盟建立一套讨论和政府间交流经验的机制，同时也不是给各成员国制订固定的行动计划，而是将区域和地方政府置为"欧洲空间发展政策的核心角色"（ESDP，1999），大城市区（city region）成为 ESDP 政策选择的主要对象。在地方政府层面，一方面，中央政府权力的下放使得各国地方政府的权责增加，并且加剧了地方政府之间的竞争，各地社会经济条件的差异和不平衡使得地方政府之间的合作更加困难；另一方面，为在国际经济区域竞争中获得优势，区域协调与合作又显得非常必要。因此，大都市区管治也成为欧洲各国通过协调、磋商和资源共享提升大都市国际竞争力和国家实力的必然途径。这一过程在欧洲则更倾向于是中央政府引导的（central government-led）结果，尤其是通过空间规划形成并影响了许多城市和区域的发展结构。

欧洲各城市区域管治的空间尺度大约都建立在四或五个不同的层次上，即国家（state）、区域（region）、大都市区（metropolitan or conurbation area）、城市（city），有的还包括邻里（neighbourhood）（Salet et al.，2003）。其中除区域是由中央政府委任之外，其他均由一级通过选举产生的政府作为支撑，而恰是区域这一层次是需要通过大都市区管治来协调国家政府和各地方政府以达成区域共识。因此,从各种文献来看,欧洲的大都市区很少冠以"metropolitan area"的名字,而是冠以"region"或"metropolitan region",反映出区域管治作为大都市区概念内涵的重要性,在统计上的定义标准则因各国各城市的发展状况而各异(表1-2)。

表1-2　欧洲各主要城市区域

大都市区	半径 (km)	总人口 (百万人)	中心城市人口 (万人)	空间概况
伦敦城市区域 (London Region)	60	18.1	740	即东南区域(south-east region)。由于就业和人口在大伦敦的绿带边界以外不断扩散,使得这一区域成为联结居住和就业中心的、通勤可达的整体功能区域
法兰克福—莱茵—美因 城市区域 (Frankfurt-Rhine-Main Region)	90	11	65	跨越黑森等多个州,莱茵、美因两河穿越交汇。法兰克福中心城市较小,制造业和许多服务业大多分散在距中心75千米的区域以内,使得法兰克福成为德国最"美国化"的大都市区
柏林—勃兰登堡 城市区域 (Berlin-Brandenburg Region)	98	6	339	即勃兰登堡州的范围。随着1990年柏林墙的"倒塌",柏林也开始向其直接影响区域(ISI)郊区化,无法控制的居住、商业用地扩散对自然和风景资源构成了威胁,需要区域统一保护
巴黎城市区域 (Île-de-France Region)	70	10.9	210	涵盖了八个省的范围。1982年中央政府的部分权力下放,法国开始经历政治破碎化,巴黎作为国中之国,并不愿意参与任何形式的区域协调。巴黎也经历了大规模的人口和产业郊区化,但高级产业仍集中在巴黎及其西部
阿姆斯特丹城市区域 (Regionaal Orgaan Amsterdam)	20	1.45	73	兰斯塔德北翼,跨越北荷兰省和乌得勒支省。制造业和服务业的郊区化在阿姆斯特丹以外形成了多个副中心节点,构成了日常城市生活系统

续表

大都市区	半径（km）	总人口（百万人）	中心城市人口（万人）	空间概况
米兰大都市区域（Metropolitan Region of Milan）	30	5	137（1991）	涵盖了米兰省及周边部分省市范围，是伦巴第区的核心，反映了米兰与周围复杂的功能联系
巴塞罗那大都市区域（Metropolitan Region of Barcelona）	90	4.2	150	具有巴塞罗那大都市和巴塞罗那大都市区两个空间层次，且大都市区内第二圈层的中等城市更具竞争力，而工业企业多分散至大都市区以外

美、加等国近十年来也逐渐采用 MR 的概念以倡导区域管治。北美地区在大都市区管治（如区域议会）中的大都市区概念覆盖了 MSA 的大部分，但政治与统计定义之间很难达到完全吻合。区域议会所覆盖的地理范围，或者只涉及 MSA 部分，或者超出其定义范围，或者兼而有之，或者 MSA 间甚至合并了区域议会。

此外，在欧洲的大都市区与城市之间往往还存在一层空间结构，即大都市，如大伦敦管理局（Greater London Authority，GLA），同样也是包括多个独立政府的区域（包括城市市政府和32个自治镇），这也反映出与北美概念的不同（表1-3）。

表 1-3　伦敦的政治组织

级别	组织	规划
国家（选举产生）	中央内阁	—
	东南区域政府办公室	东南区域战略导则
	伦敦政府办公室	伦敦战略导则，后被空间发展战略代替
区域（中央委任）	东南区域规划常务会议（2001 年前）	区域战略咨询
	东南区域发展署	东南区域经济发展战略
	东部区域发展署	东部区域经济发展战略
大都市（选举产生）	大伦敦管理局（2000 年成立）	空间发展战略（SDS） 交通战略、文化战略、生物多样性战略 废弃物战略、噪音战略、空气质量战略
	伦敦发展署（2000 年成立）	经济发展战略

续表

级别	组织	规划
地方（选举产生）	县	结构规划（structure plans）
	区	地方规划（local plans）
	镇	整体开发规划（unitary development plans）

3. 基于国土/区域规划的大都市圈（区）

区域管治是目的，区域规划是手段。事实上，基于国土/区域规划的城市群概念仍是基于区域协调发展的目的。日本的三大都市圈规划较为典型。日本共编制了五轮都市圈规划，大致可以分为三个时期：20 世纪 50～60 年代，由于城市极化现象严重，规划以抑制大城市的过度发展为目标；20 世纪 70～80 年代，为适应经济发展，从单纯的大都市抑制转变为培育多核心城市群，促进都市圈的均衡发展；20 世纪末期，最新一轮的规划是在经济发展受挫甚至负增长的背景下进行的，由于原来经济高速发展所带来的问题均不同程度地显现，提出调整城市的发展战略和产业结构以适应全球化带来的影响，提高区域竞争力，并且引入环境安全、共生等理念，以形成多轴型国土构造为目标，力图全面促进国土的均衡发展。对于大都市圈规划范围的界定标准，虽然经历了多次调整，但总体来说与欧美的大都市统计区概念类似，将大都市圈也分为中心城市和外围地区。其中，中心城市根据人口规模门槛规定，外围地区根据非农化的标准和到中心城市的通勤率界定。在我国，城市群规划同样是支撑城市群思想十分重要的基础。

4. 全球化下的网络式全球城市区域（global city region，GCR）

信息化下的全球经济一体化导致了世界资本主义经济格局的重新洗牌，全球城市成为世界经济的领跑者，弗里德曼（Friedmann，1986）、霍尔（Hall，1966）、萨森（Sassen，2001）等对世界/全球城市做出了经典论述。进入 21 世纪以来，一些学者开始注意到全球城市区域现象。传统的需要集聚在全球性城市当中的面对面（face-to-face）的功能正经历着"集中式的分散"的复杂过程。它们在一个广阔的城市区域尺度上扩散着，同时又在这个城市区域内的特殊节点上重新集聚。在这个日益多中心化（polycentric）的结构里，出现了越来越多的专业化：许多功能如后台管理、物流管理、新型总部综合体、传媒中心以及大规模娱乐和运动功能，随着时间的迁移重新布局在更为分散的位置，其结果导致，渐渐地相关的焦点不再集中于城市而是区域。这样产生的城市区域是一种通过多元的节点和链接所构成的网络，但在区域尺度上仍然存在清晰可辨的城市等级。正如霍尔和佩因（Hall and Pain，2006）所说，如果全球城市是根据它们的外部信息交流来定义，全球城市区域则应根据其对应的内部链接来定义。泰勒（Taylor，2004）认为，GCR 与戈特曼的大都市带的根本区别在于，GCR 是建立在卡斯特的"流的空间"的基础上。斯科特（Scott，2001）认为，全球城市区域不同于仅有地域联系的城市群或城市连绵区，而是在高度全球化下以经济联系为基础，由全球城市及其腹地内经济实力较雄厚的二级大中城市扩展联合而形成的独特空间现象。这甚至是一种可能超过国家边界的新的城市形式的萌芽，一种巨大的尺度上的城市区域，在其外部链接全球网络，在其内部跨越数千平方千米，我国的长三角和珠三角也被作为 GCR 的例子提及（Hall and Pain，2006）。按照斯科特的研究，全球目前有超过 300 个 GCR，每个 GCR 的人口都超过 100 万，其中至少有 20 个 GCR 的人口超过了 1 000 万。霍尔和佩因（Hall and Pain，2006）在 POLYNET 的研究中提出了巨型城市区域（mega-city region，MCR）概念，并重点关注了欧洲八个 MCR 的网络联系。研究初始采用的描绘 MCR 的唯一标准是邻近，类似于美国的联合大都市统计区（CMSA），但研究结论却认为，任何的边界划定事实上都是武断的。

5. 快速城市化过程中的扩展大都市区（extended metropolitan area）

包括拉丁美洲、亚洲在内的多数发展中国家都具有庞大的人口基数，并表现为快速城市化的趋势特征。许多文献均表明，发展中国家一些新的城市形态的出现都与大城市的空间扩展休戚相关，其城市化过程并不是基于单个城市的城市化，而是基于区域的（region-based）城市化。一些研究者仍然沿用发达国家的大都市区界定的标准和方法，就忽视了这样一个问题：这种方法是否适合于城市化水平仍较低，但城市规模却非常巨大的发展中国家城市？阿圭勒和沃德（Aguilar and Ward，2002）认为，发展中国家在为超大城市（mega-city）确定大都市区范围时要考虑四方面问题：首先，新的城市形态需要新的方法和标准；其次，大都市区的边缘是不断向外扩展的、复杂的城乡连续系统，而不是一条刚性的线，于是存在内、外边缘之分，其间的差别反映在土地利用、城市网络、经济模式、居住条件以及自然边界等方面；再次，可研究的指标包括居住密度、交通可达性、工作地点的重要性等；最后，应注重分析导致城市外围空间变化的关键因素，尤其是政策因素。

在拉丁美洲，城市功能和人口的分散化使得中等城市得到快速发展，但与欧美发达国家不同的是，一方面，生产活动和人口仍然在向大城市核心区大量集聚，仍是高密度的中心；另一方面，产业和人口集聚的范围在外围扩展到更大的区域，超出了传统意义的郊区，使得更远的次级城市在大城市的支撑下得到了发展。因此，拉丁美洲的大都市区概念，比如墨西哥城，通常考虑四个空间尺度，即城市核心（urban core）、郊区（suburban built-up area）、都市区（metropolitan area）和巨型城市区域（mega-city region）。其中，都市区与北美的大都市区概念基本相似，包括城市核心和与之功能联系紧密的郊区腹地，而巨型城市区域则超出了都市区的范围，还包括一层或多层扩展的外围区域。因此，墨西哥城大都市区（ZMCM）可被分作三个主要的区域，即建成区（existing built-up area）、大都市边缘区（metropolitan periphery or inner peri-urban space）、扩展边缘区（expanded periphery or outer peri-urban space）。

在亚洲，尤其是东南亚、南亚国家，在大城市周围或大城市之间的城市边缘地区（peri-urban areas）出现了大规模的城乡混合的空间形态，即"desa-kota"，实际上也超出了郊区的意义，形成了扩展大都市区。麦吉等（McGee et al.，1995）认为亚洲的城市存在三个非常重要的空间单元，即城市核心、大都市区和扩展大都市区。扩展大都市区是发展中国家快速城市化过程中城乡相互作用的特殊空间结构，也是将发达国家大都市区理论应用于发展中国家社会经济特点的扩展。

与扩展大都市区类似的概念还有"基于大都市的区域"（metropolis-based region）（Bar-El and Parr，2003），也是由两部分组成，即大都市区部分和周边的非都市区部分，其中非都市区部分也是超过了大都市区边缘的范围，包括许多城市中心和乡村区域。

四、国内城市群概念的主要观点

相比于城市群的地位得到一致认同，国内关于城市群的概念却显得参差不齐。一方面，相关概念提法多样，比如都市区和都市连绵区（周一星等，1995）、城市群（姚士谋等，2001）、城镇密集地区（胡序威等，2000）、都市圈（邹军等，2005）等，既有各自理论系统，又相互交叉，难以严格区分，理论界很难统一。事实上，城市群只是诸多"称谓"当中的一种。另一方面，同一地域概念却存在多种地域尺度，如长三角城市群就至少存在三种范围：沪苏浙的部分地区、沪苏浙所有地区以及沪苏浙皖。随着中心城市的区域影响力的不断增强，城市之间、城乡之间的联系不断加深，城市群概念的不确定性成为一种常态，各种范围界定均可找到一定支撑依据。

"城市群"是一个颇有本土色彩的概念，虽然姚士谋等（2001）严谨地为城市群下了定义，即"在特定的地域范围内具有相当数量的不同性质、类型和等级规模的城市，依托一定的自然环境条件，以一个或两个超大或特大城市作为地区经济的核心，借助于现代化的交通工具、综合运输网的通达性以及高度发达的信息网络，发生与发展着城市个体之间的内在联系，共同构成的一个相对完整的城市集合体"，国内许多研究也认同这种看法，但国外文献中并不多见有关"urban agglomeration"这样的关键词汇。实际上，城市群的概念最初在国内学术界存在较大分歧，但在政策层面逐渐接受和采纳后，学术界的观点才逐渐倾向一致。如周一星所说，城市群是一个通俗的用语，指的是一些邻近城市的集合，即"一群城市"，这一名词之所以在中国得到了广泛应用，主要原因是"新鲜""简明""上口"，城市群在运用中的主要问题是没有界定指标，划定城市群范围的任意性太大，空间尺度的概念不明确。换言之，虽然姚士谋等描述了城市群的空间图景，但并未明确城市群的地域概念实质。

我国许多学者都试图对这一关键问题进行立论，但仍大都是以表面的、抽象的方式进行解读，真正深入研究者较少。总结来看，大致存在六种认识模式。一是从城市间功能关系的角度来定义城市群的实质，寻找城市群内部的耦合机制，认为城市群是以紧密联系网络为支撑的城市集合体，典型的是姚士谋等所下定义。多数学者都接受这一观点，但仍值得深入考量。二是从抽象的系统论角度来定义城市群的实质，如刘静玉等（2004）认为城市群是具有成熟城镇体系和合理劳动地域分工体系的城镇区域系统。这种理论描述对理解城市群的实质价值有限。三是从国外相关具体概念来定义城市群的实质。如吴传清和李浩（2003）认为，"城市群"即指"大都市带"，两个概念可以等同使用。苗长虹（2005）认为，城市群是与城镇密集区或日本式大都市圈等同的概念，而大都市带或大都市连绵区是城市群发育的高级阶段。四是从其他相关具体概念的某种发展阶段来定义城市群的实质。如吴启焰（1999）、官卫华等（2003）认为，城市群是大都市带的一种低级地域结构，是城市发展到较高阶段的普遍产物；城市群与大都市带的区别在于，城市群具有遍在性，大都市带的产生则有其特殊要求，而且城市群在中心地位、枢纽功能和人口规模密度上与大都市带存在差距；城市群存在三个发展阶段，城市区域阶段（表现为单一中心城市的组合城市）、城市群阶段（表现为都市区）、城市群组阶段（表现为都市区与都市区的链接），城市群组之后才可能演化到大都市带。王士君等（2008）认为，"城市单体→城市组群→城市群→（城市群组）→都市连绵区"是城市空间相互作用的有序发展过程，城市群是都市连绵区发育的低级阶段。类似的研究均较为抽象，缺乏实证支撑。五是通过与其他相关具体概念的差异对比来定义城市群的实质。如刘荣增（2003）认为，城市群只注重城镇之间的相互关系，而城镇密集区则不仅强调城市相互作用，也强调城乡相互作用。显然，这种对比过于强调文字上的差别而非其他。六是动态地看待城市群的空间实质。如张从果和杨永春（2007）认为，城市群或都市圈按发展阶段或规模可区分为小型、中型和大型，分别对应的空间实质为大都市区、日常都市圈和都市连绵区。

关于城市群相关概念研究的总结，史育龙和周一星（1997）、刘荣增（2003）、张伟（2003）、唐路等（2003）、董晓峰等（2005）、张从果和杨永春（2007）、周惠来等（2007）、赵勇和白永秀（2007）、谢守红（2008）、李浩和邹德慈（2008）均有详细论述，这里不再重复阐述。

相对而言，都市圈的概念由于借鉴自日本，且在日本得到充分的研究和实践，被我国学术界采纳、认识统一的程度较之城市群更为"稳定"。但仍存在对其空间实质的若干不同观点。我们认为城市群、都市圈在空间实质上实际同属一类地域概念，这里就国内关于都市圈的空间实质的观点进行归纳，城市群的概念与之类同。

1. ·种区域经济布局模式

这是一种较早的关于都市圈的观点，主要是借鉴日本国土规划中大都市圈布局的经验，认为都市圈是一种最为有效的、能促进全国经济共同发展的空间布局模式。如杨建荣（1995）认为，通过在全国范围内组建若干个都市圈，可实现中国社会经济发展在空间上的多极带动，提高城市化的效率和经济增长的效益，有利于社会主义市场建设和促进地区之间共同发展；并且都市圈能充分发挥大中小城市的作用，使其合理分工，协调发展。据此，他提出了八大都市圈的战略构想。王建（1996）通过对美国和日本这两种不同区域经济布局模式的比较，认为美国由于国土和平原面积辽阔，城市和交通基础设施建设基本可以不受土地条件制约，因而可以采取全国大分工式的区域布局模式和以中小城市为主的城市化道路，进而发挥大都市带的集聚效益；而日本由于国土狭窄，平原面积少，只能采取大中城市为主的城市化道路和都市圈式的区域布局模式，即在国内的主要平原地带，布局三套相对独立的产业体系，从而尽量减少区际运输和对交通用地的需求。我国虽然 1949 年以来一直在强调每个省区都要建立一套相对独立、完整的工业体系，但总体上看却存在明显的"南轻北重，东轻西重"的特点；而且在交通运输量上，中国省际经济交流占近 1/3，这说明中国经济发展的空间结构存在着全国分工关系。然而，我国的国情是与日本类似的，即人口众多，但可利用的土地却相对十分有限，这就决定了中国的区域经济布局战略取向只能是参考日本的都市圈模式对现存的区域经济结构进行重组；并提出在中国建立九大都市圈的设想，其核心是在都市圈中建立相对独立的产业体系，将区外交通内化为区内交通，逐步使我国全国大分工式的区域结构向都市圈式的区域经济结构转变。在制定"十一五"规划期间国家发展改革委开展的《到 2030 年中国空间结构问题研究》中，王建（2005）继续保持了这样一种观点，又提出建设中国 20 个都市圈的设想。这种观点虽借鉴的是发达国家的模式，但仍具有计划经济时期国家生产力布局的影子，主要体现了国家对区域经济的干预，而反映市场规律不足。

2. 对应于"metropolitan area"的城市功能地域

这是另一种较早的关于都市圈的普遍观点，主要是借鉴美国大都市区（metropolitan area）的概念，认为都市圈是以大城市为中心的一个城市功能地域，该区域与中心城市之间存在紧密、有机的社会经济联系和相互依存关系。如高汝熹等（1998）认为，都市圈（被称之为城市圈域经济）一般符合五个基本标准，即至少有一个经济发达的中心城市、构成经济上的一体化关系、较高的城市化水平、基础设施网络发达、是一个经济圈和社会圈而不是行政区；并将都市圈分为四个层次，即中心城市区、大城市经济圈（metropolitan area）、大城市经济带（megalopolis）和世界经济圈（megalopolis region）。其中大城市经济圈也就是都市圈，基本是按照美国大都市区的定义给出了界定标准，如要求总人口在 100 万人以上，相邻县域人口在 10 万人以上，人口密度不低于 1 000人/平方千米，非农人口比重不低于 60%，来往通勤人数在县区人口的 15%以上或就业人口的 25%以上等，其对应的英文也是"metropolitan area"，因此，这种都市圈的概念是直接从美国大都市区的概念借用过来的，属城市的功能地域范畴。根据总人口数目，高汝熹等就全国界定了 4 级 18 个都市圈。事实上，周一星等（1995）对此曾做过更为准确的描述，并将对应于美国"metropolitan area"的概念译为都市区。在都市圈概念初兴之时，因为没有深究概念的内涵和这种外来语汇翻译的原因，将都市区和都市圈混用的现象比较普遍，但随着认识的加深，这种观点已经被普遍否定了。

3. 城市经济区

在规划实践中，对于都市圈及其他相关概念的混用十分普遍，如同为长三角、珠三角、京津冀地区，有时被冠以"经济区"的称谓，有时又被叫作"城市群"或"都市圈"，有时还被简化为"大上海""大广州""大北京"……让人不知所云（晏群，2006）。鉴于此，中国城市规划学会区域规划与城市经济学术委员会在 2002 年就这些流行的含混概念达成了共识，认为应将国际上普遍采用的都市区概念与都市圈区别开来：都市区是大中城市的城市功能地域概念，而主张把都市圈理解为城市经济区概念，指的是中心城市的吸引力和辐射力对周围地区社会经济联系起着主导作用的一个区域；都市圈的范围一般要大于都市区，而且不同的是，都市区必然是经济比较发达、城市化水平较高的地区，都市圈则未必，甚至可能包括较大范围的乡村地区；此外，都市圈的范围界定没有如都市区那样严格的标准，通常采用通勤时间来加以限定，具有较大的弹性，并且对于城市经济区而言，其通常是打破行政区划而依靠经济联系规律组织在一起的，这也是为什么要建立城市经济区或都市圈的重要原因之一。相关的文献描述如张京祥等（2001）认为都市圈的形成是中心城市与周围地区双向流动的结果，同一都市圈应属于同一种城市场的作用域范围，是一定尺度的城市经济区。

通过规划实践，一些学者认为都市圈本质上应是大都市协调区，英文译为"metropolitan coordinating region"。如邹军等（2005）对都市圈的定义为，以一个或多个中心城市为核心，以发达的联系通道为依托，核心城市吸引辐射周边城市和区域，并能促进城市之间的有机联系和分工协作，形成具有区域一体化发展倾向并可实施有效管理的城镇空间组织体系。张伟（2003）认为构建都市圈的本质在于淡化行政区划，从区域角度强化城市间的经济联系，形成经济、市场高度一体化的发展态势；协调城镇之间发展的关系，推进跨区域基础设施共建共享；保护并合理利用各类资源，改善人居环境和投资环境，促进区域经济、社会与环境的整体可持续发展。邹军等（2005）甚至认为，虽然都市圈通常形成于城市经济区的核心区域，但它更是空间规划的特定类型，而不仅是城市功能地域或城市经济区的范畴；制定和实施都市圈规划，是顺应市场经济规律，建立一种跨区域联动和协调的策略方法和机制，是政府对区域发展进行必要引导和调控的重要依据和手段。陈睿（2013）明确提出，在我国特殊的社会经济背景下，我国都市圈在地理意义上相当于一级城市经济区，但具有明显的制度性地域特征，即承载并实施相关制度结构的地域单元，是对区域内涉及的所有地方政府、非政府组织和相关企业个人产生普遍约束与激励的空间安排，是为弥补市场和政府在供给区域性公共物品中失灵的一种制度创新。

五、小结

城市群的概念是个非常重要的问题，要理解城市群的本质必须研究区域的结构和城市间的关系。无论国内外，对城市群的看法都经历了由集聚现象到规划目标、管治对象的发展，这就产生了两个重大问题：第一，如果把城市群作为一个发展或管治的目标结果，对它报以很大期待，如城市之间高度分工协作、相互之间联系高度网络化，那么，城市—区域间的关系事实上真如所想的理想方向发展吗？第二，从种种迹象看，对城市群进行边界的界定似乎总是武断的，那么，城市群的管治空间是大些好还是小些好呢？为了回答这两个问题，我们仍然要将对城市群的看法回归到集聚现象，或说是城市群的空间本质、功能内核，无论如何看待城市群，它只是覆盖在内核上的一层外壳而已，而城市群内核的运动规律将决定区域未来的发展方向。

第二节　城市群空间结构演化：
分散化与多中心研究综述

一、大都市的分散化研究

绝大多数有关大都市区的研究都在强调一个现象，即分散化（decentralisation/

dispersal/scattered），并且被认为是"90年代一场无声的革命"：大城市增长速度放缓，各种经济活动被分散到外围区域，并伴随中等城市的发展而成为城市网络体系中的重要角色（Aguilar and Ward，2002）。从美国的经验来看，大都市分散化的形式由多中心结构逐渐转变为区域内散布（scattered）甚至近乎随机（quasi-random）的空间形态（Charney，2005）。这种分散化在城市景观上表现为跳跃式的增长或条带式的发展，大片的低密度和单一土地利用的空间蔓延。分散化发展给中心城市带来很大的冲击，导致其人口下降、财政减少、社会阶层降低、城市衰败。随着分散化发展到一定程度，有些城市又出现一定程度的再中心化（recentralisation），使得大都市区空间景观更为复杂。与此同时，郊区得到了较大的发展，出现了郊区商业中心（suburban downtown）、办公园区（office park）、边缘城市（edge city）等集聚节点。导致美国大都市区分散化的根源在于政府结构的破碎化，即地方政府数目的增多和公共物品的多样化使得人们可以"逃离"中心城市污染的环境，选择最能满足自己所需要的公共服务且邻里社会阶层与自己最相似的地方居住，企业则可以选择避开中心城市的高税收，而布局于最接近熟练劳动力和消费市场的区位。

加拿大和欧洲的大都市区同样具有分散化的现象，与美国的模式既相似但又存在较大的差异，虽然也表现为多中心分散的发展形态，但随机散布式的分散化趋势在加拿大和欧洲却不那么强烈。值得注意的是，这种不同不仅是因为不同的外部作用力形成的，而是在不同的地理条件、制度框架、文化和历史原因以及外部作用的共同作用下形成的特殊空间产物（Coffey and Shearmur，2002）。比如加拿大，虽然最近一些文献认为美国和加拿大的大都市区的发展轨迹在近20年来变得越来越相似（Bunting et al.，2004），但仅从办公空间的分散化来看，查尼（Charney，2005）通过对多伦多大都市区的研究认为，多伦多大都市区的办公空间分散化与美国的大都市区存在很大差异，并非如兰（Lang，2003）所描述的那样，"在很长的地带内只是偶尔有一栋办公建筑或一栋家庭住宅"，而是多中心式地集聚在办公园区或者郊区城市中心之中，是没有蔓延的分散化（dispersal without sprawl）。多伦多的现象也证明，集中与分散化并不矛盾，这是由于加拿大不同于美国的制度框架，即好得多的政治破碎化以及更服从于大都市区或区域规划所决定的。

而在发展中国家，比如拉丁美洲地区，分散化使得郊区同样得到迅速的发展。一方面，城市内的中产阶级向其他地区和周边城镇迁移，中产阶级居住区在郊区大规模开发；另一方面，新的移民则主要迁入城市外围郊区（urban periphery）甚至郊区以外的边缘区域（peri-urban area）。大城市分散化的发展形成了围绕城市核心，沿高速公路或铁路线向外扩展，扩展区域占据了传统农业用地且土地利用功能混合的多中心结构。导致发展中国家分散化的原因，除了中心城市用地紧张、环境和社会品质下降以及一些政策诱导因素之外，一个重要的力量来自于 20 世纪 80 年代中后期经济发展模式的转换，即由进口替代转变为出口导向。在这一过程中，国内制造业和投资为寻求低劳动成本的区位优势，均由首都或其他大城市转移至中小城市。此外，在分散化的空间结构上，发展中国家的大城市的分散化与发达国家相比的一个突出特点就是,大城市的人口和功能不仅向城市外围郊区扩散，而且更趋于向城市郊区以外的边缘区域扩散。

在 20 世纪 90 年代中后期，我国也开始了郊区化的研究，先后在北京、广州、上海、沈阳、大连、杭州、南京、苏州、无锡、常州等大城市证实了我国郊区化的趋势（周一星，1996；陈文娟、蔡人群，1996；宁越敏、邓永成，1996；周一星、孟延春，1997；曹广忠、柴彦威，1998；周敏，1997；张越，1998；冯健、周一星，2002；冯健，2002）。1982～1990 年，这些城市基本上都出现类似的现象：中心区人口出现绝对数量的减少，而近郊区人口迅速增加，工业的外迁也广泛存在。1990～2000 年，大城市郊区化发展的幅度加大，工业郊区化更加明显。周一星等（2000）认为，土地有偿使用制度的建立推动了城市土地功能的置换，它和交通基础设施建设、危旧房改造和新住宅区建设、内资和外资的投入一起推动了人口和工业郊区化的发展。

大都市区的分散化可总结为土地利用、地方政府、人口、制造业、办公、贫困六个功能方面，每个功能分散化出现的时间和空间变化特征参见表0-4。

1. 土地利用的分散化：城市蔓延与边缘城市

关于城市蔓延的研究焦点多数集中在蔓延式的土地利用模式对环境、社会和经济的负面影响上。其中，边缘城市又是城市蔓延中形成的一种特殊现象，是中心城市不断分散化发展，尤其是商业、办公空间不断向郊区转移过程中出现的一种空间景观；而且，伴随着中央商务区的持续下滑和郊区商业中心、边缘城市等新的中心形态的出现又进一步促进了城市的蔓延（Cervero，1998；Garreau，1991；Stanback，2002）。边缘城市可能与中心城市没有任何关系，也没有市长和市政委员会，甚至没有市名，即使比通常市区范围更大，但实际上并不属于真正的城市。20世纪80年代末，美国有2/3的办公空间都集中在边缘城市（Garreau，1991）。伴随着分散化的进一步发展，形成了更为分散的办公空间发展形态，称为无边城市（edgeless city），并在美国无论是东海岸传统的大都市区还是快速发展过程中的阳光地带都流行开来。比如，费城超过53%的办公空间散布在无边城市之中，在迈阿密甚至高达66%（Lang，2003）。在美国之外的其他国家，这种郊区办公空间的发展形态并不多见。

在欧洲，用边缘城市作为描述复杂的城市化现象的术语是否准确、合适遭到质疑。尽管并不受关注，事实上，欧洲许多城市的边缘地区已经构成了经济活动和人口集聚的中心，在许多讨论大城市区域的文献中得到体现，并认为在区域化的过程中发展形成了郊区或边缘城市以及所谓"无场所"（non-place）构成的广域网络。此外，欧洲的地方和中央政府、公共部门均对城市经济发展战略的制定起到关键作用，尤其是中央政府的政策在边缘城市地区的建构和空间发展中举足轻重，这也导致欧洲的边缘城市大多接近各国首都，以更好地服务于首都区域的经济发展。欧洲的边缘城市同样也是投资集聚、经济中心性不断增加的结节区域，并与中心城市共同连接成大城市区域（city region）以参与国际经济和世界城市体系的竞争。

2. 地方政府的破碎化

多数文献指出，政府结构的破碎化是导致美国各种城市问题，如蔓延、拥堵、中心城市衰败、城市财政不均、经济发展减缓甚至种族问题、社会极化的最主要原因（David，2000；Clyde and David，2000）。破碎化使得大都市区被分成许多小的辖区，各个辖区之间互不关心，也没有一个权力机构来关心整个区域的利益。1932～1972 年，由于乡村向城市的转化，美国地方政府的总数目由182 602 下降至 78 218，但之后又开始增加，1997 年的数目增至 87 453（Stephens and Wikstrom，2000）。

自 20 世纪 80 年代以来，欧洲中央集权的福利制政府也经历着一些重大转变（Salet et al.，2003）：一是政府在经济社会发展中的主导地位开始动摇，国家提供公共物品和社会福利的主体地位发生了改变；二是决策机构的多样化，尤其是一些半官方和非政府机构成为参与社会经济发展决策的重要成员；三是政府间关系的重构，不同级别政府之间的权责发生了转换，国家政府一方面加强了对跨国经济文化交流等国际关系事务的权责，另一方面认识到一些公共物品和社会福利集中提供的低效，并开始下放一些权力，许多国家在原来集权的基础上发展了联邦制的区域政府，地方政府的自主权力开始扩大，竞争加剧。于是尽管与美国的破碎化现象有本质的不同，但对区域事务却具有类似的影响，并使得区域主义和大都市区管治成为共同的发展方向。

当然，大都市区破碎化并非与生俱来就是有问题的，政府多元化带来了创新和发展的动力，并使得地方政府时刻保持警觉，其关键在于破碎化是否导致功能低效。总体来说，应对分散化的大都市区政府结构的负面效应有两个方法：一是建立大都市区发展的统一框架；二是保持多样化的发展方案，但对有可能导致功能低效的行为进行约束，提倡合作。

3. 人口的分散化

自 20 世纪 70 年代开始，美国人口就开始经历由大都市区向非大都市地区的"迁移转向"过程。20 世纪 80 年代的研究却发现人口迁移又回到传统的向大都市区集中的模式，但这一阶段是短暂的，90 年代早期的研究发现美国人口经历了 20 年内的第二次"迁移转向"，这一过程被霍尔和海（Hay）称为"现代美国人口之谜"。美国人口这种不断分散化的合理解释是大都市区发展和人口由中心向外迁移两个过程相互强化的循环机制所致。

大都市区的发展周期存在三个阶段，分别是：人口向心集聚阶段（centralisation）、郊区化阶段（suburbanisation）以及分散化阶段（deconcentration）。其中前两个阶段大都市区的人口总数均不断增加，直至分散化阶段大都市区人口开始出现下降趋势。大都市区人口分布的分散化过程在一些文献中被描述为"counter-urbanisation"，在国内被解释为"逆城市化"过程。我们认为将其描述为"deconcentration"，即分散化更为合适，因为该过程并非仅是单纯人口向非都市区或乡村地区迁移，同时也是城市建设和经济活动由在大都市区集中向更大的区域范围分散的过程。

4. 制造业的分散化

20 世纪 40～50 年代，西方国家的大都市区就开始了制造业由集中向分散化的转变。从芝加哥城制造业增加值占芝加哥 MSA 的比例来看，1939～1948 年上升了 2.2 个百分点，1948～1954 年则下降了 6.5 个百分点，并从芝加哥 MSA 的三个空间层次，即内城、外城和外围郊区之间的制造业企业的迁移来看，1941～1950 年由内城向外城迁出的企业有 109 家，而反方向仅有 12 家，在此期间，内城净失了 120 个企业，而外城和郊区分别净增了 88 个和 743 个企业（Reinemann，1960），这一现象在许多文献中被描述为制造业的郊区化过程。而近 20 年来，随着全球化带来的国际劳动地域分工的转移，制造业的空间结构出现了由大都市区向更远的外围地区分散化的特征，许多郊区逐渐失去制造业就业，制造业在大都市区经济结构中的地位下降，郊区产业结构开始重构，向更高级的产业部门转型，而大都市区的一些外围地区则开始经历工业增长（Winther，2001）。哈克勒（Hackler，2003）将制造业区分为高技术和低技术两类，并对二者的分散化进行了比较分析，认为中心城市的高技术和低技术制造业均出现较大幅度的下降，而且高技术企业在同期下降得更多；非中心城市也有类似的制造业分散化过程，高技术制造业下降非常明显，而低技术制造业则略有增加。制造业分散化的内部动力可能有多方面，包括新的生产流程和技术对单层厂房和大面积土地的需求、企业对更好的综合交通条件的偏好以及对人力资源包括智力资源和熟练劳动力的需求等。

5. 办公与高端服务的分散化

20 世纪初，多伦多的一些银行就开始将某些职能分散到城市外围的工业区中，而通用汽车（GM）在 20 世纪 20 年代也将总部由底特律中心区迁至郊区。城市商业中心的持续衰退以及郊区商业中心、边缘城市等新中心的不断涌现，则进一步促进了办公空间的分散化。至 20 世纪 80 年代美国 2/3 的办公空间都集中在边缘城市，而 90 年代末，美国大都市区中心商业区之外的办公空间有 2/3 被分散到无边城市（Lang，2003）。但无论是边缘城市还是无边城市，办公空间的分散化仍主要发生在大都市区范围之内，可以认为是办公空间的郊区化（suburban dispersal），这不同于制造业的分散化，在新的国际劳动分工下，大都市区仍是全球生产服务的中心。

在办公服务中，高端服务业（high-order service）是指提供中间服务而非最终服务，且具有较高知识含量的服务业。由于高端服务业都需要服务提供者与客户之间深度面对面的交流，因此从传统来讲，为最大化前向联系的可能或接近于市场，降低交易成本，高端服务业总是愿意集聚在 CBD，并且 CBD 也成为企业的一张名片，是证明其高质量服务的无形资产。

自 20 世纪 70 年代办公活动在大都市区内逐渐分散化以来，事实上，这些由 CBD 分散出去的功能主要是"后台办公"（back office），即已高度标准化和程式化，而不需要与客户或公司高层管理人员沟通交流的服务业。需要进行面对面交流的"前台办公"（front office）在这一时期则仍集中在 CBD 以获得集聚经济。直到 20 世纪 80 年代，郊区商业中心和边缘城市不断扩大与多样化，使得郊区城市的集聚经济足以和 CBD 竞争高端服务功能，开始出现幕前办公功能或高端服务业的郊区化过程，并深刻改变了大都市区的空间经济结构：服务经济增长不再总是集中于 CBD，甚至有些大都市区的 CBD 逐渐失去了与边缘城市的竞争力。导致高端服务业向外分散的主要动力包括：企业总部即高端服务业的客户群并不位于 CBD；居住分散化使得劳动市场并不位于 CBD 周围；服务市场全球化使得对本地市场的依赖降低而更在乎成本；边缘城市可以营造出与商业中心区位类似的优势；新的通信技术的应用以及对新的办公空间的需求等（Shearmur and Alvergne，2002）。穆拉特和加洛（Moulaert and Gallouj，1996）认为虽然从大都市区内部来看，最快的高端服务业增长发生在 CBD 以外，但郊区集聚的多是为本地市场服务的小规模的生产者服务业，而不是来自 CBD 中在国内国际享有盛誉的高端服务业的分散。因此，高端服务业的分散化只是服务业快速发展时期空间更大范围的散布，而并不发生大规模的由 CBD 向郊区的分散化迁移。

科菲等（Coffey et al.，2002）对蒙特利尔大都市区的高端服务业空间结构进行研究发现，除了金融业外，其他的高端服务业部门均出现了分散化现象，并且生产者服务业较之 FIRE（即金融、保险、房地产业）更为分散化；并认为 CBD 的多数高端服务业部门均处于绝对数目增长，但相对比例（尤其是生产者服务）显著下降的发展过程。一方面，CBD 更加集聚的金融、法律服务等功能使其更为专业化；另方面，由于 CBD 的空间难以容纳所有快速扩张的高端服务业，导致了其他高端服务向郊区分散，但主要集中在一些较大的郊区就业中心。

希尔墨等（Shearmur et al.，2002）通过对大巴黎区域高端服务业空间分布结构的研究，认为同一服务业部门可能同时具有集聚和分散化发展两方面特征，如金融业 50% 的就业集中在 6 个市镇区（commune），其余的 50% 则分散在 333 个市镇区内。此外，不同的服务业部门其集聚和分散的空间分布模式也存在较大差异，并且认为生产者服务业要比 FIRE 更为分散，而且服务业要比其他行业更为分散。

6. 贫困的郊区化

至少是从 1969 年以来，美国大都市区开始明显出现低收入者向中心城市集中，而高收入者迁移至郊区的社会空间分化现象，这已被广泛接受。但一些文献发现，在一些郊区城市也出现了贫困人口的集聚，尤其是在"老郊区"（older suburbs）或近郊区，大都市郊区同样也在经历着贫困化。马登（Madden，2003）证实了近 20 年来贫困人口和低收入者不断向波士顿、芝加哥、底特律等大城市郊区集中的过程，但也发现多数中心城市的贫困集聚速度仍高于郊区。伯恩和利（Bourne and Ley，1993）发现加拿大的郊区中，作为卧城的郊区的贫困化程度要比那些类似于中心城市的具有工业基础的郊区好得多。

二、基于分散化的城市群空间演变模式

对城市群空间结构的演变过程虽然至今还没有一个完全被公认的、统一的一般模式，而且各自采取的指标也不尽相同，但多数观点均是依据大都市分散化发展的几个阶段进行总结的，在阶段划分的指标上体现了核心城市与外围地区间的消长关系。比如富田和晓（1988）的离心扩大模式，将大都市圈分为核心城市、内圈和外圈三个部分，并采用各圈层占大都市圈总人口比例的变化将都市圈的演化过程分为五个阶段，其中第 I 阶段（集心型）、第 II 阶段（集心扩大型）属于集中化的城市化过程，第 III 阶段（初期离心型）、第 IV 阶段（离心型）属于郊区化过程，第 V 阶段（离心扩大型）属于更加分散化的逆城市化过程（表 1-5）。该模式与后来霍尔（Hall，1984）对大都市区发展阶段的划分如出一辙，但霍尔考察的是各圈层人口绝对量的增减，而且不仅考虑了单独的大都市区内部的人口分布变化，还考虑了大都市区与周边其他小型都市区和非都市区之间的人口迁移关系。同样是将大都市区的演化过程分为五个阶段，除了指标略有差异之外，霍尔模式与富田模式最核心的区别在于对逆城市化阶段的解释：富田认为，当城市群发展到离心扩大阶段时，核心城市和内圈的人口比重都将下降，而外圈的人口比重将保持增长；而霍尔认为，当大都市区发展到第 V 阶段时，大都市区的人口总数将会减少，减少的人口向非大都市地区迁移。

表 1-5　城市群空间演化模式

演化阶段	富田和晓	霍尔			克拉森等				川岛
		大都市区	非都市区	一般都市区	阶段	核心城市	郊区	区域整体	
1	集心型				城市化	+	−	+	A.核心城市人口增长率；B.郊区人口增长率
						（绝对的集中）			A>B，同时 A/B 增大，加速的都心化

续表

演化阶段	富田和晓	霍尔			克拉森等				川岛
		大都市区	非都市区	一般都市区	阶段	核心城市	郊区	区域整体	
						++	+	++	
2	集心扩大型					（相对的集中）			A>B，同时 A/B 减小，减速的都心化
						+	+	+	
3	初期离心型				郊区化	（相对的分散）			
						−	++	+	
4	离心型					（绝对的分散）			A<B，同时 A/B 减小，加速的郊区化
5	离心扩大型				逆城市化	−	+	−	
						（绝对的分散）			
6						−−			
						（绝对的分散）			
					再城市化	−−			（相对的分散）
						−	−−		（相对的集中）
图例	1.核心城市　2.内圈　3.外圈　4.非大都市圈　5.人口比重增大　6.人口比重减小	外围地区　中心城市　人口移动　+ 增加　++ 显著增加　−减少　−− 显著减少			城市化	+	−−		（绝对的集中）
						+	−	+	（绝对的集中）

资料来源：李国平等：《首都圈结构、分工与营建战略》，中国城市出版社，2004 年。

在富田的基础上，克拉森等针对东京等城市出现的中心区人口再度增加的现象，在三阶段的模式之后又追加了两个阶段，即城市化、郊区化、逆城市化、再城市化和城市化，构成了一个城市群发展演化的循环。人口的增减则相应地经历了绝对的集中、相对的集中、相对的分散、绝对的分散、相对的分散、相对的集中、绝对的集中等过程，并认为当城市群的人口由减少再次转为增加时，就进入了新一轮的城市化过程。川岛在克拉森等的基础上，采取人口增长率的指标提出了城市群演进的空间循环模式，包括加速的城市化阶段、减速的城市化阶段、加速的郊区化阶段、减速的郊区化阶段、再次进入加速的城市化阶段（李国平，2004）。

同样是基于城市人口的集聚与分散特征，周一星（1991）提出了都市连绵区形成的五个阶段（图1-1），即中小城市独立发展阶段、都市区形成阶段、都市区轴向扩展形成联合都市区阶段、都市连绵区雏形阶段和都市连绵区成型阶段。

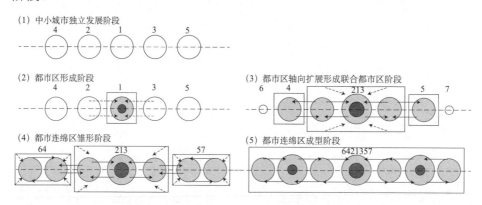

图 1-1　都市连绵区的发展过程

资料来源：胡序威等：《中国沿海城镇密集地区空间集聚与扩散研究》，科学出版社，2000年。

三、巨型城市区域与多中心大都市研究

巨型城市区域（MCR）是近年来有关这一领域用到频率较高的词汇，从其

内涵和空间尺度上讲十分接近于我国的城市群概念，是以超大城市为核心的功能密集型区域。前文对 MCR 相关概念的研究有所提及，但近年来在这一领域有深入研究的是在西北欧"Interreg IIIB"计划下受欧盟委员会基金资助的POLYNET 项目，该项目通过联合欧洲各国学者对英格兰东南部、兰斯塔德、比利时中部、莱茵—鲁尔、莱茵—美因、瑞士北部、巴黎区域和大都柏林八个欧洲巨型城市区域进行比较研究，对巨型城市区域内部网络组织结构，尤其是一些基本命题进行了论证（Hall et al., 2006）。该研究事先设想的假设命题与我们一般所想象的城市群情景类似，即随着时间的积累，越来越多的居住和就业将分布于最大的中心城市之外，同时，其他较小的城市和城镇将变得日益网络化，甚至绕开中心城市而直接交换信息，从而使得这些区域表现出更为明显的多中心特征。换言之，多中心事先被认为是大势所趋，是一种更为"优越"的区域空间结构形式。然而，最后得出的结论却令人惊讶：

（1）首位城市的作用独一无二，每个 MCR 只有一个城市成为全球城市；

（2）次级中心也相当重要；

（3）首位城市内部以及首位城市之间发生的交通流，远比 MCR 内部的交通流数量巨大；

（4）关于巨型城市区域内部的城市间存在密切的功能性联系的证据是有限的；

（5）首位城市的集聚依然旺盛，全球性功能并没有从首位城市中分散出去；

（6）面对面交流对于知识经济而言非常重要，这是导致首位城市更为集聚的根本原因；

（7）交流难以度量，但最为强烈的交流往往发生在全球网络中的首位城市之间；

（8）多中心取决于尺度；

（9）企业对 MCR 的界限并不敏感，企业参照的都是市场，这与 MCR 的定义无关；

（10）从企业的观点，MCR 的边界，事实上任何区域尺度的边界的划定都是武断的；

（11）多中心与可持续发展之间并无直接的或必然的相关性，形态上的多中心与蔓延无异，是不可持续的，只有市场驱动的"集群多中心"构成的功能性多中心才对区域发展有益。

这项研究的结论对于区域政策制定的针对性无疑是非常有意义的，并提醒我们，不要想当然地理解城市群的空间机制，或对城市群的所谓网络化结构抱有理想的期待，一切力量都来自于市场和政策的互动。

第三节　城市群规划中的空间组织模式研究简述

一、欧美大都市区域规划

由于欧美各国大都市地区普遍表现出各种城市功能的分散化特征，中心城市开始下滑，郊区和非都市地域得到较大程度的发展，但在发展过程中却出现了低密度蔓延、环境恶化等问题，而且地方政府之间的分割也使得郊区城镇对人口、资源的竞争加剧，核心城市的竞争力得不到有效发挥，这在全球化的背景下无疑是致命的打击。因此，欧美国家大都市区域的规划均采用土地利用的离心集中和保护开敞空间的方式来优化大都市区的空间结构。其中，离心集中通常是通过建立多中心的区域结构，引导分散化的人口和功能向周边核心节点集聚，从而通过控制土地利用需求来控制城市蔓延，并促使大都市区空间结构的平衡发展。和单核心的大都市区空间结构相比，多中心结构在空间分散化发展的趋势下更具优势。

（1）大伦敦地区早在 1944 年就在伦敦外围设立了绿带，以控制伦敦的空间扩张，并由政府开发新城以疏散伦敦的人口，以鼓励伦敦以外地区的增长和集中；至 20 世纪 70 年代中期，伦敦外围分散了 11 个新城。2000 年开始的伦敦空间发展战略规划（The London Plan: Spatial Strategy for London）同样也将重点之一放在对郊区开发的全面促进和引导，尤其是优先加强东部郊区的建设，改善区域不平衡的现状，并在任何政府规划发展的郊区或者其邻近地区，建立新的郊区中心和公共交通体系（图1-2）。

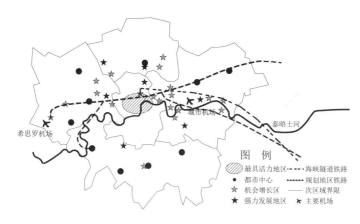

图 1-2　大伦敦空间发展结构

资料来源：根据 The London Plan: Spatial Development Strategy for London（February, 2004）改绘。

（2）纽约大都市地区（New York Metropolitan Region），又称"三州大都市地区"（Tri-State Metropolitan Region），包括纽约州以及康涅狄格州与新泽西州的一部分。纽约区域规划协会（Regional Plan Association of New York，RPA）自 1921 年以来对纽约大都市地区做了三次区域规划。第一次规划（1921～1929）的核心是再中心化（recentralization），即通过建立环路系统来鼓励纽约中心区一些可以疏散出去的功能如工业、居住和一些办公分散出去，而不是形成密集的邻里。这样，留出来的许多空地可作为开放空间，吸引白领阶层回来生活。事实上，随着纽约大都市区的演进，再中心化并未实现。第二次规划（1968）针对纽约的蔓延式空间扩张，提出建立新的城市中心，提供充分的就业岗位，集中供给高水平的公共服务，并把纽约改造成为多中心的大城市。然而，现实与规划仍背道而驰：城市中心区空洞化，蔓延导致郊区土地大量流失，通勤距离增加导致交通拥堵、污染加剧。种种矛盾下，RPA 以"A Region at Risk"为题提出了第三次纽约大都市地区规划（1996），以经济、环境、公平的 3E 目标为指导，提出五项战役（five campaigns），即植被（greensward）、多中心（centers）、可达性（mobility）、劳动力（workforce）和管治（governance）。其中，多中心就是致力于区域中现有的中心城市就业及居住的增长；可达性即提供一个全新的交通网络，把重新得到强化的中心城市连结起来，形成联系便捷的系统，并通过区域管治促使各个中心和子区域的协调与合作，赋予各地方政府和地方经济更大的活力。

（3）柏林—布兰登堡大都市区同样在其核心区外围建立了一些次中心和居住新区，并通过区域高速铁路将其联系起来，以缓解和疏散中心区的压力，通过强化次中心的集聚作用，控制柏林城市蔓延（图1-3）。

图 1-3　柏林—布兰登堡大都市区空间结构规划

资料来源：URC. 1999. Strategies for Sustainable Development of European Metropolitan Regions. Essen.

二、日本大都市圈规划

1. 多核多圈型地域结构

从1976年第三次首都圈整备计划开始，日本政府就提出要改变东京圈东京都心"一极依存"的地域形态，致力于发展多极构造的广域都市复合体，形成多核多圈型的地域结构，这一思想一直延续下来。1999年第五次首都圈整备计划的目标是要实现首都圈的再生，包括新首都形象的确立、经济活力的再生、全球地位的确立、可持续环境的形成。规划的重点仍是要解决日本首都圈发展所面临的诸多问题，但其中重中之重就是要改变日本首都圈"一极依存"的地域构造，在首都圈内形成自立、互补、相互联系的分散化网络型区域空间结构（图1-4）。具体来说，包括两方面的措施。

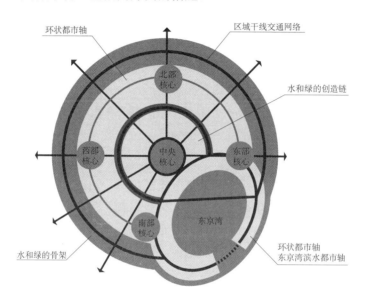

图 1-4   日本首都圈空间结构功能组织构想

资料来源：邹军等，2005。

第一，根据首都圈各地域的不同特性，将首都圈划分为东京都市圈、关东北部地区、关东东部地区、内陆西部地区和海岛地区五个地域，并在每个子区域内分别培育和整治一个联系首都圈内外的广域据点城市（中央核心）或作为地方活动中心的地方据点城市（外围核心）。通过广域交通、通信等基础设施的整治，加强各据点城市之间的交流和联系，在东京圈内形成东京湾临海环状都市轴，在关东北部、东部和内陆西部等地区之间形成首都圈环状都市轴，两个环状结构之间也通过交通信息网络联系起来。这样以承担首都圈主要功能的多个核心和多条环状都市轴为基本空间结构，就能实现首都圈功能协作的高效化。

第二，首都圈的空间功能布局形式呈现为明晰的圈层结构，中心区向外依次是内环干线道路、水体和绿化环带、中环干线道路、环状都市轴、大区域干线道路环，并且由中央核心向外辐射的道路连接到各个环线道路上。构筑这样的空间结构，以期既能疏解中心区的功能，又能加强环上各个地区的联系，并且与跨都市圈内外的水系和绿地结构相互契合，形成与环境的共生。

2. 都市圈内的分工协作与分区自立

构建都市圈的目的之一，即是要以核心城市为中心实现区域分工和合作，从而最大限度地发挥都市圈整体优势与和谐运作。在日本的大都市圈内应该说是形成了比较明显的区域职能分工体系（李国平等，2004）。1985 年，日本国土厅大都市圈整备局就提出了针对首都圈推进"展都型首都机能再配置"，即将首都圈进一步分成几个自立性区域，每个区域均根据自身的特色和优势承担相应的职能分工，分担了首都东京的部分机能。每个自立性都市圈又设置业务核都市和次核心都市，其中配置政府、业务、金融、信息服务等中枢职能，作为各个自立都市圈的服务中心，从而在首都圈内部形成多个分工相对明确、独立性强的都市区域。首都圈共包括六个这样的自立区域（表 1-6）。这样通过分区自立和分工协作，就在首都圈内形成了职能分散、各司其职并有机联系的城市网络体系。

表 1-6　日本首都圈的自立区域和职能分工

	业务核都市	性质、职能	副次核
东京中心部	区部	政治、行政的国际、国内中枢机能，金融、情报、经济、文化的中枢功能	
多摩自立都市圈	八王子市、立川市	商业集镇、大学立地	青梅市
神奈川自立都市圈	横滨市、川崎市	国际港湾、工业集镇	厚木市
埼玉自立都市圈	大宫市、浦和市	内陆交通枢纽、居住、政府机构	熊谷市
千叶自立都市圈	千叶市	国际空港、港湾、工业集镇	成田市、木更津市
茨城南部自立都市圈	土浦市、筑波地区	学术研究机能	

资料来源：成田孝山：《转换期的都市和都市圈》，京都：地人书房，1995 年（日文）。

三、中国城市群规划

张京祥（2000）认为构建城市群的目的是要通过城市群的运作实现核心城市功能的疏解与重组，扩大城镇功能调整的空间幅度，减轻核心城市由于高密度发展带来的压力，并促进周边城镇的发展；城市群的空间组合形态可以有丰富的模式，根据国外的经验，包括同心圆圈层组合式、定向多轴线引导式、平行切线组合式、放射长廊组合式、反磁力中心组合式等（图1-5）。

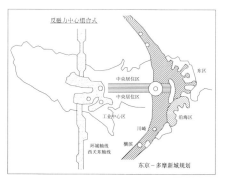

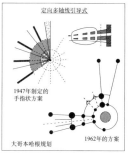

图1-5　城镇群空间结构组织的典型模式

资料来源：张京祥，2000。

徐海贤（2003）认为可在核心—放射空间模式、核心—圈层空间模式和多中心网络化空间模式三者中进行选择。其中，核心—放射空间模式是在大都市初期的扩散过程中，往往沿主要轴线扩展，一般不具备圈层扩展的能力，但在区域中仍具有明显的区位优势、规模优势和功能优势。规划应通过重点培育核心城市，构建放射通道来带动整个区域的发展。核心—圈层空间模式是随着核心城市扩散作用逐渐凸显，从轴向扩展转向圈层扩展为主，规划应强化核心城市的辐射带动作用，圈层开发与轴向带动相结合，逐步形成核心圈层状的空间结构。多中心网络化空间模式是在区域城乡差异缩小的过程中，区域经济活动在空间上表现为集中与分散相结合，城市功能高度集中于一个中心的状况发生改变，区域内呈现为多个城市共同发挥中心功能的格局。规划应建立起"紧凑型城市与开敞型区域"相结合的城市群空间形态，构筑网络化的城镇群体空间。

　　我国部分现已制定的城市群规划中关于空间结构模式的内容可总结为表 1-7。圈层结构、多中心、交通轴线几乎是所有城市群规划均采取的空间发展策略，这也与欧美日等国的研究和实践相类似。另外，也有一些城市群采取了网络化组合、分区整合的空间结构思想，可以认为是区域协调理念在空间上的进一步落实和深化。

表 1-7　我国城市群（都市圈）规划中关于空间结构的设想

都市圈	空间结构规划设想
京津冀北大都市圈	核心城市有机疏散与区域范围的重新集中相结合，促使区域空间结构从"星形结构"向"双核心/多中心"转变；采取"交通轴＋城镇＋组团生态绿地"的模式塑造人居形态
京津冀城镇群	重点构筑物流、区域和教育培训三大服务体系，形成区域轴线系统；构建中部、北部和西部、南部三个功能协同区协调区域城镇发展；将都市区作为城镇空间重点发展单元
长三角城镇群	建设多层次廊道—网络—节点的城乡空间体系，构建三大联合发展区，促进区域融合
珠三角城镇群	"一脊三带五轴"的点轴式集聚；东中西三大都市区呈"扇面"拓展的网络型空间格局
长株潭城市群	总体区分为核心区、功能拓展区和东部城镇密集地区三个区域层次，点轴式发展
苏锡常都市圈	突出与上海的横向联系，强化以苏锡常三市区为核心的纵向发展轴线，分为五个空间分区进行组织，构筑"网络化"的城镇群体空间
南京都市圈	以南京为核心，以核心与主要节点城市（中心城市）的联系方向为放射轴，以核心城市功能扩散地域为圈层（分为两个圈层）的"放射圈层状"空间结构
山东半岛城市群	强化轴线的基础上，构建八个各自空间经济联系紧密的城市区和五个城市化重点引导区，分别促进网络化区域结构和山东半岛都市连绵区的形成
济南都市圈	济南、淄博、泰安构成的济南都市区为核心圈，其他四市为外圈，形成多心结构；城市间依靠轴线串联，形成网络状空间结构；外围构建五个分工明确的空间整合分区
哈尔滨都市圈	变单心圈层式为有机分散的开敞布局，各组团沿轴线呈念珠状分布；以哈尔滨市区为中心，按核心圈、"网络化组合城市"圈、拓展圈三个圈层梯度组织经济与城镇发展

第二章　空间现象识别：
我国城市群的空间形态特征

第一节　国内外城市群空间形态研究简述

　　"城市群"的发现最初是因为对这一特殊空间形态的关注。20世纪后半期以来，随着工业化的大规模发展、城镇的快速建设以及现代交通技术和信息网络的发展，人类的居住空间和形态发生了深刻改变，巨型城市诞生并带动周边区域大规模的城镇发展，城镇建设密集区用地绵延成百上千公里，形成了一种区域化的人类居住空间形态——城市群。

　　戈特曼在1942年2月对美国东北海岸地区的考察及其1957年发表的著名论文"大都市带：东北海岸的城市化"（Megalopolis: or the Urbanization of the Northeastern Seaboard）是对于城市群居住形态的最早描述，他注意到从波士顿到华盛顿一带大城市沿着海岸线高密度分布的现象，这种现象或许更早就已经存在。

　　"从居住空间分布地理学的视角来看，规模这样巨大的大城市带不仅在美国，甚至在世界范围内都是独一无二的。很明显这是一连串的都市区通过集聚作用在近期形成的，而每一个都市区都围绕着一个强大的城市核发展。这种大范围内的超级都市区特征是人类所能观察到的最宏伟的城市发展现象，需要用一个特别的名字来称呼它。为此，我们选择了‘*Megalopolis*’一词，它源于希腊语，在韦氏词典中是‘一个非常大的城市’之意。"

戈特曼所指的"大都市带"不是一个很大的城市或大都市区，而是指一个范围很大，由多个大都市联结而成的城市化区域。戈特曼以美国东北海岸大都市带为例，考察了其三个世纪以来的城镇发展，将其发展过程划分为四个阶段。

（1）孤立分散阶段（1870 年以前）：城市增长以蒸汽机的应用以及轻工业的发展为动力。城市以商业、贸易和行政职能为主，主导产业以食品、纺织为主。农业经济占主导地位，三次产业结构呈现 Ⅰ>Ⅱ>Ⅲ 的格局，各个城市独立发展，整个地区的地域空间结构十分松散，但港口城市迅速发展，逐渐显示出外向型经济职能的重要性。

（2）区域性城市体系形成阶段（1870～1920 年）：此时美国经济结构进入以钢铁为主的重工业发展时期，重工业的聚集使城市规模迅速扩大，交通和公用事业等第三产业呈上升势头。三次产业结构呈现为 Ⅱ>Ⅲ>Ⅰ，同时铁路交通网络的形成加强了城市之间的联系，以纽约、费城两个特大城市为中心的区域发展轴线形成，区域城市化水平提高，劳动力结构中非农劳动力已占到 60%左右，各个城市的建成区基本成型。

（3）大都市带雏形阶段（1920～1950 年）：出现了汽车业和石油业，社会经济发展进入工业化后期，第三产业日益增长，三次产业结构中二、三产业的产值占 95%左右，非农劳动力占 87%左右，中心城市规模进一步扩大，单个城市的向心集聚达到顶点。城市之间的职能联系更为密切，地域分布更加广泛，人口规模增长明显，纽约、费城、波士顿、华盛顿四个主要城市人口达最高点 1 156.6 万人。区域城市体系的枢纽作用得到充分体现。

（4）大都市带成熟阶段（1950 年以后）：科学技术迅猛发展带来交通通信的革命和劳动力结构的"白领革命"，服务业得到发展，第三产业产值和从事第三产业的劳动力所占比重在 50%以上，并一直处于快速上升的态势中。城市郊区化的出现导致都市带的空间范围扩大，并沿着发展轴紧密相连，大都市带自身的形态演化和枢纽功能逐渐走向成熟。

"大都市带意味着一种新的非农业生活方式，是人类新文明阶段的黎明，是新居住空间组织模式的摇篮；同时，大都市带也不可避免地造成了空间、时间和物质的浪费。……城市化过程已经使本来意义上的荒野驯化；但是，与此同时，大都市化和大都市带化又制造了拥挤的城市，种种新的城市问题使现代大都市成为新的'空旷荒野'，它们'或许是一种更典型的荒野，因为它更接近终极问题'。"

此后，许多学者也对类似的地理形态进行了解释和研究。斯科特根据美国大都市区地理、经济和社会空间结构的演化特点，将美国大都市区空间结构演进划分为单中心、多中心以及网络化三个阶段。耶兹（Yeates，1989）根据经济生产方式及交通条件的变化将美国大都市地区的形成划分为重商主义时期、传统工业城市时期、大城市时期、郊区化成长时期、银河状大城市时期五个阶段。弗里德曼（Friedmann，1973、1976）提出了工业化与城镇化演变的空间机制理论，认为"经济增长引起空间演化"以及"支配空间经济的首位城市"的增长极理论，对于城市群的发展研究具有重要的指导意义。弗里德曼将区域城市群空间演化模式与国家发展相联系，分为四个发展阶段（图2-1）。①前工业阶段：孤立分散发展阶段；②工业化初期阶段：分散的集聚阶段，选择1~2个区位优势特别明显的城市进行开发，集聚经济效应开始产生；③工业化成熟阶段：集中的分散阶段，从核心—边缘的简单结构逐步转变成多核心结构，形成区域性的大市场，是地区城市群发育的经济基础；④后工业化阶段：集聚、分散的均衡阶段，城市之间的边缘地区发展很快，区域性基础设施和工业卫星城发展较快，城市之间的经济文化科技联系比较深广，密度大，负荷重，形成城市互相吸引与反馈作用。

国内学者也在戈特曼的基础上对我国城市群的形态演变进行了大量研究。杨吾扬、杨齐（1986）提出城镇空间结构演进的四阶段论，即城市膨胀期、市区蔓生阶段、向心城市体系形成阶段、城市连绵带形成阶段。在此基础上归纳出城镇群空间演进的四个阶段，即分散独立发展阶段、轴向主导发展阶段、城镇共生发展阶段、大城市连绵区发展阶段。胡序威等提出中国在具备特定地理

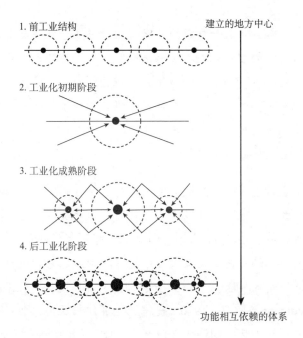

图 2-1　弗里德曼的城市群空间演化模式

条件的区域内从都市区到都市连绵区的完整演化过程的五阶段模型，即中小城市独立发展阶段、都市区形成阶段、都市区轴向扩展形成联合都市区阶段、都市连绵区雏形阶段、都市连绵区成型阶段。姚士谋等（2001）根据对城市群地域结构功能组织递嬗规律的分析，将城市群空间形成与演化分为四个阶段（图 2-2）。①分散发展的单核心城市阶段：分散的城市规模差别较小，主要沿区域交通干线分布，远离交通沿线的城市之间以及与交通沿线城市之间的联系很弱，专业化生产联系差，各城市周围被不同的农业地带环绕，城市主要表现为单核心向外蔓延；②城市组团阶段：交通干线重要中心城市侧向联系渗透干线发展，与边缘城市联系，中心城市发展为区域大都市，与中心城市联系密切的城市开始形成城市组团；③城市组群扩展阶段：干线上的主要城市成为地区中心，边缘城市的交通支线建立，它们之间的联系开始发展，各城市试图改进其在正在形成的城市群交通网络中的地位，城市群区域出现了几个不同地域结构和功能的城市组群；④城市群形成阶段：城市组群间综合交通走廊的发展以及城市群等级系统的出现是城市群成熟的重要特征。

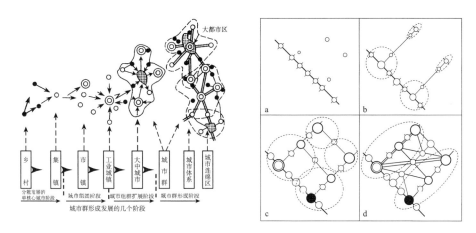

图 2-2　城市群地域结构演化规律

资料来源：姚士谋等：《中国城市群（第二版）》，中国科学技术出版社，2001 年。

　　上述研究回顾只是浩瀚文献中的冰山一角，但从中可以明确地看到，形成城市群的空间形态是城镇化发展至高级阶段的结果，在空间形式上通常表现为空间连绵或者网络化，具体呈现为哪种形态与国家的国情和空间政策有着密切关系，但无论是何种形态，城市群的形成与经济发展进入高级阶段有着密不可分的关系，或者说，先进产业的高速发展是城市群形成的必要条件；高密度、高负荷、高集聚度、高关联度是所有城市群的共同特征。

第二节　国内外城市群空间形态比较研究

一、国外城市群典型空间形态特征

　　Google Earth 地图中引入了 NASA 的夜景灯光模式，是 NASA 运用太阳同步轨道卫星拍摄的世界各地晚十点的图片合成的。通过 Google Earth 的夜景灯

光模式，可以分辨出世界各地的城市群，并模糊地识别出城市群发展的整体空
间形态。我们统一采用 1∶6 000 000 的比例模式截图来观察世界各地城市群的
发展形态（图 2-3）。

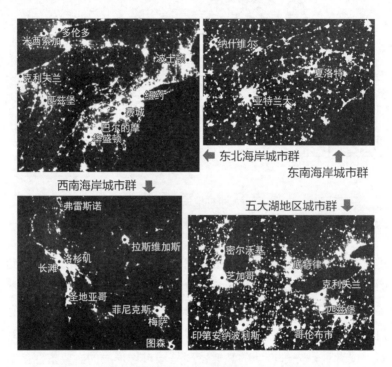

图 2-3   2009 年美国部分城市群夜景灯光图（同比例）

美国东北海岸城市群是世界上最早发育成型，也是规模最大的城市群，从
北到南分布有波士顿、纽约、费城、巴尔的摩、华盛顿等多个大都市。这一地
区从形态上来看，已经进入城市群发展的高度成熟阶段，形成了连绵程度非常
高的城镇密集地区，多个大城市膨胀扩散沿海岸带形成如银河一般的绵延的带
状空间形态。

美国五大湖地区城市群分布于美国和加拿大交界处的五大湖沿岸，从芝加
哥向东到底特律、克利夫兰、匹兹堡，并一直延伸到加拿大的多伦多和蒙特利
尔，形成了星群状网络化的城市群形态。

　　美国东南海岸城市群和西南海岸城市群相对前两个城市群来说规模较小，发育程度较低，前者以亚特兰大以及夏洛特到罗利一线为主轴形成了密度比五大湖地区较小的星群状网络化城市群，后者主要是由沿海岸蔓延的洛杉矶和圣地亚哥大都市区组成的城市群连绵带。

　　英国的伦敦城市群（图2-4），以伦敦大都市区为核心，向北有伯明翰、利物浦、谢菲尔德、曼彻斯特等大城市，同样体现了星群式网络化的形态特征，进入了城市群发展高度成熟的阶段。

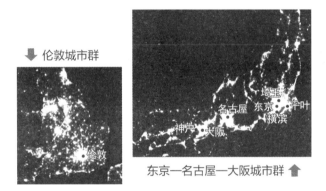

图2-4　2009年英国与日本城市群夜景灯光图（同比例）

　　日本的东京—名古屋—大阪城市群也是世界上发展高度成熟的城市群之一，其空间形态特征具有自身独特性。日本学者木内信藏、山鹿诚茨和小林博氏的研究发展成"都市圈"概念，成为日本城市发展的主要空间组织形式。东京—名古屋—大阪城市群是由东京—千叶—横滨都市圈、名古屋都市圈和大阪—神户都市圈三大块共同构成，都市圈内部的土地利用非常紧密，而圈与圈之间的土地则以开敞空间为主，与美国东北海岸城市群相比连绵度较低，而紧凑度较高。

　　综上所述，纵观世界各地发展较为成熟的城市群地区，其空间形态体现出来的普遍特征包括以下三点。

　　（1）拥有数个超大规模的大都市区域。比如美国东北海岸城市群的波士顿、纽约、华盛顿，日本的东京、名古屋、大阪等，大都市区域的直径从50多千米到 100 多千米不等，都是巨型城市地带。

（2）密集的大中小城市网络。围绕着大都市周边往往发展有多个中小城市，是城市群网络结构重要的组成部分。

（3）海岸线呈连绵态势。大部分沿海地区的城市群，即便是日本这种由相对紧凑的多个圈层构成的城市群，其海岸线的利用也是高度连绵的。

总的来说，发展较为成熟的世界级城市群的空间形态大致可以分为三类，其连绵的程度依次递减。

（1）银河带状绵延空间形态，例如美国波士顿—纽约—华盛顿东北海岸城市群、洛杉矶—圣地亚哥西南海岸城市群。多个大都市区交错连绵成百上千米，汽车交通方式的普及与郊区化的发展是形成这一形态特征重要的原因。

（2）星群状网络化空间形态，例如美国五大湖地区城市群、英国伦敦地区城市群。巨型城市以及各大中小城市形成等级有序、分工鲜明的城镇网络化系统，彼此之间有自然环境因素或是农业地区分割形成的大量不同空间尺度的开敞空间。

（3）多圈团相间式空间形态，例如日本东京—名古屋—大阪城市群。一个或几个大都市区联合周边的大中小城市形成一个相对紧密的"城市圈"，几个城市圈通过轨道交通相联系，形成多圈团相间式的形态。各个圈内部的土地利用密度非常高，但是圈与圈之间存在大尺度的开敞空间，以保护生态环境和农业发展。

二、中国主要城市群空间形态特征

中国目前发育比较成熟的城市群有三个——长三角、京津冀和珠三角城市群。其中长三角城市群被戈特曼纳入世界六大城市群之一。我们从长三角与美国东北海岸城市群的夜景灯光对比中可以发现，长三角目前仅是初步形成城市群的星群状网络化空间形态，与发育高度成熟的东北海岸城市群在整体规模能级上有着较大差距（图 2-5）。如果我们把纽约和上海，波士顿、费城和南京、杭州进行比较，可以看出，长三角核心城市的发展尚有不足，其他大都市区的发育程度相距甚远，具有鲜明职能分工的城市群多中心格局尚未充分形成。另外，对于海岸线的利用还有大量的空间。

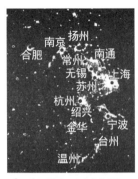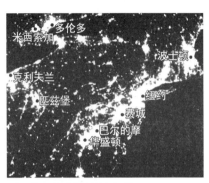

⬆ 中国长三角城市群　　⬆ 美国东北海岸城市群

图 2-5　中国长三角城市群与美国东北海岸城市群夜景灯光对比（同比例）

从灯光夜景图来看，珠三角城市群相对来说是中国城市群中建设最为密集的地区，包括香港、澳门、深圳、广州等多个大都市的珠三角地区已经形成密集的大中小城市以及大规模的村镇建设网络。从整体规模上来说，珠三角的范围与日本东京—名古屋—大阪城市群中的东京—千叶—横滨圈团的大小相近，是一个相对集中的城市群地区（图 2-6）。因此，如何避免建设用地过度连绵所造成的环境和效率问题是珠三角目前发展面临的重要命题。

我们将京津冀城市群与英国伦敦城市群的夜景灯光进行对比（图 2-7），可以看出，北京作为京津冀城市群发展的核心城市，从空间规模上已经逼近伦敦，但是从周边城市发育情况来看，远远落后于伦敦城市群地区，只有天津尚可纳入大都市区的行列，而与伦敦城市群拥有伯明翰、利物浦等多个大都市区的地区发育情况具有明显的差距。从这一点上来看，京津冀城市群要进入城市群的高级成熟阶段，迈入世界级城市群的行列，必须要推动整个地区多个城市的共同发展，营造多个能级较高的城市，提升区域的整体发展效应，而不是北京一家独大。

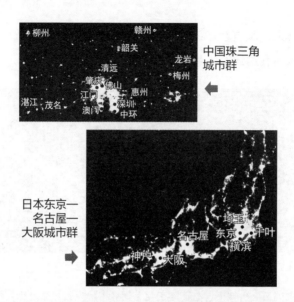

图 2-6　中国珠三角城市群与日本东京—名古屋—大阪城市群夜景灯光对比（同比例）

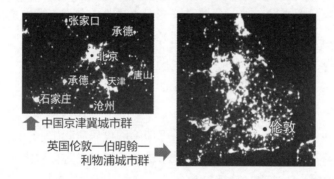

图 2-7　中国京津冀城市群与英国伦敦—伯明翰—利物浦城市群夜景灯光对比（同比例）

　　回顾之前对于城市群空间演化理论的研究，我们可以认为，在当前中国，真正发育相对成熟的城市群只有长三角、珠三角和京津冀这三个。从它们目前的特征来看，这三者之间的空间形态还存在很大差异，这既有地理条件、城镇发展历史基础差别的原因，也存在市场化发育程度、政策制度差异的原因。

　　与国外的城市群相比较，我国城市群的核心城市的能级需要进一步提升，更重要的是，重视城市群地区其他城市的发展，由此不断推动多中心网络化空间结构的形成。从整体形态上来看，应当尽量避免银河带状绵延的城市群空间形态，重视保护城市群内的开敞空间。

另外，我国城市群发展与国外相比有其自身的独特性，可以说美国的城市群发展是一种"城市的区域化"，而中国存在深厚的农业基础和众多的农村人口，村镇建设用地占据了城市群建设用地的大量空间，中国的城市群发展更多体现了一种"城市与农村混杂的区域化"特征，因此，日本的多圈团相间式空间形态难以效仿，星群状网络化的形态将成为中国城市群未来发展主要的空间形态方向。

我们从理论分析的角度认为目前中国真正发育相对成熟的城市群仅有三个，但是实际上中国已经有许多地区提出了城市群的规划，例如武汉城市群、长株潭城市群、成渝城市群、辽中南城市群等（图 2-8）。从空间形态的发展阶段来判断，这些城市群更多的是处在区域城市体系形成的阶段，或是城市群发

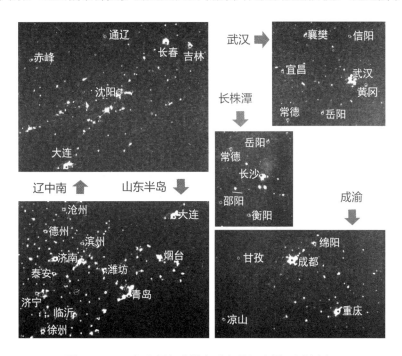

图 2-8　2009 年中国部分城市群夜景灯光图（同比例）

展的初级阶段，在这样的阶段上我们提发展城市群，目的是将城市群作为一种城镇化发展的空间组织形式，以及在此基础上相应地对政策引导、制度构架、产业布局、公共服务等内涵进行规划组织。

第三节　我国城市群的土地利用特征

一、城市群对于全国建设用地增长的贡献日益突出

对我国京津冀、长三角、珠三角三大城市群（由于数据采集是以省级为单元，京津冀城市群包括北京市、天津市、河北省，长三角城市群包括上海市、江苏省、浙江省，珠三角城市群指广东省）在"九五"和"十五"期间的建设用地变化情况进行研究，可以发现，三大城市群在全国建设用地的增长中占据重要地位，并且由"九五"期间的 21.4%上升到"十五"期间的 46.0%，也就是说，"十五"期间全国近一半的新增建设用地都是由这三大城市群贡献的，而经济增长的贡献率从"九五"期间的 47.7%增长到"十五"期间的 59.0%（表 2-1）。可见，城市群成为中国经济发展最主要的空间载体。

表 2-1　"九五"和"十五"期间三大城市群建设用地（居民点及工矿）增长情况比较

主要 城市群	1994～1999 年 增加的建设用地 （km^2）	占全国 的比例 （%）	GDP 增加值 占全国的比例 （%）	1999～2004 年 增加的建设用地 （km^2）	占全国 的比例 （%）	GDP 增加值 占全国的比例 （%）
京津冀	1 558.5	5.0	11.9	1 170.3	10.1	14.2
长三角	2 592.7	8.4	23.8	2 755.2	23.9	31.0
珠三角	2 463.0	8.0	12.0	1 380.9	12.0	13.8
合计	6 614.2	21.4	47.7	5 306.5	46.0	59.0
全国	30 868.1	100.0	100.0	11 540.1	100.0	100.0

资料来源：《中国土地年鉴》（1995）；《中国土地资源年鉴》（2000、2005）；《中国统计年鉴》（1995、2000、2005）。

二、城市群在全国具有较高的建设用地产出效率

城市群是土地利用集约程度较高的空间组织形式。从京津冀、长三角和珠三角三大城市群建设用地的经济密度来看（图 2-9），城市群的经济密度普遍高于全国平均水平，其中长三角是建设用地经济密度最高的地区，珠三角次之，京津冀最低。

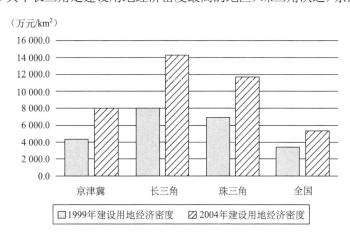

图 2-9 1999 年、2004 年三大城市群建设用地经济密度比较

三大城市群在"十五"期间以全国新增用地的 46%创造了我国新增国内生产总值的 59%。"十五"期间各城市群的新增用地效率相对"九五"期间都有提升，并且均高于全国的平均水平（表 2-2）。

表 2-2 "九五"和"十五"期间三大城市群新增用地效率比较（hm²/亿元）

主要城市群	1994～1999 年每增加亿元 GDP 新增建设用地	1999～2004 年每增加亿元 GDP 新增建设用地
全国	87.4	21.1
京津冀	37.1	15.0
长三角	30.9	16.2
珠三角	58.3	18.2

资料来源：《中国土地年鉴》（1995）；《中国土地资源年鉴》（2000、2005）；《中国统计年鉴》（1995、2000、2005）。

　　"九五"期间，上海市每增加亿元 GDP 新增建设用地 24.3 公顷，长三角城市群的江苏、浙江分别为 34.0 公顷、31.6 公顷，城市群地区内部的新增用地效率存在较大差距（图 2-10）。"十五"期间上海市是新增用地效率最高的地区，每增加亿元 GDP 新增建设用地仅为 2.2 公顷，而江苏和浙江地区均为 20 公顷左右，为上海的将近十倍。长三角城市群内部不同地区之间的新增用地效率逐步拉开差距，上海市作为长三角城市群地区发展的领头城市，其经济发展模式已经发生了重大转型。

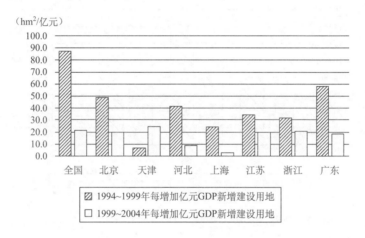

图 2-10　"九五"和"十五"期间三大城市群内部各地区新增用地效率比较

三、部分城市群建设用地扩张远超人口集聚

　　从各城市群建设用地人口密度变化来看（图 2-11），1999 年，长三角是建设用地人口密度最高的城市群，为 6 178 人/平方千米，到 2004 年，仅为 5 775 人/平方千米，建设用地人口密度急剧下降，这与建设用地扩张速度过快密切相关。2004 年，珠三角为建设用地人口密度最高的城市群，为 6 086 人/平方千米。京津冀地区建设用地人口密度比全国平均密度还低，这与其长期以来的历史过程密切相关。

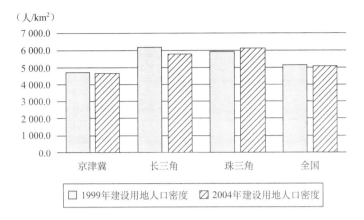

图 2-11　1999 年、2004 年三大城市群建设用地人口密度比较

　　从三大城市群用地与人口增长的弹性系数（1999～2004 年用地的年均增长率/人口年均增长率）可以看出，不同城市群用地增长与人口增长同步的情况是不一致的（图 2-12）。长三角建设用地的增长速度大大超过了人口集聚的速度，而珠三角、京津冀用地的增长带来了相应的人口集聚。这一现象反映了这一时期长三角地区用地粗放扩张相对较为严重。

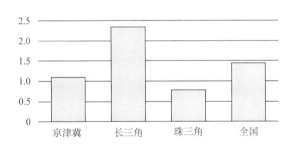

图 2-12　"十五"期间三大城市群用地与人口增长的弹性系数比较

　　在长三角的内部，上海的弹性系数较小，仅为 0.2，而浙江、江苏都超过了3.5，上海作为城市群发展核心城市，服务业的发展相对走上了更高的阶段，对于人口吸纳的力量是非常强劲的，其用地的管理水平也相对较高。而江苏、浙江等地则处于大规模、粗放的用地扩张过程当中，这些扩张的用地主要是工业

用地的粗放式增长（表 2-3）。

表 2-3 "十五"期间三大城市群内部各地区用地与人口增长比较

	用地年均增长率（%）	人口年均增长率（%）	用地与人口增长的弹性系数
全国	0.9	0.6	1.45
北京	3.7	3.8	0.99
天津	3.2	1.4	2.39
河北	0.5	0.6	0.92
上海	0.7	3.6	0.20
江苏	2.2	0.6	3.64
浙江	4.1	1.1	3.75
广东	2.3	2.8	0.79

第三章　我国城市群的空间实质：
集聚、联系与多中心

第一节　城市群识别困境：集聚与联系之辩

一、城市群概念中的两个共性

1. 集聚共性

　　尽管在我国关于城市群的概念一直十分模糊，应用混乱，不同城市群在地域空间的实体结构上相差很大，但所有这些城市群概念都存在一个共同出发点，就是城市群具有空间集聚的能量。无论是沿海地区城镇化、工业化高度发达的城市群，还是内地相对欠发达的城市群，均是全国或全省的集聚中心。某种意义上，城市群可以被理解为区域型的增长极。

　　集聚经济是形成现代经济社会景观格局最为本质的力量，并且集聚经济只发生在一定空间尺度内，如一个城市或城市群，超出这一区域范围便无法享受集聚经济带来的好处，这也是城市群理论上存在空间边界的原因。从新经济地理学理论上讲，无论在城市、区域乃至国际尺度，均是各个主体在经济报酬递增和运输成本之间进行权衡并不断累积，形成了我们所见到的产业集群或城市群等空间经济形态（藤田昌久等，2004）。因此，城市群的形成主要是经济要素在特定区域内高度集聚的结果，这种集聚经济尤其表现为市场的共享，包括消费市场、生产资料市场、人力资源市场、技术市场等等，城市群往往成为"市场指向型"企业高度密集分布的区域，而具有市场优势的区位则更容易形成集聚。

我国过去一个阶段经济的特点是内需不足、依赖外需扩张。从1997年东南亚金融危机之后，我国就一直处于内需不足的状态，虽然财政与货币政策双管齐下，仍然无法摆脱通货紧缩的阴影，最后通过外需的扩张来维持国内经济的高增长与高就业。这从经济增长、出口增长和消费增长三者之间的关系就可以清楚地看到，1997年以后，出口增长的速度在绝大多数年份均远高于经济增长，而消费增长的速度却大幅低于经济增长（图3-1）；正是由于出口的拉动，使得我国经济进入了新一轮的快速增长周期。在这样的市场环境下，无论是内资、外资，向沿海集中就成为必然，加之香港、上海、北京等核心城市的传统地位（在全球化的冲击下具备了世界城市的基础），这是形成珠三角、长三角、京津冀城市群的基本背景。通过集聚，广东、苏浙沪、京津冀四省三市以仅占全国6.5%的土地面积，占据了全国65%的国内市场以及80%的外需市场。显然，内陆地区由于背离"市场指向"原则，而在"报酬递增和运输成本之间的权衡"过程中被"边缘化"，难以形成如此大规模的城市群。因此，是否具备集聚的动力——在我国这一动力表现为市场的集聚——成为形成城市群的关键。

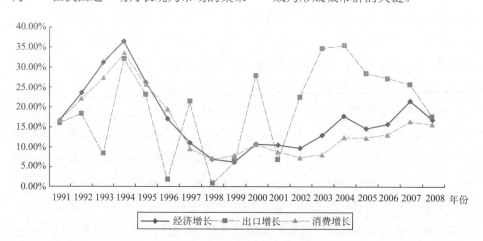

图3-1　我国经济增长的拉动因素

2. 空间联系共性

从城市群概念的表达上来说，姚士谋等（2001）对城市群所下的定义基本得到广泛认同，即"在特定的地域范围内具有相当数量的不同性质、类型和等级规模的城市，依托一定的自然环境条件，以一个或两个超大或特大城市作为地区经济的核心，借助于现代化的交通工具、综合运输网的通达性以及高度发达的信息网络，发生与发展着城市个体之间的内在联系，共同构成的一个相对完整的城市集合体"。目前大部分有关城市群空间范围识别的研究也都按照这一定义来选取指标和门槛值。其中，"城市个体间的内在联系"被视为城市群的核心特征之一，尽管关于这个"联系"从实证角度并没有太多深入探讨，多数是基于交通或空间相互作用模型的研究，但在理论研究上却被默认为城市群除集聚以外的另一共性。

然而，理论上的描述看似严密，却无法避免产生分歧，依此所确立的城市群识别指标体系也五花八门，其关键原因在于定义的核心，即体现城市群空间构成的所谓"内在密切联系"难以凸显城市群与其他区域的差别。事实上，区域地理学所研究的区域就是具有相互关联的活动、类似的利益、共同的组织的地域，区域均质性只有通过区域关联的特性、强度、范围、相互关系以及在空间上彼此连接和分离的方式才得以体现（Dickinson，1934）。而从区域经济学的观点，区域是以某一城镇体系为中心，通过这些城镇体系进行交易活动的所有消费—生产者的居住空间（安虎森，2004）。换言之，"内在联系"或"内部交易网络"是所有类型地理区域的共有特征，城市群作为"子集"，需在空间联系网络的测度上进一步寻求有别于一般区域的特性。

空间联系网络测度标准的不明确，导致我国各地各种城市群概念蜂拥而起，只要具备"一个或两个超大或特大城市作为地区经济的核心"，城市个体之间的内在联系无论何种特性、何种强度、何种功能，均可被称为城市群。极端地说，世界城市体系是否也可以看作是一个超级城市群？如果按照集合论的理解，将城市看作是全集中的元素，元素之间存在不同程度的联系，那么，城市群理论上就是一个紧密网络状的最大子集。尤其在经济全球化和信息网络技术高度发达的今天，城市群内部的空间联系和相互作用网络是十分复杂的，很少有研究文献能清晰地剖析城市间的联系具体由何种功能构成、如何产生，采用引力模型的线性关系进行简单模拟的常用研究方法，仍无助于认识城市群的空间结构和形成发展机理。从空间联系往下进行深度剖析，是本书重新理解城市群空间实质的基本途径。

二、区域联系的功能分析框架

伴随社会经济的发展，尤其是城市区域的快速发展，地区内部和地区之间各种社会经济现象的地域分布呈现出更加复杂的态势，区域联系更加密切、快捷。而城市群区域的空间联系则更为活跃，联系的内容更加丰富，呈现出网络化联系的特征。朱英明、姚士谋（2001）认为区域联系是提高区域乃至国家竞争力的基本要求，包括地区联系、中心地联系、城市等级联系、商品流联系、相互作用联系、扩散联系等不同层面。

隆迪勒提出了分析和评价区域联系的基本框架（表 3-1），全面反映了区域空间联系的功能内涵。其中，对于区域经济发展最为重要的主要为四种联系：生产联系、资本流动、人口流动以及信息和技术流动，分别体现了影响经济增长的各个要素。

表 3-1　区域发展的主要空间联系

联系类型	要　　素
物质联系	公路网、水网、铁路网、生态上的相互依赖
经济联系	市场模式、原材料和中间产品流、资本流、前后向及双向的生产联系、消费和购物形式、收入流、行业结构和地区间商品流动
人口流动联系	临时和永久性的人口移动、通勤
技术联系	技术相互依赖、通信系统
社会性联系	访问形式、亲戚关系、仪式、典礼和宗教活动、社会团体间相互作用
服务联系	能量流和网络、信贷和金融网络、教育、培训、医疗、职业、商业和技术服务形式、交通运输服务系统
政治、行政、组织联系	组织结构关系、政府预算流、组织间相互依赖、权力—批准—监督模式、行政区间交易模式、非正式的政治决策链

1. 生产联系

区域内部的生产联系是区域联系最基本的表现形式。赫希曼认为经济发展就是一个以联系为基础的动态过程。生产联系本质上是经济分工不断深化的过程，而分工就带来经济增长。生产联系表现为产业链上的前向联系和后向联系、产业链间的旁侧联系和消费联系。由于生产的社会广泛性，生产联系效应不仅存在于区域内产业之间，而且在区域之间因劳动地域分工而显得同样重要。因此，生产联系效应是一个社会效应，它存在于任何区域之间，依照比较优势原理分别专业化生产。城市群内部的生产联系是否又存在其特殊性？

2. 资本流动

在一个封闭的经济系统中，资本的供给只能来自本区内人们的储蓄，区内人均储蓄量直接决定一个地区的资本存量水平。资本的逐利本性和规避风险的特性，促使各区域利益相关者加剧经济利益的竞争，引起资本要素市场的供求变动，于是资本打破地区经济封闭状态，从收益低、风险高的地区流向收益高、风险低的地区，从而调节资本存量余缺的地区不平衡，形成资本流动。区域资本流动存在借贷资本流动和跨区域直接投资两种形式。资本流动也是全社会性的，如我国资本流动主要是由西向东方向，而在区域内部其流向则更为复杂。资本流动一方面是资本逐利的结果，另一方面是使投资空间分散化，进行空间组合投资，以达到原有资本保值增值的目的，并降低因地区经济周期波动导致的系统风险。

3. 人口流动

人口流动除去社会因素，主要包括劳动力流动和人力资本流动。劳动力流动的原因有多种因素，但主要是经济原因，并受经济周期波动的影响。劳动力流动影响劳动力市场，进而影响区域经济的发展。假设两地区劳动力能够自由流动，从本地区流向外地区，这种流动减少了本地区劳动力，但提高了本地区的实际工资。相反，外地区的劳动力增多，实际工资下降。如果没有障碍，劳动力流动一直到两地区边际劳动产出相等为止。人力资本由于具有较高的劳动素质，是各地区争夺的资源，因此不像一般劳动力流动那么自由。而且人力资本所有者对于流入地区的社会、文化、政治等环境要求也较高，不是简单的收入水平能够决定的。

4. 信息和技术流动

新经济增长理论认为，技术进步是经济增长的源泉。随着生产技术的变革以及科技创新在实际生产中的应用，生产过程的时间间隔不断缩短。在企业竞争加剧的条件下，企业认识到及时获取市场信息和技术创新资料的紧迫性，技术和信息的扩散也越来越快。影响技术扩散的主要因素包括企业规模、企业集群的规模结构以及技术创新本身的特征。技术扩散的空间形式有三种：邻近扩散（接触扩散）、等级扩散和跳跃扩散（随机扩散）。

三、集聚下的空间联系特征

既然集聚和空间联系是城市群的两个基本特征，就有必要对集聚状态下城市群的空间联系功能特征进行分析。如果集聚所发生的空间与集聚所导致的空间联系密集区范围一致，就可以认为，城市群的空间实质就是集聚的势能下形成的空间联系密集区。但显然，这一假设前提是难以成立的。原因在于，如果将集聚现象看成"核心—边缘"结构下边缘地区要素向核心地区的集中，显然，发生于核心与边缘之间因集聚过程所导致的密切联系无法与核心区的空间范围一致。下面根据上述确定的区域联系功能分析框架一一进行分析。

研究之前，对城市群的空间范围需要有一个初步界定。这里以沪苏浙、京津冀和广东省作为我国沿海三大城市群的空间范围，并以之作为案例对象进行分析。

1. 生产联系

由于难以获得地区之间产业关联的细部资料，这里通过两种间接的方法进行分析。

（1）原料供应联系

考虑到我国的主体经济仍以加工制造业为主，中间品的生产一般在本地完成，地区之间的实际产业链关联比较微弱，因此，通过原材料的供给关系能够大体反映出我国地区间生产联系的水平。由于铁路运输的货物主要以大宗原材料为主，如煤炭、钢铁、木材、粮食等，这里以我国省区间铁路货物交流数据进行分析恰好反映了省区间的生产联系。

这里重点分析珠三角、长三角、京津冀三大城市群的生产联系情况。从图 0-16 可以看出，就生产联系而言，三大城市群的密切联系范围都超出了各自核心区域的传统学术理解，如珠三角除了广东自身以外，湖南也是十分重要的生产资料来源地，西南、华中诸省份也均与珠三角联系密切；长三角与安徽的生产联系密切，河南、山东、山西等地也是长三角重要的原材料来源地；京津冀除河北外，山西、内蒙古也是十分重要的经济联系方向。因此，在区域概念上曾提出的泛珠三角、泛长三角经济（合作）圈等事实上就反映了这种生产联系状况，如泛珠三角包括广东、福建、江西、广西、海南、湖南、四川、云南、贵州以及香港和澳门，形成"9+2"格局；沪苏浙皖三省一市则是泛长三角的空间范畴。

（2）产业间关联

采用投入—产出表法对产业间联系进行分析。一般而言，投入—产出表只反映某地区各行业之间投入—产出的关系，不直接反映地区之间各行业的投入—产出关系。表中产出行包括四个方面内容：该行（产业 i）在各个产业中的投入量 I_{ij}，加总即为中间使用合计 I_i：

$$I_i = \sum I_{ij}$$

其中既包括本地 i 行业的产出投入量，也包括从其他地区引入的投入；最终消费 E_i，包括居民消费和政府消费；资本形成额 C_i；净流出 O_i，若为负值则为净流入。简单地说，I_i 反映了该地区对 i 产业产品的生产消费量（不包括最终消费 E_i），O_i 反映了该地区通过输出 i 产品建立的对外产业关联综合度。如果有两个

地区 a 和 b，通过计算 a 地所有产业的生产消费量 $\{I_{ia}\}$ 和 b 地所有产业的输出量 $\{O_{jb}\}$ 间的相关系数，即可间接反映出 a、b 两地的产业关联，其中以 a 地为集聚地。这里采用 Pearson 相关系数，计算公式如下：

$$R_{ab} = \frac{\sum\limits_{ij}(I_{ia} - \bar{I}_a)(O_{jb} - \bar{O}_b)}{\sqrt{\sum\limits_{i}(I_{ia} - \bar{I}_a)^2 \sum\limits_{j}(O_{jb} - \bar{O}_b)^2}}$$

其中，$\bar{I}_a$ 为 I_{ia} 的平均值，$\bar{O}_b$ 为 O_{jb} 的平均值。

采用 2002 年中国分省区投入—产出表进行分析，该表采用行业大类进行统计，分别计算以长三角和京津冀的各省市为消费地的集中式产业关联方向（图 0-17）。可以看到，无论是长三角还是京津冀，向这两个城市群集聚的产业要素均来自距离更远的省区，而并非主要集中在城市群内，空间联系的距离衰减特征极不明显。这是因为这些省区与城市群之间存在明显的产业互补性，中部地区的原材料和中间产品必然向沿海城市群集聚。换言之，如果从产业大类的关联程度来看，上海、江苏、浙江之间并不存在很强的联系，而与中西部省区有更强关联；北京、天津、河北之间虽存在一定强度的联系，但与东北、中部以及其他沿海省区也有着很强联系，城市群的形态通过这种集聚与联系效应难以有效识别。

上述方法中，生产中间消费量 I_i 均包括本省自身生产和外省输入两个部分，只有后者与其他省市的净流出 O_i 相关，对 $\{I_{ia}\}$ 和 $\{O_{jb}\}$ 进行相关分析存在方法上的隐忧。这里采用另外一种方法分析 I_i 中外省输入部分与外省 O_i 的关系。由于 O_i 有正有负，虽名为净流出，但却也反映了净流入情况。若该值为正，即认为 i 产业是净流出；若该值为负，即认为 i 产业是净流入，并且净流入量为 $-O_i$。这样可以得到绝对的净流出 OA 和净流入 IA 两个矩阵：

$$OA_i = \begin{cases} O_i, & \text{如果} O_i > 0 \\ 0, & \text{如果} O_i \leqslant 0 \end{cases}$$

$$IA_i = \begin{cases} -O_i, & \text{如果} O_i < 0 \\ 0, & \text{如果} O_i \geqslant 0 \end{cases}$$

如果 a 地和 b 地在某产业 i 上具有较强关联（a 为流入地），则 OA_{ia} 和 IA_{ib} 均不为 0，且数值越高，关联强度越大，于是可以用乘积来反映其产业联系强度：

$$S_{ab}^i = OA_{ia} \cdot IA_{ib}$$

这种方法不反映省市自身内部的产业关联，$S_{aa}^i \equiv 0$。

据此计算出北京、上海和广东的集中式产业关联方向反映出类似的特征，基本不反映空间联系的距离衰减规律和城市群的形态。图 0-18 的三张图采用相同的间距进行分类着色。北京的主要联系方向集中在东部，包括环渤海地区、东北、长三角和珠三角。上海的主要联系方向延伸至中部地区，环渤海地区和安徽与上海联系密切，而苏浙与上海的产业关联不强。广东的密切联系范围更广，福建、环渤海以及皖豫都与广东有较高的联系强度。

（3）小结

从生产联系的角度很难对城市群进行识别判定，这里是以上海、北京等城市为输入地或集聚地进行的产业关联度分析，事实上，若以上海、北京为输出地，同样难以发现城市群的空间形态，地区间的产业关联甚至难有空间规律可循。这是由于生产联系是基于市场需求的，在全国市场下，只要存在需求，即使可能要支付更高的运输费用，也需要以市场为核心导向。在数据年份 2002 年，珠三角是我国外向型经济发展最迅猛的地区，其次是长三角，因此，这两个区域成为国内各地区的导向市场，内地产业的产出向这两个区域集聚成为必然。而在这两个区域内部，比如长三角的两省一市之间，产业关联度并不大，可以这样做出解释：由于都是对外进行联系，市场在外，产业结构相似程度较高，互相之间市场依存度较低，就形成了分析所得到的结果。因此，依据"区域内部存在十分密切的生产联系"来对城市群的空间范围进行识别并不能得到与现实情况一致的结果。

当然，这里分析所采用的数据是按照行业大类进行统计，其中忽视了很多产业的细节，比如交通运输设备制造业就包括整车制造和汽车零配件至少两个存在密切关联的分类，这会对上述研究的结论产生一定影响。但从宏观而言，将生产联系作为城市群识别的判据显然是不恰当的。

2. 资本流动①

资本的流动决定了一个国家乃至全世界的经济空间格局，经济空间实际上也就是资本的运行空间。我国资本流动主要存在三种形式："看得见的手"对资本的调控、"看不见的手"对资本的调节以及资本"用脚投票"。

（1）"看得见的手"——信贷的区域调节

"看得见的手"是指银行的存贷款在中央银行调控下或者通过银行间交易实现的跨地区流动。1998 年以前我国一直施行严格的信贷规模管理制度。这一制度源自"大一统"银行体制下现金管理的思想，1984 年实行存款准备金制度后，其制度设想是在存款大于当地贷款的资金充足地区，银行将钱以超额准备金的方式回存至中央银行进行地区调剂，既调整结构，又控制总量，保证国家货币政策目标的实现（李宏瑾，2006）。信贷规模管理体制下，存款少的地区由于有贷款计划规模，往往是安排了国家计划的项目，即使没有存款也照样发放贷款；存款多的地区由于有贷款计划规模的限制，也不能多发放贷款，从而使区域所获得的贷款额与区域的存款并不十分匹配，无法反映资金的实际需求。1998 年后，随着我国信贷规模管理制度的结束以及风险管理的加强，区域获得的贷款越来越与其存款相关，存贷款与区域经济发展在地理上趋于匹配。如 2008 年，我国东、中、西部及东北各区域本外币各项存款占比与贷款占比均差别不大，匹配度较高（表 3-2），不存在十分大规模的地区间现金调节，东部、西部和东北地区为现金净投放，分别有 4 475、135.2、526.6 亿元，只有中部地区因为是我国劳动力输出的主要地区而呈现为现金净回笼，回笼规模也仅为 1 473.5 亿元。

---

① 这里的资本主要是指可以转化为产业资本的货币，不包括汇款、跨区支付等货币流动。

表 3-2　2008 年末金融机构本外币存贷款地区分布（%）

	东部	中部	西部	东北	全国
本外币各项存款占比	60.3	15.2	17.0	7.4	100
其中：存储存款	55.2	18.1	17.7	9.0	100
企业存款	67.3	12.0	14.7	5.9	100
外币存款	84.2	4.9	5.1	5.9	100
本外币各项贷款占比	61.3	14.4	17.1	7.2	100
其中：短期贷款	62.6	15.1	14.6	7.7	100
中长期贷款	59.8	13.9	19.7	6.6	100
外币贷款	85.9	5.1	4.9	4.1	100

注：各地区金融机构汇总数据不包括各商业银行总行直存直贷数据。

资料来源：中国人民银行货币政策分析小组：《中国区域金融运行报告》，2008 年。

我国现行的银行信贷管理体制仍是与行政区划高度相关的，通过存款准备金率、利率等宏观杠杆在区域内部基本实现存、贷资金的平衡。我国央行根据履行货币信贷政策的需要将全国划分为 11 个区域，分别由 9 个分行和 2 个营业管理部进行管理，分行承担了各区域的央行职责，为各地区经济发展协调信贷和货币供应（表 3-3）。如果以全国的平均贷存比[①]上下浮动 10%作为信贷均衡的标准，11 个区域中 7 个区域均基本处于信贷平衡状况；其余除北京为资金回笼外，上海、济南、重庆分别有小幅净投放。

表 3-3　中国人民银行各辖区信贷平衡状况（2005 年数据）

分行	辖区范围	贷存比	信贷平衡评价
中国人民银行营业管理部	北京	0.529	净存
天津分行	天津、河北、山西、内蒙古	0.661	平衡
沈阳分行	辽宁、吉林、黑龙江	0.668	平衡
上海分行	上海、福建、浙江	0.731	净贷

———————

① 贷存比，即年末全部金融机构贷款余额除以全部金融机构存款余额得到的比例，反映了信贷的平衡状况。2005 年，全国平均贷存比为 0.678。

续表

分行	辖区范围	贷存比	信贷平衡评价
南京分行	江苏、安徽	0.716	平衡
武汉分行	湖北、湖南、江西	0.695	平衡
济南分行	山东、河南	0.774	净贷
广州分行	广东、海南、广西	0.615	平衡
重庆营业管理部	重庆	0.751	净贷
成都分行	四川、贵州、云南、西藏	0.726	平衡
西安分行	陕西、甘肃、宁夏、青海、新疆	0.669	平衡

资料来源：根据《中国金融年鉴2006》整理。

2005年，我国存款准备金率基本维持在8%左右的水平，随后一直调整，提高到2009年的15%，尽管对货币流动性有明显的收紧趋势，但从存—贷之间的缺口看，各区域一直未超过20%。因此，总体上看，目前我国区域之间大幅度的资金流动并不明显，资金的调配主要位于各区域内。

中央银行对于资金的地区间调控所形成的资金流是一种层级式而非网络式的流动，通过央行各分行将资本过剩地区的资金注入邻近资本需求量大的地区，从而发生地区间联系。然而，其一，通过央行的区划，资本流动发生在11个区域之内，这种管理上的区域与城市群无关，甚至与城市群的空间存在冲突，如长三角、京津冀都被分割成了两个信贷管辖单元；其二，城市群并未呈现出明显的资本集聚现象，各地区信贷规模基本平衡，城市群地区由于经济发达，居民和企业存款额较大，足以满足区域内经济发展对资金的需求，如北京和广东贷存比均较低，上海也基本平衡，不存在资本再往这些城市或地区注入的需求，甚至有向外溢出的需求（图0-20）；其三，这种资金联系只是数据信息的流动，而在这之上不带有任何人与人的交往，这种联系的建立十分不稳定，甚至是随机的，完全由管理行为决定，并不能起到建构市场化运作的功能性区域的作用。

（2）"看不见的手"——资本市场融资

"看不见的手"是指企业通过资本市场直接融资而实现的资本空间流动，典型的如通过股票、债券等证券市场进行的融资。从表0-9可以看出，通过这类资本市场尤其是债券进行融资的主要分布于东部，即总的方向是资本从中西部流入东部，在东部地区则呈现为网络化交织。由表3-4可以明显看到，以广东为载体的珠三角、以沪苏浙为载体的长三角、京津冀以及山东、四川等城市群地区是上市企业分布最为密集的地区，自然也是通过市场化调节资金流入的核心区域。

表3-4　我国各省区市上市公司分布

地区	上市公司数目（家）	比重（%）	地区	上市公司数目（家）	比重（%）	地区	上市公司数目（家）	比重（%）
北京	136	7.87	安徽	61	3.53	四川	71	4.11
天津	31	1.80	福建	55	3.18	贵州	17	0.98
河北	35	2.03	江西	25	1.45	云南	26	1.51
山西	27	1.56	山东	103	5.96	陕西	31	1.80
内蒙古	19	1.10	河南	41	2.37	甘肃	20	1.16
辽宁	51	2.95	湖北	66	3.82	青海	10	0.58
吉林	33	1.91	湖南	50	2.90	宁夏	11	0.64
黑龙江	26	1.51	广东	238	13.78	新疆	34	1.97
上海	156	9.03	广西	26	1.51	西藏	9	0.52
江苏	127	7.35	海南	21	1.22	全国	1 727	100
浙江	142	8.22	重庆	29	1.68			

资料来源：根据新浪网财经频道（http://finance.sina.com.cn/）数据进行统计（数据更新日期：2010年1月）。

虽然通过资本市场融资不像信贷资金那样会受区域边界的约束，可以完全自由流动，并存在向东部地区尤其是经济发达的城市群地区集聚的明显趋势，但资本流动的空间特征仍无法呈现城市群的形态。其一，在信息网络高度发达的今天，通过资本市场进行融资的资金来源与地理相关性不大，任何地区都可能会与城市群内的投资标的产生资金流动；其二，这种资金联系同样也是数据信息的流动，而且十分不稳定，随时可能发生资金转移、联系方向的改变；其三，无论资本市场如何迅猛发展，直接融资在中国实体经济发展中所占的比重仍然微乎其微，信贷仍是最重要的融资方式。

（3）资本"用脚投票"

"用脚投票"是指企业受利润最大化牵引，采取"用脚投票"选择投资区位，在区域内重新布局而实现的资本流动。截至 2009 年 7 月底，我国上市公司数量为 1 628 家，上市公司总市值占 2008 年 GDP 的比重为 95.4%，上市公司在我国经济中已经占据十分重要的地位，不仅反映了我国经济发展水平，也体现了我国经济的核心竞争力。按现行的政策，企业利润总额以总部所在地进行计算，这里通过对上市公司总部的迁移来研究重要企业"用脚投票"引起的区域内资本流动。统计发现（表 0-10），上市公司总部存在明显的自西向东迁移特征，西部地区通过总部迁移，上市公司利润总额净流出高达 242.01 亿元，其中流向北京的占 98.6%；而总部迁入中西部地区的上市公司多为亏损企业。这说明，东西产业转移主要转移的是产能，而总部迁移主要是转移控制决策中心。

企业总部迁移主要有五种类型：①跨省区迁移，主要指向北京、上海、深圳等国家级经济中心，如蓝星清洗股份有限公司总部从甘肃兰州市迁到北京市朝阳区；②省内城市间迁移，主要指向省会城市，如云南马龙产业集团股份有限公司总部从云南曲靖市迁至昆明市；③市内迁移，主要指向中心城区，如东方银星总部从河南商丘市民权县搬迁到商丘市区；④城区和开发区之间迁移，如山西亚宝药业集团股份有限公司总部从山西省运城市区迁至运城市风陵渡经济开发区；⑤城区内迁移，如北京赛迪传媒投资股份有限公司由昌平区迁至海淀区。只有跨省区和省内迁移对于城市群研究具有意义，这里只讨论这两种情况。

北京不仅是银行资本的融出中心，同时也是企业资本流入的中心，其上市公司净迁入最多，达 24 家（表 3-5），北京垄断的信息资源使其在资本空间中具有其他城市或地区无法取代的地位。津、冀均为上市公司净迁出，均迁入北京，但迁入北京的上市企业更大部分来自全国其他地区，其平均迁移距离达到 1 422 千米。

上海虽为全国经济中心，但上市公司总部净迁入数量仅 3 家，江苏和浙江均为净迁出，总净迁出也是 3 家。江苏和浙江迁出的企业并非落户至上海，上海迁入上市公司的平均迁移距离为 1 305 千米，远超出浙江和江苏的范围。而迁入江苏和浙江的上市公司的平均迁移距离均在 500 千米以内，都属省内迁移。

表 3-5　各省区市上市公司迁移情况（家）

区域	迁入数	迁出数	区域	迁入数	迁出数	区域	迁入数	迁出数
北京	25	1	湖北	3	6	广西	0	2
天津	0	4	山东	3	3	云南	2	3
河北	0	2	河南	1	0	贵州	1	2
上海	5	2	山西	1	1	内蒙古	0	1
江苏	2	3	陕西	1	0	甘肃	0	3
浙江	8	10	辽宁	0	3	新疆	1	2
安徽	2	2	吉林	2	2	宁夏	1	2
广东	9	6	黑龙江	1	4	青海	0	1
福建	1	1	川渝	12	9	西藏	0	5
湖南	4	3	海南	1	3	合计	**86**	**86**

资料来源：赵弘主编：《中国总部经济发展报告（2009～2010）》，社会科学文献出版社，2009 年。

也就是说，总部迁入上海的上市公司多来自长三角以外地区，而长三角内的江苏和浙江的上市公司更愿意将总部迁往省会或者更远的地区，比如北京。安徽作为长三角的重要腹地，却并未发生上市公司的净迁入或迁出，2 家总部迁移公司也都迁往省会合肥。

广东上市公司总部净迁入 3 家，平均迁移距离达 1 532 千米，均来自中西部的内陆地区。

成都作为西部中心城市，在上市公司总部迁移中表现得尤为突出，净迁入 6 家，仅次于北京，其中主要是来自拉萨的 5 家上市公司，反映出西藏与四川之间的密切联系，西藏的企业已习惯于将成都作为管理基地。除此之外，其他省区上市公司总部的迁入均发生在省内，迁移距离多在 500 千米以内，不具备像三大城市群那样的对省外企业的强大吸引力，省域辖区经济特征明显。

根据上述分析，采取"用脚投票"方式所产生的资本空间流动，虽然存在十分明显的向以北京、上海、广东为中心的三大城市群集聚的现象，但显然，这种产业资本流动和联系的方向仍无法勾勒出城市群的整体空间面貌。无论是北京、上海、广东，还是成都，迁入的资本都来自远离城市群的地区，而城市群内其他地区的资本并不以这些中心城市为迁移对象，换言之，资本联系更多地发生在城市群之外。

（4）小结

在市场经济条件下，资本的流动是指向投资回报率更高的区域。因此，无论是由央行进行调控的资本流动，还是市场自主下的资本流动，均是由我国中西部等投资回报率低、市场机会少、风险较大的地区流向投资回报率高、市场机会多、风险相对较小的沿海地区，呈现的也是典型的核心—边缘结构，这就从资本运行的空间上为城市群的发展奠定了外部环境。尽管在"集聚"条件下对城市群的空间有所反映，但在"空间联系"特征下却无法识别城市群。或者受国家管制的约束，或者在自由市场环境下空间联系主要反映为核心与边缘之间的联系，从资本集聚的方向来看，"核心—边缘"中核心内部的资本联系不明显。

3. 人口流动

人口在区域内的流动往往被作为衡量区域一体化程度或地区间联系的重要指标，许多研究也采取人口联系指标对城市群的空间范围进行界定。人口指标相对其他统计指标容易获取是一方面原因，另一方面，人口作为一项综合经济要素，通过它也可以间接反映其他的经济联系。在市场经济条件下，人口流动的制度性约束呈下降趋势，距离对人口流动的约束也不明显。通过 2005 年全国1%人口抽样调查数据分析（图 0-19），迁入三大城市群的人口来源多样，并非主要集中在城市群区域内部或周边邻近地区，中西部地区均是三大城市群流动人口的重要来源地。

上述分析结果与现实状态是一致的。我国东部沿海地区尤其三大城市群是对劳动力需求最大的区域，为解决我国庞大的剩余劳动力就业问题做出了巨大贡献。但同时也产生了许多问题，如每年一度的"春运"，在东部城市群地区工作的农民工回家过年所形成的巨大的迁徙流，反映了核心与边缘之间的密切联系。事实上，中西部地区的农民工靠在东部打工挣来的钱会大多数带回家乡并存入银行，而后又通过银行信贷机制被用来支持中西部地区的经济建设，这就是叠加在人口流动之上的经济联系。但这种联系显然与城市群的形态无关，理由同上述对资本流动的分析，因为从集聚的态势来看，所谓"密切的空间联系"总是发生在核心与边缘之间，真正的城市群内部却不太发生这种联系。

4. 信息和技术流动

信息的内涵很广，既包括日常的电话、信件交流，也包括高端服务信息，如金融、中介服务、技术服务等。通常对信息流动的研究是通过电话、邮件的统计进行分析，这种信息流是经济、地缘、人文等诸多信息的综合，由于地缘人文特征具有较强的地域性，因此，信息流往往存在明显的地理衰减特征。城市群内各地区由于空间相互邻近，一般来说在历史上就存在十分密切的关系，具有类似的人文传统，因此，从统计上通常会得出，城市群内存在紧密的空间联系。但这也不是形成城市群的充分条件，否则，在中国古代就会产生城市群，甚至任何地区都存在形成城市群的可能。原因在于，这种基于地缘关系的信息联系不会导致集聚的发生。

能够导致集聚的信息只有包括技术在内的高端服务信息。但由于这类信息主要集中在核心城市中，不会再发生大规模的区域性集聚转移，只存在区域性分散的可能，因此，这里不再分析集聚下的信息与技术联系。在后面我们将看到信息和技术的分散化所形成的空间形态与城市群的关系。

5. 结论：城市群不是集聚下的空间联系密集区

第一，对城市群概念的认识是非常重要的，对城市群进行识别必须理解城市群的空间状态和空间结构，认识了城市群也就认识了城市群的空间组织机理。容易理解，城市群的空间状态是高度集聚的，空间结构是具有紧密联系的空间网络体，空间状态与空间结构理当具有相互依存、相互反馈且不断增强的关系，即集聚导致网络化，网络化又进一步促进集聚。

但是根据研究发现，城市群的集聚过程并不能导致城市群空间的网络化，而是在核心与边缘之间因为集聚而存在紧密的联系，无论是生产的中间要素，还是资本或人口，集聚的过程都主要发生在生产要素、资本、人口相对过剩而经济产出效率较低的中西部地区与生产要素、资本、人口相对紧缺而经济产出效率较高的东部城市群地区之间，最直观的现象就是"春运的高峰"。没有任何证据证明在集聚的过程中城市群内部发生了强于上述联系的联系。对于城市群内部的空间联系需要重新理解，包括联系的功能属性和发生联系的空间状态。

第二，集聚下的空间联系密集区是属于城市经济区范畴的地理概念。在地理学研究中，"经济区"（在城市主导下，强调城市经济区）向来是一个十分重要的内容。多数学者认为，经济区是在地域差异和地域联系的基础上形成的经济活动的地域单元；地域差异显然类似于上述分析中的"核心—边缘"关系。判定城市经济区的原则包括中心城市原则、联系方向原则、腹地原则、可达性原则以及过渡界限原则等。例如，周一星、张莉（2003）采取外贸货运流、铁路客货运流、人口迁移流、信息流等指标对改革开放条件下中国的城市经济区进行了划分（表 3-6）。可见，在理论界一直未能将城市群与城市经济区的概念区分开来，一些学者认为，与城市群概念类似的都市圈在地理意义上实际就是城市经济区，因为都市圈在结构上体现了核心与边缘两个层次，通过都市圈规划尤其突出了核心—边缘之间集聚与扩散的动态过程。

表 3-6 中国城市经济区组织方案

经济区	中心城市	核心区	腹地
华北	北京、天津	京津唐	北京、天津、河北、山西、内蒙古四盟三市、河南北部
华东	上海、南京、杭州	长三角	上海、江苏、浙江、安徽、江西北部
华南	穗、港、深、澳	珠三角	广东、湖南、广西、海南、江西南部
东北	大连、沈阳	辽中南地区	辽宁、吉林、黑龙江、内蒙古东三盟一市
西南	重庆、成都	四川盆地	重庆、四川、云南、贵州
西北	西安、兰州	关中和兰州地区	山西、甘肃、青海、宁夏
新疆	乌鲁木齐	乌石哈、天山北坡	新疆
西藏	拉萨	一江三河地区	西藏
山东	青岛、济南	山东半岛	山东
福建	厦门、福州	闽东南地区	福建
湖北	武汉	武汉地区	湖北、河南南部

资料来源：周一星、张莉："改革开放条件下的中国城市经济区"，《地理学报》，2003 年第 2 期，第 271~284 页。

第三，城市群不是集聚现象下要素流动的源头和集聚地之间形成的空间联系密集区。但在实践工作中却总是忽视这一因素，不自觉地从集聚联系来对城市群进行识别，往往会将经济要素输出地和集聚地之间的流动当作城市群内的空间联系，由此将其界定为城市群；如果从这一角度出发，所有区域性中心城市与周围紧密腹地区域就都能够形成所谓城市群，这是导致城市群概念混淆的一个重要原因。长三角、珠三角、京津冀这样的城市群地区由于集聚联系的方向主要来自中西部，城市群的形态比较明确，因此，相对不容易被混淆；但如果对中西部地区的城市群进行识别，由于中心城市的影响力有限，集聚联系的方向主要来自周边或省内，于是依据"紧密联系区域理论"将中心城市和周边地区识别为城市群。即便长三角城市群也存在这样的现象，将安徽纳入长三角城市群进行统筹考虑就是因为安徽对长三角的依赖日益加深，但安徽对长三角的联系仍主要是向长三角集聚。

总之，城市群内的空间联系必然存在其他内涵，正如后面将进行论证的，城市群是集聚的另一面——分散化或多中心化下的空间联系密集区。

第二节　多中心与城市群集聚的关系

根据相关文献综述，多中心化或分散化是国外城市区域都在经历的过程，在空间呈现蔓延或分散化的同时伴随着人口和各项城市功能的分散化，地方政府的破碎化或是一个直接的诱因。多中心与城市区域或城市群的关系是非常容易理解的，城市区域的集聚不是中心城市的单独集聚，而是多个节点的集聚过程，否则就只是单中心城市而不是城市区域或城市群。我国改革开放以来一直进行着分权改革，既有政府与社会的分权，部分公共产品实行市场化；也有政府层级分权，中央政府的权力下放，地方政府对地方经济发展的主导权不断增强。这实际上与国外地方政府的分权化有着类似之处，地方政府推经济、搞建设的内因得到强化，在我国工业化、城镇化不可逆转的潮流下，加上全球化下制造业基地向中国（更明确地说，就是中国沿海地区）转移的外因，城市群的多中心形态迅速形成。

一、对我国城市群多中心状态的初步分析

1. 研究指标

城市群多中心化是指各种经济社会要素在区域内多个节点相对均衡发展的过程；在城市规模上由首位分布走向均衡分布，在经济要素上各城镇间的规模差距逐渐缩小，并随着社会分工日益深化，各城镇形成广泛分工体系的过程。显然，城镇间经济要素规模的均衡分布是反映城市群多中心结构的综合指标。采用两种方法来研究城市群的多中心状态。一是城市规模的均衡分布指数，一般采用位序—规模（Zippf 方法）的对数关系方法来进行测度。考虑到部分城市群的城市数目有限，采用对数回归存在样本数目的约束，这里采用四城市指数进行分析，即：

$$SI = \frac{3S_1}{S_2 + S_3 + S_4}$$

其中，SI 为四城市指数；$S_1 \sim S_4$ 分别是城市群中规模排名前四位城市的规模。SI 值越小，说明城市群多中心程度越高，反之则多中心程度越低。

二是各种经济要素的均衡分布指数，采用如下公式进行测算：

$$PI_X = \sqrt{\frac{\sum_{i=1}^{n}(X_i - \bar{X})^2}{n-1}} \Bigg/ [\bar{X} \cdot (\sum_{i=1}^{n} LC_i / \sum_{i=1}^{n} L_i)]$$

其中，PI_X 为经济要素 X 的均衡分布指数；n 为城市群内主要城市（镇）的数目；X_i（$i=1,\cdots,n$）为 i 城市要素 X 的规模值；$\bar{X}$ 为所有城市要素 X 的平均规模；LC_i 为 i 市城市建设用地面积；L_i 为 i 市土地总面积。PI_X 值越小，说明城市群多中心程度越高，反之则多中心程度越低。

$\sqrt{\dfrac{\sum_{i=1}^{n}(X_i - \bar{X})^2}{n-1}} \Big/ \bar{X}$ 为各类经济要素分布标准化的标准差，$\sum_{i=1}^{n} LC_i / \sum_{i=1}^{n} L_i$ 为

城市建设区的密度。考虑到如果城市群内广泛低水平的均衡同样能导致较低的标准差，因此，标准差除以城市建设区密度来反映其综合多中心状态。这里的经济要素 X 可以是任何反映全社会经济投入—产出的指标。

2. 我国城市群多中心状态测度

（1）城市规模均衡分布指数

采用城市建设用地规模来计算城市群四城市指数 *SI*，同样以我国 12 个城市群为对象，结果参见表 0-5。可以看到，京津冀、长三角、北部湾、武汉都市圈、成渝、西安都市圈等城市群表现出明显的非均衡分布或首位分布，北京、上海、南宁、武汉、重庆、西安等城市在城市群内的核心优势十分突出。珠三角、辽中南、山东半岛、闽东南等城市群则表现出相对均衡发展的状态，这些区域内深圳—广州、沈阳—大连、青岛—济南、福建—厦门的双中心结构是导致四城市指数较低的重要原因。

由于首位城市对城市规模均衡分布指数的计算影响很大，而像长三角地区诸多中小城市甚至小城镇是构成城市群多中心体系的重要部分，因此，需要思考的问题是：首位分布是否与多中心结构相矛盾？事实上，从国外对全球城市区域的研究结论来看，首位城市在 MCR 中的作用独一无二，每个 MCR 只有一个城市成为全球城市，是不断集聚的中心，城市群更合理的结构可能是首位分布与多中心并存的空间状态。

（2）经济要素均衡分布指数

采用人口密度、建设用地、经济产值、工业产值等经济要素来计算均衡分布指数（表 0-5）。可以看到，长三角和珠三角在各经济要素均衡分布方面相比其他城市群而言具有明显的多中心特性，其次为山东半岛城市群；中原城市群由于郑—洛—汴等中心城市密集分布，也存在明显的多中心特征；东部地区城市群的多中心属性明显优于中西部地区城市群；这些现象与我国城市群发育的实质状态相符。京津冀城市群虽然拥有两个巨型大都市北京和天津，但其他城市的实力明显较弱，多中心指数相对不高，该区域并未形成成熟的城市群。因此，通过经济要素均衡分布指数能够基本衡量一个城市群的多中心属性和发育状态，并在一定程度上可以进行城市群间的比较。可以大致判断，当多中心指数 *PI* 小于 10 甚至小于 5 时，说明该区域已经具备了明显的城市群的多中心化特征；*PI* 大于 10 则反映出城市群的发育水平仍处在较低的阶段。

但均衡分布指数对城市群发育状态的评价也存在需要斟酌的地方，一个显著的问题是该指标无法反映多中心性的形成机制。由于历史积淀的原因，中原城市群类似规模的城市分布密集，从多中心指数上看明显优于其他中西部地区城市群，甚至与山东半岛等东部地区城市群的状态相接近，与实际状况存在差异。其原因在于，中原城市群的多中心特征源自历史上中原地区作为我国政治经济中心的传承，而不是近 20 年来自下而上经济发展的结果。在城市群内中小城市和小城镇的发育程度上，中原城市群与东部地区城市群差距明显，而与中西部其他城市群的发展状态无异。因此，将县域甚至更小的乡镇域单元纳入多中心指数的计算，将更好地反映城市群的发育状态。

二、多中心结构对城市群集聚的影响——以长三角为例

1. 研究方法和数据

我们知道，城市群是一种集聚现象，并且是区域集聚现象；而从上面的分析中可以总结，多中心性与城市群的发育程度存在密切的相关性，可以较好地反映城市群的空间状态。于是提出一个问题，城市群的多中心或分散化与集聚是何关系？看似是两个矛盾的状态，但却是城市群相同空间实质的两个侧面，是城市群同时存在的两个关键属性。

为说明这一问题，这里以长三角城市群为例进行论证。对多中心性的量化采用上述的经济要素均衡分布指数。经济要素指标的选取综合考虑我国城市群经济发展中的关键要素，包括工业、服务业、客运、货运、FDI 和就业。其中，工业、服务业是城市群各城市经济发展的核心；客运和货运反映城市在区域网络流动中的结节效应；FDI 是我国城市群经济发展中既特殊又十分重要的力量，反映国际资本对城市群空间的认可；就业是吸引人口集聚的关键因素，也是反映城市群空间状态的综合指标。

1998 年亚洲金融危机结束以后，我国经济进入快速成长时期，尤其外资的大量进入和外向型经济的发展成为这一时期的典型写照，珠三角和长三角这两大经济前沿在这一时期得到了史无前例的发展。从多中心指数的变化可以明显看到，1998～2007 年的十年间，长三角城市群多中心化趋势明显，工业指数由 1.35 降至 0.94，服务业指数由 1.23 降至 1.17，客运指数基本持平，趋势略有下降，货运指数由 1.1 降至 0.95，FDI 指数由 1.82 降至 1.04，就业指数由 1.82 降至 0.96[①]。其中，工业指数和 FDI 指数的下降幅度最大，与工业经济尤其是外资工业主导了长三角城市群发展的判断相符（表 0-6）。

采用长三角从业人数占全国的比例来反映城市群的集聚程度。为验证城市群多中心程度与集聚程度的关系，考虑到改革开放以后尤其是 1992 年小平南方谈话后各项政策开始放开，长三角城市群开始逐渐发展，选取 1994～2007 年的数据进行统计模型分析，模型如下：

$$A_k = a_1 PI_{1k} + a_2 PI_{2k} + \cdots + a_n PI_{nk} + C + \varepsilon = \sum_{i=1}^{n} a_i PI_{ik} + C + \varepsilon$$

$$\forall k = Y_0 \cdots Y_0 + N$$

上述模型也可为各要素项之乘积或者对数线性模型：

$$\ln A_k = a_1 \ln PI_{1k} + a_2 \ln PI_{2k} + \cdots + a_n \ln PI_{nk} + C + \varepsilon = \sum_{i=1}^{n} a_i \ln PI_{ik} + C + \varepsilon$$

其中，A_k 为 k 年长三角城市群从业人数占全国的比重；PI_{ik} 为 i 要素的均衡分布指数；a_i 为 i 要素多中心性对城市群集聚的影响系数；C 为常数项；ε 为残差项。这里的长三角城市群包括沪苏浙两省一市的所有行政区范围，选取的经济要素即上述六项指标。

---

① 2001～2002 年上海年末从业人员数据发生明显下降，可能是由于上海方面统计口径发生变化（其他城市未出现此剧烈变幅），导致就业多中心指数出现较大降幅，实际并未出现如此大幅度的多中心化现象。但从趋势来看，就业指数仍是下降趋势，从 2002 年的 1.22 降至 2007 年的 0.96。

2. 模型分析

对 1994～2007 年的样本数据采用线性方程和对数线性方程两种模型分别进行 OLS 回归分析，并提取其中具有显著性的经济要素再次进行回归，得到的参数估计结果见表 0-7，可得到如下结论。

（1）根据模型检验结果可以认为，长三角城市群多中心属性与其集聚程度之间存在较高的关联性，说明长三角城市群的多中心发展能够导致更大程度的集聚，城市群的集聚度是各种经济要素多中心化分布的综合作用结果。

（2）三个模型的结论是高度一致的：不同经济要素的多中心对城市群的集聚有着不同的影响。工业、货运和 FDI 的多中心对城市群集聚具有显著的正面影响（多中心指数影响系数为负），而就业的多中心对城市群集聚具有显著的负面影响；也有要素多中心特性对城市群集聚影响不显著，如客运多中心和服务业多中心。

（3）从回归系数的绝对值来看，各经济要素对城市群集聚的影响程度是相似的，不存在某个要素在决定城市群集聚趋势上具有权重地位的现象；进一步说明城市群的多中心是一个综合属性，不能仅以某个要素的单/多中心来判断城市群的空间特征。

3. 讨论：多中心与城市群集聚

（1）城市群的多中心发展能够形成更大规模的集聚，这是我们对中国城市群空间形态的基本认识，集聚和分散便在城市群尺度上统一起来。同时，这也解决了前面分析的城市群的两个共性——集聚和空间联系之间的逻辑矛盾问题，城市群的空间组织逻辑在于空间联系和多中心而非集聚之间的关系，即城市群是多中心化条件下而非简单集聚条件下的空间联系密集区，同时也是多中心化条件下的要素高度集聚区。

（2）在我国目前的经济发展阶段或特征下，工业经济尤其是外资经济的多中心是促进城市群集聚最为关键的要素。从模型结果中可以明显看到，对城市群集聚具有显著正面影响的工业、货运、FDI 等要素均是工业相关要素，货运实际上也反映了各地区工业经济的活跃程度；尤其是工业指数和 FDI 指数显示的长三角城市群多中心化趋势明显，这是我们看到长三角城市群最近十多年来快速集聚的根本原因。在庞大的外需市场引领下，江苏的外资经济、浙江的民营经济成为主导城市群空间集聚的最核心力量。

（3）我国显然还没有发展到服务业决定城市群空间特征的阶段。服务业、客运等要素多中心化对长三角城市群的集聚影响尚不明显。就业由于包含了服务业、工业以及农业等多方面，综合表现为就业多中心并"不利于"城市群集聚[①]；从工业多中心对城市群集聚具有显著促进作用可以推断，服务业多中心或均等化仍不利于城市群的区域性集聚和发展。相比于我国工业的市场机会（尤其是面向全球市场），服务业市场明显不足，我国城市群服务业的发展仍需要经历向首位城市集聚的过程。

（4）这里得到的结论并非是一成不变的，不同的时期、不同的城市群可能得到的结果都不相同。城市群的发展是具有阶段性的，集聚、联系和多中心是所有发展阶段的共同特征，只是每个阶段在集聚与分散的要素、紧密联系的功能上存在差异。长三角城市群反映了我国城市群发展的相对高级阶段，而我国中西部一些城市群则处于工业经济仍在向首位城市集聚的过程。随着我国经济的不断发展，产业结构深入调整，长三角、珠三角等城市群或将进入更加高级的服务业多中心化阶段。

三、首位城市对城市群多中心结构的影响

最后简单讨论一下城市群多中心结构的形成机制问题，重点是首位城市对城市群多中心发展的贡献。仍是以长三角城市群为例，根据上面对多中心指数

---

① 就业的多中心化是由上海就业数据的减少导致的，而上海就业的减少又直接导致长三角城市群就业数量在全国比例的降低。实际上，这并不能说明就业多中心化会导致城市群集聚度的降低。

的测算，选取上海经济增长的相关指标进行线性回归分析。考虑到工业、服务业和 FDI 多中心的典型性，选择这三项多中心指数作为模型分析的因变量。上海经济增长相关变量包括 GDP 增长率、工业产值增长率、港口吞吐量增长率和居民收入增长率。分析结果见表 0-8。

（1）上海经济增长从整体上对于城市群的多中心化发展贡献不明显。无论是工业还是服务业，模型分析的显著性都不高。因此，上海究竟对城市群周边区域有多大带动作用需要质疑，不能简单地认为长三角城市群的多中心化是上海城市功能、产业功能自上而下向外疏解或溢出的结果，更加可能的结论是，许多长三角城市的发展并非直接受益于上海，上海的经济增长是一方面，长三角城市群的发展可能又是完全不同的一面。事实上，很多长三角地区的小城镇，尤其是温台地区的城镇，很难说其快速的发展与上海有直接关系，更多的是市场经济环境下自下而上发展的结果。

（2）上海对城市群多中心化贡献不显著并不意味着毫无影响。事实上，如果上海呈现为较大的经济增幅，必然会一定程度地导致城市群的非均衡，即使上海的增长也能够促进城市群其他城市的增长，综合效应就体现为上海的增长对城市群多中心影响不显著。如果分析上海 GDP 增长率与长三角就业多中心指数的相关性可以发现，两者呈现高度关联，相关系数达–0.848，模型 3（表 0-8）也得到了同样的结果，即上海经济的增长能够有效促进城市群就业的多中心化，为整个城市群带来均衡就业，这是上海辐射带动力的重要体现。

（3）上海对于长三角更显著的意义在于其作为国际门户的支撑作用。上海在国外企业进入国内市场以及国内企业进军国际市场的过程中起到重要的桥梁作用。FDI 多中心指数关于上海经济增长的回归模型具有较高的显著性，尤其是上海港口吞吐量增长率对 FDI 多中心具有明显促进作用，正是由于上海港的中介作用（事实上，上海的其他中介服务也起到了重要作用），使得 FDI 能够在长三角城市群的广阔范围内多点分布。

第三节　多中心与城市群空间联系网络

一、多中心/分散下的空间联系特征

前面分析中提到，城市群虽然具有集聚和空间联系两项重要判别标准，但两者无法直接建立关联，这是城市群概念混淆的根本原因；需要通过多中心特性将两者间接关联起来，构成一种"三角关系"，从而建立城市群概念的空间实质。通过研究发现，多中心能够导致城市群区域范围内的集聚；如果城市群的多中心发展也能导致城市群范围内高度密集的空间联系，则上述关系成立，这是本节论述的核心内容。

仍然按照前面提出的区域联系的功能框架进行分析，分为生产、资本、人口和信息联系。城市群的多中心可能是由不同的机制所形成的，一是由首位城市的功能分散化导致，二是由一般城市的自身集聚发展导致，通常是两种机制共同作用。对于资本和人口流动，由于首位城市对此二项功能的高度集聚特征，主要从首位城市的分散化进行分析。对于生产联系，既存在首位城市的分散化，也有自下而上的发展。对于信息流动，尤其是高端服务信息和技术，由于主要集中产生在首位城市，并且我国现阶段很难形成趋势性的高端信息生产基地城市的多中心化，但信息载体在空间上反映为从信息生产城市（通常是首位城市）向多中心的网络状城市群体流动，因此，这里从集聚的信息生产与多中心的信息需求间的联系进行分析。

1. 资本的分散化流动与区域金融中心形成

虽然金融的天性是开放性的，但金融或资本要素的流动却存在很强的区域割断，对金融问题仍然要区域地看待（田霖，2006）。正如波特斯和雷伊（Portes and Rey，2005）在探讨股权资本跨界流动的决定因素中发现，交易流动的最主要决定因素是市场规模、交易效率和距离，距离与交易呈负相关关系，并解释道，距离大致可以代表信息的不对称性，市场分割主要归因于信息的不对称。从这种意义上，城市群或经济区内由于人员、产业、文化存在密切的关联，信息的不对称性最低，理应是金融资本跨行政区流动的最重要渠道，如同温州资本对于上海、山西资本对于北京的意义，资本总是选择最具投资价值但同时对信息掌握最多的区域进行流动。但这仍是过剩资本的集聚过程，与前面分析中看到的我国整体上东部与西部、核心与边缘之间的资本流动类似，只是温州资本规模更大、更集中而已。但资本运行的故事远没有讲完，集中到核心城市的金融资本如何进行产业配置和时空配置才是最大化发挥资本逐利效益的关键。

格里克（Gehrig，1998）证明，某些金融活动在地理上的集聚趋势与另外一些金融活动的分散趋势并存。事实上，金融市场的集聚与资金流的分散并不矛盾，金融市场的集聚是充分发挥金融中心城市市场发达、信息集中、服务充裕、更易交流的优势，对金融资源进行收集和管理；但这些金融资源无法在一个城市中全部消化，必须要投放到资金需求更迫切、资本产出效益更大的区域，金融中心城市在其中起到中介作用。事实上，金融资源的跨区域分散配置而非集中配置是金融中心的核心功能（陆磊，2009），其腹地范围的大小决定了金融中心的级别。对于城市群，首位城市往往承担着区域金融中心的职能，而城市群整体作为国家经济的重要增长极，经济高度活跃，往往也是对资金需求最大并在投资风险和回报上具有更好效益的区域，因此，也成为金融中心城市最重要的腹地，资金流向在区域中反映为金融中心向城市群腹地的流出。以下从两个空间尺度来论证区域金融中心和城市群的关系。

（1）地区间货币的市场化流动

从表 3-7 可以看到，无论资本市场如何迅猛发展，直接融资（发行股票、债券）在我国经济发展中所占的比重仍很低，通过商业银行信贷仍是企业机构进行融资的最主要途径，占 80%以上。货币和宏观政策决定商业银行决策，而商业银行决策在一定程度上决定货币市场流动性，并进而决定了资本市场（股市、债市）满足实体经济部门融资需求的程度。因此可以认为，银行是金融资源配置的根本。根据前节的分析，我国现行的银行信贷管理体制仍是与行政区划挂钩的，尽管各行政单元在存款准备金制度的调节下存贷资金相对平衡，但过剩资金仍存在规模大小之分，如果任其闲置显然是对金融资源的浪费。通过银行间市场便可以对区域间资金存量的不平衡进行调节。所谓银行间市场，是由同业拆借市场、票据市场、债券市场等构成，具有调节货币流通和货币供应量、调节银行之间货币余缺以及金融机构货币保值增值的作用。如银行可以在一级市场上认购债券或在二级市场上买进债券，从而提高长期资金的使用效益；也可在银行或分支机构之间进行短期借贷，时间通常在一日至一年之间，以调剂头寸和临时性资金余缺，使得资金拆入方和拆出方都受益。

表 3-7　2008～2009 年国内非金融机构部门融资情况

	融资量（亿元人民币）		比重（%）	
	2009 年	2008 年	2009 年	2008 年
国内非金融机构部门融资总量	130 747	60 486	100.0	100.0
贷款	105 225	49 854	80.5	82.4
股票	5 020	3 527	3.8	5.8
国债	8 182	1 027	6.3	1.7
企业债券	12 320	6 078	9.4	10.1

注：本表股票融资不包括金融机构上市融资额。企业债券包括企业债、公司债券、可分离债、集合票据、短期融资券和中期票据。

资料来源：中国人民银行：《中国货币政策执行报告》，2009 年第四季度。

因此，虽然从贷存比上看资金在各行政辖区相对平衡，但这是宏观调控的结果，实际的地区间资本流动清楚地体现在银行间市场上，真正反映了资本的市场需求。随着我国金融体制改革的不断深入，银行间市场作为资金配置的重要环节，包括同业拆借、质押式回购、买断式回购和现券买卖，其市场交易规模不断扩大。从表 3-8 可以明显看到，东部地区作为我国三大金融中心分布的区域，长期是资金向外融出状态，并且融出规模呈增长趋势。如 2009 年，东部地区净融出资金 10.7 万亿元，中部地区净融入资金 7.3 万亿元，西部地区净融入 1.6 万亿元，东北部地区净融入 1.8 万亿元，这种市场交易规模远超过央行的现金调节。从 2007 年开始，中部地区逐渐成为我国资本融入的最主要区域。这一方面说明"中部崛起"战略开始逐渐落实，另一方面则反映出我国中部地区尚缺乏金融中心城市，而西部的重庆、成都以及东北的大连等城市在各自区域内一定程度上发挥着金融中心的功能。

表 3-8   2005～2009 年我国四大区域银行间市场资金融入情况（万亿元）

地区	2005 年	2006 年	2007 年	2008 年	2009 年
东部	−5.8	−7.9	−7.3	−10.2	−10.7
中部	2.4	2.9	3.8	6.3	7.3
西部	2.4	3.5	2.2	2.2	1.6
东北部	1.0	1.5	1.4	1.7	1.8

资料来源：中国人民银行货币政策分析小组：《中国区域金融运行报告》，2005～2009 年。

图 0-22 更加细致地反映了我国各省区市在 2005～2009 年的五年期间资金综合融入融出情况。北京和上海是我国最显著的两个金融中心，尤其是北京，每年资金融出规模都达 10 万亿元以上，2009 年更是达到 28.8 万亿元，是最具全国影响力的金融资本中心城市，从这种意义上，北京也是我国最有可能率先进入世界城市行列的城市。

事实上，北京的金融地位与其国家政治经济地位有着十分密切的关系。从我国各类金融机构间的交易情况看，无论是回购市场还是同业拆借市场，尤其是债券回购，四大国有商业银行的资本融出额均远超过其他商业银行，为其他金融机构如证券保险类公司等的融资提供了最主要的资金来源（表 3-9）。北京就是这些国有商业银行总部所在城市，而总行的决策实际上就是在全国范围内配置金融资源[①]，因此，北京作为全国资本融出中心便成为必然。

---

① 正由于把商业银行的资金交易量计算到其法人注册地，并且忽视了各商业银行体系内部的资金转移，即分行与分行的资金流联系，前者高估了地区间的资金流动，而后者则低估了地区间的资金流动。

表 3-9　2008～2009 年全国各类金融机构资金净融入、净融出情况（亿元）

	回购市场		同业拆借	
	2009 年	2008 年	2009 年	2008 年
国有商业银行	−254 127	−136 684	−17 539	24 597
其他商业银行	−8 636	12 690	4 367	−35 809
其他金融机构	232 790	92 373	7 030	2 540
其中：证券及基金公司	94 468	33 836	1 739	2 916
保险公司	40 327	26 538	—	—
外资金融机构	29 973	31 621	6 142	8 672

注：其他金融机构包括政策性银行、农信社联社、财务公司、信托投资公司、保险公司、证券及基金公司。表中数值负号表示净融出，正号表示净融入。

资料来源：中国人民银行：《中国货币政策执行报告》，2009 年第四季度。

　　近年来国家对上海国际金融中心的打造以及中国人民银行总部的设立，使得上海在资本融出中心的地位不断增强，2009 年资本融出规模达到 2.9 万亿元，但上海仍然只是一个区域性的金融中心，即使在央行上海总部管辖的沪浙闽区域，上海的融出资金量仍有所短缺，仍难以发挥北京在全国的资本辐射作用。广东作为一个省区，在 2007～2008 年有小幅资金融出，但均不超过万亿元，2009年却产生大幅资金融入，反映出深圳、广州作为珠三角的中心城市也最多只是区域性金融中心，无法具备全国性影响。即使上海和深圳作为我国两大证券交易市场所在地，2009 年沪深股市融资额也仅仅不过 5 000 亿元，并且已较上年有较大幅度增长，显然与银行间市场相比仍显权重不足。

　　资本融入的区域主要集中在我国东部沿海以及中部的湖北、湖南两省。虽然东部总体上呈现为较大幅度的资金净融出，但其内部的资金融出、融入均具有很大规模。换言之，东部融出的资金有较大规模（2009 年近 2/3 的融出资金）仍是融给东部其他地区。具体说，就是由北京、上海等金融中心城市融给天津、山东、辽宁、浙江、福建、广东等城市群内的经济发达省市。分别从同业拆借和质押式回购交易看，银行间交易主要就发生在上海、北京、广东、福建、浙江、江苏、天津、山东等省市之间，北京总是表现为大规模资金融出，上海只在债券市场上为净融出（逆回购），广东在同业拆借上为净拆出，其余各省市均为净融入（图 3-2、图 3-3）。因此，由于金融的开放属性和科层式管理，资本虽然存在明显的由金融中心向城市群分散化流动的趋势，但由于金融中心等级的差异，流动的方向并不囿于城市群内，而更大程度上是通过全国银行间同业拆借中心的平台产生在城市群之间。

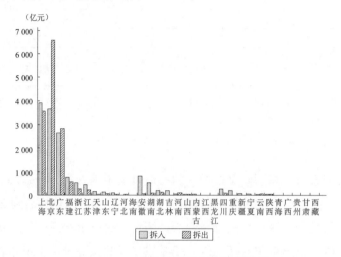

图 3-2　2004 年各地区银行间同业拆借

资料来源：中国人民银行货币政策分析小组：《中国区域金融运行报告》，2004 年。

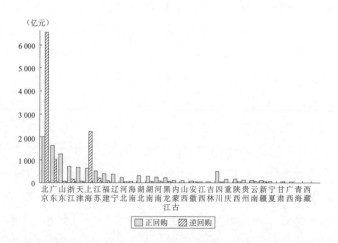

图 3-3　2004 年银行间债券市场质押式回购交易（正回购为融入）

资料来源：中国人民银行货币政策分析小组：《中国区域金融运行报告》，2004 年。

（2）城市群内的资本调剂

以上由于数据精度以及银行管理体制的原因，忽视了城市群内部各城市间的资本流动，实际上，采用商业银行贷存比更能说明问题。贷存比（贷款余额/存款余额）较好地反映了金融资本拥有量和本地使用量之间的关系。贷存比越低，说明该区域金融辐射能力越强，或者对资本的需求度越低，存在资金外溢的势能；反之，则对资本的需求越强，存在吸引资金流入的势能。这种资本供需的矛盾通过央行各分行的调控来实现。

长三角城市群中，上海的区域金融中心地位明显，贷存比明显低于其他城市，且自 2000 年以来经历了先升后降的过程，实现了资本在上海由集中向分散的转变（表 3-10）。南京和杭州[①]仍然处于资本集聚状态，其贷存比均高于省内绝大多数城市，接近 0.9 高位，并且杭州仍在增长，南京的降幅也不明显，两个城市群副中心城市显然还对资本有大量需求。浙江由于隶属央行上海总部管辖区，杭州及浙江整体资金需求压力偏大可由上海盈余资金进行调剂。江苏虽属南京分行管辖，但在南京自身资金压力大以及苏锡常等地区资金需求不断攀升的情形下，通过银行间市场从上海融入资金成为必然途径。

表 3-10　2000～2007 年双三角核心区中资金融机构人民币贷存比

	2000 年	2002 年	2003 年	2004 年	2005 年	2006 年	2007 年	2000～2007 年增加
长三角	0.701	0.709	0.752	0.751	0.718	0.721	0.740	0.039
上海市	0.707	0.713	0.729	0.703	0.666	0.641	0.640	−0.068
南京市	0.868	0.877	0.932	0.959	0.876	0.879	0.864	−0.004
苏州市	0.657	0.668	0.749	0.764	0.735	0.764	0.756	0.099
无锡市	0.661	0.644	0.666	0.697	0.678	0.698	0.724	0.064
常州市	0.619	0.619	0.683	0.702	0.675	0.683	0.702	0.084
镇江市	0.748	0.717	0.732	0.723	0.697	0.720	0.771	0.023

---

① 考虑到江苏和上海分属不同的央行分行辖区，这里对上海与南京的存贷比不作过多横向比较。同样的原因也不对长三角与珠三角作横向比较。

续表

	2000 年	2002 年	2003 年	2004 年	2005 年	2006 年	2007 年	2000~2007 年增加
南通市	0.510	0.485	0.549	0.560	0.553	0.573	0.612	0.102
扬州市	0.621	0.601	0.602	0.561	0.539	0.550	0.599	−0.022
泰州市	0.608	0.589	0.585	0.567	0.542	0.572	0.580	−0.027
杭州市	**0.808**	**0.816**	**0.821**	**0.841**	**0.822**	**0.841**	**0.889**	**0.082**
宁波市	0.753	0.776	0.800	0.803	0.781	0.815	0.915	0.162
嘉兴市	0.252	0.261	0.737	0.752	0.716	0.723	0.752	0.500
湖州市	0.716	0.709	0.751	0.760	0.758	0.777	0.819	0.103
绍兴市	0.699	0.716	0.771	0.772	0.741	0.750	0.769	0.070
舟山市	0.652	0.663	0.733	0.759	0.783	0.827	0.862	0.211
台州市	0.612	0.700	0.767	0.800	0.764	0.788	0.821	0.209
珠三角	**0.684**	**0.674**	**0.687**	**0.659**	**0.609**	**0.600**	**0.605**	**−0.079**
广州市	**0.702**	**0.701**	**0.706**	**0.680**	**0.623**	**0.623**	**0.611**	**−0.092**
深圳市	**0.723**	**0.709**	**0.744**	**0.738**	**0.728**	**0.708**	**0.693**	**−0.030**
珠海市	0.674	0.603	0.613	0.542	0.459	0.429	0.436	−0.238
佛山市	0.743	0.653	0.662	0.623	0.545	0.545	0.566	−0.177
江门市	0.776	0.736	0.695	0.557	0.459	0.403	0.421	−0.355
东莞市	0.513	0.521	0.567	0.571	0.512	0.514	0.574	0.061
中山市	0.650	0.625	0.586	0.497	0.423	0.430	0.475	−0.176
惠州市	0.597	0.559	0.555	0.531	0.484	0.473	0.505	−0.091
肇庆市	0.000	0.804	0.741	0.683	0.525	0.529	0.553	0.553

资料来源：国家统计局网站。

　　广州和深圳在珠三角城市群中作为资本辐射中心的地位并不突出，两个城市的贷存比均高于珠三角内其他城市，但与上海处于同一水平，两市的存贷差规模与上海接近；相比而言，珠海、江门、中山、佛山、东莞等城市具有更加充沛的资金。但这并不意味要低估广州、深圳区域金融中心地位，广东省整体是一个资金富余的省份，其存在更大范围的金融辐射力，广州分行辖区的广西和海南是其最直接的腹地，也可通过银行间市场辐射到其他地区。

　　总之，资本的流动具有高度复杂性，我们很难用"一个城市的资本流向另一个城市"的语句来描绘资本流动的图景，极有可能的是在一个城市的资本流入另一城市时，其所使用的资金却来自第三个城市。金融中心的职能是高效配置金融资源，而并不一定是产生资本最多的城市；在此过程中，资本便源源不断地从各个地方涌入金融中心以求得到高效配置，此后再回流到各个地方，或就在本市，或至周边省区，或至全国；在这个过程中，金融中心的资本都得到积累。因此，在货币市场上，上海、广州或深圳即使自身并不是资本的富余区，也同样承担着区域金融中心的职能，将金融资源在城市群、周边区域甚至全国范围内进行分散配置。

　　（3）小结

　　资本的流动是在某种机制下通过某种媒介，在一定范围内进行操作而实现的在同一范围甚至更大范围内的资本转移。可以简单对资本的流动性进行总结（表0-13）：以2009年为例，整个货币市场上最具流动性的M1^{①}为22万亿元，货币供应总量为61万亿元；对不同资本形式的流动规模进行对比可以发现，通过银行间市场发生的资本转移规模在资本流动中占有绝对主体地位，与M1的规模接近，可比作资本市场中的批发市场；其他资本形式的流动与之相比似乎显得微不足道。因此，至少现阶段我国的金融中心由银行总部区位决定，银行通过向各金融机构和其他非金融机构融出资金（通常这种转移我们是无法切实感受到的）实现了我国最大规模的资本流动，主要表现为由北京、上海等金融中心向东部沿海的分散化流动。

　　但高等级的金融中心与城市群的分布并不是一一对应的，高等级金融中心城市所在区域并不一定是成规模的城市群，而成熟城市群内并不一定拥有高等级金融中心，这是由金融业的特点所决定的。由于金融业的高端属性，金融中

---

　　① M0、M1、M2的含义分别是流通现金、狭义货币、广义货币。简单地说，M1=M0+活期存款，M2=M1+定期存款、非支票性储蓄存款。M0与消费变动密切相关，是最活跃的货币；M1反映居民和企业资金松紧变化，是经济周期波动的先行指标，流动性仅次于M0；M2流动性偏弱，反映的是社会总需求的变化和未来通货膨胀的压力状况。通常所说的货币供应量，主要指M2。

心的形成具有极高的门槛，尽管日常金融服务每个城市甚至农村都具备，但高端金融服务只有少数几个城市能够胜任。我国的金融中心主要就是北京的银行总部、金融政策制定中心和上海的银行总部、证券交易中心，深圳、重庆等部门或区域金融中心的影响力则相对小得多。这种高端特性使得金融资本的分散化所表现的多中心区域超越了我们所理解的城市群范围，覆盖了整个东部沿海，堪称资本运行视野下的"超级城市区域"①；所形成的多中心结构由若干城市和城市群构成，其多中心性程度决定了我国城市体系或城市群体系的发育特征。这种城市—城市群"二元结构"存在两种极端情况：若资本的分散是在零散分布的若干城市点，多中心程度最小，说明不存在明显的城市群，我国经济由若干重点城市主导，这是城镇化初期的特征；若资本的分散全部指向城市群，多中心程度最高，整个东部沿海就是一个超级城市群，我国将进入城镇化高级阶段。由于资料所限，无法对银行间市场进行更细一步的研究，而止于省区尺度的分析，难以对多中心程度进行评价；但无疑，我国现在正处于在"二元结构"的中期。

2. 人口的分散化流动

自我国改革开放以来，人口就处于不断集聚的态势，前面的研究也指出，我国人口总体上呈现为中西部向东部沿海城市群的集聚。尤其是在 2000 年以后，我国人口的分布发生了较大变化，在外向型经济突飞猛进的刺激下，城市群首位城市以外的其他城镇由于工业经济发展的需要也成为重要的人口引力中心，从而改变了单核心集聚的状态，向多中心结构演变。但需要强调的是，这种人口多中心结构的形成并不是首位城市人口向周边城镇疏解的结果。同样采取 2005 年全国 1%人口抽样调查数据进行统计，抽样人口中全国各地迁往京津冀、长三角、珠三角三大城市群城市地区的人口（也包括城市群中不同省份之

---

① 这里是从全国的尺度来分析金融资本的流动，而没有提及区域尺度。由于资本运行的多主体性，不仅是流入方和流出方，还包括很多的中介机构、管制机构，而这些机构分散在全国各个金融中心，因此，从局部区域来分析资本运行方向不具有明确意义。

间的迁移）达到32.7万，而由北京城区迁往全国其他省区的人口仅0.17万，迁出上海城区的人口仅0.15万。中西部剩余劳动力向东部沿海非中心城镇的就业迁移是形成我国城市群人口多中心结构的主要原因，是多中心"集聚"的过程。

许多学者对我国一些重要城市进行的郊区化研究表明，北京、广州、上海、沈阳、大连、杭州、南京等城市群核心城市都已进入郊区化，中心城区（老城区）的人口出现绝对数量的减少，而郊区人口开始迅速增加。但显然，这种人口分散化的状态还远未扩散到城市群范围，当初的城市郊区已逐步成为中心城区，在许多城市我们观察到，新的中心城区人口不断增长，城市建设用地不断向外连续扩张。

这里对人口在城市群中分散化流动的研究并不认为城市群范围内人口的分散化已成为主流趋势，人口多中心并不等于人口分散化；事实上我们发现，就是在这小规模的人口迁出中，这种人口由城市群内主要城市向外分散化的趋势却能体现出城市群的网络特征。如图0-21所示，对京津冀、长三角、珠三角三大城市群各城市城区人口的迁出方向进行分析发现，城市群人口的迁出均集中于城市群区域内部以及三大城市群之间，体现了三大城市群内部及其之间所构筑的密切网络联系。从人口迁移机制上进行解释，人口的流动总是从个人发展机会小、生活品质低的地区迁入发展机会大、生活品质高的区域，三大城市群人口集聚和分散的特点显示了城市群区域内部在发展机会与生活品质上的相对均衡性，构成了城市群扁平化城市网络的空间基础。

3. 生产企业的多中心网络

生产企业的多中心集聚是塑造我国城市群空间的直接力量。前面的研究看到，以城市群中心城市为生产基地所产生的空间联系（供应链联系、产业间关联等）主要由市场供给决定，联系的区域化特征不明显。那么，城市群内多中心集聚的生产性企业之间关系如何，是否存在我们所预期的"紧密联系"，是理解城市群空间实质的关键。这里从两个视角来分析生产企业的多中心网络。

（1）中心城市企业控股子公司分布网络

首先是中心城市在分散化生产中所形成的自上而下的联系。这里以上海本地上市企业控股子公司的网络分布来研究长三角城市群基于企业分散化布局的多中心联系（表 0-11）。截至 2010 年 1 月，上海共有上市公司 156 家；主要对其中的制造业企业的多中心分布网络进行提取，而金融、地产、零售贸易等服务业由于分散化经营的机制主要以开拓当地市场为导向，生产性联系不强，这里不作为研究重点。另外还提取部分计算机硬软件服务业，某种程度上该产业具有制造业的属性；还包括上港集团等一些交通物流类企业，因其很好地体现了区域间的合作与关联。根据上述原则，共选择上海本地上市企业 66 家，在公司披露企业基本架构信息中选择控股子公司、控股孙公司、合营公司、参股公司、其他下属关联公司中的制造业公司进行统计汇总（不计算各地销售子公司和房地产开发公司等服务类公司），其中合营公司、参股公司和其他下属关联公司的控股比例需超过 30%，由此得到该上市公司下属控股子公司在各地包括国外的分布情况。

尽管制造业的分散化归因于多种动力因素，并无证据说明其存在明显的距离衰减规律，而且从国外制造业的分散化经验来看，向大都市以外地区分散是制造业在工业化后期的普遍现象；但却可以明显地看到，上海这些各行业的龙头企业在分散化发展过程中，仍倾向于在上海市内及长三角城市群布局。统计的 66 家上市公司总共拥有控股、参股子公司 1 106 家，平均每家企业有 16～17 个子公司；其中位于上海的就有 676 家，占到全部的 61%；其余的有近 40%位于长三角城市群的江苏和浙江两省，尤其是南京、苏州、无锡、杭州、宁波、嘉兴、南通等主要城市，平均每个上海上市企业都会在长三角其他城市布局近 3 个生产点，与上海之间建立起交织密切的企业网络联系。如果考虑到一些企业在城市群外布局子公司是指向原料或能源基地的情况（如光明乳业在呼伦贝尔、阿勒泰的布局），那么，长三角所占比例可能更高。

除长三角城市群外，中西部地区的中心城市在承接上海企业的分散化上现象也十分突出，如合肥、南昌、武汉、成都、重庆、西安等中西部省会城市都与上海之间关系密切，成为上海企业向内陆拓展市场和布局生产基地的重要选址，上海平均每个上市企业就会在中西部的中心城市布局 1.5 个生产性子公司。因此，从上海这个城市群首位城市的角度，生产的分散化存在向长三角城市群和向中西部中心城市这两个最主要的扩散方向，这两个方向上都具备较好的工业发展基础，拥有充足的熟练劳动力，并且在生产成本上也存在一定比较优势。显然，通过企业的分散化布局所反映的上海空间紧密联系区域和从城乡空间形态所理解的长三角城市群的范围是基本一致的；同时还发现，除了城市群内部以外，相距较远的城市群之间，尤其是城市群的核心城市之间，通过经济要素的分散化也存在十分重要的空间联系。因此，上海企业自上而下地向长三角分散化布局制造业子公司，成为城市群空间演化和网络构建的重要机制；如果向中西部城市的扩散成为主导趋势，那么中西部地区必将形成新的城市群。

在上述分析的基础上可以再对比一下中部典型"城市群"地区的企业控制网络。以武汉为例（表 0-12），同样的方法选取了 19 家武汉本地制造业上市公司，对其控股制造子公司的分布进行分析。与上海不同的是，尽管存在像湖北三环股份有限公司这样的拥有较多的省内子公司，但总体而言，除武汉本地外，武汉的企业在湖北省拥有的子公司数目不多，19 家上市企业总共仅有 14 家子公司位于湖北省内，平均每个企业不足 1 家，其中三环就占到 10 家，分别位于襄阳、十堰和黄石；其他 18 个企业仅拥有 4 家省内子公司；位于武汉所谓"1+8"大都市圈内的就更少，仅黄石、鄂州和咸宁有零星分布。除武汉外，更多的企业将子公司向长三角、京津冀、珠三角这三大城市群进行布局，以获得更好的市场、技术和劳动力资源。显然，武汉的企业还远未达到在武汉城市群区域范围分散化的阶段，其现在表现出来的向三大城市群地区扩散的目的是寻求市场战略布局，而不是简单的产能多中心扩张，这也是武汉都市圈仍处于向心集聚阶段，而没有形成分散化多中心格局的一个充分论据。通过上海和武汉的对比，可以说明，中心城市企业群体的分布式网络与城市群发育状态和空间网络特征具有强烈的对应关系；我国城市群的形成源于工业发展的机制，因此，中心城市工业企业分散化与否或是判别城市群实体的重要标准。

（2）网络状分布城镇与城市群的生产联系——宁波市西店镇调查案例

城市群多中心结构的形成除了受中心城市自上而下的扩散影响之外，事实上区域内各级城市内生的发展动力在某种意义上起到更为关键的作用。因此，另一种研究视角是自下而上地观察城市群多中心之间发生的生产联系；由于各地内生成长的企业多为中小企业，很少存在跨地区分散布局的情况，因而生产联系更多是发生在企业与企业之间。这里以宁波市宁海县西店镇为案例，采取企业调查问卷数据进行分析。

西店镇地处宁波市域南部，宁海县北至宁波、上海的门户，甬台温高速公路、高速铁路节点位置，象山湾湾底，区位条件优越。西店镇是全国重点镇和全国小城镇发展改革试点镇，宁海县工业第一大镇，全镇人口 8.8 万，其中包括外来务工人口 4.5 万，超过本地人口，体现了我国城市群人口结构的典型特征。西店镇的经济发展是典型的块状经济模式，内生的家庭作坊式的生产方式在企业成长的初期起到了降低成本的作用，并一直存延至今。西店镇工业企业总共约 1 600 家，主要涉及家用电器（主要是手电筒）、文具、金属制品、汽车配件、模具等产业；西店企业总体而言规模较小，规模以上企业仅 151 家，产值过亿的企业仅 11 家，最大的吉德电器和双林模具也仅有 5 亿元和 2 亿元的产值；多数企业在 1 000 万～5 000 万元，这是内生性生长的典型特征。我们对这 151 家规模以上企业进行抽样问卷调查，共发放问卷 56 份，全部回收，其中有效问卷 42 份。

从生产链上的联系来看，根据对西店企业原料供应商、零配件供应商和销售区域的统计[①]（表 3-11），西店企业的原料供应主要从宁波和国内其他地区获得，主要是家电产品外壳、文具、模具、汽配产业所需的塑料、化工原料和铝，宁波化工产业发达，正好可为西店提供所需原料；其他无法满足的主要从国内其他区域供应。原料的供应很大程度上受原料产地的影响，而零配件的供应更明显地体现了区域化的特征：西店本地、宁波及其他长三角地区提供了西店企业 87%的零配件配套，宁波市内就提供了 73%。销售区域为市场指向，受地域影响不明显，西店 3/4 的产品销往长三角以外，其中接近一半出口至国外。

---

① 问卷中对每个企业的原料供应商、零配件供应商和销售区域在各个地区的分布比例进行调查，统计采取企业销售产值乘以相应比例，再进行汇总、标准化后得到。

表3-11　西店镇企业原料及零配件供应商和销售区域分布（%）

	西店	宁波	长三角其他地区	国内其他地区	港澳台地区及国外
原料供应商	22.35	38.91	10.09	27.11	1.54
零配件供应商	48.33	24.76	14.29	12.61	0.01
销售区域	4.35	12.85	8.09	25.08	49.63

　　企业间战略合作联系主要包括资金合作、市场合作、技术合作、供应链合作、股权收购等关联方式。根据问卷调查结果的汇总[①]（表0-15），总体来看，西店镇作为长三角城市群的典型节点，其空间联系却并不完全受长三角城市群的空间约束，表现出与珠三角等其他城市群广泛的经济关联；但相对而言与长三角的经济联系更为突出。具体来说，与西店镇本地企业间开展最多的是资金合作，其次是供应链合作，即上下游关系，这从生产链的分析可以明显看到；由于竞争关系，各企业技术水平都不高，本地企业间的市场和技术合作较少。与宁波的企业间开展最多的是市场合作（如借助宁波拓展市场）、技术合作以及供应链合作，也有部分资金合作。与宁波以外的其他地区则不存在资金合作，这反映出西店镇地区企业的社会关系主要集中在宁波市。长三角城市群的平台对于西店企业发展的意义不言而喻。与长三角其他地区主要会开展技术合作，主要指向杭州、上海等地技术力量雄厚的企业或单位，和这些地方也有部分市场合作和供应链合作。此外，企业间股权收购也主要发生在长三角地区。从西店、宁波到杭州、上海，西店与这些城市进行企业间联系的功能层级是不断递进的，越往上，联系的功能也越高端，从而建立了城市群城市等级体系的微观解释。与长三角相比，珠三角等其他区域的城市对西店的影响力就小得多。正是借助于长三角城市群这一平台的市场和技术力量，加上本地化的资金网络运作，形成了西店镇经济发展的核心机制。

　　[①] 问卷对企业与各区域是否存在相应形式的战略合作企业进行了调查，只分为有、无两种情况。对与某区域存在某种战略合作企业的企业数目分别进行汇总，即得到表3-11的分布结果。

（3）小结

我国城市群的多中心发展最核心的仍是工业的多中心。宏观上我们可以理解为这是工业在区域内多节点的集聚，似乎这些工业区或集群斑块之间并不存在明显关联，但从微观上看，无论是从上海的角度，或是某个边缘小镇，每个企业通过分散化经营或战略合作都在长三角城市群建立起了高密度关系网络，正如我们在西店的调查中了解到，企业之间的合作联系平均每个月都会进行一次面对面沟通，频繁些甚至每周一次；电话、电子邮件等非面对面的联系则更为频繁，每周都会发生联系。正是每个企业与城市群内其他企业的频繁联系，累加到一起就形成了我们所见到的城市群内庞大而复杂的交通、物流、信息网络，"城市群内部紧密联系网络"也得到更加准确的解释，这是在产业或产业区层面所无法观察到的。

与城市群外的联系虽与城市群内相比显得分散，但也需要高度关注。与资本流动不同，企业间生产联系的方向显得更加多元，不仅与珠三角、京津冀等其他城市群存在较多联系，而且与中西部的中心城市间的联系也不容忽视。资本流动所考虑的仅是投资回报率，东部的投资回报率在目前阶段显然要高于中西部；而生产企业的多中心关联还需综合考虑市场、劳动力、技术等多方面因素。在这个意义上，"城市群＋中西部中心城市"成为我国空间集聚和空间关联的主要框架，武汉等中西部中心城市的生产多中心网络未能覆盖到周边"都市圈"地区也能得到解释。

4. 多中心城市群的信息和技术流动

信息联系也是区域联系的一种重要形式，可包括居民之间的社会往来联系（通常以信件、电话联系为表现）、企业内部的信息联系（通常反映为企业科层间信息的传达）和企业之间的信息联系等几种体现方式。从文献角度，以往关于区域信息流动或联系的研究多以居民间的往来联系为研究对象，如通过邮件或电话联系量来衡量各地区间的联系强度，或者通过文化的相似性来判断区域一体化的程度，这些都是由社会网络导致的信息联系网络，但由社会网络却难以推导出城市群空间集聚的逻辑。企业（主要指跨区域分布企业）内部的信息联系与企业内的资金流联系具有一定的重叠性，前文已作分析，这里不再赘述。这里重点对企业之间的信息联系进行分析，包括技术研发企业与技术需求企业之间的技术流动，以及专业化生产服务企业与服务需求企业之间的以信息服务产品为载体的信息流动。

（1）技术流动

技术是信息的一种高级形式，技术创新是经济发展的根本动力。一般而言，技术创新活动主要集中在中心城市，依托其充沛的智力资源及相关服务资源的优势，并对周边地区产生溢出效应，因此形成了技术流动。

虽然技术流动的空间表现是从中心城市向外围地区流动，但流动的载体是以各种形式表达的技术成果，而不是生产这些技术的人员或组织，因此，并不是中心城市向周边的分散，而是因为中心城市对智力资源的集聚、垄断而对周边产生的服务。从集聚—分散的理论说，技术流动并不能从中心城市的分散效应解释城市群的形成过程。但技术联系反映了一种高级别的服务功能联系。技术流动或溢出若是城市群形成的重要因素必须基于如下结论假设成立，即技术溢出存在明显的距离衰减特征，经济要素为方便获取技术而选择在技术密集地的周边集聚，从而形成城市群的空间集聚。

图 0-23 反映了我国几个城市群中心城市，也是智力资源高度密集城市技术交易成果的输出情况，可以发现，技术成果的空间流动存在两个主要特征。

一是技术交易输出主要集中在本市及周边区域，如上海 80% 左右的技术合同成交集中在上海市本身，其余的 50% 集中在江苏和浙江；北京技术交易相对分散，但仍有 60% 位于本市，其余的约 1/4 位于河北，相邻的天津、山东、山西等地也是北京技术的主要溢出地；武汉的影响范围主要集中在湖北省内，技术成果的辐射在全国尺度上也呈现出一定衰减特征，湖北省占近 60% 的份额，其余有 1/4 位于河南、湖南、江西、四川等周边省份。

二是城市群之间的技术交易在整个技术流动中占有重要地位。珠三角、长三角、京津冀三大城市群之间技术联系十分频繁，如上海的技术输出除去长三角以外，其余的有 67% 的成交额是输出到珠三角和京津冀；北京这一比例也达到 50% 左右。这与这三个城市群的高经济活跃程度是直接相关的。像武汉这样

的智力密集城市对三大城市群的技术创新也贡献明显，除湖北省外，武汉 60%
的技术成果输出到三大城市群。

因此，初步判断，技术流动的距离衰减特征和城市群间高强度流动特征同
时存在。事实上，由于城市群之间尤其是城市群首位城市之间的交通、信息等
媒介高度发达，超过一般城市间的网络化、信息化水平，使得距离衰减作用得
到缓解。技术流动不是导致城市群形成的直接动力。从表 3-12 可以看到，除北
京、上海、广东外，辽宁和重庆同样也具有较大的技术市场交易规模，分别成
为东北和西南地区的技术市场中心。因此，技术流动的范围更倾向于和经济区
一致，其中城市群是技术交流的最主要空间，但技术中心的扩散范围也延伸至
城市群外，如上海对山东、北京对山西和山东、武汉对湖南都有较大的技术溢
出规模。如果将我国城市群的形成与我国经济在改革开放以后的迅速发展同步
来看，显然，我国城市群的形成机制更多的是来自导致经济迅速成长的制度变
迁而非技术创新，苏南和浙江的异军突起表现得尤为明显。但技术流动的这种
区域化特征对城市群结构的强化作用不容忽视。尽管像长三角、珠三角城市群
在起步阶段是依靠产权体制的释放，极大激发了企业家活力，但企业在成长中
真正实现跨越式发展，映射到空间上真正表现为迅速的土地扩张，必然要依赖
于领头企业的技术进步（在无法提到创新的高度时暂且用技术进步这个词）。靠
近智力密集型城市，尤其是香港、上海在 20 世纪 80～90 年代电子、纺织、机
械等工业已经比较发达，不仅是形成产业转移，更重要的是可以为广东、浙江、
江苏等地的工业企业提供技术转移，而在更远的内陆地区获取相应技术支持的
机会则要小得多。制度创新是一时的，而技术进步、产品创新是可持续的，这
是企业长期发展的生存之道；当技术转移和工业经济的多中心发展形成合力时，
城市群的发展就成为一个不断循环累积的过程。从表 3-12 中可以看到，在长三
角，江苏和浙江的专利授权数量是超过上海的，但上海的技术市场作为全国成
交额最大的市场之一，对江苏和浙江（尤其是浙江）的技术创新无疑起到十分
关键的作用。

表3-12 2006年我国主要省区市科技活动与技术交易

地区	专利授权数合计（件）				技术市场成交额
	合计	发明	实用新型	外观设计	（亿元）
北京	11 238	3 864	5 490	1 884	697.33
天津	4 159	967	2 164	1 028	58.86
河北	4 131	407	2 699	1 025	15.61
辽宁	7 399	1 063	5 277	1 059	80.65
吉林	2 319	449	1 466	404	15.37
黑龙江	3 622	565	2 488	569	15.69
上海	16 602	2 644	6 739	7 219	309.51
江苏	19 352	1 631	8 849	8 872	68.83
浙江	30 968	1 424	10 503	19 041	39.96
安徽	2 235	272	1 308	655	18.49
福建	6 412	310	2 578	3 524	11.32
江西	1 536	157	896	483	9.31
山东	15 937	1 092	10 389	4 456	23.20
河南	5 242	450	3 260	1 532	23.73
湖北	4 734	855	3 031	848	44.44
湖南	5 608	581	2 540	2 487	45.53
广东	43 516	2 441	15 644	25 431	107.03
广西	1 442	183	803	456	0.94
重庆	4 590	246	1 935	2 409	55.35
四川	7 138	676	2 644	3 818	25.93
陕西	2 473	602	1 443	428	17.95

资料来源：国家统计局网站。

（2）生产服务信息流动

生产服务同样也是一种高等级的信息，是生产服务企业为生产性企业提供的专业化信息服务，包括审计、法律、投资、咨询、广告、贸易等。萨森（Sassen，2001）认为，高端生产服务业的集聚是世界城市的功能本质特征。世界城市的控制力得益于其强大的集聚经济的吸引力。专业化生产服务的区位选择很少取决于是否接近服务的对象，而对是否能够从相关的其他公司获得主要投入品或者能够与其他服务公司联合生产某种服务更为依赖。比如，会计师事务所可以为远程客户提供服务，但在提供服务的过程中同时需要若干个专业服务公司的参与，以提供信息、法律、管理咨询等其他相关的服务。纽约在跨国公司总部数量持续减少的情况下，生产服务企业和就业数却保持快速增长就是这个原因。另外，这些公司所需聘用的都是高知识、高薪人员，只有各种信息网络通达的大城市能够为其提供便利设施和生活方式，这就导致了生产服务公司在世界城市的集中。

因此，和技术流动一样，生产服务信息的流动通常是由中心城市指向被服务的区域，所服务的对象并不局限于周边地区，这是高端资源集中在少数城市所导致的结果；而且通常只有当企业达到一定规模之后，才会将生产服务外包，而在我国长三角、珠三角城市群，中小规模企业才是空间构成的主体，生产服务信息的分散化流动理论上也不能直接解释城市群的空间集聚。同样，如果生产服务信息的扩散与生产企业的多中心集聚共同作用，加上大规模企业对中小型企业的带动作用，就可以作为解释城市群形成的重要机制。

这里通过对我国1 727家上市公司生产服务提供商的分布来对生产服务信息的区域流动进行研究。之所以采用上市公司进行分析，一是由于信息公开，便于获得；二是由于上市公司反映了我国经济发展的水平，在经济网络中起到了核心骨干作用，是现代企业组织形式的典型代表，对高端生产服务存在较高程度的依赖。对每个上市企业的证券承销商、审计机构、法律顾问等服务提供企业的区位进行汇总，得到我国主要中心城市高端服务的服务范围（表0-14）。可以明显看到，证券（投行）、审计、法律等生产服务市场主要由北京、上海、深圳、广州等中心城市所掌控，如证券承销业务的 76.3%、审计业务的 78.3%、法律咨询业务虽具有较强的本地性，但也有 62.3%集中在这四个城市提供；其他主要由各省会或副省级以上城市提供相关服务（如 98.2%的法律中介服务由省会或副省级以上城市提供），呈现为高度集聚特征；尤其是上海和深圳的证券服务业以及北京的审计和法律服务业，所占的市场份额远远超过其他城市。在服务范围的空间分布上具有如下特点。

　　第一，城市群首位城市证券服务范围比较分散，次中心城市证券服务范围相对集中。如北京的证券公司服务对象中，京津冀只占 27%，上海的证券公司服务对象沪苏浙只占 37%，深圳的证券公司服务对象广东只占 23%；换言之，首位城市所服务的对象大多数位于城市群外。而城市群次中心城市的证券服务主要提供给本省企业，如南京的证券公司服务对象中，江苏占 51%；杭州的证券公司服务对象中，浙江更是占到 91%。因此，总体而言，证券公司的服务对象受地域的约束是有限的。占证券服务市场份额最大的上海所服务的上市企业的分布很难看出与空间距离存在任何关联，除长三角外，四川、山东、辽宁甚至陕西、新疆都为上海提供了较大的市场；南京的证券公司除江苏省外，辽宁也是其重要的市场。如果考虑到长三角本地上市公司的数目远远超过这些省份，事实上这些非城市群地区的企业中有更大比例是在上海获得证券服务。

　　第二，企业选择券商更重要的是看在哪个交易所上市，而与是否是城市群首位城市关联不强。由上海券商提供服务的 506 家上市企业中，有 316 家是在上海交易所上市，占 62.5%，其余 190 家在深圳交易所上市。由深圳券商提供服务的 491 家上市企业则刚好相反，有 313 家或 64% 是在深圳上市，其余 178 家是在上海上市。换言之，如果上海和深圳两个城市竞争某个上市公司，该公司准备在哪个交易所上市，这个城市就会有 2/3 的胜算。因此，即使是长三角城市群内的企业，无论是江苏或是浙江，选择深圳券商的数量都略高于上海，上海的中心地位似乎并未得到发挥。这是由于苏浙一带很多上市公司是中小企业，中小企业板位于深圳，选择深圳的券商更加利于和证券交易所进行沟通，从而更有把握能够获得上市融资的机会。北京由于没有证券交易所，同样也是更多的企业是从深圳获得证券服务。对上海和深圳证券服务腹地进行对比可以发现，上海提供证券服务更多的地区多是经济不太活跃的中西部地区，而深圳的腹地更多是民营经济活跃的东南沿海省份。这种分布便是由两个交易所的服务性质所决定的。

　　第三，审计机构的总部在北京高度集聚特征明显，但审计服务仍分散到各分支机构展开。注册地在北京的审计公司共为 941 家上市公司提供审计服务，占全国所有上市公司总数的 55%，集聚特征十分明显。根据我国上市企业的审

计制度，上市公司的审计必须由中国证监会指定的审计机构进行审计，共有 54
家。换言之，上市公司的审计服务必须在这 54 家机构中进行选择。这 54 家审
计机构中，26 家的总部位于北京，接近一半；第二位的上海也仅有 7 家，广东
仅有 4 家审计总部。这 54 家审计机构共有分支机构 417 个，分布于全国各个省
份；其中总部在北京的审计公司的分支机构就达到 279 个之多，占全部分支的
2/3。除北京、上海以外，其他地区拥有审计机构总部的，也多数是在省内布局
分支机构。如江苏虽然有 5 家审计机构总部，下控 28 个分支，但有 24 个分支
位于江苏省内；山东省拥有 3 家审计机构总部，下控的 11 个分支全部位于山东
省。即使是证券服务业发达的广东省，4 家总部审计机构下控的 14 个分支仅有
6 个位于广东省外。因此，由于只有北京形成了覆盖全国的审计机构分支网络，
上海也只有 3 家审计机构在全国 5 个以上地区拥有分支机构，使得北京的审计
服务占据了国内绝大部分高端市场，这与北京作为政策制定中心、各种信息发
布中心平台的地位密不可分。

　　北京拥有一半以上的审计机构总部并不意味着所有的审计服务都由北京直
接向各地上市公司提供。对各省上市公司的数目与各省审计公司分支机构的数
目进行相关性分析可以很清楚地看到，两者存在明显的正相关关联（图 3-4）。

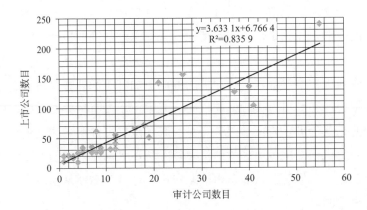

图 3-4　分省上市公司数目与审计公司分支数目关联性分析

资料来源：根据中国证监会网站（http://www.csrc.gov.cn）信息整理。

也就是说，审计公司在布局分支机构时基本是依据各地区的市场对象，也就是上市公司的数量来决策的，与上市公司同处一个地方能够更好、更加准确地为其提供服务。因此，审计服务的开展仍是分散化的，经济发达的长三角、珠三角、京津冀以及沿海其他城市群也必然集聚了更多的审计机构分支。

第四，城市群内的上市企业更倾向于选择本城市群内尤其是省内的总部型审计机构为其服务。北京由于审计机构众多，北京的上市企业必然更多地选择总部位于北京的审计机构，比例达 85%。这种情况同样存在于长三角，上海的上市企业中有 72%选择总部在上海的审计机构，江苏的上市企业中有 40%选择总部在南京的审计机构（如果加上无锡江苏公证天业会计师事务所在江苏的市场，这一比例达到 58%），66%的浙江上市企业选择总部在杭州的审计机构为其审计。广东省这一比例虽然仅为 47%，但考虑到广东省仅有 4 家总部型审计机构，广州、深圳两地审计机构所占的市场份额也超过了北京，这已然是相当高的比例。因此，以审计服务为代表的生产性服务业同样具有很强的本地化特征，这是服务性产品的难以运输性所决定的。当生产性部门发展到一定规模后，或者会产生本土化的生产服务业，或者会吸引其他地区的生产服务业前来设立分支机构；在必须进行面对面交流的前提下，由外地的服务企业分支直接为本地提供服务的比例不高（即使发生也需要两地人员经常出差以进行面对面交流）。从这个意义上讲，生产性服务是伴随于生产发展之后的；城市群生产的多中心发展和首位城市生产功能的分散化具有极其密切的关系，但这并不意味着城市群生产性服务的多中心发展与首位城市生产服务功能的分散化具有同样的关联。从表 3-13 可以看到，上海的审计机构在江苏和浙江设立分支机构的数目并不比其他省份有明显优势。因此，我们不能简单地认为城市群的发展是受益于城市群首位城市的高端服务功能扩散，生产服务的联系是在更大尺度上的关联，城市群只是生产服务机构密集的一个集聚区而已。

第五，法律服务受地理约束最为明显，除北京外，省域中心城市是提供高级法律服务的核心。法律服务是进入门槛较低的生产性服务业之一，而且不仅生产企业需要法律服务，人们生活中也需要法律服务，这就进一步降低了法律

表 3-13　上海总部审计机构分支分布

地区	普华永道中天会计师事务所	上海上会会计师事务所	德勤华永会计师事务所	上海东华会计师事务所	上海众华沪银会计师事务所	立信会计师事务所	上海公信中南会计师事务所	分支机构数目小计
合计	10	3	7	3	2	14	1	40
上海	1	1	1	1	1	1	1	7
江苏	1		1			1		3
浙江						2		2
北京	1	1	1					3
天津	1		1					2
河北						1		1
广东	2		2			1		5
福建						2		2
山东	1	1			1	1		4
广西				1				1
辽宁	1		1					2
吉林						1		1
山西						1		1
四川						1		1
重庆	1							1
陕西	1			1				2
云南						1		1
新疆						1		1

注：空白处及未列省份均指无相应分支机构。

资料来源：根据中国证监会网站（http://www.csrc.gov.cn）信息整理。

服务的市场门槛，使得律师事务所是一个遍在性的行业，县城甚至乡镇都会存在独立的法律顾问公司。但法律服务也存在一般服务和高级服务之分，上市企业所需要的法律顾问服务为高级服务，门槛相对较高，不是一般县城或城市的事务所能够满足。此外，受我国人民法院组织层级体系的影响①，位于地级以上城市的律师事务所显然更易于案件进展和获取相关法律信息。但又毕竟不像证券、审计企业会受到证券交易所区位或证监会的强烈约束而选择集聚在北京、上海、深圳等国家中心城市，因此，选择在省域中心城市集聚。我国 1 727 家上市企业中，仅有 38 家的法律服务提供方不是位于省域中心城市，这里的省域中心城市是指省会城市以及与省会城市具有相当影响力的中心城市，如济南—青岛、呼和浩特—包头等。除北京和上海外（尤其是北京），所有省域中心城市都主要为本省的上市公司提供法律服务。如长三角的南京和杭州所服务的上市公司中均有 95% 位于各自所辖省，珠三角的深圳有 88%、广州有 86% 是为广东的上市公司提供法律服务。在西部，贵阳、昆明分别为贵州和云南的为数不多的上市公司提供法律服务。即使是上海，也有 50% 是为上海本身服务，73% 为长三角城市群服务。只有北京，服务北京自身的比例不足 20%，京津冀也仅为25%。因此，除了没有证券交易所，无论是资本流动、技术流动，还是审计和法律服务，北京的地位都远远超过上海、深圳、广州，是名副其实的国家中心城市，在这个意义上，也是最有可能率先成为世界城市的中国城市。

二、全球化、世界城市体系与城市群多中心网络

1. 世界城市体系的缩影

前面的研究更多是从我国城市和经济内生发展的角度来分析城市群的网络功能和尺度，尽管这一发展过程实际上受到全球化带来的外需出口市场的影响十分明显，但并没有嵌入到全球经济网络中进行研究。随着全球经济一体化的深入，在全球范围内已经形成了新的劳动地域分工体系，世界城市体系也重新

---

① 我国人民法院的组织体系分为基层、中级、高级和最高人民法院，并设军事、铁路、水运等专门人民法院。基层人民法院包括县人民法院和市人民法院、自治县人民法院和市辖区的人民法院；中级人民法院包括省、自治区内按地区设立的中级人民法院，直辖市内设立的中级人民法院，省、自治区辖市的中级人民法院和自治州人民法院；高级人民法院包括省高级人民法院、自治区高级人民法院和直辖市高级人民法院。

构建，形成了以纽约、伦敦、东京等世界城市为枢纽，美国、欧盟、中国及东南亚、南美等城市密集区域为腹地的网络化世界城市体系。这种新的世界城市体系的最突出特征就是各项社会经济资源进一步集聚，世界城市以及依托世界城市的全球城市区域成为集聚的最主要空间载体，并且依托信息网络而构筑起了世界城市之间、全球城市区域之间的全球城市网络。

全球化和全球新的分工体系的形成对我国城市群的影响是深刻的，也是复杂的，作用在空间上是国外和国内两股力量交织的过程。国际产业转移给我国东南沿海带来了一粒种子，并借着本土民营经济的力量迅速蔓延开来；本土化的过程中不仅学到了技术，也共同开拓了外需市场。但是，全球化对我国的影响不简单是生产链的转移，而是整个经济模式的复制，包括首位城市的服务性特征也一并复制过来，使得我国城市群的形成更像是世界城市体系建构下的一个分形缩影，发生着类似的过程。此外，不仅是我国，世界各国都在形成相似的空间结构，城市群或城市区域源源不断地涌现。从分形的思维上，这种"复制"或"缩影"是容易理解的，即大尺度上的结构同样反映在小尺度上，但这必须基于相同的空间形成机制；更明确地说，城市群之所以成为世界城市体系的缩影，是因为拥有和世界城市体系形成过程中相似的空间集聚与分散过程。具体表现为以下三个方面。

（1）世界城市体系的形成源于全球分散化生产

无论在美国、英国还是日本，随着国家进入后工业化社会，生产者服务在全国范围内迅速增长的同时，在空间结构上出现了向少数几个城市如纽约、伦敦、东京高度集聚的趋势，而在周边或其他国内城市则表现出规模相对不足或者内涵结构（如市场结构）上的巨大差距。产生这种集聚效应的原因是基于全球经济地域结构的变化，即 20 世纪 80 年代美国等发达国家都经历了大批工厂倒闭，其工作向国内外低薪、低土地价格地区转移或分散化的过程，许多传统的工业中心，如底特律、曼彻斯特、大阪等开始出现衰退，不仅如此，伦敦、纽约等城市中 500 强跨国企业的数目持续下降（表 3-14）；许多生产环节转移到泰国、韩国、墨西哥等国家或地区，并培植了一批优秀企业。但这些老牌资本主义国家并不失去对生产的控制权，通过对外直接投资、兼并、收购或合资等形式，形成了一种空间分散但全球一体组织的生产网络。

表3-14　1984年、1999年几个世界大都市中500强跨国公司的总部数量变动

年份	伦敦	纽约	东京	大阪	汉城	圣保罗	洛杉矶	巴黎	北京
1984	37	59	34	15	4	0	14	26	0
1999	29	25	63	21	8	2	2	26	3

　　分散化也体现在办公室工作的组织上，尤其是在美国，一些常规性的工作被转移到总部所在地以外的后台办公区，以避开中心区位高昂的成本。在20世纪六七十年代，银行也开始拥有多个区域中心和离岸办事处。这种所有权集中式的分散化生产能够提高国际劳动分工的效率，降低企业成本，同时这样的全球生产线也要求对国内外不同地点的工厂、办公室和服务分支机构实行高度集中化和复杂化的管理[①]。在全球竞争日益激烈、产品日益多样化的今天，需要高层管理技术的高度专业化，使得生产服务逐渐从生产企业里独立出来，成为公司决策过程中一项关键的中间投入品，而这种独立性又促进了生产者服务企业高水平专业技术的积累和创新发展。正是由于这些面向公司的高级服务的迅速发展，推动了20世纪80年代中期纽约、伦敦、东京等城市经济的繁荣（而此时这些城市所在国家的其他城市和部门却表现出严重的衰退迹象）。

　　中国的中心城市在2000年以后也开始发生类似的转变。一是中国的企业也开始表现出分散化跨国发展的趋势，一些大型国有企业包括银行开始寻求海外市场的拓展，中央政府也出台了相关政策，鼓励我国本土企业"走出去"，建立跨国公司，以此深化对外开放。在国际金融危机的环境下，我国许多企业也

---

　　① 2010年频繁曝光的中国台湾企业富士康就是典型的这种全球生产线上的一个节点。其主要为苹果等国际IT大公司进行产品代工。富士康并没有任何的定价权，从每个零配件的产地、价格、到厂装配时间，到每个员工的工资甚至管理人员的人事安排，都由这些国际大公司决定，以赚取定额的超低利润。尽管富士康并非苹果公司的一个下属企业，但在全球激烈的竞争下，富士康必须听从苹果调遣才能生存；而苹果公司则因为生产线成本的最低化而获得高额利润，这就是全球化下分散化生产的典型景象。

开始寻找海外并购的机会，日益走向国际分散化经营的道路，而这些公司的总部多数位于北京、上海、杭州等城市。二是中心城市的经济结构正悄然发生变化，如上海 2000 年生产服务业占国民经济的比重仅为 4.8%，金融保险业也仅有 2.3%，仍是工业主导的经济结构；而到了 2006 年，生产服务业的比重就提高到 14%，北京更是达到 25.6%，开始向纽约、伦敦等城市接近（表 3-15）。发生在这种转变背后的机制就是因为生产的规模化和分散化，前面都已进行了详细研究。

表 3-15　国内外世界城市生产服务就业比重比较（%）

	纽约		伦敦		上海		北京	南京	杭州	广州
数据年份	1981	1997	1981	1999	2000	2006	2006	2005	2005	2005
生产服务业	32.9	27.5	31.0	30.8	4.8	14	25.6	8.5	8.3	8.8
FIRE	16.6	19.8	7.0	10.6	2.3	5.6	7.0	3.0	2.0	2.7
交通仓储邮电业	—	—	—	—	4.4	5.6	8.2	3.1	3.9	5.0
批发零售业	—	—	—	—	11.5	15.2	6.9	6.9	14.2	15.3

注：国外城市数据来自《全球城市：纽约、伦敦、东京》一书；国内城市数据来自各统计年鉴。由于 2000 年和 2006 年国民经济行业分类标准不同，2000 年确定为生产者服务业的包括金融保险业、房地产业、信息咨询服务业、科学研究和综合技术服务业；2006 年确定为生产者服务业的包括计算机服务和软件业、金融业、房地产业、租赁和商务服务业、科学研究和技术服务业。另，FIRE 为金融、保险、房地产业。

（2）世界城市的凸显归因于专业化生产者服务业的集聚

世界城市一般是由具有作为国际贸易和金融中心悠久历史的城市逐步发展起来的，路径依赖的作用明显，如伦敦、纽约、东京、法兰克福、巴黎。世界城市一般具有四方面的显性功能：①世界经济组织高度集中的控制点；②金融机构和专业服务公司的主要集聚地，并且已经取代制造生产部门而成为主导经济部门；③高新技术产业的生产和研发基地；④产品及其创新活动的市场。世界城市最为本质的功能并不是通常所理解的那样，是因为跨国企业总部的集聚而对世界经济具有管理、控制作用，事实上，企业总部办公并不是十分需要中心城市所提供的区位优势，在中心城市周围的小城市可能在成本、环境等方面具有更大的竞争力。世界城市的功能核心是两种"产品"的生产基地（我们需要把世界城市理解为从事某种特殊生产的地方）：一是专业化服务的生产基地；二是金融创新产品及其市场要素的生产基地。

专业化生产者服务的区位选择很少取决于是否接近服务的对象，而对是否能够从相关的其他公司获得主要投入品或者能够与其他服务公司联合生产某种服务更为依赖。比如，会计师事务所可以为远程客户提供服务，但在提供服务的过程中同时需要若干个专业服务公司的参与，以提供信息、法律、管理咨询等其他相关服务。纽约在跨国公司总部数量持续减少的情况下，生产服务企业和就业数却保持快速增长就是这个原因。另外，这些生产服务公司所聘用的都是高知识、高薪人员，只有各种信息网络通达的大城市能够为其提供便利设施和生活方式，这就导致了生产服务公司在这些全球城市的集中。前面的分析中我们也看到，中国的生产者服务业主要集中在北京、上海、深圳等城市，南京、杭州、广州、武汉等城市也有一定发展，如证券公司总部主要集中在上海和深圳，审计和法律公司主要集中在北京、上海。这些城市所服务的空间范围不仅局限于周边区域或城市群内，正如纽约、伦敦对世界各地都会产生服务或影响一样，但对全国城市体系的改变、城市群的凸显起到了引领作用。

（3）最高端的控制来自金融和高能级信息服务

世界城市也是有等级之分的。有一些城市，如波士顿，只是管理咨询业的集聚中心，而只有对金融业也就是资本的运作具有控制权的城市，如纽约、伦敦和东京，才是整个体系中最高端的控制者。金融业与其他形式的生产服务存在很大差别，金融服务是一个高度数字化的产业，尤其是 20 世纪 80 年代中期以来，随着信息技术的进步，越来越多的国家降低了金融管制，使得金融的全球化、数字化以及非流动性资产的可流动程度大为增加，金融创新产品急剧增长，也促进了金融业在地域和组织机构上的扩张。这种看似不受地理约束的业态在现实中却仍然在纽约、伦敦、东京等极少的城市集聚，这是由于金融部门的收益更重要是来自一种特殊的外部经济，包括通过各种正式和非正式渠道获得的最新信息、城市的创新环境和各类高密集专业知识的互动等。这可以理解为，金融业本质上是一种高端信息服务业，即利用高密度的初级信息进行加工并转化为可获得高额利润的高级信息，也就是所谓的金融创新产品。根据金融地理学的理论，金融中心的形成存在五个凝聚力：信息溢出、路径依赖、不对称信息、信息腹地和国际依附性。因此，成为金融中心的世界城市必须首先是信息中心，并且在信息的有效性（包括时效性）和腹地上具有最高能级。

北京凭借其他城市无法替代的政策决策中心的地位无疑占据了我国高能级信息中心的最高端，任何中央政策的信息都是由北京最先获得；北京又是我国最大规模银行总部的集聚地，因此，北京不仅是政治中心，实际上它更控制着整个国家的经济命脉。所以我们看到，除了没有证券交易所，北京是国内唯一一个在审计、法律等生产服务上在国内广大地区深具影响力的城市。

总之，我国的城市体系和世界城市体系具有完全类似的集聚与分散特征，下面的研究将分析这种"分形"的过程如何产生，也就是跨国公司分散化经营进入中国后会产生和母公司—子公司完全一样的结构，在北京、上海成立区域总部，再将生产分散出去。正是由于这种全球尺度上的企业组织模式在国际次区域或国家尺度上进行复制，以便于更好地进行管理，使得在国家尺度甚至更小的区域尺度上看起来同样表现为高度集聚的特征：一方面是生产在具有良好产业基础的地区进一步集聚，如苏南所观察到的外资集聚现象；另一方面是生产者服务业包括企业总部在中心城市的集聚，与世界城市体系的形成如出一辙。

2. 跨国公司在中国的分散化生产与城市群多中心网络

这里我们以 2009 年世界 500 强企业在中国内地及港澳的分布，来研究世界城市网络如何被移植到中国（表 0-3）。在这 500 强企业中，除去中国本土的 500 强企业，共有 175 家在中国有分支分布，共设立分支 3 168 个，平均每家企业有 18 个分支，主要分布在珠三角、长三角和京津冀三大城市群区域，所占比重高达 80%，反映出高度集聚的特征；尤其是长三角城市群，集聚了 42% 的跨国公司分支，是我国对接世界城市体系的窗口地区。这 175 家跨国公司在中国设立大区域总部 114 家，主要管理中国或者亚太事务。这些总部主要在北京和上海两个城市集聚，北京集聚了 58 家，居首；上海集聚了 41 家，居次。两个城市的总部占到来华总部总数的 87%。而珠三角在吸引跨国公司总部方面不具备优势，无论是广州、深圳还是香港都不具备国家赋予北京、上海的独特优势。

因此，跨国公司在中国分散化经营所形成的格局就是，以北京和上海为管理总部，生产和市场性事务分散到三大城市群与部分主要城市，如大连、青岛、成都等，但总体上表现为高度集聚的特征。

除了对跨国企业的集聚特征进行分析外，这里还对由于企业联系所导致的城市群多中心网络结构进行研究。研究的方法采用类似于泰勒等（Taylor et al.，2008）对世界城市网络所做的研究中采用的方法[①]。该方法认为如果一个企业在多个地区分布有分支机构，那么其中任意两个地区各自 1 个分支机构之间就会产生 1 个单位的联系；如果两个地区（A 和 B）分别有 a 和 b 个分支机构，那么这两个地区之间的联系量就为 a·b。如果 A 地区为该企业的总部所在地，那么这两个地区之间的联系量为 2a·b。根据这一定义，每个企业都可以确定其内部各分支所在城市之间的网络联系量。将每个企业的这张网络进行加总，就得到在这 500 强跨国公司眼中全国城市体系的多中心网络结构。通过 MATLAB 对上述过程进行计算，得到我国城市两两之间的联系强度，再以每个城市为节点，计算该城市与其他所有城市的联系总量除以城市的面积，得到每个城市的网络联系密度，用 ArcGIS 表现在地图上（图 0-14）。

事实上，该分析方法得到的计算结果的地理含义是指，每个城市在世界城市体系控制下反映到在国内城市体系网络中的网络联通度。该值越高，说明该城市与全国城市网络的联通性越高，其在全国城市体系中的影响力越大，也越可能成为"多中心城市网络"中的一员；相反，网络联通度越低，说明该城市只与少数几个城市产生联系，甚至不与任何城市产生联系，自然在全国城市体系中的地位就较低。从图 0-14 可以明显看到，长三角、珠三角、京津冀的部分城市具有相对较高的网络联通性[②]，在全国城市体系中具有显著地位；这些城市相互间连绵在一起，就形成了多中心城市群，这在长三角和珠三角表现得尤为

---

① 泰勒的研究是以法律、会计等生产服务企业的跨区域经营为对象，来研究世界城市网络中的空间联系。

② 这里只发现有部分城市在全球—全国城市网络体系中发挥着重要作用，而不是京津冀、沪苏浙或广东省的全部城市。

明显。而国内其他地区虽也有部分城市具有较高网络联通性，如济南、青岛、烟台、厦门、福州、大连、沈阳、武汉、重庆、成都、西安等，在国内也具有一定的影响力，但都是零散分布的城市点，没有形成片状的巨型城市区域。因此，从世界城市网络体系的角度看，我国的城市体系就是由多中心城市群和部分独立城市所构成的网络状结构。

第四节　总结：城市群的空间实质

一、关于前面研究结论的总结

（1）城市群是一种空间集聚现象。由于外需规模的扩张，使得我国东南沿海地区集聚形成了大批依托工业发展起来的城市和城镇，形成了具有中国特色的城市群。这些城市群之所以在珠三角、长三角、京津冀、山东半岛、辽中南、闽东南等地区集聚发展，一方面可以依托各区域的港口枢纽或门户，能够大幅节省生产所需的物流成本；另一方面，这些地区原本都具有较好的工业基础，沿海地区经商或办实业的人文环境和企业家氛围浓厚，市场需求一旦爆发，制度环境一旦释放，就迅速地形成循环累积效应而发展起来。发展的初始阶段，中心城市的带动效应十分明显，表现为工业的扩散，如香港对珠三角的带动、上海对长三角的带动。但在发展的中后期，自下而上的工业力量开始占据主导，如苏南的外资经济、浙江的民营经济、广东的代工等；中心城市的角色则由生产扩散中心转变为生产服务中心，对城市群的辐射带动转变为潜移默化的影响。但总而言之，城市群的发展在工业的多中心化发展中繁荣起来，凡是能够利用来作工业用地的土地都会被逐渐开发，导致城市群普遍存在用地空间紧张的矛盾；整体上看，这就是中国特色的城市蔓延，行政体制长期以来不断地分权是导致中国城市群空间蔓延的重要机制之一。

（2）集聚总是发生在中心与外围之间，也就是由中西部地区向东部城市群地区的集聚，包括人口、生产要素、资金都是如此。但城市群的故事仅此才刚刚开始。城市群是在不断地自上而下的分散化和自下而上的多中心化中形成的，而不简单是集聚的结果。我们证明了，工业、FDI 等要素分布的多中心化更加利于城市群整体的集聚，而首位城市的门户效应在促进城市群多中心发展中发挥了重要作用。因此，城市群的形成与发展是中心城市与城市群内其他城市不断互动的结果，在此过程中既形成了多中心结构，也产生了高度集聚。

（3）城市群内部多中心网络状特征明显，尤其体现在生产功能的多中心网络状联系上，以及相应导致的人口流动（包括中心城市的分散化流动），体现了城市群所谓的"一体化"特征；这显然与城市群的工业集聚特征高度相关。此外，随着市场竞争的深化，技术创新在工业经济发展中的重要性不断凸显，使得城市群内技术的交流也十分密切。

而金融和生产服务作为高端信息产业，其信息流却表现出更加复杂的特征。金融流主要是以北京为中心（上海次中心相比于北京的地位急剧下降），向东南部沿海地区流动。证券服务形成了上海和深圳两个主中心，分别向全国各地提供证券服务；其中，上海的服务腹地倾向于中西部经济不太活跃地区，深圳的服务腹地则指向东部民营经济活跃地区。审计和法律服务中北京的总部特征明显，但同时提供两种服务的以省为单位的本地化特征也十分突出。总之，由于城市群经济发达，城市群内部的信息流网络也必然十分发达；但与此同时，城市群与城市群之间，城市群与非城市群的其他城市之间，也存在十分密切的信息流联系。事实上，不仅是信息联系，城市群与外部的生产联系以及人口流动规模都不容忽视。

（4）城市群的空间结构是世界城市体系的一个缩影，都是由于生产功能的分散化和生产服务功能的集聚所导致的；其中最为根本的机制是企业的跨国或跨区域经营。跨国公司在中国的网络布局与城市群的空间状态是高度吻合的；这并不偶然，城市群中的城市确实在全国经济和城市网络中地位突出，它们的生产和市场覆盖全国，又从不同中心城市那里获取相应的服务和生产管理，从而建立起极高的网络联通度，成为多中心城市群中的"中心"之一。这便是我国城市群中最基本的空间单元的生存状态。

二、城市群的空间实质

最后回到城市群概念本身。到现在我们可以肯定，城市群是由集聚、分散和联系网络三个状态所共同决定的一种空间组合形式，但这仍未指明城市群的空间实质。

通常可以将城市地域空间分为实体地域（城市建成区）、功能地域（都市区）、经济地域（城市经济区）、制度地域（如长株潭两型社会配套改革试验区）等概念层次，城市群似乎并不属于其中的任何一类。与城市群类似的一个学术概念——都市连绵区是相邻都市区的集合，属联合的功能地域概念[①]。但城市群不完全等同于都市连绵区，都市连绵区所强调的是里面每个都市区分别功能一体，事实上由于我国户籍制度长期限制，并未形成都市区概念中所强调的中心城区与郊区间高频率的通勤。相反，城市群概念强调的是城市间的经济关联，但又不是城市经济区所倾向的向心联系或者没有方向的联系。

从跨国公司在我国的分布网络研究中可以得到启示，城市群是若干在全国城市经济网络中具有突出地位（表现为网络联通性）的且空间相互邻近的城市构成的空间经济体，这些城市之间经常发生着密切联系，但也不可忽视这些城市与国内其他城市的联系。从这个角度可以发现城市群的空间实质：城市群的空间联系不是封闭在城市群中，而是开放的；这些联系产生于分散化的生产，既包括生产与生产之间的联系，也包括生产与生产服务之间的联系；既可以由中心城市的生产分散化产生，也可以由一般城市的生产分散化导致。发生于城市群内外的空间联系是非常复杂的，但简单地说，城市群就是那些与国内（甚至包括国外）所有城市（而不仅是城市群内部的这几个城市）网络联通度较大、

---

① 实际上，在长三角、珠三角等城市群许多城市或城镇都提到的用地空间不足的问题就是都市连绵区形成的一个反映。由于在分权机制下每个镇都有发展工业的权力和财政积极性，使得每个镇都会尽量用满所有能占用的土地，于是每个镇都是一个工业区，职工居住在镇或县城，形成通勤；每个镇都尽量撑满整个镇域，形成空间连绵。

超过一定门槛值且空间相邻的城市的集合体，在全国城市体系的空间结构上表现为存在多中心。网络联通度较大且空间相邻就能够反映出城市群内部必然存在密切的空间联系；这种联系是由分散化产生；网络联通度与要素集聚程度具有高度的正相关关系，三个状态同时具备，此外还兼具开放性，网络联通性便构成了城市群概念的空间实质。即使网络联通性较大的相邻城市集合体的城市人口密度或空间连绵程度不高①，该城市集合体也仍然可视为是城市群，只是市场条件或城市群发展阶段的问题。

现在一般所理解的城市群可以认为是具有制度性特征的地域概念，即是对区域内所涉及的所有地方政府、非政府组织和相关企业产生普遍约束和激励的空间安排，是在跨行政区和多利益主体博弈下达成区域共同行动、提高区域整体绩效和竞争力的机制（陈睿，2013）。这种空间尺度在政府实施相关政策、进行区域管理的角度上是效用最高的，但这种空间概念的内核一定是一组具有较高网络联通性的城市，形成多中心网络结构，它们构成了该城市群在全国和全球城市体系中的核心竞争力。

---

① 城市群是否必须是城市地域连绵区域仍值得怀疑，蔓延所带来的生态影响不容忽视。更好的空间形态是网络状但并不连绵，而且这种开放式网络结构既来自城市群内，也来自城市群外。

第四章　形成多中心：
城市群空间演化的微观机制

第一节　城市群形成机制：
基于政府破碎化的解释模型

一、政府破碎化的动力

根据前面章节的研究结论，城市群的形成机制本质上是城市群多中心结构的形成机制。城市群的多中心化，不是指若干中心城市形成的多足鼎立形态，而是指区域内大多数基层地方政府作为经济发展的基本节点不断提高本地竞争力和吸引力的过程，整体上表现为区域发展更加均衡，地方之间的竞争不断加剧。这与美国等西方国家大都市地区所经历的过程是类似的，即政府的破碎化导致了大都市区空间结构的分散化，在不断扩张中逐渐形成大都市带。

政府破碎化的形成可以认为来自三个动力。

一是地方自治的偏好。通过美国的民意调查可以看到这一点：多数市民都不希望有自上而下的区域政府，认为会削弱地方权力，并会给地方土地利用造成过多的影响，对地方官员的调查也显示出同样的结果（Swanstrom，1996；Baldassare et al.，1996）。不仅是美国，其他国家同样也存在地方自治的要求。如诺里斯（Norris，2001）对英格兰西中部和大曼彻斯特区域的研究认为，与美国一样，英国的地方政府也在警惕地捍卫着他们的自治权。这种地方自治的需求由个人喜好（self-interest）所驱使，包括微观层面的居民、企业、政府官员对于更为简单的政治环境的个人偏好，以及宏观层面的地方社会整体对于从国家政府获得更大自主权力的向往。

二是公共服务的多样化需求。基于蒂博特（Tiebout，1956）的公共选择理论（Public Choice），在个人迁移没有障碍的假设前提下，追求公共物品就如同追求私人物品一样，个人的理性选择总是指向最能满足其对地方公共服务的偏好的地区。由于社会阶层、种族、年龄等个人条件的差异，使得人们对公共服务表现为多样化的需求结构，而更多的地方政府则似乎更能为居民和企业提供这样的多样化选择。费希尔和瓦斯默（Fisher and Wassmer，1998）以蒂博特理论为基础，采用收入、年龄、种族等特征量标准差的加权平均衡量了公共服务需求的多样性，并通过 1982 年美国 167 个大都市区的地方政府数目的影响因子回归分析，认为公共服务需求特征确实对地方政府数目具有正的影响。

三是在集体中坐享其成的倾向。基于奥尔森（Olson，1965）的集体行为理论（Collective Action），由于公共物品具有非排他性（non-exclusivity）的特征，当共建共享某一公共物品的集体中成员的数目增多时，每个成员均有希望坐享其成（free-ride）的倾向，这将导致组内成员间的不合作，加剧政府间的破碎化。要在大的组群内部达成集体共识，须采用高压政治或外部激励等手段。

二、基于破碎化理论的城市群形成机制

政府的破碎化使得较小的地方政府有较大的积极性和自主性来参与竞争，从而导致经济版图的多中心结构。运用该理论对我国城市群的形成演化机制进行解释，认为：城市群的形成机制在于多中心的地方政府间的博弈竞争，这一机制能够降低企业和居民的生产、生活成本，从而促进社会经济的良性发展。

城市群多中心的形成必须具备以下条件：①要有足够庞大的需求市场容量

（表现为对土地的需求），包括产业经济发展的市场以及人口发展的市场（住房）；②要有足够多的为上述庞大需求市场提供土地和服务的地方政府作为主体参与竞争（例如通过招商引资等行为）；③首位城市必须是上述需求市场能量的爆发中心，使得各级节点在竞争中需要与首位城市发生联系；④多中心之间的沟通要非常方便，包括交通、信息、金融等，目的是使得在博弈竞争中消除信息不对称，使各地方主体都具有类似的发展机会。

多中心结构下城市群的绩效体现在，如果庞大的市场仅仅向中心城市集聚，一是市场需求会推动成本上升，二是中心城市形成的资源垄断会降低政府提供服务的效率，降低绩效。多中心的博弈能够降低企业和居民的成本，从而促进经济增长。城市群绩效提升与空间政策的核心在于，一方面要增加市场容量，例如通过新兴产业的发展增加区域发展的市场机会，另一方面是多中心之间的竞争要有游戏规则，不能互相损害，合作的目的是为了创造好的竞争环境。在这种意义上，城市群政策的根本在于内部多中心之间要充分竞争，降低成本，对外要联合，不能互相拆台，保护好资源。

本章以长三角城市群为例，对多个地区的发展案例进行研究解析，揭示城市群多中心形成的微观动力和机制。研究认为，城市群的空间增长主要来自于不同层级的"核心—边缘"的边缘地带，正是因为边缘地带的发展，在不同的尺度上塑造新的功能中心，形成了多中心的城市群形态。我们对城市群中不同的"核心—边缘"层面进行观察，发现包括四个层面，本章将从不同的研究角度解析相关案例：

（1）城市群的首位城市—二级城市；

（2）城市群的中心城市—边缘城市；

（3）城市的中心城区—周边乡镇；

（4）城市中心城区中的主城区—新城区。

通过对不同"核心—边缘"层面中的边缘地带进行重点分析，认清其发展变化的动力机制和功能组织规律，从中归纳出城市群空间演化的微观机制和过程。

第二节　城市群首位城市—二级城市中的
多中心形成机制

运用遥感影像对长三角城市群城市建设用地情况的变化进行解析，从而对不同层级的城市空间拓展情况进行对比分析。

一、遥感影像处理的技术路线

研究数据包括遥感影像数据和矢量文件数据。遥感影像数据采用 Landsat 系列卫星遥感影像，包括 1990/1992 年、2000 年、2004/2005 年三个时相，数据包括上海、苏州、无锡、杭州、南京、宁波、绍兴、常州、嘉兴、台州、镇江、湖州、舟山、南通、扬州、泰州共 16 个城市在内的长江三角洲地区。其中，1990/1992 年的数据采用 Landsat 5 卫星的 14 景 TM 图像，分辨率为 30 米；2000 年的数据采用 Landsat 7 卫星的 13 景 ETM+图像，分辨率为 30 米；2004/2005 年的数据采用 Landsat 5 卫星的 15 景 TM 图像，分辨率为 30 米。矢量数据则是由中国市级行政规划区所组成的矢量地图，数据为 MapInfo 格式。

根据 TM、ETM+各个波段波谱范围所决定的反射特性，在数据分析中对经过波谱融合后的图像进行监督分类，以识别目标地物——建筑区。对分类结果进行适当处理后进行统计，获得目标区域的建筑区估算面积，并将各个时期的分类结果进行比较，分析目标区域的城市发展状况。

二、长三角城市群用地变化特征

从对遥感影像数据的提取分析中可以发现，长三角城市群中用地增长最快的地区发生在苏州、南京、宁波等二级城市，长三角城市群整体多中心趋势十分明显。从单位土地的产出效率看，首位城市上海的空间利用效率显著提高，用地增长速度相对放缓，城市群的二级城市土地利用却仍然十分粗放，其中的空间增长机制需要进一步往下一个层面研究（图 0-26）。

第三节　城市群中心城市—边缘城市中的
多中心形成机制

这一层面选取了长三角城市群的两个边缘城市——浙江省金华市的义乌市和台州市的玉环县进行深入解析。

一、义乌——国际市场与本土文化碰撞下形成的全球小商品贸易城市

义乌是一个位于长三角城市群边缘地区的城市，行政等级较低，是浙江省金华市下属的县级市，但是义乌在功能上已经成为全球城市体系中一个重要的专业化节点，是全国性的小商品流通中心和国际性的小商品采购基地。2006 年义乌市本地户籍人口 70 万人，常住外来人口约 100 万人，城市人口的组成非常多元化。

义乌境内地形以丘陵为主，人口众多而耕地数量少且质量差，资源条件的贫乏激发了当地人民的自主能动性与团结合作的精神。在"讲究实效，注重功利"的浙江传统文化精神的影响下，义乌在小农经济的生产力基础上衍生出了适宜农村经济网络组织的民间商业模式——"鸡毛换糖"，为贫困的义乌农民开拓了一条活路，同时也孕育了义乌人应对市场经济的先发优势。

2005 年，联合国、世界银行和摩根士丹利等机构联合发布的《震惊世界的中国数字》报告介绍道："义乌，距离上海 300 千米，是全球最大的小商品批发市场。"联合国统计的 50 万种商品中这里就有 42 万种，这个数字还在动态攀升中（许庆军，2006）。2006 年，中国商务部推出了义乌日用消费品批发价格指数（简称"义乌指数"），定期向国内外发布，有力地提高了义乌市场的国

际影响力。小商品市场是义乌发展的核心推动力，深刻影响到这个城市的方方面面。围绕着小商品市场的发展，形成了以各类小商品制造为主的产业集群，促进了城市政府的改革与创新，推动了城市的拓展与建设。

1. 小商品市场升级推动的城市空间拓展

义乌城市空间扩张动力来源于全球市场对于小商品交易的需求，从具体的空间载体来看，规模化的集中式小商品市场的拓展跃迁是主要的空间表现。目前义乌市集中式大市场的发展历程已经经历了五代。前三代小商品市场的建设还是在旧城区的内部，主要是产生了空间集聚的效用。第四代小商品市场篁园市场—宾王市场建设在旧城区的边缘地带，促使了城市空间的南拓，城市建成面积略有扩张。第五代小商品市场——福田商贸城的建设使得义乌的城市发展实现了一个飞跃。1998 年，应对小商品市场扩张与升级的强烈需求，义乌的城市政府开始建设第五代小商品市场，市场区位跳出义乌老城，选在了老城东北部的郊区。第五代小商品市场的建设大大促进了义乌市场规模的扩大和国际化品质的提升，推动了城市商贸中心的转移，并且向商务中心演变，城市建成区面积出现飞跃式的扩张（图 4-1）。

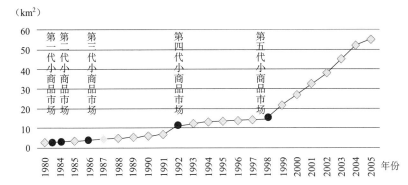

图 4-1　1980～2005 年义乌中心城区建成面积扩张与五代小商品市场建设的关系

资料来源：义乌市建设局编：《义乌市城乡建设志》，上海人民出版社，2010 年。

2. 新增长空间的功能特征

在集中型市场进入门槛提高、消耗的成本较高时，或是求大于供、规模溢出时，抑或是商位面积不足、展示与仓储需要更大空间的时候，商户们开始寻找其他可能的空间地点进行交易。因此，在集中式市场的周围，往往有各类专业街以市场为中心沿着生活性街道扩散开来。

在义乌的城市化进程中，市场的发展迅速拉开了城市的空间框架，但尚未实现城市空间功能的整体提升。在城区的内部存在大量的城中村，这些城市中的村落斑块仍保持土地集体所有制和农村管理体制，呈现出与城市不同的景观特征，在道路设施、环境卫生、公共安全、设施建设等方面都存在不少问题。

部分改造后的城中村安置在市场发展的周边，让被拆迁的村民能够分享到城市化和市场发展带来的利益。这种城中村的发展往往和专业街结合在一起，以四到五层的建筑为主，一般一层沿街店面作为商贸，二到三楼作为办公，四到五楼为居住，形成居住与商贸、办公功能相混合的城市空间。

围绕着国际性小商品市场的流通功能，义乌发展起了一批产业集群，体现出了规模较小、专业化程度较高、企业与以家庭为基础的社会网络联系较为密切、运作弹性较强等特点。作为义乌小商品市场发展支撑的产业集群不仅蓬勃兴起于本地，也迅速扩散到了义乌周边的浙中乃至江西、福建的邻近地区，呈现出区域化的特征。

二、玉环——内生式专业化制造业中心节点

1. 内生机制改革推动的发展

玉环是长三角城市群中极其普通的一个节点，当地人自嘲为"四无"城市，即：无资源：土地、水、矿产；无区位优势：大陆末端，无高速公路和铁路，港口失去发展机遇；无政策扶持：国防"前线"、投资"短线"；无人力资源：以渔民为主。虽然发展条件欠缺，玉环却成长为经济高度发达的"中国海岛第一县"，被称为"玉环现象"。

（1）股份合作制改革是释放玉环民营经济能量的核心机制

第一阶段：萌芽阶段。1978 年至 20 世纪 90 年代初期。县委书记王作义在《浙江日报》上发表"是'好'还是'糟'——调查芦浦公社社队企业后的感想"，大胆肯定股份合作企业，解除思想桎梏，对推动玉环工业发展起到重要作用。至 1991 年，玉环有工业企业 3 031 家。1984 年，法律确认的首家股份合作制企业在玉环诞生。1987 年，玉环制定了一系列政策，大力推行股份制，全面推行厂长任期目标制与企业承包责任制，为企业自己经营、平等竞争创造了条件，工业生产出现良好局面。

第二阶段：扩张阶段，1992 年邓小平南方讲话以后到 20 世纪 90 年代末。1993 年，党的十四大提出"坚持以公有制为主体，多种所有制经济共同发展"的方针，民营经济在政策上得以肯定，思想顾虑被消除。1992 年玉环正式提出"全岛股份化"战略。同时推出了全程办事代理制、民主听证会、市场化"第一把扫帚"、抵押贷款等一系列改革创举，营造了创新创业的浓厚氛围。1997 年，按照"彻底、规模、效益"的原则，玉环对国有工业企业、二轻集体企业和流通企业全面进行产权制度改革，并将股份合作制延伸到各个领域。1998～1999 年，玉环全面实施了股份制改造。这一时期完成了工业化资本的原始积累，工业化对城市化的带动效应已经显现。至 1999 年，玉环有工业企业 6 084 家，但规模以上不足 200 家。

股份合作制的好处在于产权明晰，具有融资功能，具有激励和约束双重机制。产权制度的明晰在当时极大促进了经济的发展。

第三阶段：提升阶段。2000 年提出建设"科技之城"，实施科技化战略。质量并举，注重增长方式的转变。"园区"这一工业集约化模式在全县积极兴起。这一阶段，企业投入扩张加剧，形成了一批较大规模的企业。至 2007 年，玉环有工业企业 9 058 家，其中规模以上企业达到 995 家，上亿元企业达 84 家。

（2）最初的产业基础在裂变中逐渐发育成为巨大的产业链

以玉环支柱之一的汽摩配产业为例，玉环县的汽摩配产业发端于 1966 年 3 月。当时，船帆、棕衣、电信三厂合并，成立坎门汽车配件合作社。该社 1970 年 11 月 19 日转为大集体，改名为玉环县汽车配件厂，是省汽车工业公司定点厂，当年产值 15.6 万元。1988 年汽配厂产值 378.28 万元，为 1970 年的 24.25 倍。玉环汽配厂的主要产品，包括东风 ES140、解放 CA-10B、CA-20 等车型的各种管路接头、气压调节器、安全阀、单向阀、放气阀、油箱开关等。该厂自成立以来，为汽摩配产业的发展培养了一大批技术工人，并造就了一支能吃苦、善沟通的营销人员队伍。改革开放以后，这些人才中的许多成员纷纷依靠在公有企业积累的技术、销售网络等资源，通过自谋出路，创办了民营汽摩配生产加工企业。没有这样的产业基础，很难想象现在玉环的汽摩配产业能形成如此之规模。

2. 民营企业的分散化经营：城市群构筑企业内部网络

以苏泊尔为例。苏泊尔集团是玉环的一家由炊具制造逐渐发展起来的多元企业集团。公司始建于 1994 年，涉足炊具小家电、医药、海洋资源、房地产、贸易等多项产业，目前总部位于杭州。集团拥有 18 个下属全资子公司、股份公司和合资公司。其中浙江苏泊尔股份有限公司（原炊具公司）在深圳上市，在玉环、杭州、绍兴、武汉、东莞建有五个炊具和小家电生产基地，越南胡志明市的海外基地正在建设中。集团下属浙江南洋药业有限公司近年来拓展较快，已在玉环、杭州和武汉先后建成三个生产基地。

企业的分散化经营是规模化企业配置空间资源的结果，正如跨国企业全球配置资源综合考虑市场、区位交通、原料、配套、人力资源、劳动力一样，国内企业分散化经营必然也是综合考虑这些因素的结果，是一种市场行为，事实上很难用一个城市群的空间尺度去限定；但是城市群确实是除原材料外（如果是进口原料，城市群的港口却可视为原料地）其他条件俱佳的企业配置区位。因此，我们通常可以看到，企业在城市群内部或者多个城市群之间来配置空间资源，构筑起企业内部的高效生产—管理网络。

苏泊尔就是非常典型的例子，虽然它是在玉环起家并将主业发展壮大，但为了获得更好的管理—人才资源，将总部迁至杭州。生产基地除本地外，在长三角城市群的杭州和绍兴又分别建有工厂，在珠三角城市群的东莞也建有工厂，以更好地利用浙江和东莞产业集群的优势，同时又能积极获取竞争对手的信息。

此外还将生产拓展至武汉城市圈，既可更加便捷地获取原材料，节省运输，还能提供更加丰富的熟练劳动力。

分散化经营必然是上规模的企业经营业务的重要方式，尽管非城市群地区也可能由于某些原因成为部分企业布局网络的一个节点，或是某大企业的主要驻点，这种情况不在少数；但从微观向宏观递进来看，城市群地区现在已是、未来更加是那些大型企业集中布局的区域，或者在某一城市群，或者跨城市群，而且在集聚过程中形成循环反馈效应，不断加深集聚。

苏泊尔股份有限公司的审计机构和法律顾问均来自杭州，主承销券商来自福州。

3. 产业集群式生产：城市群构筑本地化网络的市场平台

产业链条的组织无非两种方式：企业内部组织和企业外部组织。企业内部组织就像苏泊尔那样，从配件加工到产成品，全部集成在企业内部，仅小部分需要其他厂家配套。但浙江民营经济的特点是小而专的企业，采取集群式生产方式，降低企业进入门槛的同时大大降低生产成本。除此之外，两种方式的最大区别在于，集群式生产方式具有极强的本地依赖性，在其他地区难以复制；而内部化的企业则可以完全按同一工艺在外地设厂。

以玉环汽摩配产业为例（表4-1）。玉环号称中国汽车零部件产业基地，主要汽摩零部件均有生产，并且高度专业化分工，玉环共1 700多家汽车零部件生产企业，其中739家终端生产企业，其余1 000家只专业化完成某道中间工序；共生产5 000多种产品，几乎涵盖所有车型，平均每家专业化生产7种产品，可谓产业集群内部高度网络化。这不同于一般所理解的"配套"，而是一种高度协同的生产组织，任何企业，无论大小，离开这种协同环境都将难以适应，而一般的配套则可有更多市场性选择。这种"生态"网络是建立在社会网络的基础上的，如汽摩配产业主要集中在城关和坎门的玉环本岛，楚门—清港半岛则发展阀门、家具产业集群，两者关联不大，这与玉环本岛、半岛之间的社会文化差异存在很大关系。事实上，玉环的产业集群是不断"一分二、二分四"地分裂而来，其中就必然存在着社会联系，这一过程中就构筑起十分稳定的本地化的产业链网络。

表 4-1　玉环汽摩配产品类型与销售配套市场状况

分类	主要产品	配套主机厂	配套地区
汽配类	减震器、离合器、传动轴、气门推杆、微型车凸架总成、汽车球笼、汽车齿轮、方向盘、汽车水泵、刹车总泵、制动总泵、高强度螺栓等	一汽捷达、奥迪、红旗、上海大众、东汽、重汽、天汽、上海通用、昌河微型、哈飞微型、神龙富康、柳州五菱、重庆长安、江铃、五十铃等	长春、重庆、天津、上海、南昌、柳州、北京、十堰、株洲、金华等
摩配类	碟刹、制动盘、气门挺柱、齿轮、起动机、发电机、摩托车鞍座、摇臂总成、从动轮总成、曲轴连杆、脚踏板总成、减震器、传动轴、凸轮轴、螺母、支架、离合器系列总成、机油泵、化油器等	轻骑、新大洲、嘉陵、金城、建设、钱江、五羊、捷达、北易、南方、大长江、吉利、华日、春兰、林海、扬子、上易、隆鑫、宗申轰达等	山东、重庆、无锡、广东、洛阳、金华、株洲、永康、宁波、黄岩、路桥、温岭、瑞安
出口类	液压制动盘、起动电机、传动轴、球笼、拉直、木制方向盘等	美国、法国、意大利、中国台湾、东南亚等国家和地区	

　　玉环之外，杭州的萧山，宁波的北仑、慈溪、余姚、象山，温州的瑞安，台州的路桥、黄岩、温岭，金华市区和永康等地，都形成了汽车及零部件生产的集群经济，并成为支撑当地经济发展的主要产业。但这些各地区的产业集群之间并不存在如玉环汽摩配产业集群内部那样的本地化网络联系，主要是在产品上形成专业化分工，如温州瑞安市，汽车零部件企业共 1 200 余家，滤清器、换向器在国内外市场有较高的知名度，而玉环的特点是液压制动盘、起动电机、传动轴、球笼、拉直、木制方向盘等产品。这种近距离的产业分工从区域的层面看存在集聚效应，因为可以减少整车企业的搜寻成本，存在市场共享的效应。

　　汽摩配的产品主要是给整车厂进行配套，而我国整车厂主要集中在城市群地区和大城市，因此，城市群成为玉环汽摩配集群的主要配套供给区域，不仅是长三角城市群，事实上更大的市场区域分布在长三角城市群以外的城市群地区或大城市。如已有 1/4 的汽车配件企业与包括一汽、二汽、上汽、东汽、重汽等知名度较高的汽车厂建立了稳定的配套生产关系，并在全国汽车配件维修市场上占有一席之地。多数摩托车配件生产企业已与全国十大摩托车整车生产企业建立了紧密的配套关系，并在全国摩托车配件维修市场上占据重要地位。

摩托车配件由于浙江省内摩托车整车生产较为发达，这样看来玉环与周边的台州、温岭、温州、金华等地联系密切。但这种联系与产业集群本地化的联系在性质上有着根本区别，属市场间联系。事实上，玉环的本岛与半岛之间就不存在本地化的网络联系，更不用说温岭了。换言之，即使温岭、台州没有在汽摩产业上形成气候，玉环的汽摩配产业集群一样存在市场。

第四节　城市中心城区—周边乡镇中的多中心形成机制

一、苏州市域——以乡镇和工业用地增长为主导

以苏州市域建设用地的总量变化情况为例进行分析，根据 1986～2004 年卫星遥感图进行判断：苏州市域的城镇两级城市建设用地总面积已从 1986 年的 134.33 平方千米，增长至 2004 年的 1 223.85 平方千米（未包括在遥感影像里已经呈现高反射区域的城市建设信息，即正在建设之中的建设用地）（图 4-2）。从近 20 年来市域城镇两级城市建设用地总面积的变化情况来看，2000 年以后，用地扩张进入飞速增长期，尤其是 2003 年与 2004 年，较前一年分别增加 337.02 平方千米与 229.56 平方千米，增长势头惊人（图 4-3）。

从各县市建设用地的发展变化情况来看，苏州市区增长总量最高，达到了 401.25 平方千米，占全市用地增长量的 36.8%，其次是昆山市，增长量为 214.4 平方千米，张家港市和常熟市紧随其后，分别为 148.5 和 146.2 平方千米（图 4-4）。

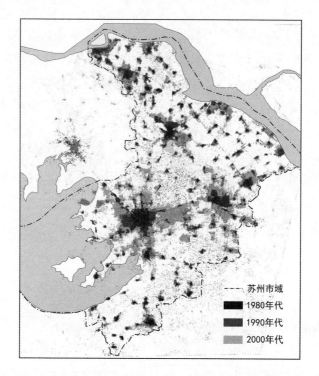

图 4-2　1986～2006 年苏州市域城镇两级建设用地扩展（遥感）

资料来源：中国城市规划设计研究院：《苏州市总体规划（2007～2020）》。

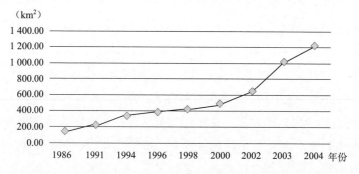

图 4-3　1986～2004 年苏州城镇两级城市建设用地总面积变化

资料来源：中国城市规划设计研究院：《苏州市总体规划（2007～2020）》。

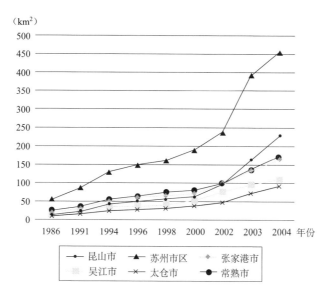

图 4-4　1986～2004 年苏州各县市城镇两级城市建设用地总面积变化

资料来源：中国城市规划设计研究院：《苏州市总体规划（2007～2020）》。

1. 乡镇的城市建设用地增长是空间拓展的主要力量

苏州城市建设用地中乡镇的城市建设用地从 1986 年的 68.18 平方千米增长到 2004 年的 788.05 平方千米（图 4-5），从占同期城市建设用地总量的 50%提

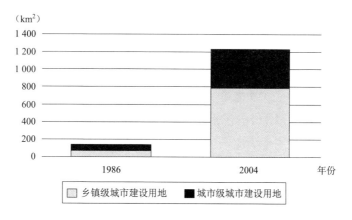

图 4-5　1986 年、2004 年苏州各县市建设用地

升到占同期城市建设用地总量的 64%，用地增长面积为 719.87 平方千米，占这 18 年间苏州城市建设用地增长面积的 66.1%。可见，苏州市乡镇的城市建设用地扩展速度非常快，是市域用地增长十分重要的力量。

2. 工业用地是主要的增长功能类型

根据《江苏省城市建设统计年报》，苏州市域内城市级建设用地面积从 1996 年的 170.7 平方千米增加到 2006 年的 475 平方千米，十年时间增加了 300 多平方千米。这其中苏州市区增加了 128.4 平方千米，占全部新增建设用地的 42.2%，其次是吴江市，新增面积为 56.7 平方千米，然后是张家港市，新增面积 44.6 平方千米（图 4-6）。

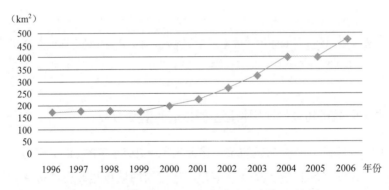

图 4-6　1996～2006 年苏州市域城市建设用地面积

注：包括苏州市区、常熟市、张家港市、昆山市、太仓市和吴江市的城市建设用地面积。

资料来源：1996～2006 年度《江苏省城市建设统计年报》。

按照城市建设用地的功能进一步分析，1996～2006 年，居住用地增加 81.7 平方千米，工业用地增加 103.3 平方千米，公共设施用地增加 23.1 平方千米。居住用地占总体建设用地的比例基本保持稳定（图 4-7），而工业用地的比重从 25% 到 31%，增长了 6 个百分点，工业用地是苏州市域城市级建设用地增长最为突出的力量。

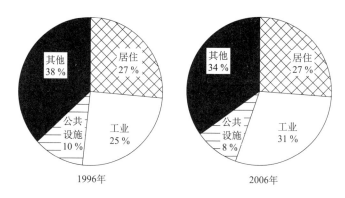

图 4-7　1996 年、2006 年苏州市域城市建设用地类型比例对比

二、宁海西店镇——家庭作坊到中小企业发展拉动的基层单元

1. 中小型地方企业网络的特征与形成机制

西店镇目前的产业发展已经形成了家电用品、文教用品、汽车零部件、金属制品、模具生产等特色行业，本地企业大部分都是由当地人自发创立的私营企业，以中小企业为主，还有大量的家庭小作坊，形成了联系紧密的地方企业网络。

（1）模具产业链

以模具产业链为例，本地规模以上的模具企业不多，主要有双林模具、建欣模具和震裕模具等，还有不少小规模的模具企业，而更多的是依赖这些模具成品企业发展起来的模具加工小作坊。在西店，模具成品企业—模具加工小作坊这种企业集群组织模式已经形成一定的规模。

模具成品企业将部分加工流程工序，例如磨床、铣床、线切割等，分包给众多加工小作坊，这些小作坊往往都是一两个人的小店，专门针对某项工序进行加工服务。这些小作坊与成品企业之间的联系主要基于本地化的关系网络，即以亲戚朋友关系为主的基本人际联系。从市场服务对象来看，加工作坊往往服务于多个成品企业，这样才能保证有相对充裕的业务量。这些小作坊的起步投资较低，需要购置一定的设备，价格在几千到几万元不等，往往是租赁村子里的房子，面积一般是十几到二十几平方米，成本较低，年租金 5 000 元左右，会形成一定的集聚效应，例如西店村的模具加工一条街，这样可以降低成品企业的交易成本。这些加工作坊的经营往往有一定的不稳定性，有单子就做，没单子就可能停工，与当地规模企业的发展形势紧密相关。

模具成品企业主要还是分布在镇上的工业园区，也有部分在村子里，占地面积较大，设备要求较高，固定投资较多。例如建欣精密模具，占地面积 6 亩，由欧洲进口的大型设备，部分制造过程中关键材料是从澳门进口，由上海总代理商批入，市场开拓主要依赖业务经理，模具产品主要的市场范围还是在国内，只有少部分出口。建欣模具的市场在广东，美的公司是主要的买家。

模具产业属于技术密集型行业，因此，技术的扩散是推动企业发展的重要因素。依赖于技术的"分化"是模具企业发展的一种重要形式。例如，建欣模具就是由原来双林模具公司的人员分化出来的，这些人员掌握有模具的相关技术和大公司的管理方法，再进口了新的技术和设备，很快就发展起了新的企业。双林模具公司作为西店镇模具行业的龙头企业，可以说是许多新的模具企业的孵化器，从双林中如细胞分裂一般分化出了不少新的小企业。另外，从双林模具的职业技术学校毕业的学生很多成为家庭小作坊的加工者，这些基层的创业者往往以本地人为主，这些家庭小作坊中有一些将会突破单纯为别人加工的性质，逐步发展成为新的正规企业。

在外部市场的驱动下，早期的模具企业成长起来，发展成为今天的龙头企业。在发展的过程中，一是有分化作用，技术、人员不断扩散；二是有模仿效应，又形成了众多新的模具企业，这些企业的加工环节继续扩散，分包给了多个家庭加工小作坊。这样，一个具有地方特色、根植于本地社会网络的技术型产业集群就形成了，并且还在不断地演化更替中，成为城镇空间扩张的内在动力机制和演化逻辑。

（2）电子电器产业链

电子电器行业是西店镇的第一大产业，2008 年电子电器行业产值占全部工业总产值的 50%，其中手电筒是西店镇电子电器行业中非常具有特色的产品。手电筒行业在西店镇已经形成包括 LED 灯头、铝制外壳、电筒开关等零配件以及手电筒成品等一系列产业链。

西店镇是国内最大的镇级手电筒生产基地。一开始主要的产品是塑料手电筒，工艺十分简单，涌现出许多互相模仿的小企业，产品技术含量、附加值较低。转机源于西店鸿福电器铝塑有限公司采用 LED（发光二极管）技术的推广，开始制造铝合金手电筒，取代过去的塑料手电筒，这一产品升级提升了西店手电筒行业的技术含量和附加值。但总的来说，西店的手电筒行业基本属于劳动密集型产业，固定投资较少，起步简单，适合个体户们创业，也比较容易模仿，因此，西店镇的手电筒企业非常多，大到规模以上企业，小到家庭作坊，都能制造出手电筒的成品，而相应的配套企业，例如铝制外壳加工制作、电筒开关制造、LED 灯泡等零配件供应商也纷纷发展起来。

本地能够满足手电筒成品企业大部分零配件的供应需求，但是 LED 灯泡这类核心部件往往要从外地购买。整个宁海也就两家 LED 灯泡厂，而他们的关键芯片也是从中国台湾、美国进口。国内其他城市如深圳生产的 LED 芯片的电压稳定性较差，而本地 LED 灯泡厂发展所需要的其他原料和信息主要依赖于珠三角的广州、深圳等城市，通过各类展览会与私人关系获取信息和原料来源。

手电筒企业的销售市场主要在国外，属于出口外贸行业。外贸公司是主要的出口依托，阿里巴巴网站得到了许多企业的运用，义乌小商品市场也是寻找商机的重要平台，外贸运输一般走宁波港口水运。

在外贸出口的市场拉动下，投资少、技术简单的手电筒行业迅速在西店镇发展起来，而且形成大规模的模仿效应，一时间出现了大量的企业，这是本镇工业用地扩张的重要动力来源。手电筒企业竞争激烈，利润微薄，由于技术的升级，这一情况得到改善。在手电筒成品的主导下，大量的相关零配件企业也发展了起来。然而，技术升级的关键部件 LED 灯泡主要依赖于外地供给，这提高了本地企业的发展成本。

2. 西店镇产业空间组织和用地拓展

（1）本地工业发展拉动镇级基层单元的用地拓展

在自然村落发展的基础上，本地工业的发展是小城镇基层单元用地扩张最重要的动力。在西店镇可以看到，过去的多个自然村落连绵在了一起，在居住用地扩张的同时，外围沿着道路的两侧发展出了大量工业用地以及部分新生的公共设施用地，形成功能交错无序的镇区用地空间。

西店镇的产业空间主要分为三种类型：一是镇区新建的工业园区；二是围绕原来村落周边发展起来的村级工业用地；三是与居住混合在一起的家庭小作坊。这三种产业空间形式既反映了本地工业发展的不同阶段，同时它们又是并生共存的，镇级工业园区发展和村级工业扩张依旧在同步进行，"村村点火"的生产方式在今天的西店镇依然延续，许多村庄单元都有工业用地正在扩张。而家庭小作坊作为低成本的企业孵化器，至今依然有很强的生命力。

随着本地工业的发展，大量的外来人口进入西店镇，这就意味着西店需要为这些人口提供在此生活的空间。外来人口主要的居住形式是租房，这又有两种类型：一种是租住在本地村民过去的老房子里，本地村民则在原来村庄的外围建设了新的房屋；另外一种是租住在为打工者专门建设的宿舍楼当中。

（2）产业空间的功能组织

这里面包括两个方面的内容：第一是产业空间之间的功能关系；第二是产业空间与生活空间之间的关系。

首先观察产业空间本身。之前在谈到本地工业产业链的发展中说道，"分化"与"模仿"是本地工业发展重要的两种机制，因此，从产业空间发展扩张上来看，这些新增的工业用地中大部分是相似或者相关的电器、模具、文具等企业。

从产业空间的分布上来看，家庭小作坊散布于各个旧村落的用地当中；村级工业围绕着各个村落的外围或者一些主要的道路周边发展；工业园区集中分布在镇区西侧规划的工业用地中。这三类空间反映了本地不少企业发展的跃迁途径。先是与住宅结合做点简易的小加工，伴随生产的发展，而后与村集体签约，正式开辟一块专门的工业用地，有一些发展较好较大的企业就进入镇里的工业园区。因此，家庭小作坊这种产业空间形式的低成本、易进入的特点在创业激情活跃的西店镇有着很强的生命力。

分包机制的存在也是三类产业空间并存的一个重要原因。承担本地周边成型企业的部分业务环节，即所谓的"分包"是一部分家庭小作坊存在的基础。因此，尽管村里、镇里开辟了不少相对集中的工业用地，为发展较为成熟的企业提供生存空间，而随着成型企业的发展，为更多的家庭小作坊和其他一些小企业提供了更大的市场空间，家庭小作坊依然源源不断地在村落的居住空间中生长演替。

集聚效应也在西店的产业空间发展中有所体现。例如，西店村的模具加工一条街，通过集聚降低了周边模具企业的搜索成本，集聚效应在分包型企业空间的分布中体现得较为明显，而在那些以外贸为主的企业中，就近的集聚没有太大意义。

其次是对于产业空间与生活空间之间联系的观察。家庭小作坊的居住形式主要有三种：一是房主本人在一楼开店，住在楼上；二是房主已经出去住了，店主老板在一楼开店，楼上老板租住；三是房主出去住了，店主老板在一楼开店，楼上是外来民工租住，老板是附近村子里的人，下班就回去了。

对于村工业和园区工业而言，工人主要是在周边的村落租房子住，相对来说，一些提供了针对外来人口的公共设施例如樟树小学的地区对于部分工人的吸引力更大。

很多旧村落的人口已经更新，有大量的外来人口租住以及外来小老板开作坊，本村的人口大部分已经出去到周边的地区盖有新房，他们对于建设城市型的新的居住环境具有很大的需求。

（3）产业空间未来的发展

成品企业集中后，对于加工和零部件家庭小作坊来说，如果能够提供一个相对低成本的空间，小作坊还是有可能进入的。

部分成长起来的家庭作坊有搬迁至工业园区的强烈需求，但是镇上有10亩以上可以开始拿地的规定，而这些企业往往只需要三四亩土地。

本镇的人有比较强的土地占有欲，有能力搬迁至园区的企业都想买土地，对于标准厂房出租没有兴趣，部分企业在外围村庄园区跟村集体已经买了五六亩地，未来打算搬迁过去。而一些比较小的作坊，对于标准厂房出租表示价格合适的话也可以考虑。

不愿意搬去园区的作坊提出的原因包括担心租金太贵、园区过于冷清、老客户不方便找位置等，还有一个重要原因是认为难以寻找务工人员。基于很多小作坊的生产方式是订单式的，有淡季和旺季之别，订单一来需要立刻找很多工人，村子里住了很多人，找起来方便。

"跟着孩子住"的生活方式在外来民工中已经占有一定的分量，随着外来民工第二代的成长，教育设施成为外来民工租住房屋的重要吸引源。

随着本地居民收入的提高，对于新城镇建设的渴望需要落实。西店镇未来将实现从县城下的小城镇向宁波市的卫星城转化。

第五节　主城区—新城区中的多中心形成机制

一、北仑西片区——宁波大都市向滨海工业开发区的扩张

1. 工业开发区建设启动时的城市空间扩张

北仑西片区位于奉化江—甬江—宁波城市发展轴线和沿海岸线交汇构成的"T"形结构的节点地区，本是城市发展的边缘地带，多个自然聚落散布。1984年，宁波列为全国对外开放的 14 个沿海城市之一。同年 10 月，宁波经济技术开发区依托小港镇兴建，这是中国建区最早的国家级开发区之一。

宁波港由内河港—河口港—海港的转变，提升了这一地区的航运能力和区位条件，临近港口地区的工业迅速地发展起来。1992 年，原宁波经济技术开发区与北仑港工业区重点开发区域合并，统称宁波经济技术开发区，目前位于西片区的联合开发、青峙工业区和江南工贸区都是宁波经济技术开发区的组成部分。

根据 1999 年版的宁波总规，西片区重点发展为重化工业配套的中小型工业及配套的生活设施，而实际上，西片区并没有按照为重化工配套的方向发展产业，而是形成了大量的中小型加工制造业，包括纺织、文具、机械等行业，并在沿海岸线的青峙工业区发展有造纸、重工等临海工业。

这一阶段以工业区发展为依托的扩张方式十分粗放，工业用地占据了新增建设用地的绝大部分，2000 年以来新增工业用地占全部供地的 70%，居住用地占 21%，而其他用地只占到 9%，工业经济和建设的发展势头非常强劲。

2. 边缘区工业增长空间的功能组织

随着工业区的扩张，过去散点状的自然聚落形态发生了改变，不断增长的工业区融并了多个乡镇和农村居民点，在传统乡镇的基础上进行了区划和功能的整合，建立起以红联和原小港镇址为中心的新的城镇建成区。

工业的发展创造了大量的就业岗位，吸引了众多外来人口进入本地工作生活。从 2006 年的数据来看，小港街道外来人口为 45 482 人，被红联等城镇社区吸纳的仅有 8.4%，大部分分布在各村级单位；而戚家山街道外来人口为 27 277人，被渡头、蔚斗、东升等城镇社区吸纳的高达 68.9%。总的算下来西片区已建成的城镇社区对于外来人口的吸纳能力为 31.1%，2/3 以上的外来人口分布在与城镇建成区相邻的农村地区或工业用地中的城中村当中，这些边缘性用地解决了外来打工人员的居住生活需求。而一些中高层职员由于本地生活环境较差，选择居住在宁波主城区，通勤上下班。

从 20 世纪 80 年代开始，尤其是 90 年代末期以来，这种以工业开发区为主导的空间拓展模式在我国城市的发展历程中十分普遍。跳出主城区设置新的工业区，工业用地迅速粗放增长，将多个乡镇和农村居民点纳入其中，逐步向城市型地区转变。这一时期，我国有巨额人口红利可供消耗，农民工大量进入工业区打工，他们主要是为了务工赚钱，然后回乡生活，普遍不打算在务工地长期居住，因此，在务工期间要求生活成本尽可能低，对于生活质量要求也较低。这一时期由于工业产业的低端化和工业大部分就业人口对于城市生活的游离状态，工业区+城中村或周边农村地区这种工业功能与居住功能结合的空间组织模式普遍的出现，城市群内部大量蔓延的斑块有很大一部分就是由这种基本的功能组合所构成（图 4-8）。

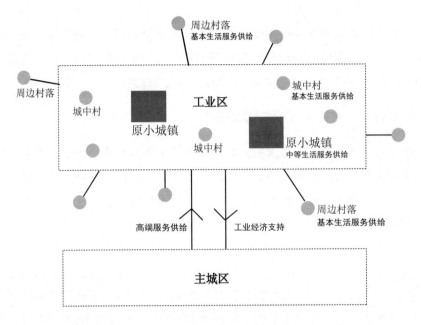

图 4-8　北仑西片区的空间功能组织模式

3. 新的发展阶段的空间演替

（1）产业转型的压力

长三角城市群地区在前一阶段通过工业产业大规模扩张，创造基础发展动力，实现原始资本积累，拉动区域经济发展，北仑西片区正是众多工业的空间载体之一。

中国经历了 40 年的改革开放，已经深度参与到了全球的物质与资本交换网络当中，以低成本取胜的粗放的经济发展模式也差不多走到了尽头，人口红利期也即将结束，中国的发展已经进入关键阶段，是走入优势耗尽后的衰退？还是重新组织起竞争优势，迈入新的发展阶段？是否能够推进产业升级，促使经济发展模式转型成了今后发展的关键点。

2008 年上半年，受到金融危机的影响，北仑西片区服装鞋帽行业亏损面达到 57%，纺织业亏损面为 30%，文教体育用品行业亏损面为 33%，金属制品业亏损面为 33%，通用设备制造业亏损面为 16.7%，主要集中在西片区的传统产业中。国内外环境的变迁给西片区的出口加工业带来了很大的影响。而在危机的冲击下，塑料机械等专业设备制造、电气机械、交通运输设备制造、化工等行业表现优良。总而言之，在新的形势下，西片区传统产业的发展面临困境，地方环境污染问题日益突出，产业转型迫在眉睫。

城市群地区是中国经济发展的前沿阵地，无疑也将成为这一轮产业转型的先锋地区。

（2）社会群体的演化

近年来出现的"民工荒"、珠三角各类群体性事件等现象反映了今天的工人群体已经发生深刻的转变，新一代的农民工与早期的农民工不同，挣钱返乡已经不再是主要的目标，越来越多的人渴望居住在城市里，追求更好的生活。某种意义上来说，中国新一代的产业工人群体正在逐步形成，与他们半工半农的前辈们不同，与过去国有企业工人也不同，他们希望在城市落地生根，但又不像国企工人那样能够享受与工作配套的稳定的生活环境。他们与城市的发展联系密切，在城市中寻找工作机遇的同时，也希望从城市中能够获得较好的生活服务。这意味着过去工业区工作+城中村租住的生活方式已经不能完全满足未来工人群体的生活诉求了。随着产业结构的调整，低工资低成本模式的转变，工人自身素质和议价能力的提高，工业区目前的空间功能组织模式将逐步转型，城市需要提供更加稳定、健康的居住环境以吸纳新的社会群体，城市群的空间演替和扩展在居住模式方面将会增添更多内涵。

（3）空间区位价值的变化

在城市发展的早期，北仑西片区属于城市的边缘农村地带，由于北仑港口的开发和工业区的建设，逐步纳入到城市发展的功能板块中，成为城市发展重要的工业区块。在城市群的发展当中，有大量这种过去的边缘地区由于城市空间的拓展、交通条件的改善等原因成为城市发展的重要部分，并且在新的城市群空间形态与结构当中发展出新的区位意义。

目前，北仑西片区是宁波主城沿江发展轴与沿海产业带交叉的节点，既是宁波市沿甬江向出海口延伸，发展为海港城市的桥头堡地区，亦是北仑区紧邻中心城、对接镇海区联动发展的先锋地区，在新的城市空间形态中，西片区在交通区位、滨水城市景观形象等方面有了新的价值。随着产业结构调整的推动，临近主城的江南工贸区等应放弃低水平的工业扩张，更多地考虑生产服务、高品质居住等新的功能进入，西片区要从一个功能相对单一的工业区块发展成为一个具有良好生活品质的综合型城市功能区块，这是未来发展的重要趋势。而工业依然是本地区发展的重要职能，因此，企业类型的转变、用地效率的提高、生态环境的治理，城中村的整治，将是未来发展必须完成的任务。

城市群中有许多早期的工业区块都进入到向综合型城市地区转变的新阶段（表4-2）。

表4-2　北仑西片区发展的动力机制和功能组织

空间增长的动力起源	增长动力的构成主体	与周边地区的空间关系	内部功能组织模式	现状功能定位	未来发展定位
国家级经济技术开发区的设置，北仑港的发展	造纸、造船等临港型工业与纺织服装、文具、机械设备等出口加工业，以本地企业为主，部分外来投资	宁波主城区往滨海地区发展的飞地	工业开发区+城中村和周边农村地区	宁波市的滨海工业功能区块	滨海综合城市地区+特色工业基地

二、苏州工业园区——从工业开发区到城市 CBD

1. 中新合作工业园区建设启动的城市空间扩张

1994年2月11日，国务院下达《开发建设苏州工业园区有关问题的批复》。同年2月26日，在李鹏总理和吴作栋总理的见证下，李岚清副总理和李光耀国务资政分别代表中新两国政府在北京签署了合作开发建设苏州工业园区的协议。同年5月12日，苏州工业园区破土启动。

苏州工业园区位于苏州古城东侧，处于苏州市对接上海的前沿地带。在未设置园区之前，这里已经有数百家苏南模式发展起来的乡镇企业，以传统的纺织、服装、机械等为主。园区成立后，作为中国和新加坡两国合作的平台，园区的政策环境平台和基础设施建设都非常优越，引进的企业也相对高端，以欧美外来投资企业为主，部分台资日资企业，截至2008年6月底，吸引包括77

家世界500强跨国公司在内的外商投资企业3 299家,累计实现合同外资约339.6亿美元、内资1 295.7亿元,包括IT、IC、汽车及航空零部件、软件外包、装备制造、光伏等行业。

苏州工业园区从建设之初就不是规划为纯粹的工业区块,生活服务和生产服务的发展也有相当规模,目前已经引进了沃尔玛、崇光百货、家乐福、欧尚、百安居、世纪联华等 10 多个知名商业品牌;吸引了美国普罗斯、日本近铁等20 多家国际物流公司入驻;引进了香港汇丰、东亚银行、英国渣打、新加坡星展等 20 多家中外资银行;集聚了普华永道、德勤会计师事务所等 30 多家知名专业机构,形成了一个中央商贸区和多个生活服务中心。

纵观苏州工业园区的发展历程,从 1994 年建园开始,城市建设用地就处于较快的增长当中,2000 年以后进入高速扩张时期,尤其是 2003 年,城市建设用地翻了一倍,2004 年已经达到 118.702 平方千米[①]（图 4-9）。

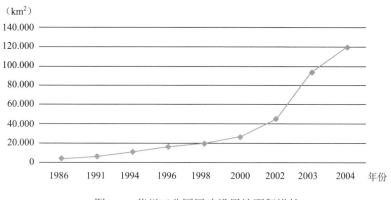

图 4-9　苏州工业园区建设用地面积增长

通过对苏州工业园区企业集聚过程的研究发现（图 0-27）,2000 年以前主要位于市区周边沿路发展;空间填满后迅速扩散至胜浦、唯亭等镇,空间利用十分粗放。

通过对企业的调查表明,企业选择苏州工业园区集聚发展的因素包括政府

① 数据来源于2007～2020 年苏州总体规划遥感专题报告。

服务水平、区位、供应链、交通物流、市场、专业人力资源、园区环境以及文化认同等多方面。其中，政府的优惠政策和服务环境是吸引外资经济发展的最重要因素之一。这种优惠政策和品牌效应由最初的新加坡工业园区逐步扩散至周边娄葑、胜浦、唯亭等镇。市场竞争下，苏州新区、昆山等地在招商引资的积极性和政策优惠力度上也有过之而无不及，这种发展模式甚至扩散到南京。另外，国有经济和苏南模式所积累下来的工业基础是苏州民营经济发展的基石，同时也为外资经济的发展提供了良好的配套和专业化人力资源。

苏州工业园区的政策优势逐渐扩散，空间增长集中在周边乡镇。

2. 园区空间的功能组织

目前苏州工业园区由中新合作区和外围三个乡镇共同组成，现状还是以工业用地为主，金鸡湖一带有较大规模的生活和公共服务用地，乡镇的发展已经基本融入工业园区城市建设的整体框架中。

园区的生活服务并不完全依赖于苏州主城区，园区打造了自己的综合服务中心，高品质的房地产商品开发和生活服务业也发展成一定规模。由于园区的城市建设已经基本拉开框架，城中村已经相对比较少见，取而代之的是边缘地段大量的农民回迁房小区，这些回迁房的出租为园区打工者提供了中低端的居住供给。

另外，顺应产业的发展、工作者的需要，园区还出现了其他形态的居住供给方式，通过由镇政府直属的集体所有制公司或是失地农民组织经济合作社等形式，建立面向企业出租的打工楼。这些打工楼在户型、设施等方面也存在不同，面向多样化、不同收入层次的工作人群，既有满足普通制造业、服务业打工者基本需求的出租打工楼，也有优先考虑高新技术产业和现代服务业工作人员的优租打工楼。

3. 新的发展阶段的空间演替

随着产业转型的推进和地方发展的需求，苏州工业园区的发展越来越综合化：一方面，制造业的升级势在必行；另一方面，现代服务业将更多地向本地空间集聚，生活服务的规模和层次将更为丰富完善。工业园区与周边城镇进一步融合，形成苏州的东部新城，打造苏州的中央商务区，工业园区将不仅成为苏州市新兴的综合型现代化城市地区，也是长三角城市群中沪宁发展轴线上十分重要的现代服务业与先进制造业功能区块。

　　在这样的发展方向以及现有的用地条件限制下，大规模建设用地扩张引导的发展方式将逐步结束，现状用地空间将进一步内涵化发展，工业用地的更新、道路交通系统的改善、生态绿地系统的建设等，都将成为未来空间建设的重点内容（表4-3）。

表4-3　苏州工业园区生长的动力机制和空间特征

空间增长的动力起源	增长动力的构成主体	与周边地区的空间关系	内部功能组织模式	现状功能定位	未来发展定位
中新合作工业园区的政策苏州古城保护的要求	以欧美外来投资为主，部分台资日资，包括IT、IC、机械零部件、软件外包等，部分民营企业包括纺织服装、机械电子以及中心地区服务业发展	紧邻苏州主城区，往东向上海方向发展，部分企业为上海总部+园区制造基地模式	工业区+中心商贸区+房地产开发+动迁小区与打工楼出租	苏州市的先进制造业基地，新兴城市地区	苏州市的现代化综合新城、中央商务区、先进制造业基地

第六节　总结

　　不同层面上的边缘地带这种优势城镇的不断涌现，正是形成城市群多中心发展结构的空间机理。这些地区的增长动力可能来源于其相对核心地区的功能扩散，例如北仑西片区之于宁波市区，昆山花桥镇之于上海市；或者可能与其相对核心地区功能关联不大，而是来自于更为广大的市场，例如宁波西店镇、玉环、义乌（表0-17）。

　　这些相对边缘地区在分散化的力量下不断增长，部分地区在完善自身城镇功能的过程中可能逐步发展成为新的功能中心，从而形成更加完善的城市群多中心空间形态。城市群中不同层级的"核心—边缘"地区向不同尺度和能级的多中心方向转化，并形成新的"核心—边缘"关系（表0-17）。

　　根据案例研究的多样化机制，可以将城市群的空间演化过程归纳为四个阶段：第一阶段为集聚发展阶段，这个时期各种功能均主要向中心城市集聚，其他城镇的发展机会十分有限，只是提供最基本的服务功能，城市节点之间也是孤立发展的，相互关联性不强；第二阶段是分散初期阶段，这个时期市场需求开始启动，中心城市周边的部分节点以及部分条件较好的边缘节点开始承接市场扩张带来的功能集聚，但这些边缘节点此时集聚的功能仍相对单一，城市服务功能仍要依赖于中心城市，通勤开始产生，都市区逐步形成；第三阶段是多中心形成阶段，这个时期市场需求爆发性增长，部分专业化功能向边缘节点集聚的过程全面展开，部分率先发展起来的节点功能逐步完善，转变成为新的具有吸引力的中心节点，多中心的空间形态基本形成；第四阶段是多中心完善阶段，原来的那些边缘节点城市功能更加综合、完善，形成多中心的、分工明确的网络体系，城市群空间也趋于一体化发展（图0-28）。

第五章　基于微观动态的城市群网络结构演化模拟

第一节　城市群网络结构动态模型框架

一、Dixit-Stigliz 不完全竞争空间经济结构模型[①]

在对城市群网络结构动态演化研究中采用的模型是基于 Dixit-Stigliz 不完全竞争空间经济结构模型的基本思想。这个模型描述了一个不完全竞争条件下的市场空间结构。模型假设社会经济系统只存在两个部门，即农业部门和制造业部门。其中，农业部门是完全竞争的，并且所有的农民都生产同种产品。制造业部门或城市部门是不完全竞争的，且各城市生产的产品不同，但具有某种程度的可替代性。在系统中，所有的人既是生产者，也是消费者。假设产品的种类非常多，且认为是连续的。

1. 单一城市部门的消费者行为

现实经济系统中城市内存在多个经济部门，为模型分析的有效性，首先分析一种简单的情况，即假设城市内只存在一个生产部门。假设所有的消费者都

① Fujita, M., P. Krugman, A. J. Venables. *The Spatial Economy: Cities, Regions and International Trade*. The MIT Press, Cambridge, Massachusetts, London, England, 1999.

有同样的消费偏好，则一个地区消费的总效用函数用柯布—道格拉斯效用函数表示为：

$$U = M^{\mu} A^{1-\mu} \tag{1}$$

其中，U 为消费的总效用；M 为一个混合量，反映城市产品消费的总体水平；A 为农产品的消费量；μ 表示制造业产品在总支出中的份额。M 由所有城市产品的消费量决定，若城市产品的数量范围为 n，由于产品种类假设是连续的，可以用 CES（等替代弹性）函数来定义。

$$M = \left[\int_0^n m(i)^{\rho} di \right]^{1/\rho}, 0 < \rho < 1 \tag{2}$$

其中，$m(i)$ 为第 i 种产品的消费量。ρ 表示对多品种消费的偏好程度，ρ 越大，说明居民可以有多种选择；ρ 越小，说明居民的选择越少，其某种偏好不可替代，行业的垄断性较大，一般说来，行业的等级也较高。根据 CES 函数的性质，$\sigma = \dfrac{1}{1-\rho}$ 为不同产品之间的替代弹性，所谓等替代弹性，即替代弹性为一常数 σ。则消费者的效用最大化问题为：

$$\max U = M^{\mu} A^{1-\mu}$$
$$s.t. p^A A + \int_0^n p(i) m(i) di = Y \tag{3}$$

其中，p^A、$p(i)$ 分别为农产品和第 i 种城市产品的价格；Y 为可支配收入。这一问题可分两步进行求解。

第一步，在城市产品消费一定的情况下，使得消费支出最小化，即：

$$\min \int_0^n p(i) m(i) di$$
$$s.t. \left[\int_0^n m(i)^{\rho} di \right]^{1/\rho} = M \tag{4}$$

由一阶条件，即两种产品的边际替代率之比等于价格之比：

$$\frac{m(i)^{\rho-1}}{m(j)^{\rho-1}} = \frac{p(i)}{p(j)} \tag{5}$$

在给定第 j 种产品的消费量 $m(j)$ 的情况下，根据 $m(i) = m(j)[p(i)/p(j)]^{\frac{1}{\rho-1}}$，代入（2）式即得到每种城市产品的消费量为：

$$m(j) = \frac{p(j)^{1/(\rho-1)}}{\left[\int_0^n p(i)^{\rho/(\rho-1)} di\right]^{1/\rho}} M \tag{6}$$

则地区消费的最小支出为：

$$\int_0^n p(j)m(j)dj = \left[\int_0^n p(i)^{\rho/(\rho-1)} di\right]^{(\rho-1)/\rho} M \tag{7}$$

从上式可以看出：

$$G = \left[\int_0^n p(i)^{\rho/(\rho-1)} di\right]^{(\rho-1)/\rho} = \left[\int_0^n p(i)^{1-\sigma} di\right]^{1/(1-\sigma)} \tag{8}$$

该项与城市产品的总消费量相乘等于支出，则 G 即为该地区所有城市产品的价格指数（price index），反映了购买一单位城市产品组合的最小支出。显然，G 只和城市内各种产品的价格以及这些产品的替代弹性有关，与城市产品的消费总量 M 无关。

第二步，在城市产品的价格指数得到的情况下，所有的城市产品就相当于一个组合产品，余下的问题就是在预算约束下，消费两种产品的效用最大化问题。于是，（3）式转化为：

$$\begin{aligned}
&\max U = M^\mu A^{1-\mu} \\
&s.t. \, p^A A + GM = Y
\end{aligned} \tag{9}$$

由一阶条件，可以得到：

$$A = (1-\mu)\frac{Y}{p^A} \tag{10}$$

$$M = \mu \frac{Y}{G}$$

代入式（6）得到：

$$m(j) = \mu \frac{Y}{G} \left(\frac{p(j)}{G} \right)^{-\sigma} = \mu Y \frac{p(j)^{-\sigma}}{G^{1-\sigma}}, \forall j \in (0, n) \tag{11}$$

则最大化效用可以表示为价格（价格指数）的函数：

$$U^* = \mu^{\mu}(1-\mu)^{1-\mu} Y G^{-\mu} (p^A)^{-(1-\mu)} \tag{12}$$

其中，$G^{-\mu}(p^A)^{-(1-\mu)}$ 反映一个地区的生活物价指数。在物价相对较低的情况下，显然可以获得较大的效用。另外，城市产品的价格指数 G 与城市产品的数量有关。自然地，进入市场竞争的产品数量越多，其价格越低，这在假定所有产品的价格都为 p^M 时可以很明显地看出。

2. 单一城市部门的多地区模型

对于区域空间结构的研究关键是要对多区位之间的相互作用建立适当的经济模型。在多区位的情况下，引入交通运输成本因子是核心要素，这也是符合空间经济现象的。假定整个经济系统中存在有限个城市，数量为 R，在这个模型中假设这些区位是离散的。假设每种城市产品只能在一个地区生产。由于这里只考虑一个生产部门的情况，因此，可以假设在同一个城市内，所有不同产品的生产技术和产品价格都是相同的。假设在城市 r 有 n_r 种不同的产品，并且产品的出产价格（f.o.b price）为 p_r^M。这里强调的是出产价区别于到岸价，其中包含了交通运输成本。这里采用"冰山"消耗（iceberg form）表达运输成本。所谓"冰山"形式的运输成本，即在 r 地生产的 1 单位产品，到达消费地 s 时，就像冰块融化一样，只有 $1/T_{sr}^M$ 的部分到达，"融化"掉的部分就是运输成本。则 r 地生产的产品输出到 s 地的到岸价（c.i.f price）为：

$$p_{rs}^M = p_r^M T_{rs}^M \tag{13}$$

事实上，一个城市消费的产品不仅是该城市自身厂商生产的产品，还包括所有其他城市生产并输入到该地的产品，该城市的价格指数也就反映了所有这些产品的价格综合水平。对于每个城市，单一生产部门的价格指数也不相同。假设每个城市 r 有 n_r 种不同的产品，并且产品的出产价格均为 p_r^M，则（8）式离散化得到消费地 s 的价格指数为：

$$G_s = \left[\sum_{r=1}^{R} n_r (p_r^M T_{rs}^M)^{1-\sigma} \right]^{1/(1-\sigma)}, s = 1, \cdots, R \qquad (14)$$

根据每种产品的消费量 $m(j) = \mu Y p(j)^{-\sigma} G^{\sigma-1}$，则消费地 s 的所有消费品中，来自城市 r 生产的某种产品的份额为：

$$q_{r \to s}^M = \mu Y_s (p_r^M T_{rs}^M)^{-\sigma} G_s^{\sigma-1} \qquad (15)$$

上式根据"冰山"规则，只是到达消费地的产量，而在城市 r 的实际生产量为上式的 T_{rs}^M 倍。由于在城市 r 生产的产品不仅是在当地消费，而且有一部分是输出到其他的所有地区，每一地区的消费量由式（15）得到，于是，城市 r 的某厂商的所有产量为：

$$q_r^M = \mu \sum_{s=1}^{R} Y_s (p_r^M T_{rs}^M)^{-\sigma} G_s^{\sigma-1} T_{rs}^M \qquad (16)$$

3. 单一城市部门的生产者行为

这里转入对经济系统生产一方的描述。首先是关于生产技术。假设农业生产采用的是完全竞争市场上的常规模报酬技术（constant-returns）。而城市产品的生产假设存在规模经济。这里不考虑范围经济和设立分公司的行为，并假定所有的厂商采用的生产技术都相同。生产的成本包括固定成本 F 和可变成本两部分。厂商生产需要的唯一要素就是劳动力，其边际成本为常数 c^M，在产量为 q^M 的情况下，其可变成本为 $c^M q^M$，则厂商投入的劳动力数量为：

$$l^M = F + c^M q^M \qquad (17)$$

其次是关于厂商的利润最大化。位于城市 r 的厂商，假定生产支付的名义工资率为 w_r^M，出厂价格为 p_r^M，则厂商的利润为：

$$\pi_r = p_r^M q_r^M - w_r^M (F + c^M q_r^M) \qquad (18)$$

其中，q_r^M 由式（16）决定。则由一阶条件，式（18）对 q_r^M 求偏导为零，可以得到：

$$p_r^M = c^M w_r^M / \rho \qquad (19)$$

假定厂商进入市场自由，则厂商的最大化利润为：

$$\pi_r = w_r^M \left(\frac{q_r^M c^M}{\sigma - 1} - F \right) \tag{20}$$

在市场均衡的情况下，所有厂商的最大化利润为零，这意味着市场均衡下每个厂商生产的产量为：

$$q^* = F(\sigma - 1) / c^M \tag{21}$$

以及相应的劳动力投入为：

$$l^* = F + c^M q^* = F\sigma \tag{22}$$

可以看出，q^* 和 l^* 都是常数，即对于所有地区所有的厂商，所生产的产品数量和所需的劳动力数量都一样，这是因为所有的厂商都采用相同的生产技术。若假设一个城市 r 的职工总数为 L_r^M，由于每种产品只能由一个城市的一个厂商生产，则市场上产品的数量就等于厂商的数量，则该城市厂商或产品的数量：

$$n_r = L_r^M / l^* = L_r^M / (F\sigma) \tag{23}$$

4. 单一城市部门均衡条件下的工资方程

在均衡条件下，厂商生产产品的数量为 q^*，由式（16）得到：

$$q^* = \mu \sum_{s=1}^{R} Y_s (p_r^M)^{-\sigma} (T_{rs}^M)^{1-\sigma} G_s^{\sigma-1}$$

并结合关于价格的式（19），得到在城市 r 的工资（实际为名义工资）方程为：

$$w_r^M = \left(\frac{\sigma - 1}{\sigma c^M} \right) \left[\frac{\mu}{q^*} \sum_{s=1}^{R} Y_s (T_{rs}^M)^{1-\sigma} G_s^{\sigma-1} \right]^{1/\sigma} \tag{24}$$

从式（24）可以看到，若市场区的可支配收入 Y_s 较大，即意味着市场很富有，则工资率较高；若城市 r 同市场区的通达性较好，即意味着 T_{rs}^M 较小，则工资率较高；若市场区的价格指数较高，说明进入这一市场区的厂商数量或产品数量较少，也就是说厂商面临的竞争较小，则工资率较高。这些都说明了一个同样的情况，即城市 r 接近于较大的市场或者本身就是一个较大的市场的情况下，则城市内的工资率会较高。这在现实城市经济的发展中是合乎逻辑的。

由于一个地区的生活物价水平指数为 $G_r^{-\mu}(p_r^A)^{-(1-\mu)}$，因此，城市 r 的工人所获得的式（24）给出的名义工资并非实际的报酬效应，而应当剔除当地的物价因素。可以用实际工资来表示 r 地职工的实际报酬：

$$\omega_r^M = w_r^M G_r^{-\mu}(p_r^A)^{-(1-\mu)} \tag{25}$$

5. 标准化与单一城市部门模型基本框架

在不影响各变量经济含义的基础上，对某些参数进行标准化。可以选取某一计量单位，使得城市生产部门的边际成本满足：

$$c^M = \rho = (\sigma - 1)/\sigma \tag{26}$$

分别代入式（19）和式（21），得到标准化后的产品出厂价格和产量：

$$p_r^M = w_r^M \tag{27}$$

$$q^* = F\sigma = l^* \tag{28}$$

式（27）说明劳动力价格与产品的出厂价格相同，式（28）说明 1 单位的产出需要 1 单位的劳动力来生产，两者结合起来则说明厂商的投入与产出相同，利润为零。

仍是通过选取某 1 计量单位，使得城市生产部门的固定成本：

$$F = \mu/\sigma \tag{29}$$

代入式（23）和式（28），得到厂商的数量和规模分别为：

$$n_r = L_r^M / \mu \tag{30}$$

$$q^* = l^* = \mu \tag{31}$$

根据以上的标准化等式，对于价格指数和工资方程则可以分别写为：

$$G_r = \left[\frac{1}{\mu} \sum_{s=1}^{R} L_s^M (w_s^M T_{sr}^M)^{1-\sigma} \right]^{1/(1-\sigma)} \tag{32}$$

$$w_r^M = \left[\sum_{s=1}^{R} Y_s (T_{rs}^M)^{1-\sigma} G_s^{\sigma-1} \right]^{1/\sigma} \tag{33}$$

这样则将模型的主要变量集中在价格指数、职工人数、工资率、财富水平和运输成本等宏观量上，对于微观量的标准化并不对这些宏观量的性质造成影响。于是，式（32）、（33）、（25）就构成了单一城市部门空间经济结构模型的基本框架。

二、区域空间结构动态演化模型

1. 模型的基本要素

这里对城市群网络结构的模拟研究采用的动态演化模型是基于上述单一城市部门空间经济结构模型的扩展。同样，模型叙述的是这样一件事情：区域内存在农村和城市两种地域概念，农村生产农业产品，城市生产各种城市产品，农村向城市提供农业产品，城市向农村提供城市产品，并且每个地区的产品（包括农业产品和城市产品）都是以区域内所有的城市或农村（包括本地区）为可能的消费市场，而每个地区又都消费来自区域内所有地区生产的产品。在这样一种经济活动的过程中，还存在几个基本要素。

（1）空间要素——城市分布网络

前述模型中虽然体现了空间因子，即两地之间的运输成本，但不具体。在理论模型研究中可以用线性空间或者环形空间来抽象城市的空间分布，但显然与实际相差较远。这里给出一个具体可操作的空间分布模式。

假设城市和乡村地域分布在一个网络图和连续平面相叠加的广阔区域中。城市离散分布于网络图的节点上，乡村则连续分布于其他区域。网络图上的边为联系两个城市的交通线。为实证研究方便，假设整个区域以县为单元进行组织（认为市辖区也相当于一个县域单元）。每个县都是由一个中心城市（县城）和周边广大的乡村腹地构成。假设县域内，所有乡村地区到中心城市的运输成本无论是对于农产品还是对于城市产品来说均为零，也就是说城市到其他县的农村的运输费用与到该县的中心城市的运输费用相同，于是城市和农村仅从运输成本来说，可以看作一个整体。这一假设比较符合集镇经济，即农产品和城市产品都是先拿到集镇来进行交易批发。这样，模型的空间要素实际上转化为城市分布网络模式，生产地与消费地之间的空间距离就转化为网络图中的一条路径。若城市 r 生产的产品被输入到消费地 s（可以为城市，也可以为农村），以下式来解释其间消耗的运输成本：

$$T_{rs} = e^{\tau d_{rs}} \qquad (34)$$

其中，T_{rs} 为城市 r 到 s 地的运输成本系数；d_{rs} 为两地之间的运输距离；τ 为交通成本参数。

（2）产业要素——多经济部门

现实城市中并非像前述模型框架中只有一个生产部门，比较接近现实的假设是在城市中存在多个经济部门，不仅包括制造业部门，事实上，其他各种非农产业部门包括服务行业都可能以其他地区的居民为消费市场。比如旅游业、金融业等都可以认为是对外地提供了相应的消费服务产品。还有一些并不直接为居民所消费的部门，如采掘业、地质勘查、水利管理等，都是通过再生产或其他方式进入居民消费市场，这里忽略中间过程，也将其视为城市产品的一类。因此，在多经济部门的情形下，城市部门实际上是生产了多类产品，并且每一类产品又由多个城市、每个城市的多个厂商生产，根据前面的假设，所有这些厂商的生产技术认为是相同的。

假设经济系统中存在 H 个不同的产业部门，并用 h（$h = 1, 2, \cdots, H$）来表示每个部门。假设城市 r 中部门 h 的职工人数为 L_r^h，该部门的工资水平为 w_r^h，该部门生产的产品在该地的价格指数为 G_r^h。假设城市 r 所在县的农业从业人数为 L_r^A，相应的农业从业工资为 w_r^A。假设农产品不需要运输费用，这样各地农产品价格都相同，设为 p^A。由于可以将一个县视为一个整体，假设城市 r 所在县的可支配收入总量或以该县的总体财富水平为 Y_r。

（3）参数

模型中针对每个部门有三个参数。假设每个地区消费所有的产品（包括农业产品）具有相同的效用函数：

$$U = A^{\mu^A} \prod_{h=1}^{H} (M^h)^{\mu^h} \qquad (35)$$

其中，A 和 M^h 分别为农业产品和城市部门 h 所生产产品的消费量；参数 μ^A 和 μ^h 分别代表农业和城市部门 h 所生产产品的边际替代水平。根据效用最大化的一阶条件可知，每一地区收入的 μ^A 部分将被用于消费农业产品，收入的 μ^h 部分将被用于消费 h 部门生产的城市产品。

假设部门 h 的所有产品有常消费替代弹性：

$$\sigma^h = 1/(1-\rho^h) \tag{36}$$

替代弹性表示同一部门内不同产品之间的可替代性，从经济含义来说，σ^h 越小，说明部门内产品的可替代性越小，产品的数目越少，厂商生产趋于较大规模生产，该部门具有较强的规模经济效应，行业垄断性越强。一般来说，该行业的等级也较高[①]，只有较高级别的城市才拥有较大规模的该行业，比如某些社会服务行业。反之，σ^h 越大，则该行业的规模经济效应并不太强，行业等级越低，所有城市都可以从事，比如制造业。

假设式（34）所表达的交通运输成本因子对于城市部门 h 来说[②]，其中的参数为 τ^h。对于较高级别的行业来说，往往具有较小的 τ^h，而对于较低级别的行业则具有较大的 τ^h。

区域空间经济结构方程组。在将县域单元视为整体的情形下，若区域内共有 R 个县，则模型的基本方程为：

$$G_r^h = \left[\frac{1}{\mu^h}\sum_{s=1}^{R}L_s^h(w_s^h e^{\tau^h d_{sr}})^{1-\sigma^h}\right]^{1/(1-\sigma^h)} \tag{37}$$

$$w_r^h = \left[\sum_{s=1}^{R}Y_s(e^{\tau^h d_{sr}})^{1-\sigma^h}G_s^{\sigma^h-1}\right]^{1/\sigma^h} \tag{38}$$

$$\omega_r^h = w_r^h \prod_{h=1}^{H}(G_r^h)^{-\mu^h}(p_r^A)^{-\mu^A} \tag{39}$$

---

① 这一点可以通过线性区域抽象系统进行严格推导证明。

② 对于农业部门来说，由于交通运输成本为 0，则相应的因子为 0。

$$Y_s = L_r^A w_r^A + \sum_{h=1}^{H} L_r^h w_r^h \tag{40}$$

假设农业地租为 0，若农业生产的平均成本和边际成本（以劳动力数目计）均为 c^A，农业产量为 Q^A，则：

$$R^A = p^A Q^A - Q^A c^A w_r^A = 0$$

即：

$$w_r^A = p^A / c^A \tag{41}$$

另外，为消去式（41）中农产品价格和农业生产的平均（边际）成本两个微观量，这里假设需要满足一个短期均衡条件，即农产品的供需平衡条件。由于生产 1 单位的农产品需要 c^A 个农业劳动力，r 县有 L_r^A 个农业劳动力，则该县的农业产品产量为 L_r^A / c^A，则区域内农业产品的总量为：

$$S_{total} = \sum_{r=1}^{R} \frac{L_r^A}{c^A}$$

由式（10）可以看出，任何地区支出的 μ^A 部分用于消费农产品。农村地区可支配收入来源于农业生产，因此，农产品在农村消耗掉 μ^A，剩余的 $1 - \mu^A$ 运输至城市，即城市农产品的供给量：

$$S^A = (1 - \mu^A) \sum_{r=1}^{R} \frac{L_r^A}{c^A}$$

区域内城市的总货币持有量为 $\sum_{h=1}^{H} L_r^h w_r^h$，其中 μ^A 部分用于消费农产品，则城市地区农产品的需求量：

$$D^A = \mu^A \left(\sum_{h=1}^{H} L_r^h w_r^h \right) / p^A$$

则根据城市地区农产品的供需相同，有：

$$(1 - \mu^A) \sum_{r=1}^{R} \frac{L_r^A}{c^A} = \mu^A \left(\sum_{r=1}^{R} \sum_{h=1}^{H} L_r^h w_r^h \right) / p^A$$

将式（41）代入，则：

$$w_r^A = \frac{\mu^A}{1-\mu^A} \cdot \frac{\sum\limits_{r=1}^{R}\sum\limits_{h=1}^{H} L_r^h w_r^h}{\sum\limits_{r=1}^{R} \dfrac{L_r^A}{c^A}} \tag{42}$$

以及实际工资水平：

$$\omega_r^A = w_r^A \prod_{h=1}^{H} (G_r^h)^{-\mu^h} (p_r^A)^{-\mu^A} \tag{43}$$

式（37）、（38）、（39）、（40）、（42）、（43）共同构成了某一特定状态下的区域空间经济结构方程组。

2. 动态过程

区域空间结构的动态过程实际上是个人根据市场情况在空间上进行重新寻找区位的过程。假设厂商进出市场的速度非常快，从而始终保证各厂商的最大化利润为零。但从业工人的重新分布（包括进出部门和区位）是有一段时间过程的，即工人的空间调整不是一步到位，而是逐步逼近均衡状态，这一均衡状态是经济系统内所有人的实际工资趋于相同。这就形成了区位搜索的动态过程。

根据上面的假设，区域结构的动态过程实际是 L_r^h 和 L_r^A 重新取值的过程，其重新取值的依据是各地的实际工资水平，若某地的实际工资较低，则相应的劳动力数量减少，这样会导致该地的工资水平有所增加；反之，若某地某行业的实际工资较高，则其他地区或部门的劳动力流入该地该行业，这样导致工资水平下降，并在这一过程中达到一个均衡状态。为实现这一过程，假设 L_r^h 和 L_r^A 的变动是依据相应的实际工资同全社会的平均实际工资进行比较。全社会的平均实际工资定义为：

$$\bar{\omega} = \frac{1}{N} \sum_{r=1}^{R} \left[\left(\sum_{h=1}^{H} L_r^h \omega_r^h \right) + L_r^A \omega_r^A \right] \tag{44}$$

其中，社会总从业人数：

$$N = \sum_{r=1}^{R} \left(L_r^A + \sum_{h=1}^{H} L_r^h \right) \tag{45}$$

于是，在已知某一阶段各地区各行业的实际工资 ω_r^h 和 ω_r^A 的情况下，各地区各行业（包括农业）从业人数的变化为：

$$\dot{L}_r^h = L_r^h(\omega_r^h - \overline{\omega}) / \overline{\omega} \tag{46}$$

$$\dot{L}_r^A = L_r^A(\omega_r^A - \overline{\omega}) / \overline{\omega} \tag{47}$$

由上面的式子可以看出，社会从业人数变化的总数：

$$\Delta N = \sum_{r=1}^{R}\left(\dot{L}_r^A + \sum_{h=1}^{H}\dot{L}_r^h\right) = 0$$

这实际上是一种无准入的动态过程，即整个社会经济系统劳动力的总数不发生变化。而在现实中，社会经济系统往往是开放的，社会存在人口的进出现象。假设系统准入情况下，人口的进入是瞬时发生的，即在某一时刻各地区各行业的从业人数有一个立即增量。若社会从业人数的增长率为 λ，即社会从业人数增加 λN，则各地区各行业依据下式确定其增长率：

$$\lambda_r^h = \lambda \frac{L_r^h \omega_r^h}{N\overline{\omega}} \tag{48}$$

$$\lambda_r^A = \lambda \frac{L_r^A \omega_r^A}{N\overline{\omega}} \tag{49}$$

显然：

$$\sum_{r=1}^{R}\left(\lambda_r^A + \sum_{h=1}^{H}\lambda_r^h\right) = \lambda$$

则各地区各行业从业人数的绝对增量分别为：

$$\Delta L_r^h = \lambda \frac{L_r^h \omega_r^h}{\overline{\omega}} \tag{50}$$

$$\Delta L_r^A = \lambda \frac{L_r^A \omega_r^A}{\overline{\omega}} \tag{51}$$

3. 空间联系分析

对于空间网络结构的分析关键是对于不同地区之间的空间经济联系进行分

析。这里采用市场份额来衡量经济联系的强度。对于某一行业 h，对于一个消费市场 r，h 类产品的生产地 k 所生产的产品在消费市场 r 的市场份额为：

$$MS_k^h(r) = L_k^h (w_k^h)^{-(\sigma^h - 1)} e^{-(\sigma^h - 1)\tau^h d_{kr}} / \sum_j L_j^h (w_j^h)^{-(\sigma^h - 1)} e^{-(\sigma^h - 1)\tau^h d_{jr}} \tag{52}$$

4. 社会福利分析

根据前述空间结构重构的优化原则，每一次空间结构转变都需要通过对社会福利进行分析来确定结构是否是优化的结构。这里，对社会福利水平描述为：

$$SW = \sum_{r=1}^{R} \left[\left(\sum_{h=1}^{H} L_r^h \omega_r^h \right) + L_r^A \omega_r^A \right] = N\overline{\omega} \tag{53}$$

即为社会总从业人数与平均实际工资的乘积。在均衡状态下，所有地区实际工资相同，设为 ω，则：

$$SW = N\omega \tag{54}$$

第二节　城市群网络结构动态模拟
——以山东半岛城市群为例

一、数据与方法

考虑到山东半岛城市群的相对封闭性，以山东半岛城市群为例进行实例模拟研究。根据模型的基本框架，需要的数据及其来源包括：分区县各行业（包括农业）从业人数；2000 年第五次人口普查资料（山东省）。分区县各行业职工平均工资，分区县国内生产总值；2001 年《山东统计年鉴》（2000 年数据）以及各市统计年鉴。山东省各城镇之间的公路里程矩阵；由《中国公路网地图册速查版》（人民交通出版社，2003 年版）查阅整理得到。山东省行政区划简图；根据《中华人民共和国行政区划简册 2004》。

对山东半岛城市群区域空间县域单元的选取采用 2004 年山东省的行政区划，并且一个城市的所有市辖区作为一个县域单元考虑，则山东半岛城市群区域共包括 44 个县域单元。

由于《山东统计年鉴》对行业的划分采用的是 16 个门类行业（包括农林牧渔业），第五次人口普查资料不仅包括 16 个门类行业，还包括 92 个大类行业，在未获得 92 个大类行业职工平均工资数据的情况下，这里仅采用 16 个门类行业进行分析。对于城市部门，这里不考虑国家机关、党政机关和社会团体以及其他行业两个门类，因此，城市部门仅考虑 13 个门类，分别为采掘业，制造业，电力、煤气及水的生产和供应业，建筑业，地质勘查业、水利管理业，交通运输、仓储及邮电通信业，批发和零售贸易、餐饮业，金融、保险业，房地产业，社会服务业，卫生、体育和社会福利业，教育、文化艺术及广播电影电视业，科学研究和综合技术服务业等。

由于涉及动态建模，对数据的处理方法是通过数学软件 MATLAB 6.5 进行编程计算、模拟并绘曲线图，得到的数据导入 ArcView 3.2 进行空间分析。

二、参数估计

由前面，每一个行业都由三个参数分别对应，即 μ^h、σ^h 和 τ^h，并且这三个参数都具有一定的含义，μ^h 描述居民愿意消费 h 行业产品的支出比例，σ^h 和 τ^h 则共同描述一个行业的等级。由于 2000 年的分区县经济统计数据描述了社会经济的一种空间结构状态，应当静态地满足式（37）和（38），因此，在山东半岛 44 个县域单元样本下，分别对每个行业的三个参数进行最小二乘估计，得到的参数估计及其估计残差的平方和如表 5-1 所示。

从最小二乘估计得到的参数值可以大致看出各行业门类之间的等级关系：包括批发和零售贸易、餐饮业，金融、保险业，社会服务业等服务行业在内的行业门类相对具有较高的等级。这在一定程度上验证了模型对现实进行抽象的可行性。

表 5-1　模型参数估计

产业部门	τ^h	σ^h	μ^h	残差平方和
采掘业	4.977 3	6.383	0.039 343	0.114 94
制造业	0.126	5.362 6	0.195 29	0.009 411
电力、燃气及水的生产和供应业	0.048 2	13.897	0.043 784	0.022 873
建筑业	1.979	5.989 6	0.046 12	0.017 036
地质堪查业、水利管理业	0.276	19.321	0.040 976	0.026 089
交通运输、仓储及邮电通信业	1.258	4.274 7	0.048 595	0.051 979
批发和零售贸易、餐饮业	2.381 8	1.837 1	0.054 422	0.016 579
金融、保险业	0.018 061	7.500 6	0.042 912	0.105 18
房地产业	10.12	17.73	0.042 298	0.024 636
社会服务业	0.017 055	9.674 3	0.043 233	0.018 78
卫生、体育和社会福利业	0.017 4	10.009	0.045 689	0.035 395
教育文化艺术及广播电影电视业	0.046 6	3.935	0.043 446	0.030 271
科学研究和综合技术服务业	0.027	14.69	0.024 758	0.052 872

三、无准入的短期动态过程模拟

这里首先对系统没有人口进入的短期调整过程进行分析。这里的短期是相对于是否有人口进入而言的，假设在短期内只存在系统内部的人口转移，而不发生系统与外部的人口转移，并假定系统发生 $T = 100$ 次不连续转移为一次短期过程。图 5-1 是在短期过程中济南市批发和零售贸易、餐饮业以及农业实际工资同社会平均工资的比较，可以看到，在随着人口动态调整的过程中，各行业实际工资的总体水平是上升的，反映了社会福利水平的平均实际工资也是总体上升的。但也可以看到，所有这些实际工资水平并不是一直增加的，而总是存在一个突变点，在这一点实际工资突然下降，反映为空间结构在社会福利水平上的"坍塌"。存在这样一种"坍塌"现象可以这样作理论上的解释：由于空间经济结构的调整是在个人福利水平的差异下推动的，瞬间的动态调整必然会导致社会福利的迅速增加；但总是提高工资以吸引人口迁移并不能满足厂商的利润最大化，当工资达到厂商不能承受的时候，厂商通过压低工资来满足自身的利益。

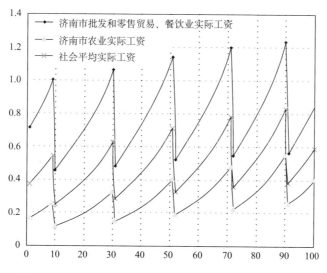

图 5-1　短期过程中济南市典型行业及平均实际工资变动

图 0-24 中包括了短期演化后半岛地区城市空间经济联系网络的图示。首先是对区域内 45 个县进行编号，这些编号在上面的图中各县区的名称之前标出。图中实线代表所连接的两个地区中编号较小城市（为生产地）在编号较大城市（为消费地）的综合市场份额绝对值，图中的虚线代表连接的两个地区中编号较大城市（为生产地）在编号较小城市（为消费地）的综合市场份额绝对值。这是对城市网络中空间经济联系双向性的表现。连线的粗细表征了这一空间联系的强度，具体取市场份额绝对量的对数。这三张图唯一不同的地方在于参数 K，其含义是图中显示空间联系连线的选取门槛。$K = 0$ 即图中显示综合市场份额大于这一指标平均值的空间联系，可以看到，半岛区域城市之间的空间联系非常密切，不仅是邻近城市的空间联系，在整个空间内都具有较高的联系强度。为了清楚地表现空间结构，将较小的、不必要的空间联系隐藏，我们又对选取显示线段的门槛进行了上调，使综合市场份额分别大于这一指标的平均值

加上1个标准差。也就是说，图0-24表示了空间联系强度较大的结构，可以很明显地看到，山东半岛城市群区域内存在三个密集空间联系网络，分别是半岛西北部的济南—淄博—潍坊—东营组团、东北部的烟台—威海组团和南部的青岛组团。可以看到，西北部的济南—淄博—潍坊—东营组团由于大城市密度较高，空间联系网络最为密集，而青岛组团却在空间联系网络的密度以及延展空间范围上都并非处于绝对优势地位。

短期演化所表现出的山东半岛城市群空间网络结构存在如下三个特征。

第一，区域城镇体系表现出以济南和青岛为两个最高级别城市的城市功能等级结构，且城市规模等级和城市功能等级结构基本一致，但也有差别。济南和青岛在城市对内服务的功能上是非常突出的，具有完善的城市内部功能体系，同时在高等级部门，包括金融保险业、社会服务业等第三产业部门，在区域内具有对外服务优势，构成区域空间长期以来形成的"双极"结构。区域内另外两个非常重要的城市淄博和烟台，同济南和青岛相比，虽然也具有很强的对外服务能力，尤其是淄博，短期内其城市规模甚至超过济南，但从区域经济发展来看，这两个次级中心与济南、青岛之间的差距在于高等级部门的对内和对外服务能力，而较低等级部门，如制造业等，淄博和烟台则具有同济南、青岛相当的竞争优势。

第二，山东半岛城市群内中等城市比较发育，各中等城市之间的经济联系非常频繁，这形成了城市群多中心网络结构的基础。无论是从城市的规模，还是从各中低等级部门的自服务和对外服务能力上看，区域内有许多城市都具有了相当的发展水平和对内对外的产品供给能力，这些城市包括日照、章丘、即墨、胶州、龙口、莱州、莱阳、诸城、胶南、青州、寿光、招远、平度、莒县、文登、乳山等，构成了区域内发达的中间等级的城市体系。此外，这些中等城市之间的空间经济联系非常广泛，形态上趋于网络化，相对来说，中心城市如青岛等的直接辐射作用显得并不很强。

第三，山东半岛城市群内城市网络集中于三个相对独立的子区域分布，并通过区域内主要综合交通走廊将这些子网联系起来，网络之间的连接点主要是中等城市。各子区域内网络化空间经济联系紧密，除中心城市外存在多个重要的城市节点,形成城市区良好的空间经济秩序,构成了山东半岛城市群"簇状"结构模式的雏形。

四、有准入的长期动态过程模拟

1. 有准入过程的模型修正

前述模拟的结果完全是按照一种既定的且是满概率事件的动态规则所进行的动态过程,这一规则就是前述根据实际工资相对于社会平均实际工资的差额作相应比例的人口迁移调整。在这一过程中,由于所有的调整概率为满概率1,因此,整个社会不存在净人口增长。但实际经济社会中,任何变化都不是满概率事件,而是充满了随机的成分,并且这样加入调整概率后的系统,其动态过程中人口总量将会发生变化(增加或减少)。另外,无论是从人口的自然增长,还是从来自外部省市的机械迁移,都表明城市群区域是一个开放的系统,在可预见的时间范围内,存在一个可变的增长率。为了将这些准入因素引入系统长期动态模拟过程,需要在上述模型中做出如下调整。

第一,将模拟过程的时限延长。短期过程的时限为$T=100$,在长期过程中,将T延长到2 000。

第二,在式(46)和(47)中对每个时间过程的调整规则中加入概率因素p,即每次过程都生成两个新的(0, 1)区间内的随机矩阵(p_r^h)和(p_r^A)。其中,p_r^h表示城市r内的h部门(包括农业部门)的从业人数根据该地区该部门的实际工资与社会平均实际工资的差额进行相应比例调整的概率。实际每个城市每个部门从业人数的增加量为:

$$\dot{L}_r^h = p_r^k L_r^h (\omega_r^h - \overline{\omega}) / \overline{\omega} \tag{55}$$

$$\dot{L}_r^A = p_r^A L_r^A (\omega_r^A - \overline{\omega}) / \overline{\omega} \tag{56}$$

显然:

$$\Delta N = \sum_{r=1}^{R} \left(\dot{L}_r^A + \sum_{h=1}^{H} \dot{L}_r^h \right) \neq 0$$

第三，为模拟人口自然增长和机械增长的过程，这里通过在每隔一定的时间循环（比如 $\Delta T = 25$）后，进行一次对系统人口的增量"补充"来实现人口的增长，每次补充的比例基数定为 0.1。各行业由于进入门槛不一样，因此，各行业的实际人口增加比例为在比例基数的基础上乘以该行业的进入系数。行业的进入系数和该行业的等级以及该行业所生产产品的消费量有关，其中，前者与模型的两个参数 σ^h 和 τ^h 有关，而后者与模型的另外一个参数 μ^h 有关。根据这种对应关系，将行业的进入系数确定为这三个参数的乘积，该系数越低，说明该行业等级越高，或该行业的消费份额越少，进入门槛越高。此外，和上面增加概率因素一样，每个城市的人口进入概率也是通过生成（0，1）区间内的随机向量来反映。

2. 长期模拟结果

首先对模型模拟的城市规模进行分析。表 5-2 列出了城市规模在前 20 位的具体数值，并与短期过程进行对比。可以看到，近期内济南、青岛、淄博三个城市的规模大致相同，首位度约等于 1，淄博的城市规模略大于济南。而经过

表 5-2　长期与短期各城市位序—规模比较

位序	城市	长期 城市规模	短期 城市规模	位序	城市	长期 城市规模	短期 城市规模
1	青岛市	8.768 300	2.255 500	11	胶州市	0.281 810	0.302 770
2	济南市	4.188 300	1.662 140	12	寿光市	0.260 330	0.238 080
3	淄博市	3.011 200	1.933 300	13	龙口市	0.237 310	0.235 870
4	烟台市	1.485 300	0.755 070	14	莱州市	0.236 330	0.240 000
5	潍坊市	1.047 900	0.670 240	15	胶南市	0.236 320	0.259 520
6	东营市	0.615 490	0.347 740	16	诸城市	0.212 310	0.247 550
7	威海市	0.512 140	0.307 170	17	荣成市	0.211 160	0.185 760
8	即墨市	0.382 420	0.426 650	18	文登市	0.206 340	0.182 690
9	日照市	0.347 600	0.293 890	19	青州市	0.198 670	0.246 170
10	章丘市	0.312 250	0.314 290	20	莱阳市	0.196 580	0.190 430

长斯发展，半岛区域的首位度将达到 2 左右，济南的城市规模将超过淄博，表现出其高等级中心城市的竞争力。因此，未来半岛地区中，青岛将凭借其自身的资源、区位和城市发展中的锁定优势，成为区域内规模最大的城市和区域增长中心。济南的发展速度要稍慢于青岛，但是要高于区域内其他城市，并仍然是区域内的另一高等级中心城市，这一体系结构也更趋于合理。

对长期过程的城市群网络结构进行分析（图 0-24），与短期对比可以发现，这一网络结构是比较稳定的，仍然突出了各中等城市之间的横向联系，并且城市区结构划分也是相同的。这都说明了空间结构在区域交通网络不发生任何变化的情况下（即运输距离矩阵不发生改变），虽然城市规模等级结构发生了较大变化，甚至发生了根本性的结构变化（首位度由 1 变成 2），但区域城市网络结构并不会发生较大变化，具有明显的结构锁定效应。若要使这一结构发生根本改变，只有通过改变现有交通网络，包括规划新建各种交通设施和对交通设施等级进行改善。

第六章 多中心绩效评价与城市群协调机制

第一节 城市群空间结构绩效研究进展

"绩效"一词的含义是指实行某事的行为或被实行后的状态。"绩效"在地理学和规划领域的研究中并不是一个常用的词汇。而经济学从一开始就是以资源配置效率作为研究的核心,因此,经济学领域对于绩效的探讨一直是一个十分重要的议题,并在产业组织理论、新制度主义理论中分别从微观和宏观层面构建了经济绩效理论。我们需要关注的是绩效与空间结构的关系。诺思(1992)在《经济史上的结构和变革》第一章第一句话就指出了结构与绩效的关系:

> 所谓"绩效",我指的是经济学家所关心的、有代表性的事物,如生产多少、成本和收益的分配或生产的稳定性……所谓"结构",我指的是被我们认为是基本上决定绩效的一个社会的那些特点。这里,我将一个社会的政治和经济的制度、技术、人口统计学和意识形态都包括在内。

因此,结构就是决定社会绩效的那些根本特性。问题似乎并不在于结构是否决定绩效,而在于哪些所谓"结构"才算是真正的结构。事实上,对绩效毫无影响的社会经济构成特性很难被称为"结构性"特征。诺思的观点虽然探讨的是经济结构和绩效在整个历史时间上的关系,但这一观点完全可以移植到空间甚至时空领域。于是,所谓空间结构,就是基本上决定空间经济绩效的那些各个侧面的社会特征,不仅是人口统计学上的,甚至包括制度、技术和意识形态上的空间特征。其中，所谓空间经济绩效，更强调经济产量和福利的空间分配效应。

　　虽然区域经济与其空间结构之间存在十分重要的关联这一观点早已被学术界所认识，如帕尔（Parr，1987）认为，区域经济发展的过程是与不同的空间结构变化特征相关联的，即不同的空间条件伴随着不同属性的经济增长，但是在实际研究中却总是倾向于将二者分开来考虑。事实上，在空间约束条件下讨论经济的发展和特征在 20 世纪早期就有许多相关的理论贡献，但遗憾的是，到后来并没有引起足够的重视。由于空间结构与经济绩效之间是一种互动关系，许多实证研究更关注于经济发展变化对于区域空间结构的影响，虽然探讨空间结构形态对于区域经济发展特征和速度的影响并非不重要，但这种研究却少得多。

　　事实上，凯文·林奇（2001）在其著作 *Good City Form* 中就已经提出了这个问题，并构建了一个一般的价值标准来评价城市形态，即性能指标。城市经济学理论为解释城市形态对经济产出的影响提供了一个概念框架（Marshall，1952；Bogart，1998），认为良好的城市形态和有效的增长管理有助于提高劳动生产率，并有两个主要的贡献因素：一是有效的区域形态使得企业能够接近更大的劳动市场，同时也增加了劳动力的就业机会；二是便捷的交通基础设施和可达性条件将提高劳动市场与企业之间的通勤效率，降低时间成本（Cervero，1996；Kain，1993），并且也有助于改善低收入者的就业和收入状况。关于城市形态与经济绩效之间关系的实证结果并不明朗，但可以肯定的是，城市的物理形态会对经济系统的成本和收益造成很大的影响，如蔓延式的且对小汽车有很大依赖的城市形态往往带来较高的基础设施服务成本和能源消耗，通常导致较低的经济绩效（Kenworthy and Laube，1999）。普吕多姆（Prud'Homme，1996）及其团队研究了劳动力可达性和交通网络条件等物理形态要素对经济产出的影响。赛沃洛（Cervero，2001）分别从宏观和微观两个尺度综合研究了城市规模、城市形态、可达性、交通设施网络等多个因素对经济绩效的影响。此外，另一个研究视角是关于非物质形态，即增长管理政策对经济发展的影响。

　　国内关于城市或区域空间结构的经济绩效研究也非常少。周一星（1982）、陆大道（2002）、李小建等（2006）、丁成日（2004）的研究论述中涉及了这一问题，但并没有明确指出空间结构与经济绩效的关系。韦亚平、赵民（2006）首次明确对空间结构与绩效间的关系进行了探讨，并且包括了经济、社会、环境等多方面绩效，但所建立之指标体系仍是空间结构的描述或评价指标，而且这些指标与绩效之间关系的说明仍主要是从形态学的角度，且没有进行实证检验，究竟是否能建立起这种线性关系仍有待证明。

　　研究城市形态的经济绩效最好是建立在大都市区或城市群的尺度上来具体分析，因为大都市区或城市群是与企业的劳动市场区范围最为吻合的空间尺度（Cervero，2001），符合"有效的城市形态使得企业能够接近更大的劳动市场并增加劳动力就业机会"的理论假设。帕尔（Parr，1987）也认为，对于这一领域的研究，"区域"应是严格有所指的，其接近于一个区域性大都市（regional metropolis）或主要的大都市区（major metropolitan area）在社会经济上的"统治区"范围，其中区域性大都市或都市区是整个区域的核心，大都市区以外的部分为非都市区，由农村地域和等级体系结构的城市节点构成。帕尔认为，之所以将这种基于大都市的区域（metropolis-based region）作为研究的区域概念，一方面是因为这一区域体现了城乡社会经济的广泛联系，而城乡联合才能更为综合地体现区域经济绩效的高低；另一方面是因为这一区域已构成一个结节区域，并成为各国空间经济的重要组成特征。因此，以城市群作为研究我国城市区域空间结构形态经济绩效的基本尺度是比较合适的。

第二节　我国城市群空间结构经济绩效实证分析

一、研究指标体系

　　这里提取了十个具体指标来对城市群空间结构特征进行描述（表 0-18），部分指标计算方法如下。

（1）地理环境资源（GER）

该指标为定性计量指标，反映城市群内具有较高级别和规模且具有跨区域影响的自然地理要素对区域经济的影响属性，采用虚拟变量进行量化处理。如果该城市群内不存在这样的具有跨区域影响的自然要素，则指标值为 0；如果城市群内存在一项区域性共享自然地理资源，则指标值增加 1；如果城市群内存在一项自然地理阻隔要素，则指标值减少 1。

（2）城市网络均衡度（CNBI）

对城市网络均衡度的测算，可依据理论的分析，将整个城市群地域以核心城市为中心划分为若干个圈层，对于其中第 i 个圈层，假设其内部的城市数目为 N_i，并将这些城市节点按照顺（逆）时针的顺序依次联结起来，设每两个相邻城市节点的空间距离为 d_{ij}，$j=1，\cdots，N_i$，那么可得到该圈层内部城市分布的非均衡程度：

$$\sigma_i = \sqrt{\left.\sum_{j=1}^{N_i}(d_{ij} - \bar{d}_i)^2 \right/ N_i}$$

将所有的 σ_i 相乘，即可反映城市群城市网络所有圈层的综合非均衡性。

另外，圈层与圈层之间也可能出现不均衡的情况。在均衡城市网络中，第 i 个圈层的城市节点数目为 $i\Delta N=N_i$，即逐层递增，其中，ΔN 为增量常数。假设城市群内存在 N 个城市节点，那么平均增量：

$$\Delta N = N \left/ \sum i \right.$$

于是，城市群各圈层之间城市节点数目分布的非均衡程度为：

$$\lambda = \sqrt{\left.\sum_{i=1}^{R}(N_i / i - N \left/ \sum_{i=1}^{R} i\right.)^2 \right/ R}$$

其中，R 为城市群划分的圈层数目。

此外，对于城市群城市网络的均衡性测度还应重点考虑中心城市分布的空间均衡。结合空间相互作用的引力模型，规模为 S_i、与核心城市相距为 x_i 的中心城市所具有的空间位势为 S_i/x_i。空间分布均衡的中心城市网络应具有完全相同的空间位势，则中心城市分布的非均衡度也可采用标准差方法进行衡量：

$$\rho = \sqrt{\sum_{i=1}^{M} (S_i / x_i - \overline{S}_i / \overline{x}_i)^2 \Big/ M}$$

其中，M 为中心城市的数目。于是，城市网络均衡度指数可以按如下公式测算：

$$CNBI = \frac{1}{\rho \lambda \prod_i \sigma_i}$$

（3）多中心服务分工指数（MSDI）

这里的中心城市，可以简单认为就是城市群内的所有地级城市。衡量某经济要素分布差异的最便捷方法就是计算该要素分布的皮尔逊相关系数，其反映的是该要素在不同地区之间的同构程度和变化方向的一致性，而要测算差异程度则计算相关系数的倒数即可：

$$MSDI_{xy} = \sqrt{\sum_{i=1}^{n} (x_i - \overline{x})^2 \sum_{i=1}^{n} (y_i - \overline{y})^2} \Big/ \sum_{i=1}^{n} (x_i - \overline{x})(y_i - \overline{y})$$

其中，x_i、y_i 分别为两个城市服务部门 i 的从业人口占各自城市从业人口总数的比例，以反映各城市的产业结构；$\overline{x}$、$\overline{y}$ 分别为两个城市各服务业部门的从业人口占从业总人口比例的平均值。n 为服务业部门的类别数目，即 $n=43$。由于我们需要得出一个综合反映城市群各中心城市在服务业职能上的分工程度指标，而上式只是反映了某两个城市之间的分工，考虑到城市群多中心结构内部的分工更重要的是在核心城市与周边中心城市之间，因此，对 MSDI 指数的测算只对核心城市与周边各城市之间的服务业职能分工指数进行综合；由于对称性，综合可采用乘法。那么，若 x 为核心城市，则 MSDI 为：

$$MSDI = \sqrt[M-1]{\prod_y MSDI_{xy}}$$

（4）圈层制造业分工指数（CMDI）

出于统计研究的方便，这里将城市群的核心圈认为是核心城市所在市域的范围，辐射圈即是核心圈以外的其他地域。该分工指数的测算采取与 MSDI 类似的相关系数的方法。

（5）分区制造业分工指数（SMDI）

通过计算每个制造业行业的空间集聚程度，来反映区域的功能分区状况。集聚度大的行业，说明该行业是集聚在某些相邻地区的，即存在分区集聚的现象。判断某项经济要素的空间集聚程度，最常用的方法是通过全局空间自相关检验，而其最经典的指标是 Moran's I 指数。对于任何行业，Moran's I 指数的计算公式如下：

$$I = \frac{m\sum_i \sum_j w_{ij}(x_i - \overline{x})(x_j - \overline{x})}{[\sum_i (x_i - \overline{x})^2](\sum\sum_{i \neq j} w_{ij})}$$

其中，x_i 为城市 i 中某一制造业部门的从业人口占该城市所有从业人员数的比例；m 为城市群内城市的数目，即城市群内所有县级以上城市的数目；w_{ij} 为关于 i 和 j 两个地区之间的空间权重，反映两地区之间的空间邻近关系，可采用两地间空间距离的倒数作为空间权重；w 即为空间权重矩阵。

假设针对每一个制造行业 k（$k=1, \cdots, n$）均能计算出一个 Moran's I 指数 I_k，那么，对于城市群的所有制造业分区集聚或分工指数，可以通过各 I_k 的综合得到。考虑到对称性，综合可采用乘法，即：

$$SMDI = \sqrt[n]{\prod_k I_k}$$

（6）创新活动集中度（ICD）

这里采用理论研究中通常采用的方法，将知识的存量作为创新活动的源泉，通过知识分布的非均衡情况来反映创新活动的集中程度。对某城市或地区知识存量的量化，可采用该地区图书馆的藏书规模来代替以城市群核心城市藏书规模占整个城市群藏书的比重来测度 ICD 指标，反映该城市群内可能发生的科技创新活动在核心城市内的集聚度。

（7）经济绩效的测度指标

对城市群经济绩效的测算主要考虑两个向度：一是城市群的整体经济产出水平，即总量绩效；二是城市群经济产出水平的空间差异，即结构性绩效。采用两项具体指标:一是城市群整体的人均 GDP,作为对城市群整体经济产出水平的衡量;二是城市群各地区人均 GDP 分布的均衡系数(根据洛伦兹曲线计算),作为对城市群内部经济发展均衡性的衡量。

二、研究对象和数据

选取两类城市群的概念作为研究对象:一是现在已经编制过或正在编制城市群规划的城市群,这些城市群已经为地方政府所认可并已初步实践了城市群的制度安排,具有较强的可操作性;二是参照国家发展改革委"十一五"规划前期重点研究课题"到 2030 年中国空间结构问题研究"中提出的 20 个都市圈的构想。这两类城市群有重复者以前者为准,对小城市群被大城市群覆盖的情况以大城市群为准,最后选取的城市群研究对象参见表 6-1,共包括 20 个城市群。

表 6-1 研究对象城市群的选取

研究对象城市群	所属类别	核心城市	周围主要城市
京津冀城市群	I	北京	天津、秦皇岛、唐山、廊坊、保定、石家庄、沧州、张家口、承德
长三角城市群	I	上海	苏州、无锡、常州、南京、扬州、镇江、南通、泰州、杭州、宁波、湖州、嘉兴、绍兴、舟山
珠三角城市群	II	广州	深圳、珠海、佛山、江门、东莞、中山、惠州、肇庆
济南省会城市群	I	济南	淄博、莱芜、泰安、德州、聊城、滨州
武汉城市群	I	武汉	黄石、鄂州、孝感、黄冈、咸宁、仙桃、潜江、天门
关中城市群	I	西安	咸阳、渭南、铜川
辽中南城市群	II	沈阳	大连、鞍山、抚顺、锦州、本溪、营口、铁岭、阜新、葫芦岛、辽阳、盘锦、丹东
胶东半岛城市群	II	青岛	烟台、威海、日照
中原城市群	II	郑州	洛阳、平顶山、新乡、焦作、开封、许昌、鹤壁
成都平原城市群	I	成都	雅安、乐山、眉山、资阳、遂宁、德阳
环鄱阳湖城市群	II	南昌	九江、上饶、抚州、景德镇、鹰潭、宜春、新余
长株潭城市群	II	长沙	衡阳、常德、岳阳、株洲、湘潭、益阳、娄底

续表

研究对象城市群	所属类别	核心城市	周围主要城市
北部湾城市群	II	南宁	玉林、北海、贵港、钦州、来宾、防城港、崇左
太原都市圈	I	太原	阳泉、晋中、忻州、吕梁
哈尔滨都市圈	I	哈尔滨	绥化
南京都市圈	I	南京	镇江、扬州、马鞍山、芜湖、滁州
徐州都市圈	I	徐州	连云港、宿迁、宿州、淮北、枣庄、济宁、商丘
兰州都市圈	I	兰州	白银、定西、临夏
乌鲁木齐都市圈	I	乌鲁木齐	昌吉、吐鲁番
长春都市圈	II	长春	吉林、四平、松源、辽源

注：类别 I 代表已经或正在编制城市群规划的区域；类别 II 为国家发展改革委提出的 20 个都市圈中的区域。

　　为计算上述 20 个研究对象城市群的各项空间结构指标和经济绩效指标，考虑到要有足够的样本进行统计分析，分别收集各城市群各城市或地区 1999 年和 2004 年的数据作为研究的数据来源，于是可得到 40 个样本数据。

三、模型和参数估计

　　采取的回归分析模型如下：

$$\ln PGDP_i = \beta_1\,GER_i + \beta_2 \ln CCP_i + \beta_3 \ln MRPD_i + \beta_4 \ln TND_i + \beta_5 \ln CNBI_i + \beta_6 \ln MSDI_i + \beta_7 \ln CMDI_i + \beta_8 \ln SMDI_i + \beta_9 \ln ICD_i + \beta_{10} \ln LGN_i + \mu_i + v_i,\ \forall\ i=1,\cdots,N$$

以及

$$\ln GINI_i = \beta_1\,GER_i + \beta_2 \ln CCP_i + \beta_3 \ln MRPD_i + \beta_4 \ln TND_i + \beta_5 \ln CNBI_i + \beta_6 \ln MSDI_i + \beta_7 \ln CMDI_i + \beta_8 \ln SMDI_i + \beta_9 \ln ICD_i + \beta_{10} \ln LGN_i + \mu_i + v_i,\ \forall\ i=1,\cdots,N$$

其中，i 表示选取的某个时点的某个城市群；$PGDP_i$ 为城市群 i 的人均 GDP；$GINI_i$ 为城市群 i 以洛伦兹曲线计算的均衡系数；β_j 为各回归系数，反映各个空间结构特性对经济绩效的影响程度；μ_i 为不可观测的地区效应；v_i 为随机扰动项。

　　对选取的 20 个城市群两个年份 40 个样本数据按照上面给出的两个模型分别进行 OLS 回归分析，可以得到表 0-19 的参数估计结果。

四、实证结论

第一，对于总量经济绩效而言，加快城市群城市化的发展和促进科研创新部门向核心城市高度集中，是提高城市群总量绩效最为有效的两条途径。其中，加快城市化发展能够加深城市群内的城市经济分工，增加城市产品种类，通过更为多元化的产品获得经济增长；促进创新部门集聚能够发挥知识生产的规模效应和创新技术的溢出效应，不仅增加城市产品的种类，也提高城市产品的质量，从而通过产品数量和质量的共同增长获得更大的总量经济绩效。地理环境资源虽然对于总量经济绩效具有显著的影响，但由于自然地理环境很难被人为改变，其对城市群的影响也很难消除，只有通过其他一些手段加以克服，包括对区域共享资源最大限度的协调利用以及加大基础设施建设克服自然地理阻隔等。

通过调整城市群的空间结构和形态究竟能否改变城市群的总量经济绩效并不十分明确。虽然从显著性不高且影响程度较低的回归系数仍可看出与理论分析相似的结论，即具有城市群城市网络相对均衡、各中心城市之间服务职能分工明确、内外圈层之间产业分工整合、外圈层在产业发展上分区自立等结构形态特征的城市群一般来说具有更好的总量经济绩效，但是这一原则也因城市群而异。发展相对更为成熟的城市群更应按照这一原则来调整城市群空间结构以提高经济绩效，而对于处于城市群形成初期或高度极化发展的圈域，上述原则并不适合，以核心城市为服务核心、内圈发展资金劳动密集型产业、外圈发展劳动资源密集型产业的分异结构模式可能更为合适。我国不同区域的各城市群之间发展阶段差异明显，这也是导致这几个空间结构指标回归结果不显著的重要原因。

并不是交通网络建设越密集越好，更大的交通网密度甚至极有可能会导致经济绩效的降低，因为交通网络更重要的功能不是增加经济资源的规模，而是改变经济资源的分布结构。因此，交通基础设施的建设不在密度，而在均衡度。非均衡的交通网络只能导致城市群空间经济的畸形发展，也只有均衡的高密度的交通网络，才有可能成为经济绩效提高的推动力。

第二，对于结构性经济绩效而言，提高经济绩效存在经济结构由非均衡走向均衡和由均衡走向非均衡两条看似完全相反的路径，但本质上都是逐渐趋于更为合理的相对均衡发展。可以通过调整城市群的内部空间结构和形态来改变城市群的经济结构，以促进城市群在正确的发展路径上走向相对均衡。控制核心城市人口规模、培育均衡的城市网络以及加强政府结构集权是提高城市群空间经济均衡度的最有效的三条途径。其中，控制核心城市规模是引导城市群由极化走向扩散，通过改变城市群中心和外围的关系，从大的圈层结构上促使城市群更为协调地发展；培育均衡的城市网络是为城市群的扩散创造一个机会均等的空间环境，从更为具体的形态结构上引导城市群的均衡发展；加强政府集权是为城市群的均衡发展建立更有利的制度机制，通过政府的运作和权衡来保障城市群的均衡发展。

通过调整城市群的内部社会经济结构，也可以在很大程度上起到改变城市群空间经济均衡度和结构性绩效的作用。换言之，具有各中心城市之间服务职能分工明确、内外圈层之间产业分工整合、外圈层在产业发展上分区自立等结构特征的城市群，在空间经济结构上将更为均衡。与总量绩效的结论对比可以发现，如果城市群处于由非均衡走向均衡的路径上，那么，按照上述原则来调整城市群的社会经济结构，不仅会使得城市群空间经济发展更为均衡，也意味着城市群结构性经济绩效的提高，同时会导致总量经济绩效的提高；于是，城市群的综合经济绩效必然是增加的。反之，如果城市群处于由均衡走向非均衡的路径上，那么，按照上述原则相反的途径，即突出核心城市的服务核心地位、按照比较优势原则分别制定内外圈层产业结构政策，通过优先加强核心城市的竞争实力，使得城市群空间经济非均衡发展，在相应的发展阶段和路径下，这也意味着结构性经济绩效的提高，同时城市群总量经济绩效也是增加的。由于发展路径的不同，截然相反的空间结构均能导致总量绩效的增加，这就再一次解释了社会经济结构对于总量经济绩效解释信度不高的原因。最后，城市群的综合经济绩效也必然是增加的。

第三，综合权衡总量绩效和结构性绩效可得到综合经济绩效。有利于提高总量经济绩效的空间结构调整，如加快城市化发展、促进创新部门集中等，有可能会导致结构性绩效的降低；相反，有利于结构性绩效的空间结构调整，如控制或引导增加核心城市人口规模、均衡化或非均衡化城市网络、加强集权或鼓励分权等，也可能会导致总量绩效的降低。因此，城市群综合绩效的提高总将围绕总量绩效和结构性绩效在此涨彼消的过程中进行权衡（trade-off）。雏形期和发展期的城市群更追求总量绩效的增长，代价往往是结构性绩效的降低；成熟期的城市群更追求结构性绩效的均衡，而总量绩效的增长可能会逐渐减缓；当然，最为有效的空间结构将是促进两个绩效的共同提高。而按照结论的前两点，通过调整城市群的社会经济空间结构即可实现两个绩效的共同提高，在两条不同的发展路径下，能导致城市群结构性绩效提高的社会经济结构也能导致总量绩效的增加。

最后可将城市群空间结构对经济绩效的影响方式总结为图 6-1。综合经济绩效就像一架天平，总量经济绩效和结构性经济绩效就是天平的两个托盘，并在对各项空间结构要素所产生的影响进行衡量。其中，在城市群的空间结构中存在分别对总量经济绩效或结构性经济绩效产生直接有效影响的要素，这些要素也对另一绩效产生一定程度的正或负的影响，从而影响了"绩效天平"的平衡。另外，在城市群的空间结构中也存在对"绩效天平"两边产生共同影响的要素，也就是城市群的社会经济结构，成为平衡城市群综合经济绩效的关键砝码。换

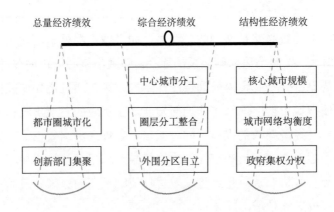

图 6-1　城市群综合经济"绩效天平"

言之，通过优化调整城市群内部社会经济空间结构，能够缓解可能存在的总量绩效和结构性绩效背道而驰的矛盾，促进两个绩效同时增加，从而更为合理地提高综合经济绩效。

除了图中所列的八项空间结构要素之外，十个指标中还有两项要素，即地理环境资源和交通网络密度，这是两项演化发展方向固定的空间结构要素：共同开发地理资源、不断克服自然障碍是前者的发展方向；交通网络密度逐渐增大是后者的发展方向。两者的发展方向不可能相反，即使在发展中存在对两个绩效产生不利影响的可能，也必须按此方向演化下去。改善途径是开发建设结构的协调优化，简单地说，即在共同利用地理资源的过程中注重协调开发，在建设交通基础设施的过程中应注重网络均衡发展。

第三节　绩效评价视角下城市群规划协调机制

城市群规划是城市群政策获得高绩效、促进以大城市为核心的多中心区域协调发展的基础和指南。其中，如何通过空间规划来调整城市群的空间发展结构以提高整体经济绩效，对我国而言更是整个城市群政策的核心。基于城市群空间结构对经济绩效影响的权衡关系的实证分析结论，针对城市群空间规划提出如下四方面的具体策略或方法。

一、人口与城市化空间发展策略

推进城市群快速城市化发展和各级城市规模增长几乎是我国所有城市群规划均采用的一项空间策略，加速城乡人口流动、推动城市化进程也是我国现阶段社会经济发展的一项基本方针。本章分析的结论认为，城市化的发展确实能够促进总量经济绩效的提高，然而城市化发展对于结构性绩效的影响却是不确定的，既可能导致区域经济差异逐渐扩大，也可能导致这一差距缩小。其中具体的作用方式是根据城市规模分布结构的变化形式而表现为不同的绩效：如果城市化的空间策略为进一步增大核心城市规模，城市规模等级分布将趋于非均衡，此时区域经济结构也将趋于非均衡；反之，如果城市化的空间策略为控制核心城市规模，而促进中小城市规模发展，则城市规模等级将会趋于均衡发展，区域经济结构也将更加均衡。但究竟是均衡还是非均衡具有更高绩效，则需要对城市群的发展阶段和路径进行判断，只有选择了合适的城市化空间结构策略，才能真正促进经济绩效的提高。综上，推进城市化发展将是我国城市群在较长一段时期内均应坚持的一项基本策略；同时，还应对城市化发展的空间结构进行引导：对于处于成熟期以前的城市群或者核心城市规模不突出的城市群，宜通过引导核心城市规模的集聚来提高经济绩效；对于已经发展较为成熟的城市群或者核心城市规模过大、区域城市体系严重发展不平衡的城市群，宜通过控制核心城市规模、引导其他中小城市规模集聚来提高经济绩效。

二、产业与创新空间发展策略

加强产业在城市群范围内的分工合作，促进产业集聚和产业链的延伸，培育产业集群，是我国许多城市群规划中均采取的空间策略之一。城市群服务业和制造业的空间结构确实能够直接对综合经济绩效产生作用，但这一影响也不是简单的线性关系，也需考虑城市群的发展阶段和选择的路径等因素。从规划的角度说，对于处于成熟期以前的城市群或者核心城市经济实力不突出的城市群，宜通过强化核心城市各种服务业职能的集聚、引导制造业分圈层、按比较优势分别发展等策略来提高整体经济绩效；而对于已经发展较为成熟的城市群或者核心城市经济实力很强的城市群，宜通过分散核心城市的服务业职能并在城市群各中心城市之间形成明确的服务职能分工，分散核心城市的制造产业、加强城市群内外各圈层之间制造业功能的整合并在产业链上形成更为细致的分工，城市群外圈层在制造业上按多个自立性子区域分别集聚发展，以形成更为多样且集约的产业结构等策略来提高整体经济绩效。

技术创新是经济增长的重要源泉。对于技术创新空间的发展，按照本文分析的结论，应促进科研创新部门在城市群核心城市内高度集中发展，将极大地提高城市群总量经济绩效。但同时，创新部门的集聚也有可能导致城市群空间经济结构的非均衡，即核心城市因为集聚了更多更高级的技术服务而具有更快的经济增长速度，而外围地区虽然也从技术溢出效应中获益，但与核心城市之间的水平差异却逐渐增加。虽然如此，促进创新部门集中建设仍是各城市群必需的选择，只有如此才能最有效地发挥智力资源的优势；扩大的地区差距可以通过其他空间策略来弥补。

三、网络结构发展策略

建设"大交通""大物流"几乎成为我国所有大城市提出的网络化建设口号。然而，交通网络化建设是否确实能够提高城市群的经济绩效？本章并没有证实这一论断，相反，却发现我国交通建设的结果拉大了地区经济的差异。因此，我国交通网络的建设不能一味追求高密度发展。当交通网络发展到一定程度之后，过多的交通设施并不一定能带来经济要素的集聚，而只能起到在区域内对经济要素进行重新分配的作用。于是，对城市群交通网络的规划发展策略而言，交通结构相比于网络密度更为重要。具体而言，城市群的交通网络结构不能仅仅围绕核心城市的单一枢纽按放射线或环线的模式进行建设，宜通过多个综合性交通枢纽的建设，构建更为均衡的交通网络来提高城市群整体经济绩效。

而对于城市节点网络，根据分析结论，均衡的城市网络形态将会导致均衡的空间经济结构，但节点网络均衡与否对经济总量的影响并不大。因此，从规划的角度说，对于处于成熟期以前的城市群或者核心城市经济实力不突出的城市群，需要通过着力培育包括城市群核心城市在内的某一分区方向的重点发展来提高经济绩效；而对于已经发展较为成熟的城市群或者核心城市经济实力很强的城市群，宜通过培育空间形态上更为均衡的城市网络来提高城市群整体经济绩效。其中，在某些缺位方向或节点上建设新城是通常采用的一种空间策略。需要指出的是，新城建设并不一定会带来城市群经济总量的迅速增加，但会改变城市群空间经济的差异格局，一些发展相对滞后的地区将会因为新城的建设得到更多的发展机会，形成相对更为均衡的区域经济结构。

四、行政区划调整策略

通过调整行政区划或行政体制结构来改变空间经济关系，如地市合并、撤县划区以及正逐渐在国内推广的省管县等政策，因为其执行起来见效快，而且能迅速"做大"城市规模，是我国许多地区经常采取的一种空间策略。从本章的结论来看，行政区划对经济发展的影响并非如政治家们所宣称的那样简单。事实上，虽然行政区划的调整改变了地区之间原有的行政级别关系，但地区之间的利益冲突并不会因此而减少，原有的经济关系仍然保留，导致行政区划结构对经济总量的影响并不明显。但是通过行政区划的调整是能够显著改变城市群空间经济结构的。对于处于成熟期以前的城市群或者经济发展相对平均、核心城市经济实力不突出的城市群，宜采取更加分权的行政区划结构，如通过县改市、扩权强县等政策来提高城市群整体经济绩效；对于已经发展较为成熟的城市群或者核心城市经济实力很强、地区间经济差异较大的城市群，宜采取更加集权的行政区划结构，如通过县改区、政区合并等措施来提高整体经济绩效。当然，调整行政区划并不是多维度创新提高经济绩效的唯一制度途径，实施城市群制度将是提高经济绩效更为根本的途径。

第 二 部 分

城市群规划实践研究

第七章　我国城市群规划实践的整体情况

第一节　规划实践总结：历史回顾与本轮热潮

一、改革开放初期城市群地区的国土与区域规划

我国的城市群规划及其相关政策最早始于区域和国土规划。早期的城市群规划及其相关政策多以区域规划和国土规划的形式出现。尽管我国早在"一五"期间就从苏联引进了区域规划——1956年国务院《关于加强新工业区和新工业城市建设工作几个问题的决定》中提出要搞区域规划，国家建委也公布了《区域规划编制和审批暂行办法（草案）》，但区域和国土规划的真正发展要到改革开放之后。

改革开放初期，随着国民经济迅速恢复和大规模国土开发活动的展开，重复建设、资源浪费、环境污染和生态破坏等问题日益严重。针对当时的情况，经过考察、学习日本国土规划及西德空间规划的经验，在1978年全国城市工作会议上，中央政府再一次决定开展区域规划工作。1980年，中共中央发文（〔1980〕13号文件）指出："为了搞好工业的合理布局，落实国民经济的长远规划，使城市规划有充分的依据，必须积极开展区域规划工作。"1981年，中共中央书记处第97次会议进一步做出决定："国家建委要同国家农委配合，搞好我国的国土整治。建委的任务不能只管基建项目，而且应该管土地利用、土地开发、综合开发、地区开发、整治环境、大河流开发、要搞立法、搞规划。总之要把

我们的国土好好管起来。"1986～1987 年，我国参照日本的经验，编制了《全国国土总体规划纲要》。在《全国国土总体规划纲要》中，明确提出国土空间按"T"字形主轴线进行重点开发与布局的总体战略，并把沿海的长三角、珠三角、京津唐、辽中南、山东半岛、闽东南以及长江中游的武汉周围地区和上游的重庆至宜昌一带等 19 个地区列为综合开发重点地区。在国土规划工作的推动下，以综合开发整治为特征的不同层次的区域规划在全国范围内全面展开。这个时期京津唐地区规划、珠江三角洲经济区规划、广东省东西两翼地区区域规划等各种形式的国土和区域规划形成了很好的范例。但由于《全国国土总体规划纲要》未报国务院审批，没有取得法定地位，不具有权威性和约束性，致使当时国土规划成果只被作为基础资料保存，未能发挥应有的作用（胡序威，2002）。

二、城市化进程的快速推进与城市群政策在国家战略层面的确立

尽管自上而下的国土规划趋于停顿，但是在 20 世纪 90 年代的学术领域，以"都市区""都市圈""城镇密集区""城镇群"等多种名词出现的城市群规划开始被视为区域规划的一种新发展态势（崔功豪，2005）。

伴随着这一时期城市化进程的快速推进，我国也出现了一批不同类型、不同规模、区域联系紧密的城市群体。而为了解决这些区域协同发展的问题，引导各个地区向着现代化、市场化的方向协作发展，国家与地方政府采纳了专家与学者的正确建议，在我国沿海地区率先推动了城市群规划这种来自地方层面、旨在谋求协作发展的区域规划类型。1995 年，广东省率先开展了"珠江三角洲城市群规划"，以城市群为重点对珠三角的区域经济和空间发展进行整体规划，形成了我国第一个真正意义上的城市群规划。2002 年，江苏省也全面展开了以都市圈规划为代表的城市群规划，先后完成了《南京都市圈规划（2002～2020）》《徐州都市圈规划（2002～2020）》《苏锡常都市圈规划（2002～2020）》三个规划文件的编制和审批。随后，浙江、山东等沿海发达地区省份也相继出台了多种形式的城市群规划，包括《环杭州湾地区城市群空间发展战略规划》《珠江三角洲城镇群协调发展规划（2004～2020）》《浙江省温台地区城市群空间发展战

略规划》《浙江省金衢丽地区城市群空间发展战略规划》《山东半岛城市群发展战略研究》《山东半岛城市群总体规划（2006～2020）》等。2004 年，广东省和建设部联合完成新一轮珠三角城市群协调发展规划的修编工作。

随着国家"十一五"规划提出"把城市群作为推进国家城镇化发展的主体形态"的政策，我国的城市群规划及其相关政策进入了一个蓬勃发展阶段。住房和城乡建设部在《全国城镇体系规划（2006～2020）》中明确提出了"发挥城镇群辐射和带动区域发展的核心作用，加强城镇群之间的经济联系，促进区域互动协调"的发展要求，国家发展改革委也在《全国主体功能区规划（草案）》中将城市群地区列入我国主要的优化开发区域和重点开发区域，并将这些地区视为"带动全国经济社会发展的龙头，我国参与经济全球化的主体区域，以及支撑全国经济发展和人口集聚的重要载体"。

三、"十一五"以来城市群规划热潮的形成

从城市群规划的编制和审批数量来看，根据不完全统计，2002 年以来，国家、省（包括自治区）、市三个层面相继完成了 54 个城市群规划。"十一五"时期以来，城市群规划完成数量增长迅速，2006 年完成 9 个城市群规划，2007 年完成 5 个城市群规划，2008 年和 2009 年更是分别完成了 9 个和 14 个城市群规划[①]，2010 年完成了 3 个城市群规划，而正在编制中或待审批的城市群规划约 5 个（图 7-1、表 7-1）。

从编制主体来看，不同于 20 世纪 80 年代自上而下的区域和国土规划实践，本轮城市群规划中央和地方政府都表现出了高度重视和热情。国家发展改革委在《全国主体功能区规划（2007～2020）》中提出了三大优化开发区以及 12 个重点开发区的总体构想，而住房和城乡建设部也在《全国城镇体系规划（2006～2020）》中提出了 17 个城镇群的战略格局。根据我们的统计，《全国主体功能区

---

① 长株潭地区更是已经完成了前后两轮的城市群规划编制，所以，虽然规划为 55 个，但在统计城市群的时候不再重复统计，总计为 54 个。

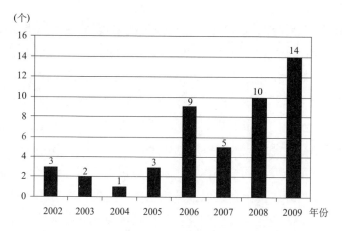

图 7-1　2002～2009 年城市群规划编制审批数量

表 7-1　我国城市群规划编制项目时间序列

年份	编号	规划项目
2002	1	《南京都市圈规划（2002～2020）》
	2	《徐州都市圈规划（2002～2020）》
	3	《苏锡常都市圈规划（2002～2020）》
2003	4	《环杭州湾地区城市群空间发展战略规划》
	5	《长株潭城市群区域规划（2003～2020）》
2004	6	《珠江三角洲城镇群协调发展规划（2004～2020）》
2005	7	《浙江省温台地区城市群空间发展战略规划》
	8	《山东半岛城市群总体规划（2006～2020）》
	9	《哈大齐工业走廊产业布局总体规划》
2006	10	《江苏沿江城市带规划》
	11	《中原城市群总体发展规划纲要（2006～2020）》
	12	《哈尔滨都市圈总体规划（2005～2020）》
	13	《吉林省中部城镇群规划纲要（2005～2020）》
	14	《北部湾经济区城镇群规划》
	15	《安徽沿江城市群"十一五"规划纲要》
	16	《安徽沿淮城市群"十一五"经济社会发展规划》
	17	《环鄱阳湖经济圈规划（2006～2010）》

续表

年份	编号	规划项目
2006	18	《江西省昌九工业走廊"十一五"区域规划》
2007	19	《济南都市圈规划》
	20	《内蒙古自治区呼包鄂城镇群规划（2007～2020）》
	21	《辽宁省中部城市群发展规划（2005～2020）》
	22	《兰州都市圈规划纲要》
	23	《贵阳城市经济圈"十一五"发展规划》
2008	24	《胶东半岛城市群和省会城市群一体发展规划》
	25	《武汉城市圈空间规划（2008～2020）》
	26	《海峡西岸城市群协调发展规划（2007～2020）》
	27	《辽西城市群发展规划》
	28	《广西北部湾经济区发展规划（2006～2020）》
	29	《安徽省会经济圈发展规划纲要（2007～2015）》
	30	《关中城市群建设规划》
	31	《西咸一体化建设规划》
	32	《京津冀城镇群协调发展规划（2008～2020）》
2009	33	《长江三角洲地区区域规划（2009～2020）》
	34	《江苏沿海地区发展规划》
	35	《太原经济圈规划纲要（2007～2020）》
	—	《长株潭城市群区域规划（2008～2020）》
	36	《海峡西岸经济区发展规划》
	37	《辽宁沿海经济带发展规划》
	38	《中国图们江区域合作开发规划纲要（2009～2020）》
	39	《成都平原城市群发展规划（2009～2020）》
	40	《关中—天水经济区发展规划》
	41	《滇中城市经济圈区域协调发展规划（2009～2020）》
	42	《湖南省3+5城市群城镇体系规划（纲要）（2009～2030）》
	43	《珠江三角洲地区改革发展规划纲要（2008～2020）》
	44	《成渝城镇群协调发展规划》
	45	《京津冀都市圈区域综合规划研究》
	46	《宁夏沿黄城市带发展规划》
2010	47	《浙中城市群规划纲要》
	48	《沈阳经济区总体发展规划》

续表

年份	编号	规划项目
2010	49	《成渝经济区区域规划》
编制中或 待审批	50	《粤东城镇群协调发展规划》
	51	《南昌经济圈城市群规划》
	52	《乌鲁木齐都市圈规划》
	53	《乌昌地区城镇体系规划》
	54	《长江三角洲城镇群规划（2007～2020）》

注：《长株潭城市群区域规划（2008～2020）》与《长株潭城市群区域规划（2003～2020）》为同一编制主体、同一规划范围，是同一规划的两轮修编。所以，虽然全部规划样本为 55 个，但在统计城市群样本的时候不再重复统计，总计为 54 个。

规划（2007～2020）》中提出的 15 个优化和重点开发地区中有 14 个已经编制了城市群规划（江淮地区不明确），《全国城镇体系规划（2006～2020）》中提出的 17 个重点发展的城镇群已经全部落实了规划编制（表 7-2）。

表 7-2　国家重点发展的城市群规划编制情况

国家主体 功能区规划	全国城镇 体系规划	具体编制的规划名称
长三角 优化开发区	长三角城镇群	《长江三角洲地区区域规划（2009～2020）》
		《长江三角洲城镇群规划（2007～2020）》
珠三角 优化开发区	珠三角城镇群	《珠江三角洲城镇群协调发展规划（2004～2020）》
		关注《珠江三角洲地区改革发展规划纲要（2008～2020）》
环渤海 优化开发区	京津冀城镇群	《京津冀城镇群协调发展规划（2008～2020）》
		《京津冀都市圈区域综合规划研究》
	山东半岛城镇群	《山东半岛城市群总体规划（2006～2020）》
	辽中南城镇群	《辽宁省中部城市群发展规划（2005～2020）》
长江中游 重点开发地区	湘东城镇群	《长株潭城市群区域规划（2003～2020）》
		《长株潭城市群区域规划（2008～2020）》
		《湖南省 3+5 城市群城镇体系规划（纲要）（2009～2030）》
	武汉城镇群	《武汉城市圈空间规划（2008～2020）》

续表

国家主体 功能区规划	全国城镇 体系规划	具体编制的规划名称
长江中游 重点开发地区	昌九城镇群	《环鄱阳湖经济圈规划（2006～2010）》
		《江西省昌九工业走廊"十一五"区域规划》
中原重点 开发地区	中原城镇群	《中原城市群总体发展规划纲要（2006～2020）》
成渝重点 开发地区	成渝城镇群	《成渝城镇群协调发展规划》
		《成渝经济区区域规划》
海峡西岸 重点开发地区	海峡西岸城镇群	《海峡西岸城市群协调发展规划（2007～2020）》
		《海峡西岸经济区发展规划》
呼包鄂重点 开发地区		《内蒙古自治区呼包鄂城镇群规划（2007～2020）》
哈长重点 开发地区	哈尔滨城镇群	《哈大齐工业走廊产业布局总体规划》
		《哈尔滨都市圈总体规划（2005～2020）》
北部湾重点 开发地区	北部湾城镇群	《北部湾经济区城镇群规划》
		《广西北部湾经济区发展规划（2006～2020）》
关中重点 开发地区	关中城镇群	《关中城市群建设规划》
		《关中—天水经济区发展规划》
天山北坡 重点开发地区	乌鲁木齐城镇群	《乌鲁木齐都市圈规划》
		《乌昌地区城镇体系规划》
滇中重点 开发地区	滇中城镇群	《滇中城市经济圈区域协调发展规划（2009～2020）》
	山西中部城镇群	《太原经济圈规划纲要（2007～2020）》
东陇海重点 开发地区	无	无
江淮重点 开发地区	无	无

与此同时，省级政府同样表现出了对规划建设城市群的巨大热情。根据统计，在全国 34 个省级行政区中，有 25 个省和自治区提出在本行政区域范围内

规划建设城市群，其中 23 个已经编制完成了相应的城市群规划。在尚未开展城市群规划编制的 9 个省、市、自治区中，除北京、上海、天津、重庆、香港、澳门外，剩下仅西藏、青海和海南三地未明确提出编制城市群规划（表 7-3）。

表 7-3　各省区市城市群规划编制的基本情况

省份	提出规划建设城市群的有关文件	城市群规划或类似规划的名称
江苏	《江苏省城镇体系规划 （2001～2020）》	《南京都市圈规划（2002～2020）》
		《徐州都市圈规划（2002～2020）》
		《苏锡常都市圈规划（2002～2020）》
		《江苏沿海地区发展规划》
		《江苏沿江城市带规划》
浙江	《浙江省城镇体系规划 （2006～2020）》	《环杭州湾地区城市群空间发展战略规划》
		《浙江省温台地区城市群空间发展战略规划》
		《浙中城市群规划纲要》
山东	《省委省政府提出的区域发展战略（2007年）》	《山东半岛城市群总体规划（2006～2020）》
		《济南都市圈规划》
		《胶东半岛城市群和省会城市群一体发展规划》
山西	《山西省城镇体系规划（2006～2020）》	《太原经济圈规划纲要（2007～2020）》
河北	《河北省人民政府关于加快推进城镇化进程的若干意见》	
河南	《河南省城镇体系规划（2006～2020）》	《中原城市群总体发展规划纲要（2006～2020）》
内蒙古	《内蒙古自治区国民经济和社会发展第十一个五年规划纲要》	《内蒙古自治区呼包鄂城镇群规划（2007～2020）》
湖南	《湖南省 3+5 城市群城镇体系规划（纲要）（2009～2030）》	《长株潭城市群区域规划（2008～2020）》
湖北	《湖北省城镇体系规划（2003～2020）》	《武汉城市圈空间规划（2008～2020）》
福建	《福建省"十一五"城镇体系建设专项规划》	《海峡西岸城镇群协调发展规划（2007～2020）》
		《海西经济区建设纲要》

续表

省份	提出规划建设城市群的有关文件	城市群规划或类似规划的名称
辽宁	《省委省政府提出的三大区域发展战略》	《辽宁省中部城市群发展规划（2005～2020）》
		《辽宁沿海经济带发展规划》
		《辽西城市群发展规划》
		《沈阳经济区总体发展规划》
黑龙江	《黑龙江省国民经济和社会发展第十一个五年规划纲要》	《哈大齐工业走廊产业布局总体规划》
		《哈尔滨都市圈总体规划（2005～2020）》
吉林	《吉林省城镇体系规划（2006～2020）初稿》	《吉林省中部城镇群规划纲要（2005～2020）》
		《中国图们江区域合作开发规划纲要（2009～2020）》
宁夏	《宁夏回族自治区城镇体系规划（2003～2020）》	《宁夏沿黄城市带发展规划》
广东	《广东省城镇体系规划（2006～2020）》	《粤东城镇群协调发展规划》
		《珠江三角洲城镇群协调发展规划（2004～2020）》
广西	《广西城镇体系规划（2006～2020）》	《北部湾经济区城镇群规划》
	《广西壮族自治区"十一五"规划纲要》	《广西北部湾经济区发展规划（2006～2020）》
四川	《四川省城镇体系规划（2001～2020）》	《成都平原城市群发展规划（2009～2020）》
安徽	《安徽省国民经济和社会发展第十一个五年规划纲要》	《安徽省会经济圈发展规划纲要（2007～2015）》
		《安徽沿江城市群"十一五"规划纲要》
		《安徽沿淮城市群"十一五"经济社会发展规划》
陕西	《陕西省国民经济和社会发展第十一个五年规划纲要》	《关中—天水经济区发展规划》
		《关中城市群建设规划》
		《西咸一体化建设规划》
江西	《江西省新型城镇化"十一五"专项规划》	《环鄱阳湖经济圈规划（2006～2010）》
		《南昌经济圈城市群规划》
		《江西省昌九工业走廊"十一五"区域规划》
新疆	《新疆维吾尔自治区城镇体系规划（2004～2020）》	《乌鲁木齐都市圈规划》
		《乌昌地区城镇体系规划》
甘肃	《甘肃省城镇体系规划（2003～2020）》	《兰州都市圈规划纲要》
云南	《云南省国民经济和社会发展第十一个五年规划纲要》	《滇中城市经济圈区域协调发展规划（2009～2020）》

续表

省份	提出规划建设城市群的有关文件	城市群规划或类似规划的名称
贵州	《贵州省国民经济和社会发展第十一个五年规划纲要》	《贵阳城市经济圈"十一五"发展规划》
西藏	《西藏自治区城镇体系规划（2008～2020）》	无
海南	《海南城乡总体规划》	无
青海	《青海省城镇体系"十一五"发展规划》	无
上海	无	包含于长三角城市群地区
北京	无	包含于京津冀城市群地区
天津	无	包含于京津冀城市群地区
重庆	无	包含于成渝城市群地区
台湾	无	无
香港	无	与珠三角城市群地区相关联
澳门	无	与珠三角城市群地区相关联

第二节　研究我国城市群规划实践的样本选择

在城市群规划热潮形成的同时，学术界也结合了大量规划实践，对理论进行了总结与反思，这也是开展城市群规划研究的重要基础。

一、基于规划实践的文献整理

在中国学术期刊网络出版总库中，截至 2010 年年底，我国核心期刊上检索出以"城市群+规划""都市圈+规划""城镇群+规划""城镇密集地区+规划"作为篇名和关键词的核心期刊数量共计 81 篇。但以"城市群""都市圈""城镇群""城镇密集区"为篇名的期刊文献却高达 1 270 多篇，其数量是前者的 15～

16 倍，最早的研究更是可追溯到 1992 年。可以看到，我国"城市群规划"相关研究的文献数量大大少于"城市群"的研究文献数量，这也从一个侧面反映出我国针对城市群规划的理论研究相对薄弱。

如果进一步将这 81 篇研究城市群规划的文献按照内容进行分类，大致分为三类：第一类是基于实践对城市群规划的总结、研究和思考，约 25 篇；第二类是对我国城市群规划问题的反思、质疑和总结，约 32 篇；第三类是研究与城市群规划紧密相关的其他类型规划或相关问题，约 20 篇。

可以看到，我国对城市群规划的研究大多是围绕我国规划实践的总结和反思而展开。这反映出，中国的城市群规划实践的重要特点就是并非从理论指导中来，而更多是从实践中摸索和尝试，不断完善和推动技术体系。这意味着，对城市群规划的研究，仅关注城市群理论研究是远远不够的，回归到实践中进行总结和归纳是十分重要的研究视角。

二、基于规划实践确定的研究样本

从实践中对城市群规划的理论和方法进行总结、提炼是研究中国城市群规划的重要特点。而从中国实际来看，城市群的概念自身存在较多争议，甚至针对同一城市群的范围界定亦有所差别，因此，在研究样本选取中我们认为要尽量采用现在较为公认或官方认定的城市群规划。具体包括三类。

第一类，目前已经编制或正在编制的城市群规划，这些规划已经被地方政府认可，制度已被初步安排，具有较强的可操作性。

第二类，参照国家发展和改革委员会编制的国家主体功能区规划中的 15 个优化和重点开发区、住房和城乡建设部编制的全国城镇体系规划中的 17 个城镇群的地域范围内的城市群规划，包括国家主导编制的规划和省市政府编制的规划。

第三类，参照各省市政府工作报告、"十一五"规划纲要等文件中提及的城市群地区规划，并逐个核对省内城市群的规划编制情况，剔除掉仅有提法但未开展编制的城市群规划。

综合上述三方面考虑，最终确定了 54 个已经或正在编制的城市群规划作为研究对象（表 0-1）①。这里我们暂笼统地将这些规划都称为"城市群规划"。为了细致对比，将同一对象但具体范围界定有所差别的规划视为不同的城市群规划。

上述城市群规划所涉及的范围不仅包括国家层面的重点发展区域，如长三角地区、珠三角地区，还包括各省区市在各自行政单元内甄别出的最具发展潜力的地域空间。这些城市群规划所涉及的空间分布广泛，基本覆盖了我国国土范围内主要的经济轴带和节点，从地域空间角度来看具有较强的代表性（图 0-8）。

上述 54 个城市群中，总人口规模超出 2 500 万的城市群共 20 个②，这些城市群行政区划总面积达到全国国土面积的 1/5，人口占全国总人口的比例超过 1/2，非农人口、二产从业人员数、三产从业人员数均占全国的 2/3 左右，国内生产总值、二产产值、三产产值都占到同期全国相应经济总量的 80%以上。甚至工业废水排放量和工业二氧化硫排放量也分别达到了全国总量的 71.91%和 62.32%，同时也是我国大部分污染的来源地区（表 7-4）。即使总人口规模小于 2 500 万的城市群，例如山东半岛、中原、哈大齐等城市群，我们依然观察到这些城市群的人口比例占省域的 1/3～1/2，占同期各省地区生产总值的比重也普遍超出 60%，同样是省内经济发展的核心。

总体来看，无论是经济总量、社会发展还是资源环境承载力，城市群地区都将对中国未来的可持续发展起到举足轻重的作用，正在成为新时期中央和地方政府的关注点，体现国家区域政策的总体走向。

---

① 54 个城市群样本均来自表 7-1 的城市群规划，名称与前者保持一致。仅长株潭城市群编制过两版规划，因而样本数从 55 个减少为 54 个。其中，47、49、51、53 是发展改革委主导编制的关于长三角、珠三角、成渝、京津冀四大地区的城市群规划所对应的范围；48、50、52、54 是住建部主导编制的关于长三角、珠三角、成渝、京津冀四大地区的城市群规划所对应的范围。

② 包括珠三角城市群（发展改革委、住建部）、山东半岛城市群、长三角城市群（发展改革委、住建部）、京津冀（发展改革委、住建部）、成渝城镇群（住建部）、海西经济区、湖南 3+5 城市群、关中天水经济区、成都平原城市群、海峡西岸城镇群、武汉都市圈、中原城市群、安徽沿淮城市群、徐州都市圈、济南都市圈、胶东半岛城市群、江苏沿江城市带。

表 7-4　总人口规模超出 2 500 万人的城市群在全国的地位比较

	面积 （km²）	总人口 （万人）	地区 生产 总值 （亿元）	二产 增加值 （亿元）	三产 增加值 （亿元）	二产 从业 人员 （万人）	三产 从业 人员 （万人）	非农 人口 （万人）	工业 废水 排放量 （万 t）	二氧 化硫 排放量 （t）
城市群	2 206 909	74 860	208 572	105 569	86 471	13 750	14 929	28 279	1 736 100	12 063 791
全国总量	9 600 000	132 129	249 530	121 382	107 367	20 629	24 917	43 077	2 414 276	19 357 150
所占比重 （%）	22.99	56.66	83.59	86.97	80.54	66.66	59.92	65.65	71.91	62.32

资料来源：中国各省分县市人口统计资料（2007）、《中国区域经济统计年鉴 2008》、《中国城市统计年鉴 2008》等。

第三节　城市群政策与城市群规划的政策意图

一、国家推动的主要政策意图

1. "十一五"以来国家有关城市群的主要政策

（1）2001 年，《中华人民共和国国民经济和社会发展第十个五年计划纲要》

推进城镇化要遵循客观规律，与经济发展水平和市场发育程度相适应，循序渐进，走符合我国国情、大中小城市和小城镇协调发展的多样化城镇化道路，逐步形成合理的城镇体系。有重点地发展小城镇，积极发展中小城市，完善区域性中心城市功能，发挥大城市的辐射带动作用，引导城镇密集区有序发展。防止盲目扩大城市规模。要大力发展城镇经济，提高城镇吸纳就业的能力。加强城镇基础设施建设，健全城镇居住、公共服务和社区服务等功能。以创造良好的人居环境为中心，加强城镇生态建设和污染综合治理，改善城镇环境。加强城镇规划、设计、建设及综合管理，形成各具特色的城市风格，全面提高城镇管理水平。

（引自"第九章　实施城镇化战略，促进城乡共同进步"中"第一节　形成合理的城镇体系"。）

（2）2006年，《中华人民共和国国民经济和社会发展第十一个五年规划纲要》

要把城市群作为推进城镇化的主体形态，逐步形成以沿海及京广京哈线为纵轴，长江及陇海线为横轴，若干城市群为主体，其他城市和小城镇点状分布，永久耕地和生态功能区相间隔，高效协调可持续的城镇化空间格局。

已形成城市群发展格局的京津冀、长江三角洲和珠江三角洲等区域，要继续发挥带动和辐射作用，加强城市群内各城市的分工协作和优势互补，增强城市群的整体竞争力。

具备城市群发展条件的区域，要加强统筹规划，以特大城市和大城市为龙头，发挥中心城市作用，形成若干用地少、就业多、要素集聚能力强、人口分布合理的新城市群。

人口分散、资源条件较差、不具备城市群发展条件的区域，要重点发展现有城市、县城及有条件的建制镇，成为本地区集聚经济、人口和提供公共服务的中心。

（引自"第五篇　促进区域协调发展"中"第二十一章　促进城镇化健康发展"中"第二节　形成合理的城镇化空间布局"。）

（3）2006年，《全国城镇体系规划（2006～2020）》

坚持走多样化的城镇化道路，因地制宜地制定城镇化战略及相关政策措施。发挥城镇群、中心城市在一定区域范围内的辐射和带动作用，促进大中小城市和小城镇协调发展，促进城乡统筹和区域协调。

城镇群是以一个或多个中心城市为核心，以综合交通网络为联络骨架，构成联系紧密的城镇发展地区，是组织和带动区域经济发展、落实国家区域发展政策的重要地区。

要根据不同地区的社会经济发展水平，调整和完善城镇网络结构，在有条件的地区积极培育城镇群，组织和协调好城镇群内部各城镇之间的职能分工、产业发展、基础设施建设、资源开发和生态环境保护。提高城镇群产业和人口的吸纳能力，强化对地方社会经济发展的辐射带动作用。

（引自"第四章　城镇化空间战略"中"4.1 城镇化空间战略"及"4.3 重点地区城镇发展指引"。）

以城镇群为核心，以促进区域协作的主要城镇联系通道为骨架，以重要的中心城市为节点，形成"多元、多极、网络化"的城镇空间格局。多元是指不同资源条件、不同发展阶段、不同发展机制和不同类型的区域，要因地制宜地制定城镇空间组织方式和发展模式。多极是指依托不同类型、不同层次的城镇群和中心城市，带动不同区域发展，落实国家区域协调发展总体战略。网络化是指依托交通通道，形成中心城市之间、城镇之间、城乡之间紧密联系、优势互补、要素自由流动的格局。

（引自"第五章 城镇体系与城市发展"中"5.1 城镇体系空间组织"。）

（4）2007 年 7 月，《国务院关于编制全国主体功能区规划的意见》（国发〔2007〕21 号）[①]

坚持以人为本，引导人口与经济在国土空间合理、均衡分布，逐步实现不同区域和城乡人民都享有均等化公共服务；坚持集约开发，引导产业相对集聚发展，人口相对集中居住，形成以城市群为主体形态、其他城镇点状分布的城镇化格局，提高土地、水、气候等资源的利用效率，增强可持续发展能力；坚持尊重自然，开发必须以保护好自然生态为前提，发展必须以环境容量为基础，确保生态安全，不断改善环境质量，实现人与自然和谐相处；坚持城乡统筹，防止城镇化地区对农村地区的过度侵蚀，同时，也为农村人口进入城市提供必要的空间；坚持陆海统筹，强化海洋意识，充分考虑海域资源环境承载能力，做到陆地开发与海洋开发相协调。

（引自"二、编制全国主体功能区规划的指导思想和原则"中的"（二）主

[①] 中国政府网，http://www.gov.cn/zwgk/2007-07-31/content_702099.htm。

要原则"。）

（5）2007 年 10 月 24 日，胡锦涛在中国共产党第十七次全国代表大会上的报告

缩小区域发展差距，必须注重实现基本公共服务均等化，引导生产要素跨区域合理流动。要继续实施区域发展总体战略，深入推进西部大开发，全面振兴东北地区等老工业基地，大力促进中部地区崛起，积极支持东部地区率先发展。加强国土规划，按照形成主体功能区的要求，完善区域政策，调整经济布局。遵循市场经济规律，突破行政区划界限，形成若干带动力强、联系紧密的经济圈和经济带。重大项目布局要充分考虑支持中西部发展，鼓励东部地区带动和帮助中西部地区发展。加大对革命老区、民族地区、边疆地区、贫困地区发展扶持力度。帮助资源枯竭地区实现经济转型。更好发挥经济特区、上海浦东新区、天津滨海新区在改革开放和自主创新中的重要作用。走中国特色城镇化道路，按照统筹城乡、布局合理、节约土地、功能完善、以大带小的原则，促进大中小城市和小城镇协调发展。以增强综合承载能力为重点，以特大城市为依托，形成辐射作用大的城市群，培育新的经济增长极。

（引自"五、促进国民经济又好又快发展"中的"（五）推动区域协调发展，优化国土开发格局"。）

（6）2008 年 12 月 10 日，中央经济工作会议召开，胡锦涛、温家宝作重要讲话①

三是要以推进城镇化和促进城乡经济社会发展一体化为重点，改善城乡结构。促进大中小城市和小城镇协调发展，有重点地培育一批综合承载能力强、辐射作用大的城市群，使其成为拉动内需的重要增长极。

（引自"三、加快发展方式转变，推进经济结构战略性调整"。）

---

① 中国政府网，http://www.gov.cn/ldhd/2008-12/10/content_1174127.htm。

（7）2010年6月，国务院审议通过《全国主体功能区规划》^①

国务院总理温家宝12日主持召开国务院常务会议，审议并原则通过《全国主体功能区规划》（下称《规划》），在国家层面将国土空间划分为优化开发、重点开发、限制开发和禁止开发四类区域，并明确了各自的范围、发展目标、发展方向和开发原则。

会议指出，编制实施全国主体功能区规划，要努力实现空间开发格局清晰、空间结构优化、空间利用效率提高、基本公共服务差距缩小、可持续发展能力增强的目标。

《规划》提出，国家优化开发的城市化地区要率先加快转变经济发展方式，着力提升经济增长质量和效益，提高自主创新能力，提升参与全球分工与竞争的层次，发挥带动全国经济社会发展的龙头作用；国家重点开发的城市化地区要增强产业和要素集聚能力，加快推进城镇化和新型工业化，逐步建成区域协调发展的重要支撑点和全国经济增长的重要增长极。

（8）2010年，《中共中央关于制定国民经济和社会发展第十二个五年规划的建议》

按照统筹规划、合理布局、完善功能、以大带小的原则，遵循城市发展客观规律，以大城市为依托，以中小城市为重点，逐步形成辐射作用大的城市群，促进大中小城市和小城镇协调发展。科学规划城市群内各城市功能定位和产业布局，缓解特大城市中心城区压力，强化中小城市产业功能，增强小城镇公共服务和居住功能，推进大中小城市交通、通信、供电、供排水等基础设施一体化建设和网络化发展。

（引自"五、促进区域协调发展，积极稳妥推进城镇化"中的"（20）完善城市化布局和形态"。）

---

① 财经网，http://www.caijing.com.cn/2010-06-13/110458874.html。

2. 对国家城市群政策意图的解读

第一，城市群是国家应对全球化战略机遇、提高国家竞争力的重要政策工具。20 世纪末 21 世纪初，全球经济和产业体系正处于快速的变革期，产业、人才、技术都处于全球重构阶段。改革开放以来，中国市场化程度不断提高，以 2001 年中国加入 WTO 为标志，中国步入了全球化的新阶段。也正是在这样一种战略机遇期，"十一五"以来国家通过在全国层面确定出若干重点城市群，以引导产业、服务、人才、技术等各类要素的集中配置，促进基础设施、公共服务的配套支撑。在提高国土开发利用效率，促进资源节约、环境友好发展的同时，把握了全球化的战略机遇，促进了我国城镇化、工业化健康、有序地发展。

第二，城市群也是国家促进各个区域有重点地发展、协同发展的政策工具之一。我国国土空间的地理条件、资源本底、发展基础、交通条件等差异巨大，即使同一地区内部也经常面临着巨大差异。因此，通过发展条件的综合分析，通过城市群的确立，优先确定出国土尺度上的重点发展地区，即城市群地区，从而可以引导资源要素的集中配置。而在一些发展条件并不突出的地区（如西北地区、西南地区），以促进全国国土的平衡、协调发展为目标，也可以有政策意图地培养或打造一些具有较优条件的地区成为城市群，以带动国土尺度上一定程度的均衡发展。从这个角度来说，城市群虽然不是我国区域经济和城镇化发展的唯一途径，但我们认为，应当鼓励有条件的地区发展成为城市群。同时，在城市群所处的区域内部，通过城市群的极化发展，以财政转移支付、产业转移等政策为手段，也能够扶持贫困落后地区、问题地区的发展，从而促进区域内部协同、健康地发展。

二、地方实践中的主要政策意图

本小节从前文提到的 54 个城市群规划样本中挑选了 15 个作为地方实践政策意图的重点研究对象。这些城市群（都市圈）规划的选择要兼顾以下因素：

分布地域范围包括东部、中部和西部城市群；所在地理区位是我国社会经济和宏观发展最为重要的地区；这些城市群规划大多已经完成编制；涵盖了国家级城市群、省级城市群和省内重点地区的城市群等不同等级类型以及处于不同发展阶段的城市群，样本类型相对全面（表 0-2）。

1. 地方实践活动中城市群规划的背景和目的

城市群规划的编制都是具有一定目的性的，由于各城市群所处发展阶段的差异，各城市群面临的主要问题是不同的，也决定了整个规划力图突破方向的差异。城市群规划编制可以分为问题导向、目标导向、需求导向和制约导向，其中前两种思路是规划中通常采用的，其实质就是破解发展中面临的"瓶颈"问题和寻找实现发展目标的具体路径。

《长江三角洲地区区域规划（2009～2020）》从 2006 年开始编制，2010 年正式发布。这个阶段正是全球化浪潮重塑世界经济格局的关键时期。经济全球化和区域经济一体化深入发展，国际产业向亚太地区转移，我国扩大内需政策加快实施，中国处在重要的战略机遇期。区域内尚未解决的结构性矛盾与国际金融危机的影响交织在一起，区域内发展定位和分工不够合理，交通、能源、通信等重大基础设施还没有形成有效配套和衔接，产业层次不高，外贸依存度偏高，自主创新能力不够强，国际竞争力尚需提高。因此，长三角规划的编制处于国际金融危机和国家区域发展总体战略实施的双重背景下，"增强综合竞争力和可持续发展能力"成为长三角规划的突破点。

《珠江三角洲城镇群协调发展规划（2004～2020）》是从 2003 年开始编制的，而这个时期珠三角正面临来自长三角强大的竞争压力。这一时期长三角经过十多年的发展，成功把握住了我国由轻工业化阶段向重工业化阶段转型出现的全球资本转移、产业转移的机会，跃居全国经济总量之最，形成了后发优势。珠三角城镇群从 20 世纪 80 年代开始发展，最初作为港澳前店后厂模式中的制造基地，以土地、劳动力的低成本和资源环境的高消耗换取了珠三角经济的高速发展，但随着成本上升、环境问题越发严峻，国际和国内竞争加剧，珠三角城镇群慢慢进入发展"瓶颈"期。内部城市缺乏整体协调性的问题越来越明显，已经成为进一步发展的制约因素：一方面是城市间的协调，包括区域城市关系协调、产业用地布局协调、产业圈层定位协调；另一方面是城市发展与环境保护关系的协调问题。本版珠三角城镇群规划的重点就是对影响整体可持续性的重大问题进行重新梳理、统筹协调。

《珠江三角洲地区改革发展规划纲要（2008～2020）》是国家发展改革委组织编制的一项重要的区域规划，其编制从 2008 年开始。这个时期整个亚洲进入了金融危机时期，珠三角地区的发展受到了严重冲击，国际金融危机的影响与尚未解决的结构性矛盾交织在一起，外需急剧减少与部分行业产能过剩交织在一起，原材料价格大幅波动与较高的国际市场依存度交织在一起，都加大了珠三角经济运行的困难程度，显现出深层次的矛盾问题。本版区域规划的目的就是为了破解金融危机对珠三角的影响，通过产业的全面升级根本性地解决珠三角的隐忧。

《京津冀城镇群协调发展规划（2008～2020）》2006 年开始启动，2008 年完成编制和评审。京津冀城镇群作为我国继珠三角地区、长三角地区之后提出的第三极，带动北部地区的经济发展。改革开放以来，我国经济发展重心由南及北、逐步递推的迁移轨迹反映了国家宏观发展战略的调整。京津冀城镇群的提出反映出新时期全国发展重心北移，缩小沿海地区与西北、东北等内陆地区间发展差异的战略部署，也预示着京津冀地区在国家发展中扮演的角色即将从大国首都地区跃升为改革开放前沿。不同于跨越了快速工业化发展阶段的长三角和珠三角地区，京津冀城镇群要经历从无到有的构建过程，也就是形成双向开放的空间格局，以及实现城镇职能体系的重构，"建构"与"协调"要同时成为本版规划的突破重点。

《京津冀都市圈区域综合规划研究》是 2004 年由国家发展改革委组织进行编制的。规划编制的背景是京津冀都市圈面临国际和国内的双重需求。国际方面，伴随全球化掀起的第三产业结构调整和国际产业转移高潮的到来，发达国家向发展中国家转移的产业从劳动密集型产业开始向资本密集型和资本—技术双密集型产业变化。跨国公司的投资指向也从单纯具有劳动力和区位优势的区域转变为具有技术、人才、基础设施综合优势的地区。从东北亚区域经济合作发展的长远趋势看，各国经济的高度互补性和日益激烈的国际竞争，决定了未来的竞争将更多的是技术创新能力的竞争。京津冀地区的核心城市北京是全国科技综合实力最强的城市，所以对京津冀来说，全球化的浪潮给京津冀地区提供了前所未有的机遇。国内方面，国家相继提出"西部大开发""振兴东北老工业基地""中部崛起"等一系列促进内陆地区发展的政策。2005 年，中国东南沿海地区的经济增长速度第一次低于全国平均水平，而中西部地区和北方地区却呈现出高速发展态势，这个时期北方地区需要一个经济拉动中心。因此，国际机遇和国内需求组成了京津冀都市圈建构与发展的内外双重驱动力。

《山东半岛城市群总体规划（2006～2020）》从 2003 年年底开始编制，2005年编制完成。山东半岛城市群规划编制时期相对较早，在珠三角、长三角两大城市群编制规划后，山东半岛、京津冀、辽中南、闽东南城市群也都在紧锣密鼓地开展城市群规划，在沿海一线城市群的竞争压力下，山东半岛城市群试图通过编制城市群规划，重新整合区域资源，发挥整体优势，抢占沿海一线北部地区的战略高地。我国沿海城市融入全球化进程的加快、中国加入世贸组织以及青岛作为 2008 年奥运会的分会场，都为山东半岛城市群的发展提供了新机遇。因此，提升区域核心竞争力，提升其在全球生产服务链中的地位，是本版规划编制的重要背景。

《海峡西岸城市群协调发展规划（2007～2020）》提出的重要背景是新时期两岸关系的转变。受到政治地缘的影响，1949 年后海西城市群的发展和建设一直比较缓慢，城镇化发展、空间结构布局等均存在问题。2008 年，台湾地区国民党重新执政为两岸关系发展提供了难得的历史机遇。海西城市群北承长三角、南接珠三角，与台湾地区隔海相望，加快城市群发展不仅有利于完善我国沿海区域经济版图，还有利于国家统一大业的完成，更好地服务中西部地区。因此，海西城市群规划的编制对福建的发展来说是具有综合性、前瞻性、战略性的举措。

《成渝城镇群协调发展规划》是 2007 年开始启动编制的，其编制的重要背景是应对国际金融危机和深化成渝"全国统筹城乡综合配套改革试验区"的建设。2008 年爆发的全球金融危机对中国经济产生了较为深远的影响，出口下滑，总体经济增速放缓，扩大内需成为我国拉动经济发展的新措施，而成渝地区拥有的庞大人口和需求潜力极大地支持了我国新时期内需型经济的战略部署。成渝地区作为我国发展战略的"第四极"、西部大开发中的经济高地，承担了带动西部发展的重要责任。该地区农业人口多、城乡差距大、劳动力就业难、库区移民安置数量大，是典型的城乡二元格局，是国家破解"三农"问题、统筹城乡的改革试验区，这也是城市群规划编制的重要背景。

《中原城市群总体发展规划纲要（2006～2020）》的重要编制背景是东部产业正加速向中西部地区转移，河南周边省份纷纷提出各自的城市发展战略，河南省作为中部人口大省正面临着发展的机遇和挑战。2003 年，河南省委、省政府做出中心城市带动的战略决策并提出中原城市群的构想。在其指导下，全省城镇化步伐明显加快，被列为国家"十一五"期间重点开发区，受到国家和河南省的认同与重视。可以看到，中原城市群规划编制是为了加快全省现代化进程、实现全面建设小康社会的战略目标，是河南省应对机遇和挑战的重大举措，更是实现国家中部崛起战略的空间重要载体。

《长株潭城市群区域规划（2008～2020）》的重要编制背景是 2007 年 12 月被国家批准为全国资源节约型和环境友好型社会建设综合配套改革试验区，长株潭城市群的发展上升到国家战略层面。2003 版规划已经无法应对发展的新变化，城乡统筹、"两型"社会改革试验区、中部崛起等都对长株潭城市群的发展提出了新要求。本版长株潭城市群规划的编制目标是实现国家赋予的创新发展的历史使命、带动湖南经济社会的持续快速发展、解决城市群发展中面临的诸多矛盾和问题，为长株潭城市群未来的长远发展确定新的发展目标，制定新的发展路径，开拓新的发展空间，提供新的支撑条件。本规划内容涵盖产业发展、社会事业、生态建设、土地使用等多方面，是区域发展的综合性指南。

《武汉城市圈空间规划（2008～2020）》编制的重要背景是 2007 年 12 月国家正式批准武汉城市圈为全国资源节约型和环境友好型社会建设综合配套改革试验区，使武汉城市圈进入全国新一轮改革试验的最前沿，为湖北在中部地区率先崛起提供强大动力。本规划的编制根据"两型"社会建设综合配套改革试验的要求，侧重于探索建立有利于"两型"社会建设的武汉城市圈空间统筹机制，指导武汉城市圈的空间发展和重大项目建设。

《太原经济圈规划纲要（2007～2020）》的编制是对资源型城市转型发展的探索，更是山西省对国家中部崛起战略的积极响应。我国资源型城市面临资源与能源过度消耗以及严峻的环境污染两方面的矛盾，而以资源型产业为支柱且自身资源与环境容量水平偏低的山西省更是转型发展的重点。国家的中部崛起战略为综合竞争力位于中部六省末席的山西省提供了发展机遇，同时也对经济圈的核心区提出了更高的要求，要求实施中心城市带动战略的山西省省会太原必须尽快提升实力与地位，以带动周边地区乃至山西省的发展。

《关中—天水经济区发展规划》于 2009 年公布，其规划编制处于应对国际金融危机和深化西部大开发战略的双重背景下，也是贯彻国家发展战略的重要举措。本规划的编制，有利于加快经济区建设与发展，增强区域经济实力，形成支撑和带动西部地区快速发展的重要增长极；有利于深化体制机制创新，为统筹科技资源改革探索新途径、提供新经验；有利于深入实施西部大开发战略，建设大西安、带动大关中、引领大西北；有利于应对当前国际金融危机的影响，承接东中部地区产业转移，促进区域协调发展。

《哈尔滨都市圈总体规划（2005～2020）》于 2005 年启动，其编制的主要背景是区域竞争愈演愈烈，哈尔滨试图通过培育都市圈提升其在东北地区的城市竞争力。沈阳 2003 年提出呈北斗七星之势的七市联盟的"大沈阳"战略，大连于 2003 编制了《"大大连"城市总体规划》，长春编制了《大长春都市总体发展规划（2004～2020）》。虽然哈尔滨都市圈是东北四大都市圈中提出时间最早的，但由于地处内陆、居国内交通体系的端点，在交通条件、对外开放程度和吸引资金方面均处于劣势。该规划试图通过"培育"都市圈，整合哈尔滨区域范围的资源，增强哈尔滨在东北地区的竞争力。

《南京都市圈规划（2002～2020）》是江苏省及全国最早自发编制的都市圈规划之一，其编制背景是南京发展过程中产生了整合区域资源、促进区域一体化发展的内生需求。对于沿海地区省份，特别是经济在全国历来发达的江苏省，省内城市的辐射范围已经大大超过了城市边界，南京都市圈的编制意义也在于打破行政界限的束缚，从区域的角度统筹安排经济社会建设、优化生存环境、协调城乡关系，按经济、社会与环境功能的整合需求和发展趋势构筑城镇群体空间单元。

2. 地方实践活动中对城市群目标和定位的构想

《长江三角洲地区区域规划（2009～2020）》提出的功能定位是：①亚太地区重要的国际门户；②全球重要的现代服务业和先进制造业中心；③具有较强国际竞争力的世界级城市群。

《珠江三角洲城镇群协调发展规划（2004～2020）》提出的发展总目标是：抓住机遇期，加快发展、率先发展、协调发展，全面提升珠三角城镇群的整体竞争力，建设成为世界级的制造业基地和充满生机与活力的城镇群。具体目标包括：目标一，中国参与国际合作与竞争的"排头兵"；目标二，国家经济发展的"发动机"；目标三，文明发展的"示范区"；目标四，深化改革与制度创新的"试验场"，目标五，区域和城乡统筹协调发展的"先行地区"。

《珠江三角洲地区改革发展规划纲要（2008～2020）》提出的战略定位是：①探索科学发展模式试验区；②深化改革先行区；③扩大开放的重要国际门户；④世界先进制造业和现代服务业基地；⑤全国重要的经济中心。

《京津冀城镇群协调发展规划（2008～2020）》提出的发展目标为：坚持科学发展的道路，建设成为具有首都地区战略地位、统筹协调发展的世界级城镇群，成为资源节约、环境友好、社会和谐的典范。具体目标包括：①中国参与全球竞争的重要城镇群；②引领中国北方进一步对外开放的门户区；③国家健康城镇化的重要承载地；④国家率先转变发展方式和制度创新示范区。

《京津冀都市圈区域综合规划研究》提出的总体功能定位为：①以中国首都为中枢，具有京津双核特征与较高区域和谐发展水平的新型国际化大都市圈；②以国家创新基地为支撑，拥有基础产业、高端制造业与服务业等完善产业体系的现代化都市经济区；③以技术、信息、金融、客货交流枢纽为依托，是北方地区最具影响力和控制力的门户地区。

《山东半岛城市群总体规划（2006～2020）》提出了城市群在不同区域尺度

下的发展目标定位。①全球范围内发展战略定位：山东半岛城市群是以东北亚区域性国际城市青岛为龙头，带动山东半岛城市群外向型城市功能整体发展的城市密集区域，是全球城市体系和全球产品生产服务供应链中重要的一环。②次区域经济合作圈内发展战略定位：山东半岛城市群是环黄海地区区域经济合作的制造业生产服务中心。构筑由山东半岛，韩国西、南海岸地区，日本九州地区组成的三角地带跨国城市走廊，推动"鲁日韩黄海地区成长三角"形成。③全国范围内发展战略定位：山东半岛城市群是黄河流域的经济中心和龙头带动区域，是与珠三角、长三角比肩的中国北方地区的增长极之一，是与京津冀、辽中南地区共同构筑环渤海地区经济合作圈的领头军。

《海峡西岸城市群协调发展规划（2007～2020）》的区域定位是：践行科学发展观的先行区，两岸人民交流合作的先行区，推动国际合作的重要窗口，连接"两洲"辐射中西的沿海增长极。

《中原城市群总体发展规划纲要（2006～2020）》提出中原城市群将努力形成布局优化、结构合理、与周边区域融合发展的开放型城市体系，建成一批特色鲜明、适宜居住的资源节约型和环境友好型城市，进一步凸显城市经济在区域经济中的主体作用；产业竞争力、科技创新能力和文化竞争力显著提高，建成全国重要的先进制造业基地、能源基地和区域性现代服务业中心、科技创新中心；人力资源得到有效开发利用，经济与人口、资源、环境相协调的发展格局基本形成；城乡居民生活更加富裕，普遍享受较高质量的教育、文化和卫生服务，社会更加和谐。

《长株潭城市群区域规划（2008～2020）》提出的战略定位为：全国"两型"社会建设的示范区，中部崛起的重要增长极，全省新型城市化、新型工业化和新农村建设的引领区，具有国际品质的现代化生态型城市群。规划确定的总体发展战略为"建设'两型'社会、实现科学跨越"，即按照资源节约型和环境友好型社会建设的要求，从产业、环境、社会、交通、空间、机制等方面，加强长株潭城市群的一体化建设，推动城市群"两型"社会建设，实现城市群跨越发展。

《武汉城市圈空间规划（2008～2020）》提出把武汉城市圈建设成为我国具

有明显优势地位的增长极和在亚太地区具有一定影响、经济实力雄厚、城市一体化程度高的新型城市群。目标一，我国"两型"社会建设的示范区；目标二，中部崛起的战略支点和我国新型工业化的先行区域；目标三，富有活力和竞争力的区域联合体。

《太原经济圈规划纲要（2007～2020）》提出的功能定位是：具有国家战略意义的山西省核心经济圈。其具体的目标定位主要分为国家和省域两个层次以及六个方面。国家层面：中国北部承接东西、沟通南北的重要枢纽区，促进中部崛起新的增长极，全国重要的新型能源和重化工产业基地。省域层面：山西省社会经济发展的核心地带和组织中枢，转型与跨越发展的示范基地，率先并带动山西省全面实现小康的战略平台。

《关中—天水经济区发展规划》提出的战略定位是：①全国内陆型经济开发开放战略高地；②统筹科技资源改革示范基地；③全国先进制造业基地；④全国现代农业高技术产业基地；⑤彰显华夏文明的历史文化基地。

《哈尔滨都市圈总体规划（2005～2020）》提出的功能定位包括：①国家重要的先进制造业基地；②现代农业和农产品加工基地；③多功能的经济综合中心：黑龙江省核心都市圈、东北经济区北部经济密集区；④对俄及东北亚区域合作的门户城市；⑤世界重要的冰雪文化旅游特色区之一：国际冰雪旅游、冰雪运动基地，寒地国际性城市，兼容并蓄、文化多元的生态型都市圈。

《南京都市圈规划（2002～2020）》提出的功能定位包括：①国内最具竞争力的都市圈之一；②长江流域与东部沿海交汇地带的枢纽型都市圈；③江苏省首位核心都市圈；④兼容并蓄、开放多远的文化型都市圈。

3. 地方城市群规划政策意图解读

规划实践中对城市群概念的主要理解来自于地方发展的实际需要，这种需求主要源自两个方面（图 7-2）。

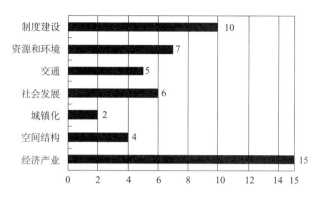

图 7-2 全国 15 个样本城市群规划功能定位分类

资料来源：根据 15 个城市群规划的样本整理并统计。

第一，有利于更好地协调现实矛盾。内部竞争激烈的地区，如何通过来自上级政府层面的自上而下的调控，以解决内部竞争无序所导致的整体利益损失问题。尤其是区域内基础设施的重复建设、区域性交通设施及道路的衔接与协调、区域性生态地区的共同保护以及重大建设项目的选址等。

第二，更加有利于获得竞争的优先性、上级赋予的发展政策的优先权。在经济发展的宏观背景下，区域发展可以通过整合或者预先整合产生群体竞争优势。一旦城市群获得国家政策层面的支持，城市群地区可以在国土指标及资源占用量上获得更多倾斜性支持，以支撑城市群内部单个城市经济和规模总量的进一步壮大，这也是地方政府对国家整体处于战略机遇期的一种自下而上的主动作为。

第四节 规划城市群的实际发展状况

为更好地了解和评价 54 个城市群规划所对应区域的整体发展水平及其差异，本次研究采用规模与密度、经济发展与城镇化水平、全球化程度、环境污染水平四个指标，分别用以反映城市群发展的基础动力、城市群发展综合水平、城市群对外联系和城市群环境资源关系四个方面的状况，这些也是国内外学者在城市群研究领域中最为关注的内容。

由于城市群范围内不仅包括地级市，还涉及部分县级单元，研究采用的数据需要是全国同期可比数据，受到各地区最新版统计年鉴的统计数据收集的限制，最后确定以 2007 年作为所有统计数据的基期。具体数据来源如下。

第一，人口相关数据。总人口数（万人）、非农人口数（万人）来源于《中国分县市人口统计资料 2007》。

第二，环境污染相关数据。工业废水排放量（万吨）、工业二氧化硫排放量（吨）、工业烟尘排放量（吨）来源于《中国城市统计年鉴 2008》和各省市自治区年鉴。

第三，其他社会经济相关数据。土地面积（平方千米）、地区生产总值（亿元）、第一产业增加值（亿元）、第二产业增加值（亿元）、第三产业产值（亿元）、第二产业从业人数（万人）、第三产业从业人数（万人）、人均地区生产总值（元/人）、货物进出口总额（万美元）、进口额（万美元）、出口额（万美元）等数据来源于《中国区域经济统计年鉴 2008》。

一、规模与密度

从 54 个规划城市群的位序散点图可以看到，总人口、人口密度的分布都不是连续的平滑曲线，均出现了明显的断点，这反映出我国规划城市群规模、密度之间差距悬殊的特征。人口规模最大的长三角城市群已经超过 2 亿人，而人口规模最小的宁夏沿黄城市带人口仅 351 万人，两者相差 50 多倍。人口密度最高的粤东城市群超过 1 000 人/平方千米，而最低的乌鲁木齐都市圈仅为 31 人/平方千米，相差 30 多倍（图 7-3、图 7-4）。

从地理空间分布来看，我国人口规模较高的地区主要集中在环渤海地区和上海、重庆等重要城市，东部沿海的京津冀、长三角、珠三角地区的城市人口数量也普遍较高（图 7-5）。人口密度较高的地区地理特征比较明显：一是大多位于沿海一线区域，如北京、上海、广州、深圳等；二是中西部地区的省会地区也是人口的聚集地（图 7-6）。从人口规模和人口密度两个方面综合来看，东部地区普遍高于中西部地区。

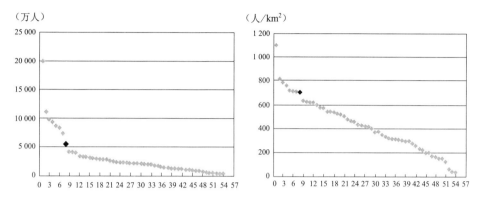

图 7-3　全部规划城市群总人口规模位序　　　图 7-4　全部规划城市群人口密度位序

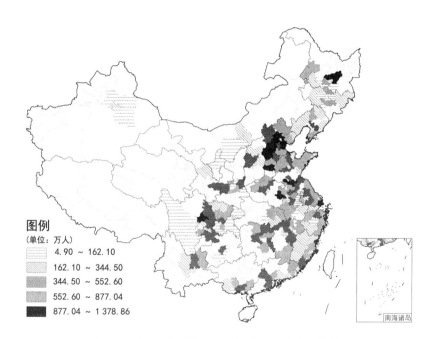

图 7-5　2007 年规划城市群所在区域总人口分布

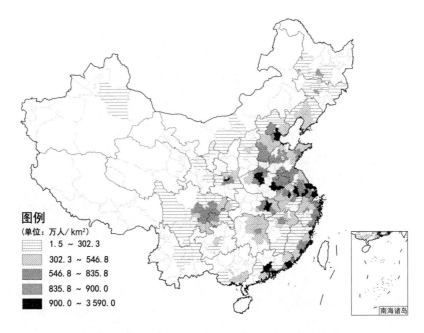

图 7-6 2007 年规划城市群所在区域人口密度分布

二、经济发展与城市化水平

从 54 个规划城市群的位序散点图可以看到，人均地区生产总值的散点图不是连续的平滑线，也出现了明显的断点。人均地区生产总值最高的珠三角城市群接近于 9 万元/人，而最低的安徽沿淮城市群尚未超过 1 万元/人，相差十多倍（图 7-7）。按照 H. 钱纳里提出的人均经济总量与经济发展阶段的对应模型，我国城市群分别处于工业化初级、中级、高级和发达等不同经济阶段。

按照城镇化发展阶段的标准，54 个规划城市群分别处于城镇化初期、中期和后期，也显现出较大的发展阶段差异性。最高的珠三角城市群非农化率已经超过 70%，而最低的安徽沿淮城市群尚未达到 20%，之间相差五十几个百分点（图 7-8）。

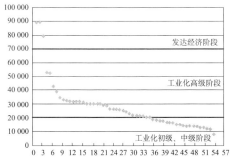

图 7-7　全部规划城市群人均
地区生产总值位序

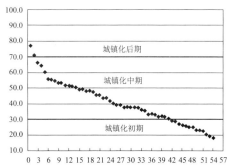

图 7-8　全部规划城市群非农化率位序

从地理空间分布来看，我国人均地区生产总值较高的城市群大多集中在东部沿海地区，其中辽宁沿海地区、呼包鄂地区、京津冀地区、山东半岛地区、长三角地区、珠三角地区经济发展水平处于最高层级。

工业化的快速发展是我国城市群之间、城市之间相互合作分工的重要基础。东部沿海地区是改革开放后我国最先吸引外资发展制造业的地区，第二产业的发展实力也最为雄厚，因此，沿海的辽宁沿海地区、京津冀地区、长三角地区、珠三角地区也是工业产值最高的城市群（图 7-9）。虽然沿海地区的城市群二产经济规模总量很大，但单位二产从业人员的产值效益却不是排在全国前列。相对而言，东北地区是传统的重工业基地，资本密集型工业比重较高，其单位人员的工业产值效率是全国最高的。内蒙古地区城市群依托于煤炭、化工、电力、冶金等重化工业也表现出了较高的二产从业人员产出效益（图 7-10）。

54 个规划城市群内部，第三产业增加值最高的城市基本都是群内的首位城市（图 7-11），比如长三角城市群的上海、京津冀城市群的北京和天津。虽然东、中、西部城市群首位城市的三产规模存在一定差距，但城市群内部的圈层结构特征比较显著。从单个城市第三产业的发育状况来看，我国金融业服务功能最为突出的上海，与世界级城市群核心城市的功能相比仍存在较大差距。例如，纽

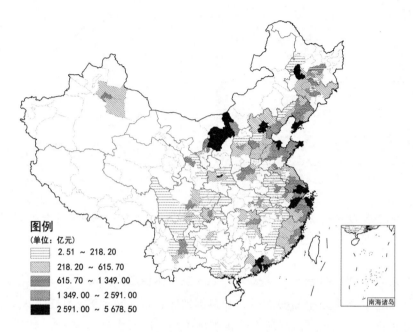

图 7-9　2007 年规划城市群所在区域第二产业增加值

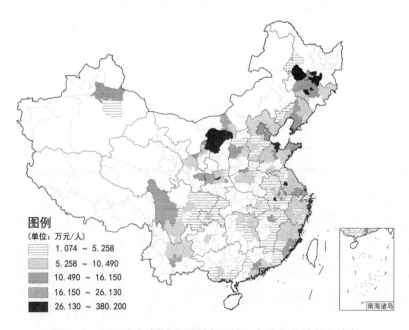

图 7-10　2007 年规划城市群所在区域二产从业人员产出效率

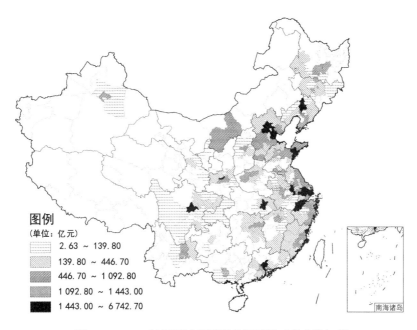

图 7-11　2007 年规划城市群所在区域第三产业增加值

约、伦敦和东京，仅金融、文化传媒和医疗服务三大高端服务业占城市经济总量的比重就超过 50%，而上海第三产业比重还不到 50%。总体来看，从服务业尤其高端服务业发育来看，我国城市群的功能体系仍然有较大的发育和完善空间。

从非农化率角度来衡量，54 个规划城市群中，东部地区城市群内部的核心边缘结构比中西部地区更为明显，从核心向外围逐渐递减的圈层化结构更为清晰。例如，珠三角城市群、长三角城市群、京津冀城市群的中心城市深圳、珠海、佛山、广州、上海、南京、北京、天津等非农化率都超过了 70%，而边缘地区非农化率大多低于 30%，核心—边缘结构较为突出。而中西部地区城市群普遍处于低水平均衡状态，中心城市非农化水平相对较低，甚至与外围地区共同处于人口集聚发展阶段，中西部地区的成渝城市群、黔中城市群、中原城市群、关中—天水经济区等都属于这种状况（图 0-6）。

三、全球化程度

由 54 个规划城市群的外向度^①的位序散点图可以发现，规划城市群外向度的差异也十分明显：最高的苏锡常都市圈已经超过 2 000，而最低的安徽沿淮城市群尚未达到 40，几乎相差 70 倍（图 7-12）。

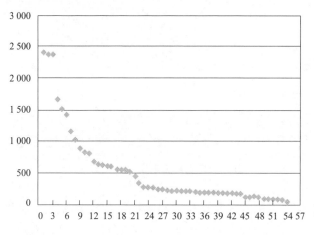

图 7-12　2007 年全部规划城市群外向度位序

在全球分工体系中，我国城市群尤其东部沿海地区的重要城市群已经成为名副其实的"世界工厂"，电子计算机、电子元器件、纺织品、服装、家具、玩具、五金机械等众多产品产量已经位列世界第一。近年来，东部沿海地区又逐步从劳动密集型产品制造转向生产附加值较高的机电产品。从全国空间分布来看，东部沿海地区的经济外向度仍遥遥领先于内陆地区，尤其以沿海三大城市群为代表。如 2007 年，长三角城市群机电出口额达 2 957 亿美元，占其全部出口总额的 49.1%，珠三角城市群机电出口额达 2 532 亿美元，占其全部出口总额的

---

① 外向度是一个由本书界定、用来反映经济结构中外向性程度的指标。该指标为各个城市群地区进出口总额与国内生产总值的比值，单位为万美元/亿元。

68.6%（图 0-5）。

四、环境污染水平

1. 环境污染总量

东部沿海地区城市群废水污染量大，对环境的破坏能力很强。长三角城市群、珠三角城市群以及京津冀城市群是全国废水排放总量最大的三个区域（图 7-13），其环境正面临着区域人口集聚、产业集中带来的巨大挑战。

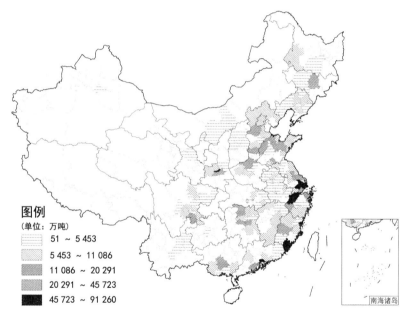

图 7-13　2007 年规划城市群所在区域工业废水排放量分布

我国东部沿海的重要城市群基本依长江、珠江、海河、淮河等几大水系分布，区域内河流水系的污染比较严重。以 2005 年数据为例，70%以上断面为Ⅳ类以上水质，其中 40%的断面为劣Ⅴ类水质。由于污染的跨区域性质，城市群治理水体污染困难很大，严重威胁着城市群周边地区的供水安全。太湖蓝藻的集中爆发，严重影响了环太湖城市正常的生产和生活秩序。辽河在流经人口密集的城市连绵区后，污染物含量也迅速提高。

全国的二氧化硫排放量和烟尘排放总量高的地区集中在华北地区以及东北地区（图 7-14、图 7-15）。这些地区的能源结构中，煤炭仍是比重最大的。中国是一次性能源消耗以煤为主的国家，2003 年原煤在能源消费总量中占到74.2%，且这种能源消费结构短期内不会改变。而中国东北地区和北方城市又是我国重化工产业基地，必然也会产生大量的工业污染物。因此，与北方地区城市群相比，南方城市群的环境条件相对较好，气体、固体污染物的排放量也相对较少。

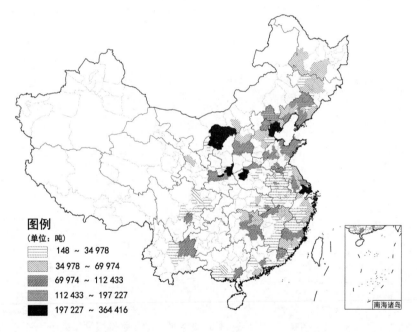

图 7-14　2007 年规划城市群所在区域二氧化硫排放量分布

2. 单位产值能耗

54 个规划城市群中，按照单位增加值综合污染量来进行分类，大体可以分为四种类型（表 7-5）。

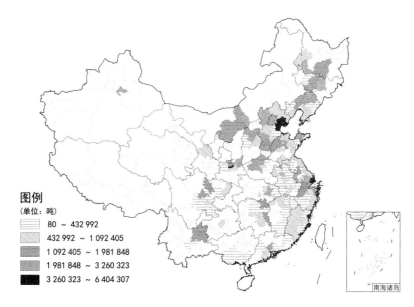

图例
（单位：吨）
80 ～ 432 992
432 992 ～ 1 092 405
1 092 405 ～ 1 981 848
1 981 848 ～ 3 260 323
3 260 323 ～ 6 404 307

图 7-15 2007 年规划城市群所在区域烟尘排放量分布

表 7-5 规划城市群环境污染综合指数

环境污染 综合指数	城市群名称	单位二产增加值 废水排放量 （万 t/亿元）	单位二产增加值 硫排放量 （t/亿元）	单位二产增加值 烟尘排放量 （t/亿元）
第一类 （单位产值 综合污染量 最高）	成渝经济区	26.64	412.9	29.7
	成渝城镇群	26.64	412.9	29.7
	乌鲁木齐都市圈	20.47	164.8	916.3
	关中—天水经济区	22.90	178.3	1 363.6
	关中城市群	23.63	186.8	1 438.9
	宁夏沿黄城市带	48.19	398.8	4 512.4
	安徽沿淮城市群	24.35	91.9	2 202.8
	安徽省会经济圈	6.14	166.8	2 197.3
	内蒙古自治区呼包鄂城镇群	4.64	133.8	1 672.1
	中原城市群	15.40	100.5	1 454.7
	辽西城市群	14.99	144.0	1 788.8
	兰州都市圈	11.01	212.4	1 392.1

续表

环境污染综合指数	城市群名称	单位二产增加值废水排放量（万 t/亿元）	单位二产增加值硫排放量（t/亿元）	单位二产增加值烟尘排放量（t/亿元）
第一类（单位产值综合污染量最高）	贵阳城市经济圈	12.25	166.5	1 433.7
	乌昌地区城镇体系	16.89	158.2	1 035.4
第二类（单位产值综合污染量较高）	西咸一体化（地区）	24.99	94.4	997.7
	环鄱阳湖经济圈	24.26	86.5	1 022.1
	安徽沿江城市群	23.37	75.5	996.9
	北部湾经济区城镇群	38.55	95.2	435.5
	北部湾经济区	35.95	84.1	488.5
	湖南 3+5 城市群	24.21	81.6	811.1
	海峡西岸城市群	30.16	47.3	530.7
	海峡西岸经济区	26.67	51.1	490.1
	武汉城市圈	22.17	66.4	817.3
第三类（单位产值综合污染量中等）	长江三角洲地区	17.48	38.8	551.6
	长江三角洲城镇群	16.96	39.0	566.3
	珠江三角洲地区	15.65	21.9	214.6
	珠江三角洲城镇群	15.65	21.9	214.6
	浙中城市群	14.87	25.9	13.2
	粤东城镇群	15.40	38.5	241.7
	长株潭城市群	14.76	57.0	792.3
	昌九工业走廊	15.49	58.7	794.2
	江苏沿海地区	13.34	37.9	522.8
	南昌经济圈城市群	13.89	19.5	356.0
	苏锡常都市圈	21.47	36.5	612.1
	江苏沿江城市带	20.09	50.0	679.0
	环杭州湾地区城市群	22.07	43.5	552.3
	成都平原城市群	20.86	43.7	506.3
	辽宁沿海经济带	18.56	66.6	724.1
	南京都市圈	20.16	54.7	889.3

续表

环境污染 综合指数	城市群名称	单位二产增加值 废水排放量 （万 t/亿元）	单位二产增加值 硫排放量 （t/亿元）	单位二产增加值 烟尘排放量 （t/亿元）
第四类 （单位产值 综合污染量 较低）	山东半岛城市群	7.56	45.1	455.6
	胶东半岛城市群	9.23	52.1	576.3
	浙江省温台地区城市群	7.58	31.2	459.8
	济南都市圈	14.25	80.5	874.0
	哈尔滨都市圈	3.72	23.9	813.3
	哈大齐工业走廊	7.73	35.7	1 011.1
	京津冀城镇群	12.27	57.0	1 006.0
	京津冀都市圈	11.69	49.1	894.9
	吉林省中部城镇群	11.75	52.3	1 305.8
	安徽省会经济圈	11.51	62.9	1 257.6
	辽宁省中部城市群	11.05	72.6	1 066.1
	滇中城市经济圈	7.63	73.2	1 101.5
	沈阳经济区	11.12	80.9	1 204.6
	徐州都市圈	15.53	68.1	1 276.2
	中国图们江区域	16.37	38.1	1 069.8

资料来源：工业废水排放量（万 t）、工业二氧化硫排放量（t）、工业烟尘排放量（t）来源于《中国城市统计年鉴2008》和各省区市年鉴，第二产业增加值（亿元）数据来源于《中国区域经济统计年鉴2008》。

第一类，单位产值综合污染量最高的地区，表现为单位产值所产生的废水、硫、烟尘单项或全部指标都很高。该类城市群主要分布在华北、东北和西北地区。例如，宁夏沿黄城市带的单位产值废水排放量、烟尘排放量都位居全国第一，硫排放量也位居全国第三，是资源环境与经济发展冲突、环境治理压力十分严重的地区。

第二类，单位产值综合污染量较高的地区，表现为单位产值的废水排放量相对很高，但硫排放、烟尘排放水平中等。该类城市群主要分布在华中及华南地区，包括江西、安徽、广西、福建等省份。上述中部地区位于黄河、长江的中下游段，大多是产业发展与江河污染矛盾最为激烈的地区。

第三类，单位产值综合污染量中等的地区，表现为单位产值的废水排放量、烟尘排放量处于中等，而单位产值的硫排放量较少，主要集中在东部沿海地区以及部分东北、西南地区的城市群。东南沿海地区产业发展重点是加工制造业，不属于资源消耗型产业，对资源环境的压力相对较小。

第四类，单位产值综合污染量较低的地区，表现为单位产值的废水、硫、烟尘排放量均比较低。该类城市群主要集中在环渤海地区以及部分中部及西部地区，大多以制造业和农产品加工业为主导，环境污染较小，整体单位产值的三废排放量强度较低。

3. 城市群经济发展与环境水平的关系

以环境污染指数、社会经济指数①来制作双位序图，对 54 个样本城市群进行分析，我们发现，环境污染（环境污染指数）与社会经济发展（社会经济指数）之间并非简单的线性关系，而是表现出低—高、高—高、低—低、高—低的四种关系，反映出我国规划城市群在经济发展路径、发展方式上的巨大差异性（表 7-6、图 7-16）。

表 7-6　城市群经济社会—环境发展分类

分　类	城市群
第一类 （经济发展水平高— 环境污染水平低）	长江三角洲地区、长江三角洲城镇群、珠江三角洲地区、珠江三角洲城镇群、苏锡常都市圈、粤东城镇群、京津冀都市圈、京津冀城镇群、胶东半岛城市群、山东半岛城市群
第二类 （经济发展水平较高— 环境污染水较高）	江苏沿江城市带、成渝经济区、成渝城镇群、武汉城市圈、海峡西岸经济区、南京都市圈、济南都市圈、西咸一体化（地区）、环杭州湾地区城市群、江苏沿海地区、中原城市群、徐州都市圈、辽宁省中部城市群、成都平原城市群、安徽沿淮城市群、乌昌地区城镇体系、海峡西岸城市群、乌鲁木齐都市圈、中国图们江区域、湖南省3+5城市群

① 环境污染指数：将单位二产产值废水排放量、单位二产产值二氧化硫排放量、单位二产产值烟尘排放量数据进行标准化处理，然后将三个指标进行算术平均值加权计算，得到综合得分，即环境污染指数。社会经济指数：将规划城市群的总人口、人口密度、非农化率、外向度、人均地区生产总值五项指标进行标准化处理，对处理后的五项指标进行算术平均值加权计算，得到综合得分，即社会经济指数。

续表

分　类	城市群
第三类 （经济发展水平低— 环境污染水平低）	哈尔滨都市圈、南昌经济圈城市群、浙江省温台地区城市群、安徽省会经济圈、长株潭城市群、吉林省中部城镇群、昌九工业走廊、哈大齐工业走廊、浙中城市群、滇中城市经济圈
第四类 （经济发展水平低— 环境污染水平高）	关中城市群、关中—天水经济区、宁夏沿黄城市带、兰州都市圈、环鄱阳湖经济圈、太原经济圈、内蒙古自治区呼包鄂城镇群、安徽沿江城市群、北部湾经济区、北部湾经济区城镇群、辽西城市群

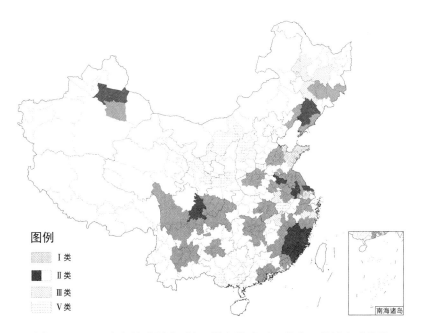

图7-16　2007年经济发展水平与环境污染水平双维度下的城市群分类

第五节　本轮城市群规划热潮中存在的三个问题

尽管城市群规划在我国区域规划政策中已经占据重要的地位和作用，但是在实践层面我们可以看到，有关城市群规划的理论认识和实践方法却远远没有达到完善的地步。当前城市群规划实践中存在的三个问题，需要从理论上给予研究。

一、核心概念认识和界定的多样性

1. 核心概念认识和界定的多义性

在前文所确定的 54 个城市群规划研究样本中，就可以发现现阶段对城市群规划及其概念认识的多样性。

从规划的名称上来看，包括"都市圈""城市圈""经济圈""城市群""城镇群""工业走廊""城市带""经济区""地区"和"区域"总计十种不同的提法。

从空间的类型上来看，基于城市群规划编制主体的政府行政管理层级，对规划城市群范围的界定又主要存在多省域、跨省域重点地区、全省域、省内全覆盖、省内重点地区、中心城市周边地区六种形式。例如，《长江三角洲城镇群规划（2007～2020）》就属于跨省市边界型的规划，《海峡西岸城市群协调发展规划（2007～2020）》属于覆盖全省型的规划，《长株潭城市群区域规划（2008～2020）》则属于省内重点城市单元组合型，《哈尔滨都市圈总体规划（2005～2020）》属于以单个城市为中心的类型。这也一定程度上造成城市群规划之间"圈套圈、圈叠圈"的现象（罗小龙、沈建法，2005），甚至同一城市群不同规划所界定的规划范围也各不相同（图 0-9）。

2. 城市群规划对象特征的差异性

在前文所确定的 54 个城市群规划研究样本中，在规模与密度、经济发展与非农化水平、全球化程度、环境污染水平四个方面都存在巨大的差异。

以人口规模和密度为例。54 个规划城市群总人口算术平均值是 3 154 万人，其中最多的长三角城市群达 2.01 亿人，最少的宁夏沿黄城市带仅 351 万人，首、末位规划城市群人口规模相差几十倍，而长三角城市群人口数几乎是国外城市群中人口规模首位的日本太平洋沿岸城市群 7 000 万人的 3 倍。54 个规划城市群的人口密度[①]的算术平均值达 427 人/平方千米，其中最高的粤东城镇群达 1 097 人/平方千米，最低的乌鲁木齐都市圈仅为 31 人/平方千米（图 7-17）。即使按照人口规模不低于 500 万人、人口密度不低于 200 人/平方千米的国际城市群标准阈值（表 7-7），有些规划提出的城市群仍然无法视为城市群。

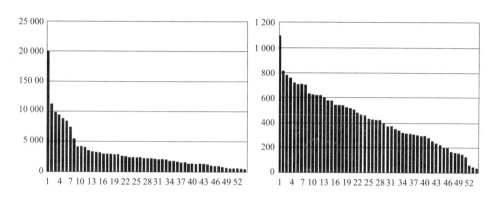

图 7-17　54 个规划城市群总人口规模与人口密度对比

表 7-7　国际典型城镇连绵地区基本情况

城市群名称	人口规模 （万人）	总面积 （万 km²）	密度 （人/km²）
美国东北部大西洋沿岸地区	6 500	13.80	326
北美五大湖地区	5 000	24.50	204
日本太平洋沿岸城市群	7 000	10.00	700
伦敦大都市圈	3 650	4.50	811
欧洲西北部地区	4 600	14.50	317
日本东京都市圈	3 400	1.34	2 537
荷兰兰斯塔德地区	700	1.08	667
巴黎法兰西岛地区	1 120	1.10	1 019
纽约大都市地区	2 131	3.35	636

① 国际城市群数据和国内城市群的人口密度计算均采用总人口规模与总面积之比。

城市群名称	人口规模 （万人）	总面积 （万 km²）	密度 （人/km²）
英格兰东南部地区	812	1.91	426
比利时佛兰德斯地区	582	1.35	431
德国莱茵—鲁尔地区	1 038	1.28	811
德国莱茵—美因地区	480	1.10	436
瑞士北部地区	222	0.37	604
爱尔兰大都柏林地区	119	0.09	1 289

进一步从经济发展与非农化水平、全球化程度方面进行综合考察，可以看到，上述规划城市群事实上也处于发展的不同阶段。这 54 个城市群可以分为人口密度较高但发展水平不高，人口密度不高但发展水平较高，人口密度和发展水平双高且具有较强的外部经济联系，以及人口密度和发展水平双低等四种类型，表现出城市群之间巨大的差异性和多样性。

3. 对城市群范围理解的多样性

沈洁、张京祥（2004）认为，城市群是一个一定尺度的概念，应当是由一个或多个中心城市和与其有紧密经济、社会联系的临接城镇组成，是具有一体化倾向的城市功能地域，同时又是更大尺度的区域空间组织形式。

官卫华、姚士谋等（2002）指出，城市群地区具有五大构成要素：中心城市、城市网络、联系通道、空间梯度、经济腹地。城市群地区规划范围的确定：第一，确定中心城市；第二，确定与中心城市存在密切社会经济联系的外围县，我国宜采用非农化水平替代国际上一般采用的通勤流指标；第三，可参考城市经济联系强度指标，界定中心城市的辐射范围，再辅以交通走廊形成城市群地域范围。

但是，从我们对于中国城市群规划实践的总结、从中国城市群政策以及城市群规划政策意图来看，对城市群规划以及城市群范围的界定方式还存在另外一种理解方式。

邹军（2003）通过对江苏省都市圈规划实践的经验总结指出，中国的城市群概念应当具有五个特征：第一，是一个具有一体化倾向的协调发展区域；第二，是一个可实施有效管理的区域；第三，内部存在着起主导作用的一个或多个核心城市；第四，是空间规划的特定类型，而不仅是城市功能性地域或者城市经济区的范畴，往往形成于某个城市经济区的核心区域；第五，是客观存在与规划双向推动下形成和完善的。

李晓江（2008）进一步通过众多城市群规划实践项目的总结指出，我国城市群的发展程度和地理条件各不相同，不仅空间范围差异巨大，而且地方政府对城市群规划作用的认识也同样会直接影响到规划范围的划定。

我们认为，这种城市群范围界定的多义性以及 54 个城市群规划样本反映出的这种巨大的差异性，绝非简单化地反映为对城市群概念理论认识的模糊，其本质是如何理解中国语境下、如何从政策角度理解和认识城市群发展的问题，这一认识无疑对中国的城市群规划有着极为重要的影响。

二、规划编制主体及其规划侧重的差异

现阶段我国城市群规划编制有国家、省、市多级主导的特征。就政府分权管理的层级而言，存在中央政府和地方省市政府的合作编制、省级政府独立主导编制以及市级政府独立主导编制三种模式。根据统计，在国家确定的 20 个推进城市群发展的区域中（涵盖 15 个重点开发地区和 17 个重点发展的城镇群，总共 20 个），以中央政府为主体的有 5 个，以省政府为主体编制的有 13 个，以城市政府为主体编制的也有 1 个（表 7-8）。可以看到，在城市群规划实践的进程中，尽管存在国家、省、市多个层面，但省级政府是其中最主要的规划主体。

表 7-8　我国主要城市群规划的编制主体

国家政策文件中提出发展城市群的地区	具体规划名称	合作方式
长三角地区	《长江三角洲地区区域规划（2009～2020）》	中央和地方省市政府合作编制
	《长江三角洲城镇群规划（2007～2020）》	
珠三角地区	《珠江三角洲城镇群协调发展规划（2004～2020）》	中央和地方省市政府合作编制
	《珠江三角洲地区改革发展规划纲要（2008～2020）》	
京津冀地区	《京津冀城镇群协调发展规划（2008～2020）》	中央和地方省市政府合作编制
	《京津冀都市圈区域综合规划研究》	
成渝地区	《成渝城镇群协调发展规划》	中央和地方省市政府合作编制
	《成渝经济区区域规划》	
海峡西岸地区	《海峡西岸城市群协调发展规划（2007～2020）》	中央和地方省市政府合作编制
	《海峡西岸经济区发展规划》	
关中地区	《关中—天水经济区发展规划》	中央和地方省市政府合作编制
	《关中城市群建设规划》	
山东半岛地区	《山东半岛城市群总体规划（2006～2020）》	省级政府独立主导编制
	《济南都市圈规划》	
	《胶东半岛城市群和省会城市群一体发展规划》	
辽中南地区	《辽宁省中部城市群发展规划（2005～2020）》	省级政府独立主导编制
湘东地区	《长株潭城市群区域规划（2003～2020）》	省级政府独立主导编制
	《长株潭城市群区域规划（2008～2020）》	
	《湖南省 3+5 城市群城镇体系规划(纲要)（2009～2030）》	
武汉地区	《武汉城市圈空间规划（2008～2020）》	省级政府独立主导编制
昌九地区	《环鄱阳湖经济圈规划（2006～2010）》	省级政府独立主导编制
	《江西省昌九工业走廊"十一五"区域规划》	
中原地区	《中原城市群总体发展规划纲要（2006～2020）》	省级政府独立主导编制
呼包鄂地区	《内蒙古自治区呼包鄂城镇群规划（2007～2020）》	省级政府独立主导编制
哈尔滨地区	《哈大齐工业走廊产业布局总体规划》	省级政府独立主导编制
	《哈尔滨都市圈总体规划（2005～2020）》	市级政府独立主导编制
北部湾地区	《北部湾经济区城镇群规划》	省级政府独立主导编制

续表

国家政策文件中提出 发展城市群的地区	具体规划名称	合作方式
北部湾地区	《广西北部湾经济区发展规划（2006～2020）》	省级政府独立主导编制
乌鲁木齐地区	《乌鲁木齐都市圈规划》	未知，有待进一步了解
	《乌昌地区城镇体系规划》	
滇中地区	《滇中城市经济圈区域协调发展规划（2009～2020）》	省级政府独立主导编制
山西中部地区	《太原经济圈规划纲要（2007～2020）》	省级政府独立主导编制
东陇海地区	—	—
江淮地区	—	—

除了国家、省、市三级主体之外，由于我国规划体系中，客观上存在着既相互依赖又各有侧重的发展规划和空间规划两大系列（胡序威，2002），因此，城市群规划编制主体又形成了发展改革委主导和建设系统主导的两种形式。在国家确定的20个推进城市群发展的区域中，以发展改革委为主导的城市群规划一共有12个，其中以国家发展改革委为主导（或经批复的）有6个；而以建设系统为主导的城市群规划一共有15个，其中以国家住建部为主导的有5个。

如果考虑地方政府分权和技术部门管理二者结合，那么，我国城市群规划的编制主体当前主要形成国家发展改革委与省级政府合作，国家住建部与省级政府合作，省级发展改革委主导、住建部门配合，省级住建部门独立主导以及中心城市规划管理部门主导五种模式。

而不同的编制主体，不同的政府事权极大地影响着城市群规划的内容侧重。以发展改革委为主导的城市群规划主要纳入地方的发展规划体系。当前此类的城市群规划主要有国务院审批和国家级纲领，国务院审批和省级纲领，省级政府审批和省级纲领三个层次。与发展改革委负责的国民经济和社会发展规划一致，发展改革委主导的城市群规划是特定城市群地区独立的全面性发展纲领，而从规划名称上也往往体现为"区域规划""经济区规划""改革发展规划""发展规划纲要"等多种形式。

以住建部门主导或参与编制的城市群规划主要纳入既有城乡规划体系。虽然在《城乡规划法》中并无城市群规划这一层次，但在全国城镇体系规划、省域城镇体系规划等法定规划文件中都明确提出将城市群作为重点地区，换句话说，城市群成为法定文件的有机组成，因而我们认为，城市群规划也相应具有了法定规划属性。《城镇体系规划编制审批办法》指出，城镇体系规划中要"确定各时期重点发展的城镇，提出近期重点发展城镇的规划建议"①。《全国城镇体系规划（2006～2020）》"三、重点地区城镇发展指引"中明确提出"重点地区包括城镇群，重要江河流域、湖泊地区和海岸带，跨省级界线城镇发展协调地区等"，明确指出了全国 17 个重点发展的城镇群，并以此推动地方上各个城市群规划编制的开展。与事权相一致，住建部门主导编制的城市群规划名称大多包括"总体规划""城镇体系规划""协调发展规划""空间规划""建设规划"，甚至仅仅称为（城市群）"规划"，同时主要有超越省域城镇体系的国家级规划、与省域城镇体系相重叠的省级规划、省域城镇体系下特定地区的省级规划以及超越城市总体规划的市级规划四种类型。

三、城市群规划政策意图的理解

由于我国城市群规划仍处于一个方兴未艾的发展阶段，因此，对于城市群规划的作用和地位存在多种不同的认识。当前，规划师或学者大多基于对规划实践的总结与再思考，围绕城市群规划作用和地位的讨论主要集中于两个方面：一是编制城市群规划有什么实际作用；二是城市群规划与传统的区域规划和城镇体系规划有什么区别。对于以上两个方面的问题，主要有两种相对不同的观点。

第一种观点认为，城市群规划是一种对城市群地区的战略性区域思考和管治手段。顾朝林等（2007）认为，从规划目的上讲，城市群规划是一种以城市功能区为对象的区域规划，旨在打破行政界限的束缚，从更大的空间范围协调城市之间和城乡之间的发展，协调城乡建设与人口分布、资源开发、环境整治和基础设施建设布局的关系，使区域经整合后具有更强大的竞争力。规划的重

---

① 引自《城镇体系规划编制审批办法》（1994）第十三条。

点应当以城市群内各城市（地区）需共同解决的问题为主。官卫华、姚士谋等（2002）提出，城市群规划已不再是仅仅解决自身发展中遇到的实际问题，应当成为一种参与全球性竞争的战略手段。所谓城市群规划并非区内各单体城市规划的简单"汇总"，而是以城市群体系统的区域层面为出发点，对城市群总体发展的战略性部署与调控。值得注意的是，上述学者们也都提出，传统的城镇体系研究与规划实践操作范式已远远不能适应当今时代的特征和城市群体协调发展的要求，亟须新型的城市群规划来予以补充和完善。

　　第二种观点认为，城市群规划是搭建一种新的发展平台和协调机制。邹军（2003）提出，中国城市群的构建是希冀建立一种新的发展平台与协调机制，以促进区域的持续发展。以江苏都市圈规划的实践工作为例，一方面，它有别于传统的城镇体系规划，突破了行政区划的约束，遵循城市与区域关系的演进规律，进行空间规划的创新与引导；另一方面，它并没有打破我国已经形成的规划编制、审批、实施的管理体系，其工作的重点是在完备的纵向控制体系中，增加横向的沟通，建立固定的协调对话机制，完善了现有的法定规划体系。王学锋（2003）也通过江苏省的实践研究指出，江苏省都市圈的规划实践是一种界于省域和市域之间特殊层次的空间规划，既不重复省域城镇体系规划既定的内容，不过多关注应当由城市政府通过市域城镇体系规划解决的问题，同时又着重以解决跨行政区域的空间问题。这一定位奠定了江苏省都市圈规划编制工作的基础。

　　李晓江（2008）则从国家宏观发展的角度提出，当前城市群规划的作用主要集中解决两个方面的问题：一是促进职能提升，使城市群成为引领区域发展的极核和发动机；二是促进模式转变，降低城市群发展的资源环境影响。因此，在国家的发展战略实行重大调整时，由于地方政府的平行协调机制缺失，省级政府协调功能不到位，城市群规划应当、也可以发挥必要的上对下调控与平行协调作用，关注于调控与协调制度的安排。基于此，城市群规划应由国家的专业部门或省政府主导编制，但要特别把握好对城市政府事权干预的内容和程度。

　　我们认为，城市群规划的主体是各级城府，其规划本质仍是政府配置资源、协调人地关系的重要工具。更重要的是，要看到城市群在中国参与全球化竞争进程中的作用和意义——通过城市群这一政策工具，推动区域整体的协同发展，确定共同的战略目标和方向，在区域和更大范围里进行资源调配，确立国土空间开发重点，获得国家和区域发展的竞争力。从这个意义来讲，城市群规划是引导国家和区域获得更强竞争力的一种路径设计，其意义不在于现状是否符合某种学术标准，而在于如何引导区域走向一种更有竞争力的方向。

四、小结

无论是城市群核心概念认识和界定的多样性、规划编制主体的多层次多部门特征，还是城市群规划作用认知的差异性，都表现出中国城市群规划的复杂性。

与西方学术研究和规划实践相比，如果希望更好地理解中国的城市群规划，就必须深刻理解国家社会经济发展等宏观背景下提出城市群概念的战略意图和政策属性。

从国家政策来看，城市群是支撑国际竞争力提升、推动我国城镇化健康快速发展的核心空间载体。尽管城市群不是我国区域经济和城镇化发展的唯一途径，但国家整体上鼓励有条件的地区发展成为城市群。另外，从地方政府政策来看，无论是解决城市群内部竞争无序所导致的整体利益损失问题，还是通过区域整合寻求在现实经济、制度领域甚至国家战略中的制高点，城市群规划都是来自于地方发展实际需要、解决当下问题的重要政策工具。

虽然城市群规划中的"边界"往往是政策属性的，这使得规划中的城市群范围与严谨学术意义上的城市群范围并不完全一致，甚至差距较大。但在当前，我们认为追求对城市群范围和标准的精确认识并不是一个十分重要的理论命题！城市群的政策意义在于对全球化机遇的把握、国家发展政策的支持，从而使区域获得更强的综合竞争力。通过城市群规划，如果能够在重大问题与挑战、共同发展战略目标、共建共享这三方面达成共识，谋取区域共同发展，促进资源更加高效协同地配置的话，我们认为对"精准的"范围界定就不必过于在意。

因此，从发挥城市群政策作用的角度来考虑，我们认为城市群规划的研究重点应该从"更精准的范围界定"转向"追求更有问题针对性的规划技术方法"，以促进地区更好地发展。而针对处于不同发展阶段、面临不同发展问题的城市群，城市群规划的关键技术是什么？技术的针对性在哪里？如何使城市群规划的实施更有效，政治和技术怎样协调？这些都是提给中国城市群规划的重要命题。

第八章 我国城市群规划技术方法总结

第一节 城市群规划技术研究的重点方向

本章仍以第七章 15 个重点开展分析的城市群为例，解析我国城市群规划的核心技术方法。

一、关于城市群规划技术研究的学者观点

顾朝林等（2007）提出城市群/都市圈规划应当包含七个方面：①城市群经济社会整体发展策略，主要是避免区域内部的恶性竞争，增强区域整体的竞争力；②城市群空间组织，如区域中心与外围地区之间的功能互补等问题；③产业发展与就业；④基础设施建设，如从科学、经济等角度统筹安排供排水、污水处理以及固废处理等设施；⑤土地利用与区域空间管治，如城市群内部各地区的住房和土地政策是相互影响的；⑥生态建设与环境保护，如从区域整体共同解决空气质量；⑦区域协调措施与政策建议。

官士华、姚士谋等（2002）则认为城市群规划应解决好六个方面的问题：①减少人口在大都市核心地区日益集中的负面效应；②实现城市群结构体系社会和经济机会的地理分布的平衡；③保持城市群结构体系经济增长速度以及由此导致的生活水平的有效增加；④探索区域城市化合理发展的模式；⑤协调区

域内各项用地的开发建设，尤其是处理好耕地保护与建设占用的关系，保持良好的生态环境；⑥营造规划得以贯彻实施的制度环境。崔功豪、邹军、陈晓卉等学者的观点也与此接近。

有学者认为根据特定地域所处的发展阶段，都市圈规划重点解决的问题也有所差异。这个观点同样适用于城市群规划。

顾朝林等（2007）提出，都市圈规划根据区域经济与城市化发展水平大致分为三种类型：协调型、促进增长型以及培育型。①协调型都市圈规划适用于成熟期的都市圈，规划的重点不在于空间结构与发展模式的探讨，而是城市之间、区域之间发展过程中矛盾的协调、协作；②促进增长型都市圈规划主要针对处于成长期和发育期的都市圈，规划的重点首先是如何进一步促进该区域的快速发展，推动工业化与城市化向较高层次迈进，其次是研究基于发展过程中的协调问题；③培育型都市圈规划的重点在于培育区域的发展环境、发展条件以及发展能力，促进区域发展的运行机制，增强区域自我发展能力。

邹军（2003）根据江苏省的都市圈规划实践，认为不同阶段都市圈规划由于其现状特征不同、发展目标不同，规划需要各有侧重：雏形期以培育为主，发挥政府推动作用，为促进都市圈成长创造基础优势；发展期以发展、协调为主要内容，发挥市场主导作用，促进都市圈一体化发展；成熟期以协调都市圈快速发展中的矛盾为目的，发挥市场主导作用，提升发展水平。

二、城市群规划共同关注的三方面问题

通过对 15 个城市群规划样本进行梳理，我们发现，我国城市群规划核心破解的问题主要集中在三大方面：第一是经济和产业发展；第二是资源环境要素制约；第三是区域城镇功能或空间关系优化、区域协调等方面（图 8-1）。

无论处于何种发展阶段的城市群，或者位于东中西部具体区位的城市群，我们发现，都表现出对上述三方面的共同关注，但具体侧重内容略有差别。

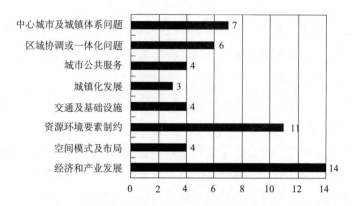

图 8-1　城市群规划关注问题集中度

资料来源：根据 15 个城市群规划样本整理。

比如，成熟期城市群的关注焦点集中在经济和产业发展、区域协调或一体化问题、人口和社会发展、资源环境要素制约问题；发展期城市群最为关注的是经济和产业发展、资源环境要素制约、中心城市及城镇体系的问题。其中，经济和产业发展是两类城市群共同关注的首位问题，而对于发展期城市群来说，所面临的资源环境要素制约压力更大，对于成熟期城市群，区域协调或一体化问题是仅次于经济和产业问题亟待解决的矛盾（图 8-2）。

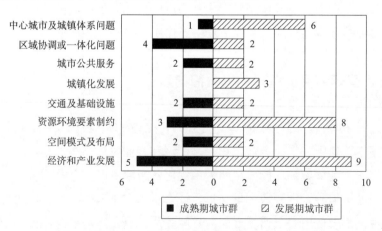

图 8-2　不同发展阶段城市群面临的问题

资料来源：根据 15 个城市群规划样本整理。

　　再如，东部地区城市群面临问题的前三位分别是经济和产业发展、资源环境要素制约、区域协调和一体化问题；中部城市群面临问题的前三位是经济和产业发展、资源环境要素制约、中心城市及城镇体系问题；西部和东北地区城市群面临问题呈现出较高的相似度，主要都集中在经济和产业发展、资源环境要素制约和城市公共服务方面。东部城市群由于经济发展水平较高，发展"瓶颈"主要是区域协调或一体化问题；中部城市群正处于快速城镇化和工业化时期，区域城镇体系职能分工和发展正处于成形期，因此，发展的主要问题是中心城市带动能力或区域城镇体系职能分工的问题；而西部城市群和东北城市群发展水平更低一些，中心城市辐射能力仍有限，城市群的问题在一定程度上与中心城市发展面临的问题有较高的重合度，如城市公共服务的问题，仍局限于中心城市单点问题的讨论（图8-3）。

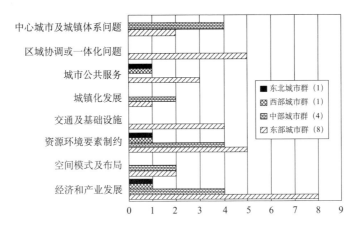

图 8-3　不同地区城市群面临的问题

资料来源：根据 15 个城市群规划样本整理。

　　总体来看，空间布局是城市群规划的核心，而要确定空间布局，产业功能发展是必须回答清楚的问题，其工业化、信息化、国际化甚至农业发展的道路，关系到城市群发展的具体空间路径；而且城市群区域的空间结构、城市与城市之间的区域关系也都必须基于产业的研究判断。对城市群来说，如何通过协调机制的构建实现规划预期的空间发展形态和路径是一个特定命题，城市群发展的关键是构建起空间治理的框架。因此，无论是成熟期还是发展期的城市群，产业、空间和协调机制问题都是最为核心的规划技术问题。需要说明，资源环境是城市群空间演化过程中的基础条件，资源环境保护是城市群规划研究的前提，重要性不言而喻，但考虑到本章突出规划技术分析，因而对资源环境保护问题、资源环境承载能力评价等技术性问题不多触及，在下面三节中只重点从产业、空间、协调机制三个角度对城市群规划方法进行分析论述。

第二节　城市群规划中产业规划技术方法

一、我国城市群规划中关于产业规划的技术要点

1. 产业定位和产业结构规划

《长江三角洲地区区域规划（2009～2020）》中提出长三角地区经济已整体进入工业化中高级阶段，其中，上海、苏州、无锡等中心城市开始步入工业化的高级阶段。产业发展的重点是加速产业升级和产业转移，占据国际产业发展的高端，优化经济结构。规划认为未来十五年，长三角地区第三产业迅速发展的同时，第二产业仍具有极大的发展潜力和发展空间，区域经济发展仍要靠工业拉动。基于发展趋势判断，长三角地区提出了四大重点产业的发展策略：优先发展现代服务业、做强做优先进制造业、加快发展新兴产业、巩固提升传统产业。其中，现代服务业包括现代物流、金融业、科技服务业（战略咨询、工业设计）、商务服务业（法律咨询、会计审计、广告会展）、增值电信、软件服务、计算机信息系统集成和互联网产业、服务外包产业、旅游业、生活型服务业、现代商贸业、文化创意产业等；先进制造业包括电子信息产业、装备制造业、钢铁产业、石化产业、化学新材料等；新兴产业包括生物医药产业、新材料产业、新能源产业、民用航空航天产业等；传统产业包括农业、纺织服装业、旅游产业（表8-1、表8-2）。

表 8-1　三大城市群规划第二产业发展重点

城市群规划	重点发展产业	具体内容
《长江三角洲地区区域规划（2009～2020）》	先进制造业	电子信息产业、装备制造业、钢铁产业、石化产业、化学新材料
	新兴产业	生物医药产业、新材料产业、新能源产业、民用航空航天产业
	传统产业	农业、纺织服装业、旅游产业
《珠江三角洲城镇群协调发展规划（2004～2020）》	临港基础产业	石化、钢铁
	高新技术产业	—
	重型装备制造业	汽车、造船、机械装备、原材料
	装备制造业	汽车、电气机械及器材、电子及通信
	加工制造业	机电、建材、家电、五金、纺织、电子电气
《珠江三角洲地区改革发展规划纲要（2008～2020）》	现代制造业	现代装备、汽车、钢铁、石化、船舶制造
	高技术产业	电子信息、生物、新材料、环保、新能源、海洋产业
	传统优势产业	家用电器、纺织服装、轻工食品、建材、造纸、中药
《京津冀城镇群协调发展规划（2008～2020）》	原料生产产业	化学产业、钢铁产业
	装备制造业	专用设备制造、通用设备制造、交通运输设备制造
	消费品制造	生活用品制造业（家具、食品），电子产品制造业
	中间品生产（含高新技术产业）	钢铁（钢材的型材、管材、板材），化学中间品（传统化工中间品、新型化工中间品，如与生物科技结合的纳米材料）
《京津冀都市圈区域综合规划研究》	重化工业	钢铁、石化、能源
	高新技术产业	研发、交易、推广
	现代制造业	机械制造业、医药生产、纺织和服装生产、食品和饮料生产

资料来源：根据 15 个城市群规划样本整理。

表8-2　三大城市群第三产业发展重点

城市群规划	重点发展产业	具体内容
《长江三角洲地区区域规划（2009～2020）》	现代服务业	现代物流、金融业、科技服务业（战略咨询、工业设计），商务服务业（法律咨询、会计审计、广告会展），增值电信，软件服务，计算机信息系统集成和互联网产业，服务外包产业，旅游业，生活型服务业，现代商贸业，文化创意产业
《珠江三角洲城镇群协调发展规划（2004～2020）》	现代服务业	商贸、金融、会展商务等
	专业服务业	内圈层战略性地区：高等教育、高新技术研发、港口物流业、会展业、旅游业
	物流业	国际性物流基地、专业性和区域性物流中心、地区性物流基地与园区
	旅游业	娱乐型旅游业、文化观光型旅游业、休闲型旅游业
《珠江三角洲地区改革发展规划纲要（2008～2020）》	现代服务业	金融业、会展业、物流业、信息服务业、科技服务业、商务服务业、外包服务业、文化创意产业、总部经济和旅游业
《京津冀城镇群协调发展规划（2008～2020）》	区域物流体系	—
	区域创新体系	基础研究、应用研究、技术转让
	区域教育培训体系	高等教育、地区职业教育、本地职业教育
《京津冀都市圈区域综合规划研究》	物流业	—
	国际金融业	—
	国际文化产业	—
	国际现代服务业	仓储、运输、信息

资料来源：根据15个城市群规划样本整理。

　　《珠江三角洲城镇群协调发展规划（2004～2020）》认为珠三角产业发展经历了接收香港和国际加工制造业转移的阶段、内需导向的本地化产业成长阶段，正在走向门类更加齐全、功能更加完善的自主产业体系。珠三角规划的产业发展目标是建设世界级的制造业基地，并提出珠三角要加快产业结构的全面调整优化提升，特别是加快基础产业、装备制造业和高新技术产业的发展。作为国家经济发展的"发动机"，珠三角经济和人口规模都要进一步扩大，为"泛珠三角"地区的产业发展提供强劲的带动力。工业发展布局明确了高新技术产业聚集区（依托现有高新产业与大学科研机构）、基础产业聚集区（以石化、钢铁等原材料为主）、重型装备制造业聚集区（汽车、造船、机械装备、电器机械及器材、电子通信等）、传统加工制造业聚集地区（集群化，包括机电、建材、家电、五金、纺织、电子、电气）的布局。服务业产业规划提出加强粤港澳海港、空港运输业合作，整合"大珠三角"运输资源，打造"大珠三角"国际性物流基地。服务业产业布局提出构筑区域核心功能"脊梁"，聚合高端综合服务职能；推进外圈层中心地区产业与服务职能极化，增强产业辐射和扩散能力。规划对珠三角整体产业提出了"产业重型化"的发展策略。规划认为一个国家或地区能否保持持久的快速增长，很大程度上取决于是否有一高增长行业或产业的支撑。就全球来看，钢铁、石化、汽车、造船等基础产业都属于高增长行业，尤其对大多数转型国家来说，这批高增长行业的崛起，可支撑长达数十年的快速增长，而且发展"重型化"产业是多数国家进入工业化中期不可逾越的阶段。珠三角要建成世界性制造业基地，仅仅立足于轻型加工业发展是难以为继的，必须要进行产业结构和制造业转型。

《珠江三角洲地区改革发展规划纲要（2008～2020）》指出国际金融危机不断扩散蔓延和对实体经济的影响日益加深的背景下，珠三角地区发展受到严重冲击。珠三角地区产业发展定位为世界先进制造业和现代服务业基地，坚持高端发展的战略取向，建设自主创新新高地，打造若干规模和水平居世界前列的先进制造产业基地。规划提出建设以现代服务业和先进制造业双轮驱动的主体产业群，形成产业结构高级化、产业发展集聚化、产业竞争力高端化的现代产业体系。具体包括：①优先发展现代服务业，重点发展金融业、会展业、物流业、信息服务业、科技服务业、商务服务业、外包服务业、文化创意产业、总部经济和旅游业；②加快发展先进制造业，重点发展资金技术密集、关联度高、带动性强的现代装备、汽车、钢铁、石化、船舶制造等产业；③大力发展高技术产业，重点发展电子信息、生物、新材料、环保、新能源、海洋等产业；④改造提升传统优势产业，做优家用电器、纺织服装、轻工食品、建材、造纸、中药等优势传统产业；⑤积极发展现代农业；⑥提升企业整体竞争力，如转移一批劳动密集型企业，淘汰一批落后企业。

《京津冀城镇群协调发展规划（2008～2020）》将京津冀定位为世界级城镇群，代表国家参与全球竞争的功能包括：国际性的交通物流功能、国际性的生产者服务中心、国际性的制造基地、国际性旅游目的地等。规划提出国民经济的快速增长是本轮京津冀发展的战略重心，本地区有较为雄厚的重工业基础，在国家转型发展机遇面前必须提升重型产业的创新能力，成为国家工业重型化的先导地区。由于重工业对城镇化的促进作用有限，而同时本地区优势国家重要的人口吸纳地，必须加快轻型加工业等劳动密集型产业发展，因此，原料生产、装备制造、中间品生产、消费品制造被提升为具有区域生产型功能的战略地位，共同构成了区域生产的核心功能。其中，原料生产和装备制造是京津冀的传统优势，同时也是国家转型期至关重要的产业；中间品生产、消费品制造（新型劳动密集型产业）是完善地区产业结构的核心环节。原料生产包括化学产业链和钢铁产业链的原料环节。装备制造主要包括专用设备制造、通用设备制造以及交通运输设备制造。消费品制造包括一般性生活用品制造业（家具生产、食品制造）和电子产品制造业。中间品生产分为化学产业链和钢铁产业链的两种中间环节产品，钢铁中间产品包括钢材的型材、管材和板材，化学中间品包括强市场依赖型的传统化工中间品、强技术依赖型的新兴化工中间品（以新材料为核心的合成材料、与生物技术结合的纳米材料）。规划提出，京津冀区域的服务性功能是构成国家竞争力的核心要素，具体包含区域物流体系、区域创新体系（基础研究、应用研究、技术转让）及区域教育培训体系（高等教育、地区职业教育、本地职业教育）。其中，后两者都是区域正在构建的功能，可以大大提高京津冀区域整体创新、研发能力，支撑原料生产、重型装备制造业等相关产业的升级发展。

《京津冀都市圈区域综合规划研究》将京津冀都市圈定位为以国家创新基地为基础，拥有基础产业、高端制造业与服务业等完整产业体系的现代化都市经济区。基础产业包括农业、能源原材料工业、交通运输业，高端产业以现代制造业和现代服务业为主体。京津冀快速增长与产业集聚要突出"两种资源、两个市场"理念，开发滨海现代商品农业、农产品加工业、重化工业；利用国际资金市场，发展滨海外向型产业；利用产业转移、产业创新，发展现代制造业；依托优势的智力资源、文化资源，发展国际金融业、国际旅游业、国际文化产业、国际现代服务业。规划提出京津冀都市圈要围绕高科技产业、现代制造业、国际旅游、国际金融、总部经济等现代服务业和重化工业发展。

《山东半岛城市群总体规划（2006～2020）》基于已有的产业基础，提出半岛城市群的重点产业：石化和医药产业、电子信息和家电产业、汽车制造业、纺织服装业、农产品加工业、海洋产业、旅游产业。规划认为全球化背景下地方产业群是地方竞争优势的源泉，因此提出七大产业集群：青岛家电产业集群、烟台汽车制造业集群、淄博石化和医药产业集群、齐鲁软件园、即墨市针织服装产业集群、威海轮胎制造业集群、潍坊海洋化工产业集群。城市群产业发展服务支撑体系规划中提出发展以总部经济为导向的大总部基地、以科学技术为支撑的研发中心、以交通运输优势为基础的物流中心以及会展商务中心、综合制造业中心、专业化生产中心和休闲度假中心（表8-3）。

表8-3 其他城市群产业发展重点对比

城市群规划	第二产业	第三产业
《山东半岛城市群规划（2004～2020）》	石化和医药产业、电子信息和家电产业、汽车制造业、纺织服装业、农产品加工业、海洋产业	旅游产业、大总部基地、研发中心、物流中心、会展商务中心、综合制造业中心、专业化生产中心、休闲度假中心
《海峡西岸城市群协调发展规划（2007～2020）》	石化、钢铁、冶金等临港重化工业；汽车、造船、航空、电机、医疗器械、环保机械等技术含量较高的现代制造业；半导体、光电子、生物医药等高新技术产业	以金融、商务、会展、物流等为核心的现代服务业；区域性滨海旅游产业
《成渝城镇群协调发展规划》	装备制造、电子信息、能源电力、油气化工、汽摩制造、食品饮料、现代医药	现代物流、现代金融、商贸服务、信息服务和旅游
《中原城市群总体发展规划纲要（2006～2020）》	航空运输业、煤炭能源、高技术产业、汽车和装备制造业、食品工业、大型铝工业基地、石油化工和煤化工产业	现代物流业，金融服务业，旅游综合产业，房地产业，积极发展其他服务业（中介服务、信息服务、郑州会展业）

续表

城市群规划	第二产业	第三产业
《长株潭城市群区域规划（2008～2020）》	战略性产业：工程机械、轨道交通、汽车、新能源设备制造。先导性产业：电子信息、生物医药、新材料、环保节能、航空航天等高新技术产业。基础性产业：钢铁、化工和有色冶金	文化创意产业、旅游业；物流、金融服务、商务服务、总部经济等生产性服务业；高新技术服务业
《武汉城市圈空间规划（2008～2020）》	钢铁及深加工产业、汽车产业、通信产业、消费电子产业、半导体及集成电路产业、桥梁及钢结构产业、石油化工产业、纺织服装产业、贸工农商流通产业、水产品产业	金融业、商贸市场业、物流业、旅游业
《太原经济圈规划纲要（2007～2020）》	装备制造业、高新技术产业、农产品加工业	生产性服务业
《关中—天水经济区发展规划》	装备制造业（数控机床、汽车及零部件、输变电设备、电子信息机元器件、工程机械、冶金重型装备、石油钻采设备、能源化工装备、风力及太阳能发电设备），资源加工业（如矿产资源开发及深加工、钛材料生产和集散基地、钼产业生产科研基地、建材、陶瓷等）	文化产业（广播影视业、新闻出版业、文娱演出业、创意产业等），旅游产业，现代服务业（物流园、金融、会展业）
《哈尔滨都市圈总体规划（2005～2020）》	汽车制造业，机械制造，医药工业，食品工业，先进制造业（装备制造业、绿色食品加工业、医药制造业、精细化工及原材料工业），特色高技术产业（光机电一体化、生物制药、焊接技术）	旅游业，现代服务业（对外贸易、物流业、旅游业）
《南京都市圈规划（2002～2020）》	石化产业，钢铁建材产业，机电产业（光机电一体化产业、家电制造产业、车辆制造产业），高新技术产业	现代服务业（金融业、会展业、咨询业、人力资源培训业），旅游业，传统商贸业

资料来源：根据 15 个城市群规划样本整理。

　　《海峡西岸城市群协调发展规划（2007～2020）》提出了城市群的战略型产业：石化、钢铁、冶金等临港重化工业；汽车、造船、航空、电机、医疗器械、环保机械等技术含量较高的现代制造业；半导体、光电子、生物医药等高新技术产业；以金融、商务、会展、物流等为核心的现代服务业；区域性滨海旅游产业。

《成渝城镇群协调发展规划》提出地区工业重点发展方向为装备制造、电子信息、能源电力、油气化工、汽摩制造、食品饮料和现代医药等，第三产业发展方向为现代物流、现代金融、商贸服务、信息服务和旅游等。

《中原城市群总体发展规划纲要（2006～2020）》提出城市群产业功能发展策略包括三点。①构建交通区位新优势：大力发展航空运输、巩固提升铁路枢纽地位、加快建设全国公路运输网络枢纽。②建设全国重要的能源基地：建设大型煤炭基地、完善全国重要火电基地、优化能源结构。③提高产业竞争力。加快工业的转型升级：大力发展高技术产业、加快发展汽车和装备制造业、做大做强食品工业、建设大型铝工业基地、加快发展石油化工和煤化工产业。大力发展服务业：大力发展现代物流业、加快发展金融服务业、发展旅游综合产业、积极发展房地产业、积极发展其他服务业（中介服务、信息服务、郑州会展业）。

《长株潭城市群区域规划（2008～2020）》的产业规划提出构建"两型"产业体系，全力发展战略性产业、积极培育先导性产业、稳步提升基础性产业、限制和退出劣势产业。全力发展的战略性产业包括工程机械、轨道交通、汽车、新能源设备制造、文化创意产业和旅游业。积极培育的先导性产业包括高新技术服务业、电子信息、生物医药、新材料、环保节能、航空航天等高新技术产业，物流、金融服务、商务服务、总部经济等生产性服务业。稳步提升的基础性产业主要包括钢铁、化工和有色冶金。限制发展或退出性产业是规模小、效益差、高能耗、高污染、产出效率低和技术水平低，包括低于 5 000 千伏安电石产业、土焦产业、小煤炭、小化工等产业。

《武汉城市圈空间规划（2008～2020）》根据产业内在联系和城市圈内产业纵向分工模式，打造布局合理、分工明确、产业对接、关联性强的十大产业链，包括钢铁及深加工产业链、汽车产业链、通信产业链、消费电子产业链、半导体及集成电路产业链、桥梁及钢结构产业链、石油化工产业链、纺织服装产业链、贸工农商流通产业链、水产品产业链。服务业发展的重点在金融业、商贸市场业、物流业、旅游业。

《太原经济圈规划纲要（2007～2020）》针对太原普遍存在的工业重型化倾向，提出产业结构调整策略：从资源重工业向两头延展。一方面要逐步向重工业产业链的下游方向发展，主要发展装备制造等产业，并有条件地发展高新产业和生产性服务业；另一方面要根据自身情况向上游溯源，逐步开展轻工业产业的发展，主要集中在农产品加工业和部分高新技术产业（如生物医药等）。

《关中—天水经济区发展规划》提出发展航空航天产业（阎良国家航空高技术产业基地），装备制造业（数控机床、汽车及零部件、输变电设备、电子信息机元器件、工程机械、冶金重型装备、石油钻采设备、能源化工装备、风力及太阳能发电设备），资源加工业（如矿产资源开发及深加工、钛材料生产和集散基地、钼产业生产科研基地、建材、陶瓷等），文化产业（广播影视业、新闻出版业、文娱演出业、创意产业等），旅游产业以及现代服务业（物流园、金融、会展业）。

《哈尔滨都市圈总体规划（2005～2020）》提出在全球产业转移以及振兴东北老工业基地的战略背景下，哈尔滨都市圈产业结构调整的关键是集中力量将汽车制造业、机械制造、医药工业、食品工业和旅游业培育成都市圈五大支柱产业，同时，积极发展高新技术产业，大力发展现代服务业和旅游业。都市圈发展的先进制造业包括装备制造业、绿色食品加工业、医药制造业、精细化工及原材料工业。特色高技术产业包括光机电一体化、生物制药、焊接技术。现代服务业包括对外贸易、物流业、旅游业。

《南京都市圈规划（2002～2020）》提出发展现代服务业、旅游业、信息产业及产业集群。其中，都市圈规划发展的现代服务业包括金融业、会展业、咨询业、人力资源培训业。产业集群包括石化产业群、钢铁建材产业群、机电产业群（光机电一体化产业群、家电制造产业群、车辆制造产业群）、专业园区（国家级高新区或经济技术开发区、省级开发区和地方工业园区）。

2. 产业分工与协调布局

《长江三角洲地区区域规划（2009～2020）》产业分工及布局按照纵向联系

的产业链展开。①服务业。上海重点发展金融、航运等服务业；南京重点发展现代物流、科技、文化旅游等服务业；杭州重点发展文化创意、旅游休闲、电子商务等服务业；苏州重点发展现代物流、科技服务、商务会展、旅游休闲等服务业；无锡重点发展创意设计、服务外包等服务业；宁波重点发展现代物流、商务会展等服务业。苏北和浙西南地区主要城市加快建设各具特色的现代服务业集聚区。②制造业。电子信息产业，以上海、南京、杭州为中心，沿沪宁、沪杭甬线集中布局；装备制造业，以上海为龙头，沿沪宁、沪杭甬线及沿江、沿湾和沿海集聚发展；钢铁产业，依托上海、江苏的大型钢铁企业，积极发展精品钢材；石化产业，依托现有大型石化企业，加快建设具有国际水平的上海化工区、南京化学工业园区和宁波—舟山化工区，发挥泰州、盐城、宁波、嘉兴、温州等滨海或临江区位优势，集中布局。③新兴产业。生物医药产业：上海生物及新型医药研发与生产中心，上海、泰州、杭州国家生物产业基地，做强无锡"太湖药谷"等品牌，建设南京、苏州、连云港、杭州、湖州、金华等中医药、化学原料药和生物医药研发生产基地，上海临港新城、盐城、宁波、舟山等为重点的海洋生物产业发展。新材料产业：以上海为核心，沿江、沿湾为重点区域，新材料研发中心上海、苏州、杭州、宁波，国家新材料高技术产业基地宁波、连云港，新材料研发转化生产基地无锡、常州、镇江、泰州、南通、徐州、湖州、嘉兴、绍兴、台州、金华、衢州等。新能源产业：在沪宁、沪杭甬等沿线大城市，加快新能源技术研发基地建设；在南通、盐城、舟山、台州、温州等沿海地区以及杭州湾地区，大力发展风能发电；鼓励发展以风电、核电和光伏为主的新能源装备制造，提高零部件研发设计和生产加工能力。优化发展太阳能光伏电池及原材料制造业。民用航空航天产业：上海民用航空航天产业研发、制造。④传统产业。首先是农业。其次是纺织服务业。上海重点发展服装设计和贸易，苏州、无锡、南通、常州、杭州、宁波、湖州、温州重点发展服装及面料生产、研发、展销等，鼓励扬州、泰州、盐城、湖州、嘉兴、绍兴、金华等地发展现代纺织业，积极提升产业层次和产品档次，促进传统纺织业向周边地区转移。最后是旅游产业。加强旅游合作，联手推动形成"一核五城七带"的旅游业发展空间格局。

　　《珠江三角洲城镇群协调发展规划（2004～2020）》的产业分工是侧重于横向联系的产业空间布局，各类产业都在空间上规划了产业聚集区（图8-4）。比如，物流业布局包括广州、深圳、珠海形成的国际性物流基地，惠州、肇庆、佛山等形成的专业性和区域性物流中心，东莞、中山、江门形成的地区性物流基地与园区。珠三角城镇群的综合性产业分工是以三大都市区为单元确定的。以珠三角地区的东江、西江为界将城镇群地区划分为地域空间特征明显的三大都市区：中部都市区、东岸都市区、西岸都市区。中部都市区包括广州、佛山、肇庆等，重点发展综合服务、金融商贸、科研教育、信息咨询、高新技术、旅游等高端综合服务功能，突出以汽车、造船、机械、精品原材料为主的重型装备制造业的发展，形成综合服务中心和扩散带动能力最强的产业中心。东岸都市区包括深圳、东莞、惠州等，重点发展金融、对外商贸、会展和旅游业、高科技研发与制造、信息产业、电子仪器等新兴制造业、能源化工、装备制造等基础产业和重型产业以及传统加工制造业。西部都市区包括珠海、中山、江门等，重点发展娱乐、观光旅游业、航运、物流业和临港基础、重型产业等。

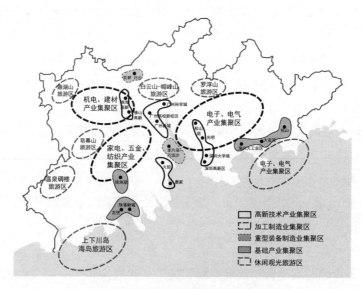

图 8-4　珠江三角洲城镇群产业空间布局

资料来源：《珠江三角洲城镇群协调发展规划（2004～2020）》。

《珠江三角洲地区改革发展规划纲要（2008～2020）》的产业分工协作和布局按照产业链展开。①现代服务业：支持广州市、深圳市建设区域金融中心；发展一批具有国际影响力的专业会展，扩大中国（广州）进出口商品交易会、中国（深圳）国际高新技术成果交易会、中国（珠海）国际航空航天博览会、中国（广州）中小企业博览会、中国（深圳）国际文化产业博览交易会；推进白云空港、宝安空港、广州港、深圳港等一批枢纽型现代物流园区建设。②先进制造业。③高新技术产业：把广州、深圳国家高新技术产业开发区建设成为全国领先的科技园区。④传统优势产业：发挥龙头企业和驰名商标的带动作用，打造佛山家电和建材、东莞服装、中山灯饰、江门造纸等。⑤现代农业。

《京津冀城镇群协调发展规划（2008～2020）》的分工协作和布局按照生产功能组织、服务功能组织两大部分展开，侧重于产业空间综合布局。①生产功能组织的空间布局，形成曹妃甸—唐山、黄骅—邯郸钢铁产业链，黄骅—沧州—石家庄石化产业链，天津—廊坊—北京综合产业链等区域主要产业关系。②服务功能组织。区域物流体系：国际门户地区——北京、天津、唐山曹妃甸、沧州黄骅港、秦皇岛；国内门户地区——北京、石家庄、邯郸、保定。区域创新体系：基础研究中心——北京、天津、保定、廊坊、张家口、承德、秦皇岛；应用研究——唐山、天津、沧州主城；技术转让——石家庄、邯郸、衡水、邢台。区域教育培训体系：高等教育——北京、天津、石家庄；地区职业教育——保定、唐山、邯郸，本地职业教育——张家口、承德、衡水、沧州。

《京津冀都市圈区域综合规划研究》提出培育天津滨海新区和河北曹妃甸港区两大产业新增长极；构筑京津塘高新技术产业带、滨海临港产业带和京保石现代制造业产业带；打造张承生态产业发展区、京津廊坊现代服务业和高新技术产业发展区；唐秦重化工业优化升级区；石保沧现代制造业发展区。重点原材料工业发展趋势与布局导引。规划也结合区域重点发展的产业，明确了电子信息产业基地、钢铁基地、汽车与装备制造业基地、石油化工基地的空间布局，其产业布局也是按照产业链形式进行组织，如电子信息产业基地的空间结构按照研发、转化与制造、加工组装与配套环节落实，汽车与装备制造业基地按照研发、转化制造与扩散、加工组装与制造环节落实空间结构。

《山东半岛城市群总体规划（2006～2020）》提出依托城市的工业园区规划培育产业集聚点，在现有或者规划工业园区的基础上通过政府的市场化服务和引导，以产业联系为基础培育和孵化产业集群。半岛地区特色产业集群既有围绕大型龙头企业形成核心结构的产业集群，也有通过中小企业的集聚形成网络结构的产业集群，不同地方、不同产业应该因地制宜地选择发展策略。规划提出了半岛城市群的重点产业：石化和医药产业、电子信息和家电产业、汽车制造业、纺织服装业、农产品加工业、海洋产业、旅游产业。七大产业集群：青岛家电产业集群、烟台汽车制造业集群、淄博石化和医药产业集群、齐鲁软件园、即墨市针织服装产业集群、威海轮胎制造业集群、潍坊海洋化工产业集群。

《中原城市群总体发展规划纲要（2006～2020）》提出推动优势产业向基地化方向发展，布局上重点向城市工业规划区集聚；传统产业和劳动密集型产业向集群化方向发展，布局上重点由中心城区向城市近郊、卫星城和县区工业区集聚；高新技术产业向园区化方向发展，布局上重点向现有开发区集聚。重点建设郑汴洛城市工业走廊；加快发展新—郑—漯（京广）产业发展带；发展壮大新—焦—济（南太行）产业发展带；积极培育洛—平—漯产业发展带。

《长株潭城市群区域规划（2008～2020）》的产业协调与空间布局中提出优化核心区产业布局，形成"四带、十一园、三片"的产业布局（图8-5）。"四带"：东侧先进制造产业带、西侧高新技术产业带、南侧基础产业提升带、北侧科技制造产业带。"十一园""三片"：①先进制造产业，重点发展长沙先进制造业园区和株洲高新技术开发区（包括栗雨、田心和董家塅园区）；②高新技术产业，重点发展麓谷高新技术园区和湘潭高新技术开发区；③金融、商务服务业，重点发展长沙CBD；④文化创意产业，重点发展金鹰文化产业园；⑤物流业，重点发展霞凝物流园、霞湾物流园和湘潭西商贸物流园；⑥科技农业，重点发展隆平高新农业园；⑦循环产业，清水塘循环产业园、竹埠港循环产业园和下摄司循环产业园。

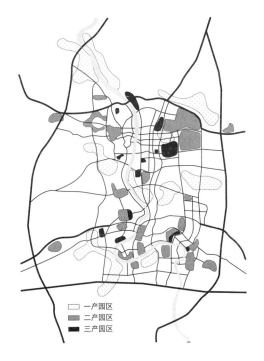

图 8-5　长株潭城市群规划产业空间布局

资料来源：《长株潭城市群区域规划（2008～2020）》。

　　《海峡西岸城市群协调发展规划（2007～2020）》的产业协调与空间布局中
提出了"一带、双核、三区、八基地"的战略引导型产业空间布局结构。"一
带"即沿海产业集聚带。"双核"是指现代服务业增长的核心地区。北部现代
服务业增长核心区主要由福州中心城区、长乐空港和江阴港区组合形成；南部
依托"滨海环湾走廊"，由厦门中心城区、新机场地区、晋江、石狮、泉州中
心城区和漳州中心城区组合形成。"三区"是指三大先进制造业发展区，分别
指福州现代制造业发展、泉州现代制造业发展区和厦门高新技术产业发展区。
"八基地"是指八大沿海产业基地，包括环三都澳、环罗源湾、闽江口—松下、
环兴化湾、环湄洲湾、环泉州湾、厦门湾（九龙江口）和东山湾（古雷）八大
临港产业基地。

　　《关中—天水经济区发展规划》的产业分工协作是基于产业链纵向联系展

开的，规划中提出航空航天产业依托西安阎良国家航空高技术产业基地；装备制造业以西安、咸阳、宝鸡、天水为集中布局区域，加强重点产业集群建设，强化区域整体实力和竞争能力，全面提升重大装备制造水平；资源加工业以宝鸡、渭南、铜川、商洛、天水等地为重点，加快重要矿产资源开发及深加工；文化产业构建一批文化产业基地，壮大一批名牌文化企业；旅游产业以西安为中心，加快旅游资源整合，大力发展历史人文旅游、自然生态旅游、红色旅游和休闲度假旅游；现代服务业中提出进一步加大物流基础设施建设力度，加快西安国际港务区、咸阳空港产业园、宝鸡陈仓、商洛、天水秦州、麦积等重点物流园区项目建设，着力打造西安区域性金融中心，以欧亚经济论坛、中国东西部合作与投资贸易洽谈会、中国杨凌农业高新科技成果博览会、中国国际通用航空大会为龙头，进一步整合会展资源，加快西安世界园艺博览会场馆、杨凌农业展馆等项目建设，完善西安曲江国际会展中心、浐灞国际会议中心等会展平台服务功能，建设以西安为中心的会展经济圈。

《太原经济圈规划纲要（2007～2020）》提出产业空间发展结构为"一带三轴、双核多组团"。"一带"即大运产业带太原经济圈部分；"双核"则为目前已经形成的太原—榆次主核心和介孝汾次核心；"三轴"中南、北两轴分别依托山西省交通规划"九横"中的"两横"，中轴为晋商文化游与自然山水游的空间意向轴线；"多组团"则依托现有城镇，围绕核心发展新城。

《武汉城市圈空间规划（2008～2020）》的产业分工协作是基于四条产业聚集带和十大产业链进行组织的。"四带"分别是东向产业聚集带、西向产业聚集带、西北产业聚集带、西南产业集聚带。十大产业链分别是钢铁及深加工产业链，以武汉阳逻、青山、江夏，黄石、鄂州、孝感汉川为重点；汽车产业链，以武汉经济开发区、孝感、黄冈为重点；通信产业链，以武汉东湖开发区为重点；消费电子产业链，以武汉经济开发区、东湖开发区为重点；半导体及集成电路产业链，以武汉东湖开发区为重点；桥梁及钢结构产业链，以武汉青山、阳逻、江夏，黄冈团风、黄石为重点；石油化工产业链，以武汉化工新城，孝感应城，潜江为重点；纺织服装产业链，以武汉阳逻，孝感、咸宁、仙桃、汉川、黄石、鄂州为重点；贸工农商贸流通产业链，以武汉为龙头；水产品加工链，以武汉、鄂州、仙桃、潜江、孝感、黄冈为重点。

《哈尔滨都市圈总体规划（2005～2020）》的分工协作和空间布局提出以全球化视野为定位，以"五个统筹"和可持续发展的理念，结合实施老工业基地改造战略的契机，通过产业扩散与承接，对都市圈产业空间进行整合，协调中心城区、卫星城和整个都市经济圈的建设与发展；构建具有强大国际竞争力和区域辐射能力的都市圈产业空间，建设国家级和世界级的制造业基地，直接参与东北亚地区乃至全球产业竞争。①做大产业极核：聚合高端产业集群，推进都市圈中心区产业与服务职能极化，增强产业辐射与扩散能力。②构筑产业发展轴：积极引导产业扩散与转移，通过内外圈层实现产业布局，沿交通廊道发展产业—城镇发展轴。③整合产业集聚区：建设基础产业和重型装备制造业集聚区，实现区域产业结构战略调整；培育高新技术产业聚集区，引导产业升级；合理开发旅游资源，培育休闲旅游产业带。④打造物流基地：加强对俄铁路、空港运输业合作，整合东北运输资源，打造东北国际性区域物流基地。

《南京都市圈规划（2002～2020）》的产业分工与空间布局是按照产业链进行组织的。规划提出形成石化产业群、钢铁建材产业群和机电产业群。钢铁建材产业群包括：①以南京、马鞍山为中心构建钢铁产业群；②建材产业群，以组建专业化建材产业集团等形式，实现建材产业的跨区域联合。南京、镇江、芜湖依托水泥工业优势，建立区域水泥生产集团，提高水泥工业竞争力；南京、马鞍山依托钢铁工业优势，开发新型建材，从整体上提高都市圈建材工业产品竞争力。机电产业群包括：①光机电一体化产业群，依托都市圈高校和科研机构的优势，充分利用南京、芜湖等城市在光电子、微电子等领域的产业优势，发展电子元器件制造、光电仪表制造、信息设备制造等，增强光机电产业的国际竞争力；②家电制造产业群，整合南京、镇江、芜湖、滁州等城市的优势家电产品生产企业，促进家电企业组团发展；③车辆制造产业群，依托南京、扬州、芜湖、马鞍山等城市汽车工业优势，以大企业、名牌产品为龙头，加快行业重组和企业联合，实现都市圈汽车生产企业跨区域重组，形成以轻型车、微型车、轨道车辆、摩托车为重点的车辆制造产业群。专业园区包括：国家级高新区或经济技术开发区，南京高新区（软件、光电通信、数码产品等高新技术产业），南京经济技术开发区（临港产业、生物医药产业和现代物流业），江宁经济技术开发区（突出发展 IT 产业、汽车制造业），芜湖经济技术开发区（光电子、光电机产业、新材料产业、汽车制造业及其他加工业）。

二、城市群产业规划技术特点总结

1. 我国城市群产业规划技术手段包括产业发展目标与结构、产业协调与分工两部分内容

产业发展目标与结构是城市群总体发展定位与目标的深化，也是城市群提升区域和全球竞争力的支撑。其中包括两部分内容：一是关于产业发展目标的制定，直接与城市群总体发展目标相关联；二是产业整体结构的调整、各主导产业的发展方向和升级路径等。

产业协调与分工是城市群内部产业协作关系的整合，是调整城市群内部资源和要素布局的重要手段。其中包括两部分内容：一是基于产业链组织的产业分工和协作；二是产业空间布局。产业分工协调是根据产业总体目标确定出各主要城市的产业发展方向，协调城市间的产业发展矛盾；产业空间布局主要是产业间或产业内的空间布局，包括点、线、面状布局。

2. 处于不同发展阶段的城市群其产业规划的侧重点有所不同

由于成熟期城市群已经形成明确的主导产业，城市间已经形成一定的区域分工，所以其产业和经济发展问题的关注点往往由量的提升向质的提升转变，以促进产业体系升级，增强自主创新能力。如《长江三角洲地区区域规划纲要（2006～2010）》中提出的主要问题就是参与全球竞争的主体地位尚待提升和自主创新能力不足；《珠江三角洲地区改革发展规划纲要（2008～2020）》中提出的区域产业问题包括总体层次偏低、产品附加值不高、创新能力不足、整体竞争力不强；《京津冀都市圈区域综合规划研究》中指出地区产业体系最为完整，

但竞争力不强，产业空间合理组织的难度较大，经济一体化进程较慢。

发展期城市群产业规划兼顾完善产业体系和协调产业分工布局两方面目标。处于发展期的城市群由于正处于快速壮大期，区域内产业体系发展并不完善，尤其我国整体处于新时期的转型阶段，对于许多处于发展初期的城市群，产业主导方向的选择仍是现阶段的重点。另外，产业体系完善的过程中，也同时会涉及区域城市产业分工、协作问题，区域内城市主导产业的确定、核心区的产业空间布局等等，都是发展期城市群关注的内容。中原城市群规划指出产业竞争力不强；长株潭城市群规划提出总体实力不强，经济结构性矛盾仍然突出，缺乏强大带动力的产业集群；海西城市群发展规划指出区域吸引台资能力减弱，利用台资质量不高，产业对接不容乐观；关中—天水经济区规划提出总体经济实力还有待进一步提升，企业竞争力不强，产业集聚度不高；太原经济圈规划指出区域产业发展同构，互补性不强导致联系松散，开发区实力有限且无序发展，增长引擎功能较弱；哈尔滨都市圈规划指出产业层次与产业结构偏低；武汉都市圈规划也认为都市圈综合经济实力不强。

第三节　城市群规划中空间布局规划技术方法

一、我国城市群规划中关于空间布局规划的技术要点

1. 总体空间布局结构

《长江三角洲地区区域规划（2009～2020）》明确提出"形成以特大城市与大城市为主体，中小城市和小城镇共同发展的网络化城镇体系"。按照优化开发区域的总体要求，统筹区域发展空间布局，形成以上海为核心，沿沪宁和沪杭甬线、沿江、沿湾、沿海、沿宁湖杭线、沿湖、沿东陇海线、沿运河、沿温丽金衢线为发展带的"一核九带"空间格局，推动区域协调发展（图8-6）。

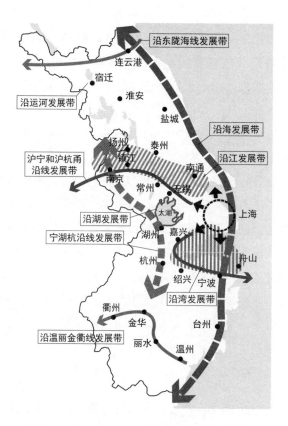

图 8-6　长江三角洲地区区域规划总体布局

资料来源：《长江三角洲地区区域规划（2009～2020）》。

《珠江三角洲城镇群协调发展规划（2004～2020）》明确提出"未来珠三角将形成高度一体化、网络型、开放式的区域空间结构和城镇功能布局体系"。城镇群区域空间结构是"一脊三带五轴"，串联、整合了珠三角最重要的功能区和节点，构成向外海和内陆八个方向强劲辐射的空间系统（图0-10）。

《珠江三角洲地区改革发展规划纲要（2008～2020）》提出城乡和区域发展不平衡，生产力布局不尽合理，空间利用效率不高的问题。规划针对性地提出了合理划定功能分区，明确具体功能定位，改变城乡居民区、工业区、农业区交相混杂的状况，优化城乡建设空间布局的策略。在此指导下，珠三角地区划分了各类主体功能区，并提出了优化珠三角地区空间布局，以广州、深圳为中心，以珠江口东岸、西岸为重点，推进珠三角地区区域经济一体化，带动环珠三角地区加快发展，形成资源要素优化配置、地区优势充分发挥的协调发展新格局。

《京津冀城镇群协调发展规划（2008～2020）》强调了城镇空间增长以点状生长为主要模式，强化对片区间发展空间的预留，分区组织空间（图8-7）。将城镇发展的空间载体分为都市连绵区、联合都市区、都市区、独立中心市四种类型。由于区域经济格局尚处于重构时期，城镇群并未提出总体的空间结构，而是以城镇化分区作为基本单元，提出各个分区的发展定位、区域职能、空间发展模式和政策支撑。

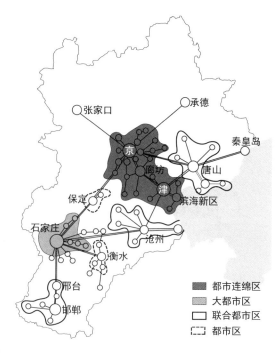

图 8-7 京津冀城镇群规划都市区发展指引

资料来源：《京津冀城镇群协调发展规划（2008～2020）》。

《京津冀都市圈区域综合规划研究》总体布局方案提出未来京津冀都市圈

城镇体系的空间结构将随着京津塘高新技术产业带、京保石制造业产业带、滨海临港产业带的形成和发展，打破北京—天津双核结构的旧有模式，形成以北京—廊坊—天津—滨海新区为脊梁的城市体系发展主轴，在沿海地带形成以曹妃甸—滨海新区—沧州—黄骅港为核心的滨海新兴城镇发展带，以北京—保定—石家庄和以北京—唐山—秦皇岛为次轴的山前城市发展密集带，总体上形成一个与产业集群发展相吻合的"起飞的飞机"的空间结构（图8-8）。

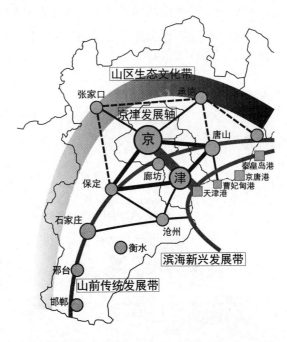

图8-8　京津冀都市圈区域综合规划研究空间结构

资料来源：《京津冀都市圈区域综合规划研究》。

　　《长株潭城市群区域规划（2008～2020）》空间结构分为三个层次（图8-9、图8-10）。第一个层次是城市群核心区空间发展结构，采用"一心双轴双带"的开放式空间发展结构，保护并突出了绿心地区的功能与价值，明确了城市和产业发展廊道。第二个层面是功能拓展区，包括北部促进发展区、西部综合发展区、东部优化发展区、南部协调发展区，承担起核心区向外的功能扩散和对核心区的功能补充。第三个层次是东部城镇密集区，形成"一核三带辐射联动"的空间架构，具体指的是城市群核心区以及宏观层面的三条产业聚合发展带。长株潭城市群明确提出了区域缺少中心城市的问题，而空间结构规划采用组合式中心模式，促动了整个城市群地区发展。

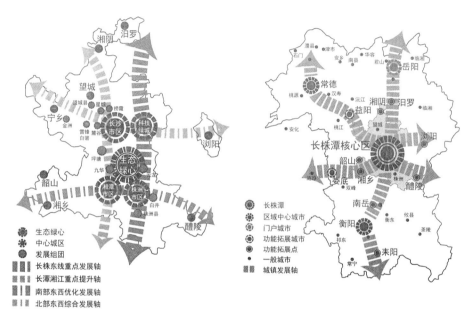

图 8-9　长株潭城市群核心区　　　图 8-10　长株潭城市群东部密集区
　　　　　空间发展结构　　　　　　　　　　　空间架构

资料来源：《长株潭城市群区域规划（2008～2020）》。

《太原经济圈规划纲要（2007～2020）》的空间结构优化理念是在核心—放射型外部空间结构下，构建"两区多心圈层型"的区域空间结构和"双核两带网络化"的盆地城镇空间结构（图 8-11）。太原经济圈明确提出中心城市综合竞争力较弱的问题，因此，规划中打破了行政区划界限，以太原、榆次组成主要发展极核，介休、孝义、汾阳组成南部次级核，以双核共同带动经济圈的城镇和经济发展。

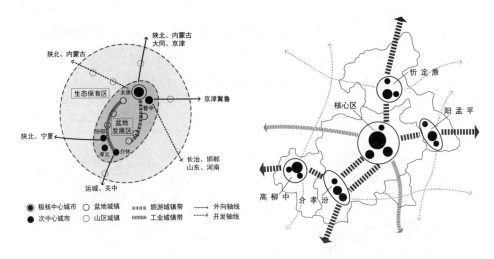

图 8-11　太原经济圈规划空间结构

资料来源：《太原经济圈规划纲要（2007～2020）》。

《海峡西岸城市群协调发展规划（2007～2020）》的空间结构是"一带、四轴、双极、多核"，其中，前两项指的是轴带体系，后两项是中心体系（图 8-12）。"一带"指依托交通联系而形成的沿海各城市紧密联系、有机分工、协调发展的"沿海城镇发展带"。"四轴"中三条轴线都是沿海到内陆的经济联系通道，另外一轴再串联三轴及福建省中部地区城市。"双极"部署是针对"弱、小、散"问题和从空间演化规律角度提出的强化中心的部署。"多核"指的是次级中心城市，作为打造城市群双极的重要补充和组成部分。海西城市群受限于带状形态，因此选择南、北双极核的空间战略，通过加强沿海一线的经济要素密度，辐射内陆，缩小沿海—内陆间的地区差异。

《成渝城镇群协调发展规划》空间结构确定为"两圈多极、三轴一带、五区"（图 8-13）。"两圈"指以重庆、成都两大国家级中心城市为核心的 1 小时经济圈，是成渝地区的两大发展极核。"多极"指地市级的区域中心城市，如绵阳、德阳等，是成渝地区的地区性增长中心。"三轴"指的是成渝南、成渝北和绵成乐城镇发展轴。"一带"指沿长江城镇发展带。"五区"指的是重庆1 小时经济圈、成都平原、川南、川东北、渝东北五个次区域，为统筹区域经

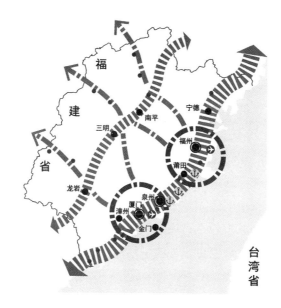

图 8-12　海峡西岸城市群规划空间结构

资料来源：《海峡西岸城市群协调发展规划（2007～2020）》。

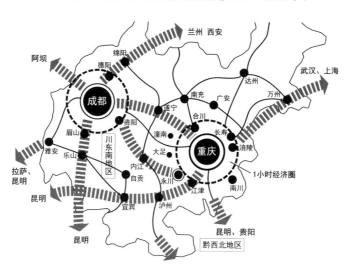

图 8-13　成渝城镇群规划空间结构

资料来源：《成渝城镇群协调发展规划》。

济社会、资源和生态环境的协调发展，根据自然条件、社会经济联系和生态环境保护等因素划定的。成渝城镇群的双核结构是由于行政区划调整的原因，重庆升级为直辖市后，其政治地位和经济实力已经与省会成都升级为同级关系，因此空间规划中采取双圈带动的格局。

《山东半岛城市群总体规划（2006～2020）》区域空间发展总体构架是一个龙头（青岛），两个区域中心（青岛、济南），一个区域副中心（烟台），八个城市区中心（济南、青岛、烟台、淄博、潍坊、东营、日照、威海），八个城市区，四条轴线（两条主轴，两条次轴），五个城市化重点引导区（图8-14）。区域城市发展主轴以中心城市节点为枢纽，并依托于建设较为完善的综合交通走廊，带动轴线上其他中小城市和小城镇的发展。山东半岛城市群中显现出明显的两个中心的职能分工，青岛侧重于外向型经济带动，济南具有行政优势，是以国企为主的内向型经济，二者在功能上形成互补关系，并且在城市群内一东一西，辐射整个半岛地区。此外，青岛也是计划单列市之一，是山东省内除济南市外行政级别最高的城市。

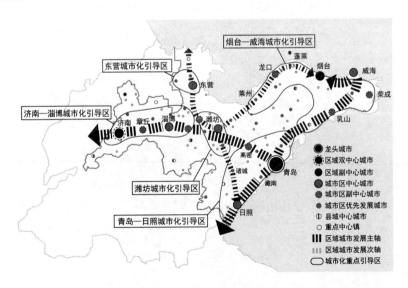

图8-14　山东半岛城市群空间结构

资料来源：《山东半岛城市群总体规划（2006～2020）》。

《武汉城市圈空间规划（2008～2020）》以新型工业化、新型城镇化和生态化发展为主线，优化区域空间布局，规划构建了"一核一带三区四轴"的区域发展框架和"一环两翼"的区域保护格局（图8-15）。"一核"是作为城市圈发展极核的武汉都市发展区。"一带"是以武汉东部组群、鄂州市区、黄石市区、黄冈市区为主体，共同构成的武鄂黄城镇连绵带，是城镇化的主体和核心密集区。"三区"是西部、西北和南部三个城镇密集发展协调区，作为武汉城市圈的重要支撑。"四轴"是以武汉为起点、以交通为导向、以城镇为依托、以产业为支撑的四条区域发展轴，以此促进产业空间集聚，成为区域发展的脊梁。"一环"是围绕一核的城市圈区域生态环，"两翼"是以大别山脉和幕阜山脉为基础的生态区域，是重要的生态屏障。

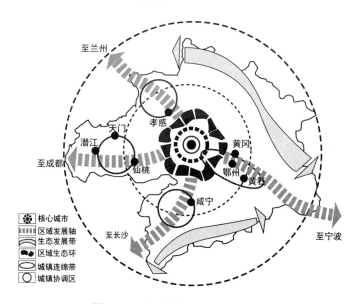

图 8-15　武汉城市圈规划空间结构

资料来源：《武汉城市圈空间规划（2008～2020）》。

《哈尔滨都市圈总体规划（2005～2020）》编制时期正是都市圈由单核发展的极化式向多核发展的扩散式空间结构演变时期，基于此，都市圈规划中明确了仍将采取非均衡的发展策略（图8-16）。其空间结构组织由"一主三副三核"

的中心地等级体系、六条"城镇—产业"共生的轴带体系、三个垂直分工明确的圈域体系构成，以达到集中力量建设核心城市、协调构建节点组团、加快轴线集聚发展、促进三大圈层分工合作的目标，并确定了近期采用放射状的空间结构、远期采用圈层式空间布局。

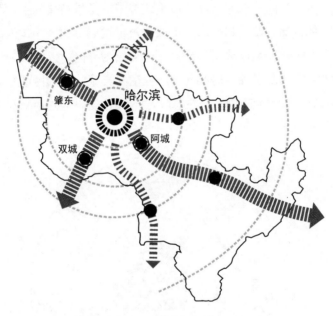

图 8-16　哈尔滨都市圈规划空间结构

资料来源：《哈尔滨都市圈总体规划（2005～2020）》。

《南京都市圈规划（2002～2020）》空间总体结构是以南京（都市发展区）为核心，以核心与主要节点城市的联系方向为放射轴，以核心城市功能扩散地域为圈层的"放射圈层状"空间结构。南京都市圈空间总体结构由一个核心、两个圈层、三条主轴、四条副轴组成（图 0-11）。

《中原城市群总体发展规划纲要（2006～2020）》中提出城市群的制约因素主要是中心城市辐射带动能力不强，与其他城市群的核心城市相比，省会郑州市人口和经济规模偏小，要素集聚和辐射带动能力较弱，在城市群内的龙头地位不够突出。为了壮大中心城市的实力，中原城市群空间着力构建以郑州为中心、洛阳为副中心，其他七个城市为支点，中小城市和小城镇为节点的多层次、网络状城市体系，努力形成以郑州为中心、产业集聚、城镇密集的大"十"字形基本构架，确立中原城市群核心区经济一体化发展的空间轮廓。在空间上形成三大圈层：以郑州为中心的都市圈（开封作为郑州都市圈的一个重要功能区）、紧密联系圈（其他七个结点城市）和辐射圈（接受城市群辐射带动作用的周边城市）（图8-17）。城市群的核心区规划包括优先推动郑汴一体化、加快郑洛互动发展、促进郑新呼应发展、密切郑许经济联系，其中，郑汴一体化区域是整个城市群的核心。整个中原城市群规划的空间重点就在于强化郑州中心城市的地位，因此，郑州也位于空间规划"十"字轴带的交点，从空间上更加强了核心地位。

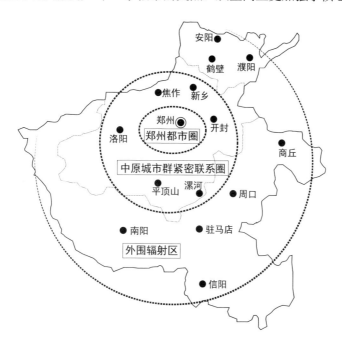

图8-17 中原城市群规划空间结构

资料来源：《中原城市群总体发展规划纲要（2006~2020）》。

《关中—天水经济区发展规划》中提出经济区的总体经济实力还有待进一步提升，解决企业市场竞争力不强、产业集聚度不高，与周边地区和国际市场的联系不够紧密等问题。针对现有问题，规划提出根据资源环境承载能力、现有开发强度和发展潜力，科学确定功能分区，优化经济区人口分布、生产力布局、产业结构和城乡布局。城市地区的空间结构明确提出要以特大城市为依托，促进大中小城市和小城镇协调发展，形成辐射带动作用强的城市群。其空间战略是构筑"一核、一轴、三辐射"的空间发展框架体系（图 8-18）。"一核"指的是西安（咸阳）大都市，是经济区的核心，对西部和北方内陆地区具有引领和辐射带动作用。"一轴"即以宝鸡、铜川、渭南、商洛、杨凌、天水等次核心城市作为节点，依托陇海铁路和连霍高速公路，形成西部发达的城市群和产业集聚带。"三辐射"即核心城市和次核心城市依托向外放射的交通干线，具体包括以包茂高速公路、西包铁路组成的轴线，以福银高速公路、宝鸡至平凉、天水至平凉等高速公路和西安至银川铁路组成的轴线，以沪陕、西康、西汉等

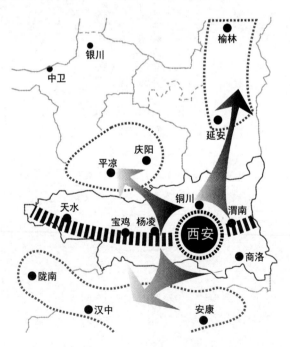

图 8-18　关中—天水经济区规划空间结构

资料来源：《关中—天水经济区发展规划》。

高速公路和宝成、西康、宁西铁路组成的轴线。关中—天水经济区仍处于雏形期，其目标仍以培育为主，因此，向心型的空间结构有利于发挥中心城市的集聚作用。

2. 空间发展与管治的分区策略[1]

《珠江三角洲城镇群协调发展规划（2004～2020）》根据区域经济、社会、生态环境与产业、交通发展的背景，结合对区域内不同类型城镇地区的扶持、提升要求，以实现对区域内不同地区发展分类指导和实行区域空间分级管治为目标，把区域内生态环境、城镇、产业与重大基础设施发展地区划分为九类发展政策区划（图8-19）。根据政策分区，将空间管治划分为一级管治（监督型管

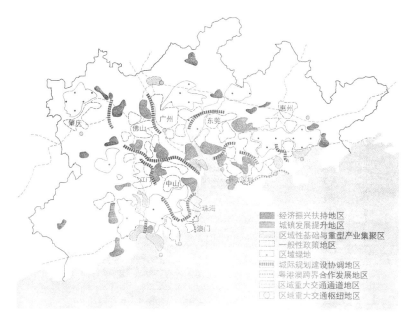

图8-19　珠三角城镇群规划九类发展政策分区

资料来源：《珠江三角洲城镇群协调发展规划（2004～2020）》。

---

① 本节讨论内容涉及的词汇包括"空间管制""空间管治"两种用法，为了更好地对城市群规划样本进行解读，均保留了原文的词语用法，故造成正文中两个词语的交义使用，特予以说明。

治），包括政策区划中的区域绿地和区域性重大交通通道地区；二级管治（调控型管治），包括政策区划中的区域性基础产业与重型装备制造业集聚地区和区域性重大交通枢纽地区；三级管治（协调型管治），包括政策区域中的城际规划建设协调地区和粤港澳跨界合作发展地区；四级管治（指引型管治），包括政策区划中的经济振兴扶持地区、城镇发展提升地区和一般性政策地区。针对空间管治级别，提出相应的管治措施（表8-4）。

表8-4　珠三角城镇群规划空间管治政策分区

级别	范围	空间管治措施
一级管治 （监督型管治）	区域绿地； 区域性重大交通通道地区	省、市各级政府共同划定区域绿地的"绿线"和重要交通通道的"红线"，各层次规划和各相关部门不得擅自更改和挪动。遵照"绿线""红线"管治要求，由省人民政府通过立法和行政手段进行强制性监督控制，市政府实施日常管理和建设
二级管治 （调控型管治）	区域性基础产业与重型装备制造业集聚地区；区域性重大交通枢纽地区	由省人民政府对地区发展类型、建设规模、环境要求和建设标准提供强针对性调控要求，城市人民政府负责具体的开发建设，严格防止与区域发展目标不相一致、与主要发展职能相矛盾的粗放式开发建设行为
三级管治 （协调型管治）	城际规划建设协调地区；粤港澳跨界合作发展地区	相关城市共同参与制定地区发展规划，确保功能布局、交通设施、市政公用设施、公共绿地等方面协调，在充分协商、合作的前提下，自主开展日常建设管理。城际规划建设协调地区中违反规划、损害相邻城市利益的行为，由省人民政府责令改正；粤港澳跨界合作发展地区，通过粤港澳"联席会议"机制协调
四级管治 （指引型管治）	经济振兴扶持地区；城镇发展提升地区；一般性政策地区	省人民政府根据《城市群协调发展规划》的要求，指导各城市编制下层次规划。各地方政府要求严格执行各项城市规划、建设和管理标准，全面提升该类地区的社会经济发展水平和人居环境建设质量

资料来源：《珠江三角洲城镇群协调发展规划（2004～2020）》。

《京津冀城镇群协调发展规划（2008～2020）》基于城镇化分区确立了分区发展指引。城镇化分区立足于新型工业化和健康城镇化的国家要求，以加强城镇群综合竞争力和综合承载力为目标，根据经济社会发展水平、资源禀赋和环境基础等要素进行划分，包括北部和西部限制发展区以及中部功能协同区中的各个子区域。分区发展指引，结合了城镇化分区以政策制定为导向而划定，包括北部和西部功能协同区政策指引、中部功能协同区政策指引、南部功能协同区政策指引。各分区的政策指引包括城镇化发展政策、交通发展政策、生态保护政策、资源利用与能源供应政策和空间管治政策。

《山东半岛城市群总体规划（2006～2020）》区域分区管治的制定用以保证半岛城市群地区生态基础设施的完整性，区域空间发展目标和空间布局得以实现，从网络、走廊、斑块三个方面对半岛城市群地区进行空间管治。包括政区交界带网络管治、区域基础设施廊道管治、区域生态功能区管治、海岸综合开发区管治。

《海峡西岸城市群协调发展规划（2007～2020）》的空间发展政策体系通过划分"次区域"进行具体落实，实现省政府对各设区市、县级单位的统筹指导，划分了东南次区域、东北次区域和西部次区域三个部分。各区域的政策指引分为发展单元政策指引、空间要素管制、城镇体系优化三个部分，以落实区域宏观格局、总体空间布局、交通与生态结构以及城镇体系优化完善所需的空间发展政策。其中，发展单元的政策包括产业项目的安排、基础设施的配置、财政转移支付和其他方面的区域政策，进而划定为发展重点单元、发展支撑单元和发展保障单元三类。空间要素管制针对不同空间要素实施分级的空间管制，包括监管性管制、引导型管制和一般型管制三大类（表8-5）。

表8-5　海峡西岸城市群空间发展政策体系与调控内容

空间发展政策	政策类型	调控方式	调控内容
单元发展政策	发展重点单元	省级政府调控	产业、财政、投资、环保等政策
	发展支撑单元		
	发展保障单元		
空间要素管制	监管型管制	省政府监管	区域重大交通通道和设施
			生态廊道和斑块
			重要保护岸线
			其他控制要素

续表

空间发展政策	政策类型	调控方式	调控内容
空间要素管制	引导型管制	省、市政府共同治理	战略性发展地区
			特色保护地区
			城际建设协调地区
	一般型管制	既有政策下的调控	一般性政策地区

资料来源：《海峡西岸城市群协调发展规划（2007～2020）》。

　　《成渝城镇群协调发展规划》根据不同区域的资源环境承载能力、工业化与城镇化的程度和潜力，进行政策性分区，并针对各类空间分区分别提出相应的发展策略与限制要求。成渝地区分为优化开发地区、重点开发地区、适度开发地区等三类政策性地区，其中适度开发地区又分为两个亚区（亚区1、亚区2）。成渝城镇群的政策分区属于"发展优先性分区"（表8-6）。

表8-6　成渝城镇群政策分区

政策分区		划分原则	分区范围
优化开发区		以县级行政区为基本单元	成都都市区和重庆都市区，主要功能为集聚经济和人口
重点开发区			渝南、成渝北、绵成乐发展轴和长江城镇发展带周边的大部分县市，作为成都和重庆都市区功能与产业梯度转移最主要的承接地，主要功能为集聚经济和人口
适度开发地区	亚区1		包括坡度条件大于25%的地形分布较多的地区、三峡库区、农业资源比较丰富及其他限制性要素较多的地区。以适度发展为主，处理好城镇发展质量与速度的关系，限制大规模扩张。以小城镇为主体引导产业布局与城镇发展。促进生态环境的保护和改善
	亚区2	按照自然地形地貌边界和相关保护区范围确定	风景名胜区、自然保护区、森林公园分布比较密集，多是生态敏感地区和生态保护区的所在地，承担着成渝地区生态背景的重任，同时对于长江流域生态保护也有着重要作用

资料来源：《成渝城镇群协调发展规划》。

　　《长株潭城市群区域规划（2008～2020）》采用了针对重点分区进行空间管

控的方法。城市群总体上划分为核心区、功能拓展区和湖南东部城镇密集地区三大部分。核心区作为建设两型社会试验示范平台，也是地方政府自主推进长株潭一体化建设的空间载体。核心区采用了主体功能区划方法落实空间管控要求。综合空间的生态适宜性评价和现有城镇建设开发强度分析，考虑城市集约发展的需要，核心区划分为禁止开发地区、限制开发地区、优化开发地区和重点开发地区四类，作为建立生态网络和引导空间有序发展与合理布局的基本依据。功能拓展区划定了区域空间发展分区，包括核心区、北部促进发展区、西部综合发展区、东部优化发展区、南部协调发展区，涉及对产业发展、职能、区域生态环境等的指引（图0-12）。

《武汉城市圈空间规划（2008～2020）》编制了空间综合分区和发展指引，划分为武汉都市发展区、东部沿江城市与产业集聚区、仙天潜城市与高效农业发展区、咸嘉赤城市与水域经济发展区、孝应安城市与生态农业发展区、大别山生态保护区、幕府山生态保护区。除了最后两个分区属于生态保护区外，前面的分区都从分区指引和产业发展要点上进行了区域发展指引。

《太原经济圈规划纲要（2007～2020）》的空间管治分区根据事权划分和管治力度的差异划分了九类分区实行分级管治，包括：禁止开发区、生态控制区、农村开敞区、城镇适度发展区、城镇促进发展区、城镇优化发展区、产业集聚区、重点协调区、区域交通走廊控制区（图8-20、表8-7）。其中，针对城镇优化发展区、城镇促进发展区、城镇适度发展区、农村开敞区、生态控制区、禁止开发区提出了建议的财政政策、投资政策、产业政策、土地政策、人口政策、环保政策和绩效评价及绩效考核内容。规划中还对空间管治分区与主体功能区划的关系进行了对照，包括禁止开发区（禁止开发区）、限制开发区（生态控制区、农村开敞区、城镇适度发展区）、重点开发区（城镇促进发展区）、优化开发区（城镇优化发展区）。

《哈尔滨都市圈总体规划（2005～2020）》的空间管制覆盖整个哈尔滨都市圈，通过清晰的空间管制，提出各类空间的分级管制措施。根据都市圈经济、社会、生态环境与产业、交通发展的背景，结合都市圈内不同类型用地的发展要求，将都市圈内的用地划分为优化整合开发区、重点开发区、限制开发区和

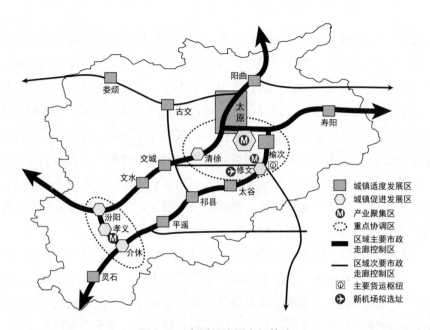

图 8-20　太原经济圈空间管治

资料来源：《太原经济圈规划纲要（2007～2020）》。

表 8-7　太原经济圈空间管治分级

级别	定义	范围	政策属性	主要管治措施
一级管治 （监管型管治）	政府实行强制型监控和管治的地区	禁止开发区	约束型	省政府通过立法和行政手段进行强制性监督控制，由市政府实施日常管理和建设
二级管治 （控制型管治）	政府对发展与保护适度控制的地区	生态控制区	约束型	省政府以规划、指引、仲裁等调控型手段进行管治，由城市政府负责具体保护和开发
		农村开敞区	约束型	
三级管治 （协调型管治）	政府间需注重纵向或横向协调的地区	重点协调区	引导型	省政府以规划、指引、协商等协调性手段进行控制，同时，相邻地区政府进行磋商、协调，达成一致后方可由城市政府资助发展、建设
		区域交通走廊控制区	约束型	
四级管治 （引导型管治）	政府以引导和服务为主，充分发挥企业、个人参与性的地区	城镇优化发展区	引导型	省政府对地区的发展类型、发展规模、生态环境要求和建设标准提供发展指引，对发展政策和基础设施建设提供支持，由城市政府按照指引要求自主发展
		城镇促进发展区	引导型	
		城镇适度发展区	约束型	
		产业集聚区	引导型	

资料来源：《太原经济圈规划纲要（2007～2020）》。

禁止开发区四类主体功能区，并对不同发展用地进行有针对性的引导和控制。区域分级空间管制与政策分区划分相对应。根据事权划分和管治力度的差异，将四类主体功能区分三级管制：一级为监督型管制；二级为调控型管制；三级为指引型管制。比如一级管制区域是都市圈内的禁止发展区，即建立区域生态安全格局所需生态用地。监督型管制的内涵是市政府通过立法和行政手段进行强制性监督控制，由各级政府实施日常管理和建设。

《南京都市圈规划（2002～2020）》的空间管治包括区域内部管治协调和外部管治协调两大类。区域内部管治协调包括沿江地区、低山丘陵地区、沿湖地区、里下河平原水网地区的管治协调，包括管治的一般原则、范围、协调内容。如沿江地区的协调重点在工业布局、市场建设和区域商服中心的配置、农村居民点建设、中心城市建设、沿江通道的建设等；低山丘陵地区的管治协调重点是生态环境保护、生态景观、水库湿地、保护生态多样性、农业发展、休闲旅游业等。都市圈外部区域管治协调涉及南京都市圈与苏锡常都市圈以及苏中苏北地区的协调。

3. 与城市群周边地区的空间协调

《长江三角洲地区区域规划（2009～2020）》中提出推动区域发展，其中包括促进苏北、浙西南地区发展。规划提出，充分利用苏北地区的土地、劳动力和能源资源优势，建立农产品、能源、先进制造业基地和承接劳动力密集型产业转移基地。利用浙西南地区民营经济发展的优势和山区资源条件，建立长三角地区制造业、农产品、生态休闲旅游基地。加快连云港、盐城、温州等地区形成新经济增长点。依托上海设立在盐城的三个农场，建立承接上海产业转移基地。强化核心区与苏北、浙西南地区基础设施的共建共享，加强上海港与南北两翼港口的合作共建，包括产业转移和产业发展联系，劳动力、土地和能源的资源利用、港口等基础设施联系等。

《京津冀都市圈区域综合规划研究》中提出与周边地区协调发展的重点领域，周边包括辽宁、内蒙古、山西、陕西、山东、河南等省区。规划中提到了对周边地区发展的辐射带动作用（产业带动、技术扩散、功能区辐射、物资集散枢纽)，区域交通运输通道的建设，能源基地建设等方面，形成区域性协调内容。

《南京都市圈规划（2002～2020）》中提出都市圈外部区域管治协调，包括与苏锡常都市圈、苏中和苏北地区的协调。具体包括加强长江沿岸取排水口位置、生活岸线布置、港口与后方疏运系统建设、沿江旅游线路组织和重点基础设施项目网络的衔接；加强交通线路走向、建设标准和时序方面的协调，在快速轨道交通体系建设的位置、方式、标准和时序上保持一致；区域整体生态建设和加强沿江旅游开发的整体协作。其中，与苏锡常都市圈的协调集中在交通和基础设施、生态保护问题、区域开发合作（旅游）上。与苏中、苏北地区的管治协调集中在交通道路建设、旅游区合作、重大基础设施工程（南水北调、机场建设）、河道建设和预留等问题。

《海峡西岸城市群协调发展规划（2007～2020）》中提出了对台协作及与周边省份协调。对台协作上，规划强调了产业转移、对台协作区的建设、新政策、预留重大交通设施等问题，并对各重要城市提出鼓励专业的产业门类。与江西省区域协调中，规划提出闽赣协作重点区域性通道的构建。与浙江省区域协调上，规划提出了构建南北大通道、增强经济联系和设施协调、加强区域生态环境保护。

二、城市群空间布局规划技术特点总结

1. 成熟期城市群大多是网络型空间结构，引导功能有机疏散；发展期城市群大多是向心型空间结构，引导要素的集聚过程

成熟期城市群包括长三角城市群、珠三角城市群，京津冀城市群正处于发展期向成熟期的过渡阶段。成熟期城市群大多已经越过城镇与空间结构的建构期，空间节点之间的等级关系、层次关系、主要城市的地位关系基本稳定，重大交通设施和基础设施空间体系基本形成，空间结构都呈现出网络化的格局。对于这类城市群来说，其空间发展核心是空间规划如何支持国际和国家产业、服务职能提升。

发展期城市群大多正处于发展初期或加速期，城市群仍处于集聚大于扩散

的阶段，其规划很多明确提出中心城市辐射力不够的问题，因此，其空间结构大多是向心型，用以引导要素的集聚。例如，《中原城市群总体发展规划纲要（2006～2020）》明确指出与其他城市相比，省会郑州的人口和经济规模偏小，要素集聚和辐射能力较弱，龙头地位不够突出。《长株潭城市群区域规划（2008～2020）》提出现阶段城市群内部缺乏具有强大带动力的中心城市。海西城市群规划中指出核心不强、带动力弱的问题。哈尔滨都市圈规划中提出中心城边缘区矛盾显现、外围城镇发展动力不足、城镇间横向联系不够紧密的问题。总体来看，长株潭城市群、太原经济圈构建了组合型中心，武汉城市群、哈尔滨都市圈、南京都市圈都是典型的单中心圈层结构，成渝城镇群、海西城市群是双中心集聚结构，其轴线大多通过或汇聚于发展重心地区，形成明显的集聚型引导结构。

2. 空间政策分区是一种有效的空间组织手段

空间政策分区是按照一定的原则，对城市群进行空间划分，确定出城乡建设和发展空间、基础设施走廊、农业空间、生态敏感空间、重点协调空间等不同类型分区的基本范围，同时对不同分区发展的目标、政策等进行引导，为分区管治和协调提供依据。管治分区的出发点是对整个区域的空间资源保护和利用进行整体安排，其方式可以归纳为开发强度分区、发展优先性分区、空间类型分区、空间结构分区、管治协调分区、发展政策分区等主要方式。

表 8-8　空间分区主要方式

空间分区方式	具体内容
开发强度分区	主要根据是否允许开发建设以及开发的方式和强度进行空间分区，将区域划分为：建设区、控制建设区、禁止建设区，重点是区分建设和非建设空间，目的是合理控制城市增长空间，严格保护生态环境。新版住建部《城市规划编制办法》要求"划定禁建区、限建区、适建区和已建区，并制定空间管治措施"。适用于以城市为单位编制的规划，如大都市区规划、市/县域规划等
发展优先性分区	主要根据不同区域的发展基础和综合条件以及在区域中的空间职能等，确定不同地域空间资源开发优先性，据此进行空间分区，一般可分为：重点发展、优化发展区、限制或控制发展、禁止建设区等。比较适合于较大尺度的区域空间规划，如省域规划

续表

空间分区方式	具体内容
空间类型分区	主要根据不同地域的土地利用类型和规划目标进行分区，将区域划分为城乡建设及发展用地、重大基础设施用地和走廊、旅游度假区、生态敏感区、农田保护区等，体现不同分区的发展特色和功能定位。这种方法经常用于市域、县（市）域规划等较大比例尺规划的空间组织和管治分区。大类中再根据具体情况分小类，如城镇空间、沿江沿湖地带、水网湿地、丘陵山地等
空间结构分区	主要根据区域空间发展的结构形态，对区域空间进行划分，一般可以将区域空间划分为：核心城市的都市发展区、节点城市、发展轴、都市圈、生态开敞区等
管治协调分区	主要根据空间管治协调的要求进行空间划分，在对各类建设、保护空间进行基本管治的基础上，划定需要重点管治的地区，并相应提出管治要求
发展政策分区	主要根据地区特色、发展目标以及相应的政策扶持力度、管治方式等进行空间分区，将区域分为不同类型，为制定差别化的区域政策导向提供基础

依据空间政策分区可对城市群空间的发展进行必要的管治和协调。空间管治的目标主要包括优化区域发展空间结构，明确区域空间发展的共同准则，维护并保障区域的整体利益，遏制不符合区域整体利益、长远利益的不合理开发建设行为，加强对各类空间和不同发展主体空间利益的综合协调，促进城市乡村协调发展、区域设施共建共享、生态环境共同保护，引导区域空间资源的合理配置和持续、协调、共同发展。根据空间政策分区，分别对不同的区域制定空间管治的原则、目标、内容、方式，为规划实施管理、后续规划、制定相关政策配套等提供依据。明确城市群内部和外部协调的主要方向以及协调的原则、内容及途径，为建立规划实施和区域发展过程中的区域协调长效机制提供指引。

第四节　城市群规划中的协调与运作机制

一、我国城市群规划中协调与运作机制的技术要点

1. 机构设置与协调平台的设想

《珠江三角洲城镇群协调发展规划（2004～2020）》提出建立规划实施的常

设机构，负责组织区域规划的编制与修订，负责区域内的规划协调，进行区域空间管治，承担区域规划的实施监测与监督职能，推进公众参与提供规划咨询与技术服务，组织区域重大课题的研究。此外，提出省人民政府应健全实施协调会议制度，包括联席会议和专题会议。前者是对具有区域影响的建设项目提请修编等重大事项进行协商并做出决定；后者是根据需要组织召开，对省域规划和市域规划修编、一级空间管治区范围的划定、具有区域影响的建设项目的规划选址等进行协商。

《京津冀城镇群协调发展规划（2008～2020）》提出建立区域协调机构，由中央政府成立专门的京津冀区域协调机构。该机构由国务院直接领导，其基本职能包括组织协调实施跨行政区的重大基础设施建设、重大战略资源开发、生态环境保护与建设以及跨区生产要素的流动等问题；统一规划符合本区域长远发展的经济发展规划和产业结构；统一规划空间资源和其他资源的投放；制定统一的市场竞争规则和政策措施，并负责监督执行情况；指导各市县制定地方性经济发展战略和规划，使局部性规划与整体性规划有机衔接。该机构应当兼具区域中各方主体积极平等对话的平台功能，其核心工作内容是构建和推行各项促进区域协调的制度。在京津冀区域协调机构以外，推进各地方政府之间形成二元或多元参与的区域协调组织，促进地方协调成长。

《海峡西岸城市群协调发展规划（2007～2020）》提出建立跨区域协调机制，包括建立省域相邻县市的规划征求意见制度并纳入法定程序；建立市县联席会议制度，构建区域主体共同参与制度框架；深化城市联盟制度，形成推进规划实施的次一级主体；建立海西与长三角、珠三角、中部地区的区域合作机制。其中，城市联盟是以经济联系密切的区域为基本单元，通过加强城市之间的沟通与协作，解决生产要素的有机结合、各类资源的优化配置和城市规划统一实施的城市发展合作组织。规划中提出城市联盟是推进城市群规划有效实施的次一级主体。

《中原城市群总体发展规划纲要（2006～2020）》提出建立协调机构；赋予省城镇化领导小组办公室统筹协调中原城市群发展的职能；定期举行协调会、组织实施中原城市群发展总体规划和专项规划，协调有关城市和相关部门，组织实施省城镇化领导小组的各项决议。城市群九市政府依据总体和专项规划制定相应的实施方案。建立中原城市群发展专家咨询委员会，对发展决策进行评议。规划中还提出健全考核体系的措施。

《长株潭城市群区域规划（2008～2020）》提出建立高效率的试验区行政管理体制，建议组建长株潭"两型"社会综合配套改革试验区协调管理委员会，统一规划管理和具体落实示范片区建设职能，强化省级事权协调管理力度。其中，特别强调了建立省政府与三地之间、县市政府之间的协商机制，明确各自职责和任务，明确监督检查和行政处罚等相关内容。

《太原经济圈规划纲要（2007～2020）》提出建议成立决策机构——"太原经济圈规划委员会"，由太原经济圈各级政府领导、各方代表及相关层次专业人员构成。在省建设厅设立执行机构——"太原经济圈规划管理办公室"。该协调机构为常设机构，具体负责太原经济圈协调发展的规划管理工作，其主要职能是综合协调，仅限于协调太原经济圈各市县之间的发展，协调重点是区域性基础设施建设、环境保护和区域性公共物品的提供；省直部门仍保留其行业管理职能，其专业协调职能甚至应有所强化；地方政府则在接受"规划管理办公室"综合协调及政治部门专业协调的同时，相对独立地行使地方日常社会服务职能及调控权（表8-9）。

表 8-9　太原经济圈规划管理实施主体构成

管理层次	机构名称	成员构成		机构功能
决策层次	太原经济圈规划委员会	主任：山西省省长		组织、协商、决策机构
		副主任：山西省主管副省长		
		成员：山西省建设厅、发改委、交通厅等部门主要领导，太原、晋中、吕梁三市主要领导，人大代表、大企业法人代表、各种非政府团体代表、市民代表及各领域的专家代表		
		名誉职务：国家和省政府有关部门的领导		
落实层次	太原经济圈规划管理办公室	由委员会任命，办公室主任为建设厅主要领导或主管领导		常设办事机构，负责具体工作的申报管理
	各职能部门	负责太原经济圈规划中各专业规划的实施		
	地方政府	负责太原经济圈规划在本辖区的实施		

资料来源：《太原经济圈规划纲要（2007～2020）》。

《哈尔滨都市圈总体规划（2005～2020）》提出都市圈规划与协调机构建设。①哈尔滨都市圈区域规划委员会。由哈尔滨市规划院、黑龙江省城市规划设计院、都市圈各市县区域规划设计院共同组成，为非政府非盈利企业社会团体，倡导区域合作，编制都市圈各项协调规划。在哈尔滨规划局设立"哈尔滨都市圈区域规划管理办公室"，具体负责哈尔滨都市圈的规划管理工作。包括规划编制、都市圈规划与相关规划协调、为地方政府提供技术协助、定期评估政府和卫星城政府重要的空间战略规划及相互间的协同关系，并向各级人民政府提出行动建议，会同省市发改委提出都市圈区域性重大项目规划建议，颁布由省市政府做出的都市圈城镇规划、土地利用、资源开发、产业发展、环境保护、重大基础设施建设等事项，不定期发布都市圈规划实施行动报告。②哈尔滨都市圈区域协调委员会。具体负责协调区域基础设施、城镇规划、项目立项、生态环境、建设管理中的矛盾，并筹措区域公共设施建设经费，统筹国家和省市投资项目的布局。协调的重点是提供各项区域性公共服务，主要包括区域性交通、给水设施和污水收集系统、污水处理、区域公园和生态空间、固体废弃物的管理、大气污染控制、水环境综合治理等。哈尔滨都市圈区域协调委员会挂靠哈尔滨市发展和改革委员会。

2. 规划立法的进程与主要内容

《广东省珠江三角洲城镇群协调发展规划实施条例》。《珠江三角洲城镇群协调发展规划（2004～2020）》在2005年初通过评审，2006年7月28日于广东省第十届人民代表大会常务委员会第二十六次会议通过了《广东省珠江三角洲城镇群协调发展规划实施条例》，是城市群规划中首个通过法律手段确保规划实施的规划。目前，《珠三角区域规划法》正在草拟过程中。

《湖南省长株潭城市群区域规划条例》。2007年9月29日湖南省第十届人民代表大会常务委员会第二十九次会议通过了《湖南省长株潭城市群区域规划条例》并于2008年1月1日执行。随后2009年9月27日湖南省第十一届人民代表大会常务委员会第十次会议通过了《湖南省长株潭城市区域规划条例》并予以公布，自2010年1月1日起施行。

《浙江省浙中城市群区域规划建设条例》。2009 年 4 月 30 日中共浙江省委转发《省人大常委会党组关于省十一届人大常委会立法工作意见的请示》，将浙江省浙中城市群区域规划建设条例列入浙江省十一届人大及其常委会立法调研项目库，作为促进转型升级和加强经济建设管理方面的立法。

其他城市群也都纷纷提出了立法计划。《京津冀城镇群协调发展规划（2008～2020）》提出建议出台《京津冀区域整备法》和《京津冀区域协作政策程序条例》，哈尔滨都市圈也在规划中提出了规划立法，太原经济圈规划也提出《太原经济圈规划条例》。

3. 行动计划与重大项目的实施

近期行动计划最初是在《珠江三角洲城镇群协调发展规划（2004～2020）》中提出的，是由政府主导展开的有利于推进规划实施的主要行动。规划一经批准，就可由相关责任主体分别按照行动计划和目标要求实施。政府则应当在法律建设、资金投入、相关政策上积极引导和扶持。

《珠江三角洲城镇群协调发展规划（2004～2020）》提出制定重大行动计划的目的在于明确区域下一步空间发展的重点，形成政府"抓手"，并提出了遵循原则——针对性、战略性、可操作性、时效性。规划提出 2005～2010 年组织实施的八项重大行动计划，提出发展"湾区"、实施"绿线管治"、营造"阳光海岸"、构筑"区域空间信息平台"等计划；为了提升区域总体竞争力，提出强化"外联"、推进"产业重型化"、实现"交通一体化"等计划；为了推进区域城市化进程，提出建设"新市镇"计划。为了保证计划的顺利实施，规划中清晰划分了事权，明确省直部门与地方政府行动中的职责，并将行动计划的主要内容纳入部门近期工作计划。省发展改革委员会负责区域社会经济发展的综合协调工作，省建设厅负责区域空间管治的综合协调工作，其他省直部门在各自职能范围内行使协调职能，各市政府配合省政府采取的统一行动，负责落实辖区内的行动内容。

《长株潭城市群区域规划（2008～2020）》提出了行动计划与项目库。其中具有"两型"特色的项目库建设包括全局性项目、局部性项目。前者包括城市功能区建设和完善社会公共服务工程项目、湘江等水系沿线治理和建设工程、资源节约项目、生态环境友好工程、综合交通工程、基础设施建设工程、"两型"产业发展项目；后者包括交通类项目、能源类项目和其他工程项目。

《哈尔滨都市圈总体规划（2005～2020）》提出了都市圈重大项目计划，包括：①以公路建设为重点，实现内畅外联；②以旧城改造为重点，强化中心城市；③以强化多核心为重点，完善圈层结构；④以建设制造业基地为重点，推进产业分区进程；⑤以共建共享为重点，加强基础设施一体化；⑥以文化、生态为重点，营造和谐生活空间。

二、城市群协调与运作机制技术特点总结

1. 空间发展与设施建设一体化是发展协调的重点问题

由于城市群人口、产业高度密集，城市间或多或少都存在着相互污染、重复建设、恶性竞争的情况，与城市群一体化发展、提高区域整体竞争力的客观要求及发展目标背道而驰。《长江三角洲地区区域规划（2009～2020）》就指出区域一体化已经形成，但缺乏区域协调的有效机制。《珠江三角洲城镇群协调发展规划（2004～2020）》也指出珠三角面临区域一体化与体制分割的矛盾。《京津冀城镇群协调发展规划（2008～2020）》指出缺乏区域分工是综合竞争力低下的重要原因。《京津冀都市圈区域综合规划研究》指出内部经济一体化进程依然缓慢。

交通等基础设施体系是城市群协同发展的重要基础。《珠江三角洲城镇群协调发展规划（2004～2020）》就提出区域偏重生产性基础设施，如通信、供水、燃气等，但对环境基础设施，包括污水处理厂、垃圾填埋场等建设则远远滞后。此外，基础设施建设重复和过度竞争现象比较普遍，局部过度超前和短缺现象并存，交通设施结构性矛盾也比较突出，制约了珠三角辐射带动作用的发挥。《京津冀都市圈区域综合规划研究》指出现阶段区域性基础设施网络对区域经济一体化进程的约束作用明显，特别是在一些区域性港口、机场、跨地区高速公路和城际快速通道的建设缺乏统筹安排。《海峡西岸城市群协调发展规划

（2007～2020）》提出地区交通设施建设滞后于国民经济发展，铁路规模小、设施落后，公路等级结构不合理，重要机场趋于饱和且布局不合理，岸线资源优势并未转化成港口优势，港口腹地狭窄等问题。

2. 外部性、公共性问题大多是协调的重点与难点所在

《长江三角洲地区区域规划（2009～2020）》指出区域增长方式开始转变，但人口资源环境的制约仍在加剧。《珠江三角洲城镇群协调发展规划（2004～2020）》也指出珠三角地区面临生态环境与自然资源不堪重负的局面、人居环境建设落后。《珠江三角洲地区改革发展规划纲要（2008～2020）》认为土地开发强度过高、能源资源保障能力较弱，环境污染问题比较突出，资源环境约束凸显，传统发展模式难以持续。《京津冀都市圈区域综合规划研究》指出人口产业同资源环境分布格局的特点，给发达地区和欠发达地区的合作创造了机遇，也造成难点。

除了成熟期城市群面临着土地空间紧缺、环境污染、自然资源破坏等资源环境要素制约的问题外，发展期城市群也同样面临着增长方式粗放、资源节约压力大等问题。《中原城市群总体发展规划纲要（2006～2020）》提出了区域经济增长方式比较粗放，对能源、资源消耗较多，水、土地、矿产等资源的利用效率不高，各类污染物排放量大，区域可持续发展压力较大等问题。《长株潭城市群区域规划（2008～2020）》指出城市群资源节约压力较大，湘江生态环境亟待改善，并提出长株潭绿心位于三市交界地区，各组团缺少分工协作，已面临被低效开发的危险。《海峡西岸城市群协调发展规划（2007～2020）》把沿海的生态条件与潜在的生态问题也列为城市群主要面临的问题之一。《关中—天水经济区发展规划》提出水资源总量不足、综合利用水平低，生态建设和环境保护任务繁重的问题。《哈尔滨都市圈总体规划（2005～2020）》也提出区域资源生态与环境矛盾正在加剧。《武汉城市圈空间规划（2008～2020）》认为区域自然生态保护有待加强，环境特色受到削弱。

3. 三类城市群协调与管理模式反映出国家事权、地方事权之间的多种组合关系

从城市群规划的范围和规划管理的事权角度看，城市群规划主要存在三种类型，反映出国家、地方两级政府在城市群发展上的多种管理角色。

第一类是城市群规划范围超出省域，且包含所涉及省域的全部辖区，例如《长江三角洲城镇群规划（2007～2020）》包括沪苏浙皖三省一市的全部辖区，《京津冀城镇群协调发展规划（2008～2020）》包括北京、天津、河北两省一市的全部辖区。此类城市群规划完整地包含了若干个省域城镇体系规划的全部范围，其城市群协调与管理的事权主要在中央政府及其规划行政主管部门。

第二类是城市群规划范围超出省域，但所涉省份仅部分城市进入城市群，还有一部分被排除在规划范围之外，例如《南京都市圈规划（2002～2020）》范围地跨苏、皖两省，但均仅纳入省内的部分城市。此类城市群涉及多个省域城镇体系规划，但该城市群无法覆盖所涉省域城镇体系规划的全部范围。其城市群协调与管理事权也主要为中央政府及其规划行政主管部门，但相关省级政府及其规划行政主管部门应发挥较为积极的作用。

第三类是城市群规划范围为某一省域之内的若干城市，例如《珠江三角洲城镇群协调发展规划（2004～2020）》范围是广东省内的一部分城市，《长株潭城市群区域规划（2008～2020）》范围是湖南省内长沙、株洲、湘潭三市。此类城市群规划在某个省域城镇体系规划的覆盖下，完整地包含了若干个市域城镇体系规划的全部范围。根据住房和城乡建设部颁布的《省域城镇体系规划编制审批办法》，"根据实施省域城镇体系规划的需要，省、自治区人民政府城乡规划主管部门可以依据经批准的省域城镇体系规划，会同有关部门组织编制省域范围内的区域性专项规划和跨下一级行政单元的规划，落实省域城镇体系规划的要求……省域范围内的区域性专项规划和跨下一级行政单元的规划，报省、自治区人民政府审批。"因此，此类城市群协调和管理事权主要是省级政府及其规划行政主管部门。

第五节　总结

　　基于以上对既有城市群规划技术方法的系统梳理，实际上，这些城市群规划对于产业发展、空间布局以及实施与协调机制方面的理解和研究仍是不足的，特别是关于空间结构的理解更加偏重于区域空间形态的研究，这是对城市群空间演变逻辑缺乏更加深层的分析、与产业发展这个基本动力缺少相互衔接的结果。另外，城市群规划是否能够得到实施，起到相应的引导发展和空间管控的效果，有效的区域协同机制极为关键。而目前大多数城市群规划虽然提出了一些协调措施，但仍停留在理论，甚至是国外的理论，能否和我国的体制机制相衔接尚存在很大距离，这在进一步完善我国城市群规划编制技术体系中都是十分重要的问题。

第 三 部 分

城市群规划编制几个重要问题

第九章　城市群规划编制方法研究

第一节　城市群规划的基本问题

一、城市群规划在规划体系中的定位

1. 与城市群规划相关的三种规划

《城乡规划法》明确提出全国城镇体系规划和省域城镇体系规划这两个法定的区域性规划。《城市规划编制办法》（2005）要求在城市总体规划中编制市域城镇体系规划。这三类规划的组织，分别是国务院城乡规划主管部门会同国务院有关部门组织编制全国城镇体系规划，省、自治区人民政府组织编制省域城镇体系规划，城市人民政府负责编制市域城镇体系规划（图9-1）。

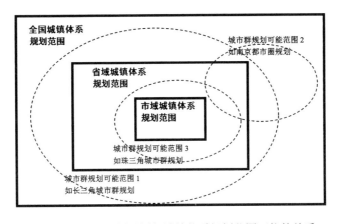

图 9-1　城市群规划范围与城镇体系规划范围可能的关系

　　按照其规划的空间范围，城市群规划可分为三类：第一类是跨省域且完整地包含所涉省级行政辖区的城市群，例如长三角城市群规划、京津冀城市群规划等；第二类是跨省域但只涉及所涉省域内部分城市的城市群，例如南京都市圈规划；第三类是省域内部的城市群，例如珠三角城市群规划。

　　在现行法规体系下，城市群规划是一种特殊类型的（即具备城市群发展特征的）区域规划，它是现行规划体系的补充和完善，是全国城镇体系规划和省域城镇体系规划在局部地区的深化，是从属于这两个规划的下位规划[①]。

2. 城市群规划在规划体系中的作用

　　城市群规划应当遵循、落实全国城镇体系规划和省域城镇体系规划中涉及本城市群的相关要求，对上位规划的内容进行细化、深化，就特殊问题进行协调，并且有利于一些新的发展机遇下基础设施条件的改善。另外，城市群规划也具有对下位规划的指导作用，成为下一级行政单元规划的重要依据之一，具体而言，跨省域城市群规划对相关省区的省域城镇体系规划、相关城市总体规划编制具有指导作用，省域内城市群规划也对相关各市城市总体规划编制有指导作用。

二、城市群规划编制的组织

1. 城市群规划的启动

　　城市群规划作为政府促进和调控城市群发展的手段，往往采用政府组织、专家领衔、多部门参与的方式。

　　省内跨（地级）市的城市群规划由省级政府或其规划主管部门组织，也可

---

　　① 《省域城镇体系规划编制审批办法》指出，"省、自治区人民政府城乡规划主管部门可以依据经批准的省域城镇体系规划，会同有关部门组织编制省域范围内的区域性专项规划和跨下一级行政单元的规划，落实省域城镇体系规划的要求。"这就赋予了省内城市群规划相应的地位和作用。

由涉及的城市政府联合组织；跨省的城市群规划可以由中央政府的规划主管部门组织，也可由涉及的省政府或者市政府联合组织。承担城市群规划编制技术工作的专家或领衔单位可以是规划设计单位、研究院所、咨询机构、学术机构等。

城市群规划大多涉及多部门参与，因而往往需要成立规划编制领导小组，以全面协调城市群规划编制过程中各级政府及部门、编制单位及各相关方的工作，并制订工作计划。

2. 城市群规划的调研

调研内容宜涵盖城市群自然地理、资源分布、经济发展、空间发展、基础设施、历史文化遗产以及与城市群有关的政策等各方面情况，同时应根据本城市群的具体情况选择若干侧重点。调研对象应包含各相关政府及部门，并且宜对公众、企业、社会组织、研究机构等进行专题调研。调研涉及的时段，主要统计数据的时间根据资料情况一般应有历史追溯，以便回顾本城市群形成和发展的历程。调研地域以城市群内各城市为主，同时应包括城市群的相邻地区，与本城市群经济社会联系密切的非相邻地区，或者其他有助于分析研究和规划方案制定的地区。调研深度、统计单元的确定与城市群的范围有关，一般跨省的城市群以地级城市或者县为单元；省内城市群大多宜以县为单元；空间尺度较小的城市群宜在县的基础上补充以乡镇为单元的资料。

3. 城市群规划的编制与审批

曾经编制过城市群规划或者类似相关规划的，应评估前版规划的实施效果，总结经验教训。城市群规划的方案阶段应就多种可能的方案（或情境）进行多方案的比较，然后综合优化。在规划的编制过程中，应在多个层面开展对话和协调，包括政府层面协商、企业层面需求调查、重点领域利益相关方协商、专家学者和社会团体协调等，在规划编制中化解矛盾和冲突，建立共识。

省域内城市群规划的审批，按照《省域城镇体系规划编制审批办法》的规定，由省、自治区人民政府审批。跨省城市群规划可以由涉及的省级人民政府联合审批，或者由相关省级政府会同国务院规划主管部门联合审批。经批准的城市群规划应采取多种措施向社会公告。

城市群规划的实施管理部门应动态评估审批后的城市群规划的实施情况，需要修订、调整的通过适当程序加以调整，需要重新修编的可以启动下一轮启动城市群规划修编，或者通过新的省域城镇体系规划加以调整。

三、编制应遵循的基本准则

1. 尊重经济社会发展规律

城市群不是"规划"出来的，而是经济社会发展到一定阶段的自然产物。要尊重经济社会发展规律，防止以行政力量来主导城市群的发展、对城市群的发展"拔苗助长"以及盲目扩大规模"铺摊子"。

尊重市场规律，充分发挥市场配置资源的决定性力量。区域分工和协作的形成、区域一体化的推动，应充分利用市场机制。城市群规划应强化其"引导"的作用，尤其是利用规划在"软"（如政策）、"硬"（如基础设施建设）两个方面降低交易成本，促进要素的有序高效流动，引导要素的集聚和扩散，更好地发挥市场的作用，使资源的配置更加有效。

城市群规划应当重视对企业、个人等行为主体的空间活动规律的研究，包括研究人口跨地区流动的规律，人的居住、就业、消费、休闲娱乐的规律，不同人群的活动规律，企业的空间变动规律，企业间的空间联系与空间重组等规律等，对"流"空间的研究应成为城市群规划的重要基础。

2. 尊重城市群自身发展规律

城市群规划应当关注和研究城市群区别于普通区域所具有的特点，如人口、经济、城镇的高密度，规模经济效应明显，内部城镇间经济社会联系相对紧密，城镇发展的正面和负面外部性均较为显著，城乡空间和经济社会活动高度交融，城市交通和区域交通相互交织等。城市群规划应当基于对城市群发展机制和规律的认识而编制，规划应符合城市群这种空间组织高级形态的特点和规律。

3. 强调规划的针对性

规划应注重城市群的自身特点，包括其区域特征、自然地理特征、资源环境特征、经济社会发展特征、城镇及城镇化特征等，不应简单照搬其他城市群规划中提出的规划对策。

规划应注重分析对象城市群的发展历程、当前发展阶段和未来发展趋势，着重解决本城市群当前和未来一段时期内的问题。城市群规划的重点应基于城市群的发展阶段而各有侧重。一般而言，发展期城市群关注重点在于强化资源环境要素制约、中心城市带动作用、经济和产业发展、快速城镇化、基础设施建设等方面；成熟期城市群关注重点在内外功能网络的建立、经济和产业结构调整、区域一体化、社会建设、资源与环境要素保护等方面。

4. 注重规划的实效性

城市群规划是为了用而编，而非为了编而编。编制城市群规划是为了解决特定城市群的特定问题或实现特定目标而提出的解决方案，城市群规划成果的内容和形式，其最终目的应当是为了管理上有效，是为了"好用"而不是"好看"，因此，应允许城市群规划根据对象城市群的特点"量身设计"一些成果的内容与形式，以便更有效地实施管理，而不应固化城市群规划的成果内容和形式，妨碍城市群规划解决问题的针对性和有效性。

同样，对城市群规划成果的评价，也应关注该规划是否有针对性，是否有效地回应了对象城市群发展的特点和管理的需要，而不是对照城市群规划的"标准""规范"来照本宣科地评判，甚至简化为以几个数字和几条线去考核城市群规划的编制。

城市群规划作为规划体系中的一个组成部分，应与其他规划相补充，既可以是内容相对全面的综合规划，也可以设定相对有限的目标，面向解决特定问题而侧重于某些专项内容。本书倡导城市群规划应有明确的指向，即本规划要解决什么问题，规划要达到什么目的，集中力量解决城镇体系规划未能解决或者较为薄弱的议题，而不必面面俱到，或者去重复城镇体系规划的内容。以实事求是的态度来编制规划，凡可以通过专项规划解决的，不一定需要编制内容追求全面而相对庞杂的城市群规划。

5. 强调对空间资源有侧重地管理

城市群规划的编制和实施管理是一级政府的事权，城市群规划是空间规划的一种，城市群规划应将城镇化的安排和空间资源的保护与合理利用作为规划重点，重点强调空间资源的控制和引导，再综合考虑与之相关的其他内容。

城市群规划应以城市群整体层面的内容为主，跨省城市群规划应着重研究跨省级行政区的发展协调问题，在实施机制上明确中央与省级政府的工作重点，协调城市群规划与全国城镇体系规划等相关区域规划和跨省的专业性规划的关系。

第二节　城市群规划的基础研究

一、研判城市群的战略地位

城市群是国家经济产业发展和生产力布局的重点地区，是我国参与国际竞争的重要平台，也是带动周边区域发展的增长极，对全国经济社会格局的塑造具有重大作用。

城市群规划应当根据对象城市群的特点，积极落实国家战略部署，从城市群的特点出发，主动分析国家和区域发展的态势，挖掘本城市群在国家和区域中可以发挥战略作用的路径及策略。

二、明确资源环境约束条件

城市群所在地区的资源环境承载力是决定城市群发展规模的重要约束。资源环境约束条件一般具有持续的、难以克服的影响力，往往框定了城市群发展的初始条件，也在很大程度上决定了该城市群未来的发展状态。资源环境约束条件对应于一定的经济和技术条件，不是不可改变的，但总体而言，应当尊重和顺应自然约束条件，并通过科学规划使城市群的发展规模和发展方式与资源环境条件相适应，大规模人为改造自然条件不应作为城市群规划研究问题的前提。

城市群面临的资源环境禀赋各不相同，同一城市群地区在不同发展时段面临的具体约束条件和程度也不相同，甚至某些城市群在某个发展阶段没有明显的自然条件约束。但这并不意味着规划进程中就没有必要来识别制约城市群发展的关键"瓶颈"因素。任何一个城市群的规划都应通过资源环境承载力的评价分析，找出资源环境方面存在的短板，研究清楚可持续发展的矛盾冲突点在什么特定条件下会发生在哪里。

专栏 9-1 资源环境承载力的常见分析要素

（1）土地资源承载力

土地资源承载力主要评估可利用土地资源的潜力大小，一般考虑地理地形、地质安全、耕地尤其是基本农田保护要求三个方面，综合确定适宜作为城镇（含产业区）建设用地的总量及其分布。

（2）水资源承载力

我国人均水资源量远低于世界平均水平，水资源承载力往往成为城市群发展的主要限制因素之一。可用水资源匮乏的城市群应将水资源约束条件作为重点研究，并对区域和城市的水资源供应与分配、人口规模、经济和产业活动的耗水等方面提出要求，以水资源特征来框定产业发展模式和人口总量。

（3）生态制约程度

城市群内必须保留出一定的生态空间，不得用于开发建设。生态空间中有一些是生态功能重要的地区，例如水源涵养、土壤保持、防风固沙、生物多样性保护等；还有一些是生态脆弱的地区，例如荒漠化、土壤侵蚀、石漠化等。保留面积足够且分布适宜的生态空间是城市群健康发展的基本保障，其中一部分景色优美或有人文历史积淀的生态空间也为城市群人群的休憩提供了场所。

（4）环境受污染程度

目前我国经济规模较大的城市群，其环境状况不容乐观。一般需要确定区域的可接受环境容量和剩余容量。工业、农业面源污染以及矿山和尾矿在环境承载力研究中往往是必须调查清楚并加以分析的重点污染源。

三、分析城市群的区域地位与潜力

城市群规划要分析周边相关区域的人口、资源、市场、交通等方面的条件以及与本城市群的关系。其中，大尺度的区域分析可以通过航运、航空条件的分析来判断城市群集聚外向型产业和国际经济要素的能力；临近区域尺度的分析可以通过对铁路、公路条件的分析来判断城市群辐射周边市场、集聚区域经济要素的能力。国家处于不同发展阶段或者不同的政策导向下，同一地理区域的地位和发展潜力就会有不同的意义。

四、分析城市群的发展阶段特征

1. 经济社会的基本状况与趋势

城市群规划需要研究经济社会发展的状况，包括经济发展总体态势、产业结构变化、重点产业发展情况、创新活动、发展动力模式、人口流动、就业与劳动力素质等方面，不仅应包括当前的数据资料，也应前溯一段时间以观察判断其变化趋势。规划不仅应研究城市群整体层面的经济社会发展状态，也应分析其在城市群内的分异状况，为理解城市群的空间结构与格局奠定基础。

2. 城市群的发展阶段

处于不同发展阶段的城市群，其发展机理和面临的核心挑战存在极大差异，所应采取的规划对策也存在差异，因此，判断城市群所处的发展阶段是城市群规划的重要基础[①]。判断城市群发展阶段的核心在于对城市群内在发展状况和存在问题，对城市群多中心城市体系结构特征进行分析和描述。多中心不是简单地指若干中心城市形成的多足鼎立形态，而是指城市群从传统单中心集聚形态，在更加广泛的区域演化形成多中心的扩散形态。对演变趋势的判断应综合城市群发展的本底条件、国际国内经济发展趋势、城市群发展的政策机遇、区域交通格局发展趋势，并结合一定的指标来综合确定，指标可从内部动力和外部动力两方面进行构建，可包括城市规模密度、经济发展水平、多中心性（城镇体系结构）、内部网络联系发育水平以及对外联系发育水平等。

3. 城市间的功能网络关系

城市群的功能网络关系可以包括城镇功能体系、生态保障功能体系、农业功能体系、资源保障体系、地域文化体系、基础设施体系等。其中，城镇功能体系是城市群功能体系的主要部分，是城市群发挥竞争力、提升综合实力的主要依托，也是研究的重点。城市群规划在基础研究中应分析城市群对外和对内两方面的城镇功能网络联系，即一方面应深入考察城市群在更大的空间地域范围功能网络中的职能、对外联系的特点及其空间集聚扩散特征；另一方面应深入考察城市群内各项功能的关系以及空间布局结构。判断城市群各区域的网络关系，可以借助投入产出表、企业的总部—分支结构分析、企业问卷调查、交通联系强度调查等技术方法进行研究。

4. 城市群的空间形态与结构

城市群的空间形态与城市群的地理地形、发展阶段、交通条件、发展动力

---

① 一般可根据多中心发展的状态将城市群大致分为发展期和成熟期两种发展阶段。发展期的城市群处于中心城市高度集聚的状态，区域内的发展机会多集中于首位城市，城镇分布虽密集却体现出明显的"核心—边缘"二元结构。成熟期的城市群则表现出明显的多中心发展特征，尽管中心城市仍然不断集聚，并在城市群中的核心地位明显，但密集分布的其他城市也源源不断获得发展机会，形成更大区域范围内的集聚。需注意，并非所有的城市群在规划期甚至更远的未来都有从发展期向成熟期跃迁的可能。

特征等有关。一般城市群空间形态有带状绵延式、轴线节点式、星群状网络式、多组团相间式等多种形态。

城市群内部的空间不是均质的[①]，通常可划分为核心圈层和外围圈层（也可采取核心—边缘的概念来描述）。城市群规划需处理好两个圈层内部及两个圈层之间在资源环境、功能布局、交通等方面的关系，因此，识别这两个圈层对城市群规划具有重要意义[②]。核心圈层的识别可通过在一定交通条件下的通勤范围或通勤时间来确定，也可通过经济、社会发展规模及其联系强度等多项指标综合确定。但需注意，城市群的圈层结构是动态的，城市群空间规划不仅需要判断现状的内部分层结构，更要对规划期内的层次动态加以判断，通过外围圈层发展的自然本底条件、未来发展的潜力、交通条件的改变、政策机遇等方面，判断外围哪些地区有可能在未来一段时间内融入核心圈层。

五、辨别城市群协同发展中的主要问题

并非城市群发展中所有的问题都是城市群规划应关注的问题。规划应该聚焦对城市群整体发展有重要影响、单个城市无法很好地解决、需要通过协调城镇之间的关系来共同解决的重要问题，主要包括城镇功能与产业协同、生态环境保护、基础设施建设。

城市群内的城镇间存在竞争是市场作用下的正常现象。城市群内各地区间存在的产业结构同构往往是市场容量庞大的结果，并不影响企业之间具体的产

---

① 城市群内部空间的分异可以有多个角度，例如文化分异、资源禀赋差异、发展模式差异等，都有其研究价值。本书着重提出需要研究其两个发展圈层的结构，这并不否认对其他空间分异研究的意义。

② 核心圈层是城市群范围内能够真正担负起大量城镇人口集聚的地区，也是各种发展矛盾和不协调性最为突出的区域，是需要重点加强引导、协调和控制的地区。外围圈层是核心圈层以外的地区，是城市群功能体系的重要组成部分，往往具有生态、资源保障功能，但也应解决好发展的问题，例如通过产业、交通基础设施、生态保护等规划，加强与核心圈层的功能承接，并在有潜力、有条件的地区培育新的增长点，如重要城镇发展点、枢纽地区等。

品和市场结构的差异化^①，但需要避免的是产业或企业之间的恶性竞争，以避免对城市群内资源环境造成过大压力。因此，城市群规划需要分析研究城镇之间产业发展的协同性，对协同性的分析除了分析产业门类外，还应当关注各城镇在产业链分工中的位置及其与城市群所在区域的资源环境承载能力的契合程度。

由于城市群内城镇的高密度和空间的临近性，不当的开发建设会带来生态环境的负外部性。所以，城市群规划应重点关注临近城市的功能布局是否与水源地、生物栖息地、风景区、休闲旅游区、高环境品质地区产生矛盾，以及那些容易对生态环境造成负面效应的功能设施（例如矿山、污水厂和排污口、重化工基地、垃圾处理设施、危险品储存地等）是否影响了周边城市的发展。

城市群基础设施方面的重点是如何相互协调、有力促进城市群的协调发展。一方面，从区域角度改进基础设施的系统性和协调性，提高区域内部基础设施的运行效率、降低成本；另一方面，要对协调发展或重要功能节点能产生引导和支撑作用。

第三节　发展战略与目标

一、确定战略目标

城市群的发展战略目标可以重点考虑以下内容。

（1）在国家战略部署中的作用和地位。包括城市群在国家和区域城镇化进程中集聚人口、吸纳就业、创造经济价值方面的地位与能级，城市群对于国家在参与国际合作与竞争、培育核心竞争力中的作用，城市群对国家技术创新和制度创新方面的作用，城市群在国家对外开放、区域协调、城乡统筹、文化繁荣等方面发挥的引领或示范作用。

---

① 只要市场信号正常，随着市场容量的饱和，产业同构的城市或企业会在市场机制的引导下自主转向，形成差异化的发展路径，形成新的产业分工均衡格局。

（2）经济发展水平。即城市群的经济发展总量和增速，三次产业的结构，各项战略支柱产业在整体经济中的比重和竞争力水平，产业转型升级方面希望达到的状态，高新技术产业对经济总量的贡献率、技术创新能力、产值利润率、土地利用节约集约水平等高质量发展的状态。

（3）社会发展水平。即城市群在基本公共服务均等化、社会保障与安全、城乡居民收入、基础设施建设等方面所达到的水平。

（4）文化发展水平。即城市群在历史文化遗产保护、文化创意产业发展、人力资源文化素质等方面达到的水平。

（5）生态环境保护和资源节约利用水平。即城市群在主要的生态环境指标方面达到的水平，对关键生态环境要素的保护状态，土地资源、水资源、能源等重要资源消耗总量和利用效率方面达到的水平。

（6）城镇空间发展格局。即城市群在城镇等级规模、城镇功能分工、城镇空间分布、城镇联系强度、城镇建成区的规模和密度、基础设施支撑水平等方面达到的状态。

二、深化战略规划研究

1. 经济和产业发展方面

规划可以依据已有的资源环境禀赋、产业基础和发展趋势研究未来产业发展方向与空间需求，但应淡化过于具体的产业安排。

（1）识别和培育核心产业

城市群的经济和产业发展战略研究不需要面面俱到，需要重点关注引导城市群核心产业的高质量发展。核心产业体现了国家的发展要求、先进生产力的方向和城市群的比较优势，是城市群竞争力所在。

专栏9-2　识别城市群核心产业的若干因素

（1）城市群的产业发展因素分析

识别出城市群的比较优势和劣势，以此作为识别核心产业的基础。城市群核心产业的发展需求应与该城市群的一方面或多方面比较优势相契合，且比较劣势不会对核心产业的持续发展造成明显制约。

（2）城市群具有竞争优势产业领域的判断

利用多种产业分析方法（如区位熵分析、偏离—份额分析法、多指标综合评价法），深入研究该城市群目前已经形成的优势产业领域，并通过发展历程研究、区域横向比较、重点行业和企业调研等研究方法，分析判断城市群在这些产业领域具备一定优势的主要原因，进而判断城市群未来依然在这些产业领域具备竞争优势所需的条件。

（3）国家层面对城市群的产业发展要求

通过国家政策文件、上位和相关规划的分析，充分掌握国家在产业发展方面的主要要求和相关支持政策。

（2）因势利导地为经济产业转型发展创造条件

城市群规划应对经济产业发展进行有前瞻性的判断，并在培育空间、公共服务和基础设施等多方面为新旧产业转换安排出弹性发展的余地，支撑产业的升级。在较为成熟的城市群，需要注意进入后工业化时期服务业和创新性产业发展的可能性，在吸引相应人才的宜居条件、便捷的交通服务、有人文特色的工作环境等方面未雨绸缪。

（3）合理引导产业的空间布局

规划应对涉及城市群核心竞争力的产业进行空间布局、基础设施建设、配套服务等方面统筹考虑，促进城市群内形成有序分工、紧密合作的产业空间格局。为了防止低效产业挤占战略性产业发展的空间，应对产业空间准入的经济产出效率设置比较严格的门槛。规划需要对一些重要产业空间的调整（拓展/缩减）做出重点的政策阐述。

2. 人口预测方面

城市群人口规模及城镇化水平预测的目的在于判断未来城市群整体的规模和结构，在空间发展、生态环境保护、公共服务和基础设施方面做出相应的保障。

跨省级城市群重点在于分析在全国人口增长与流动的条件下，城市群人口总体的变化趋势，评估城市群在未来全国城镇化进程中的地位与作用；各行政单元人口与城镇化发展的模式、途径及其与各自经济发展、空间布局的关系等。省内城市群重点在于分析规划范围内人口分布和增长的特点，判断城市群在未来省域经济产业布局、城镇建设区域、基础设施支撑以及生态环境保障等方面的部署是否相适应。

发展期的城市群，处于快速城镇化的过程中，其重点在于把握流动趋势和空间分布的特点，引导人口、产业、公共服务、基础设施在空间布局上更好地匹配。成熟期的城市群，城镇化水平往往已经进入较高阶段，人口的规模和结构相对稳定，其重点在于更深入地研究人口和社会结构及空间的关系，从改进公共服务和基础设施方面做更精细化的安排，研究经济产业发展在创造就业机会方面的持续动力，以及研究保持生态保护和高品质环境的系统措施。

人口结构的研究在人口预测中应给予高度重视，这是以往规划实践中所缺乏的。知识结构、年龄结构、就业结构以及人口的空间分布与变化特征等的研究，需要结合未来发展的目标，分析人口结构与空间布局结构、产业体系发展、公共服务设施、住房供给及基础设施体系等的相互影响，从而真正达到预测人口的工作目的。

3. 历史与文化方面

今天城市群成长发育的地区，通常在历史上都有较好的发展基础，是自然禀赋和区域条件相对优越的地域，城镇之间在手工业时代常常就有紧密的经济、社会、文化联系，形成当代我们所能感知的地域文化特色。城市群规划研究应关注城市群的历史沿革和经济社会的发展路径，这对未来发展的展望会有重要的启发作用。另外，城市群规划应研究城市群文化发展规律以及城市群内部地域文化的分布，积极保护和传承文化多样性和地域文化特色，加强对城市群内的古村、古镇、历史文化名城以及传统人居聚落特色等物质和非物质文化遗产的保护，尤其是历史文化遗产集中连片地区的整体保护。在全球化发展背景下，着力于城市群地方性的塑造，同时促进在培育创新发展新动能的过程中发挥出历史文化的独特作用。

第四节　空间布局与协同发展

一、空间资源配置协调

1. 促进城市群多中心发展

"多中心"意味着除中心城市外，其他城镇也具有很大的发展潜能，有能力服务于本区域甚至本区域之外的更大区域，进而形成网络化的功能联系和一体化发展的空间结构。规划应对这些重要的网络节点的发展进行引导。与此同时，围绕这些节点城市，其周边规模较小但联系紧密的小城镇，也可以培育若干经济社会相互依存、功能较成体系、具有较强辐射力和人口容纳力的都市区，带动区域协同和城乡统筹，使城市群的多中心发展在网络节点的多样性、连接的多样性、融合的复杂性、动力的复杂性方面都有更深度的发育。

城市群的多中心发展，需要从多个空间尺度来分析"核心—边缘"关系，包括城市群核心地区与外围地区、首位城市与二级城市、中心城市与周边县城、城市中心区与城市郊区等。通过在不同尺度上，促进从边缘地区向发展节点转化，来推动城市群发展的多中心化。

对于不同的城市群而言，促进城市群多中心均衡发展的内涵并不相同。①对于主要功能已经逐渐走向扩散、发展相对成熟的城市群而言，应重点突出城市群空间发展的均衡性，不同的城市应当充分利用好其独特的空间资源和优势，发挥其各自的最大潜力，强调通过区域整体的发展提升城市群的竞争力，促进城镇体系扁平化的发展。②对于仍处在向中心城市高度集聚阶段、城市群整体分散化发展不明显的城市群，仍需顺应发展规律强化中心城市的功能集聚，促进其在更高区域层面上发挥辐射作用；突出城市群内其他城市对中心城市发展的支撑作用，可选择若干节点城市作为城市群多中心发展的前缘地，培育多中心网络结构；其余城镇节点重点作好基础设施和公共服务设施的配置，同时加强空间管制引导，为未来城市群中心城市的进一步扩散保留好发展空间。

专栏9-3　多中心的分析方法

　　对城市群空间结构多中心化发展的程度、多中心城市节点之间的功能关系及空间联系等进行判断的常用方法会有以下三种。

　　（1）通过对城市群内主要城市人口、经济、社会、人文等多项要素指标及其多年变动情况的对比，分析各要素在城市群中集聚和多中心发展的程度，以此判断城市群发育的总体特征；可通过建立城市群发展评价的指标体系，来辅助对其发展阶段的判定；指标体系的构建需从内部动力和外部动力两方面进行构建；通过定性定量相结合，对城市群的发展阶段进行综合判定。

　　（2）分析城市群内各城镇之间的交通或通信联系，判断城市群多中心之间的关联程度。可通过人口、企业等微观主体在区域内的迁移特征、企业及其分支机构在区域内的分布网络特征，对城市群的多中心结构情况进行深化分析与解读。据此判断城市群的多中心是功能上相互联系紧密的多中心，还是功能联系薄弱而仅在空间形态上呈现的多中心。前者是一种网络化的空间结构，后者则是一种水平化的空间结构。

　　（3）除采取各种经济社会指标进行对比外，可通过对城市群内所有城镇节点对外经济联系强度（包括区域间的经济联系以及国际经济联系）的分析，进一步判断城市群中首位城市的发展能级与可能存在的次级中心。这些分析可能包括对外交通组织和交通量的分析、高端制造和服务业企业跨区域分布的情况。

---

2. 界定推进城市群建设的重点地区

　　整体上讲，所有划入城市群规划范围的地区，可以视为城市群建设的基础的空间层次，是发展的底版。规划要从资源环境、产业发展、城镇功能、历史文化、公共服务、基础设施等方面综合研究其内在功能关系，梳理区域功能体系，明确资源利用和环境保护、产业发展空间结构调整、城市乡村统筹发展、重大基础设施系统优化、社会服务与保障体系建设、自然与文化遗产保护等方面的整体格局，为优化城市群空间结构奠定基础。

基于城市群规划范围的区域功能体系不是封闭的，而是开放的。规划范围所界定的区域同外部国内甚至国际的广大区域的功能网络关联，是城市群发展的重要推动力。城市群多中心发展中那些同外部区域联系最紧密、规模较大的中心城市往往是功能网络关联的关键节点。规划应识别此类中心城市并围绕这些发挥关键作用的中心城市，来界定城市群建设的重点推进区。

重点推进区应具有一定发展条件和成长基础，是同中心城市之间具有紧密功能联系的地区，是建设城市群的空间主体。重点推进区范围的确定，既要考虑中心城市对外的功能网络关联，又要考虑中心城市周边城镇化地区的发展联系状况，基于经验可以对重点推进区的范围有初步的判断，同时考虑一定交通技术条件下的时间距离。

重点推进区在城市群发展的战略目标之下，在生态环境、城镇功能、空间布局、城乡统筹、基础设施等方面制定更为具体的一体化发展的规划政策，必须聚焦对完善和提升城市群功能具有关键作用的重点发展地区，找到那些城镇共同感兴趣的发展领域和发展中存在的矛盾冲突，尤其将那些依靠城镇本身难以协调解决的问题作为重点，通过协商建立利益协调机制，深化协同发展的规划内容。

在重点推进区内，可以进一步明确一些城镇联合发展区。城镇联合发展区的界定是为了落实城市群规划中涉及全域和重点推进区的发展目标和规划设想，在中微观尺度上，细化城镇与城镇之间在资源与环境保护、产业结构调整、自然与文化保护、公共服务设施、重大基础设施等方面优化完善措施。其中，对诸如生态保护区、水源保护区、区域性开放空间、机场、港口、客货运走廊、区域性综合交通枢纽等内容应做出重点研究和安排。在城市群规划中，这是偏向中微观层面的规划内容，而这些具体的规划设想和协同措施，相对于城市总体规划而言，属于跨市域、宏观层面的规划前提条件，对城市总体规划在市域城镇体系布局、中心城区功能布局和空间结构安排方面有更直接的指导作用，这样通过加强城市群规划同城市总体规划之间规划要求的传导，也有利于改善城市群规划实施的有效性。

专栏 9-4　城市群内空间层次的划分方法

在筛选推进城市群建设的重点地区时，重点推进区的空间范围可以以中心城市为圆心，以"实现一日往返交通"的时间距离为半径。在高铁时代，半径可以是以高速铁路为交通方式一日往返的交通范围，也可以是郊区快铁、高速公路等其他交通方式一日往返的交通范围。

划分空间层次主要依据城市群内经济社会联系强度和类型的差异性。经济社会联系强度可以通过交通流量流向数据（包括公交、长途汽车、公路、铁路等的统计数据）、手机信令数据、通信联系、互联网大数据提供的迁徙图等进行测度，来识别出紧密联系的区域。划分空间层次还需要区分通勤联系、企业间联系、居民休闲活动联系等不同类型。

划分城市群内的空间层次还可以采取一些辅助性的方法，包括对经济和人口密度差异的分析、遥感影像判读、土地利用调查数据等。

---

3. 识别战略性空间

城市群规划应重点识别在特定时期对提升城市群综合竞争力具有重要作用的引擎地区，即筛选、培育新的城镇增长点，促进城市群多中心的形成，并重点针对发展功能、发展规模、与周边城市关系、基础设施配置、文化及生态安全保障等方面，前瞻性地提出相关引导和发展控制措施。

处于相对成熟期的城市群更多需要关注中心城市以外的中小城镇节点，促进中心城市的部分功能向外转移；同时也需要关注中心城市内部或边缘重要节点的功能更新，使之成为带动城市群功能提升的重要增长点。处于发展期的城市群还需更多关注中心城市周边新的产业或服务功能的发展，培育新的功能集聚区，积极培育有条件的外围城镇成为城市群新的增长点。

专栏 9-5　新增长点的识别方法

对潜在的新的城镇增长点的识别可考虑以下三个方面。

（1）城市群对外的经济联系廊道及节点。对外经济联系密切是城市群发展的基本特征，也是城市群发挥区域职能的重要途径。廊道交汇地区往往是可以培育区域服务功能的潜力地区。

（2）城市群未来空间增长的主要地区。如中心城市的高端功能聚集区、重大项目的周边地区、快速发展的城市外围地区。

（3）行政区划单元交界地区。行政区划单元交界地区往往是城市群内部个体单元发展矛盾集中发生的地区，同时往往是城市群内区域合作潜力较大地区。

4. 优化城镇功能网络

城市群规划应对各项功能进行综合统筹与协调布局，以提升城市群核心竞争力，针对不同的功能应采取不同的网络构建策略。①对于具备区域优势的专业化功能，可考虑在首位城市或少数中心城市集聚发展，以融入全国乃至全球功能网络为目标，增强城市群的区域地位。②对于高端服务功能，包括银行、保险、证券、广告、会计、法律、管理咨询、工程设计等生产服务业，以及高端商贸、现代物流等面向区域的服务功能，应当突出专业化、集群化发展，尤其应注重不同高端服务类型在不同节点城市的集聚发展，促进功能相辅相成、辐射更大区域的高端服务功能网络。③对于生活服务功能的配置上应突出层级化的策略，高等级服务功能应在中心城市配置，乡镇居民点基本公共服务的布局还是要立足本地中心城镇布局。④生产功能的网络构建应顺应制造业的发展特点，对产业集群已经发育相当成熟的地区，尽可能满足产业集群对空间网络的要求；而对于制造业发展相对分散、城镇之间生产功能密切关联的地区，可采取多点发展的扁平化策略，在促进产业的规模化发展基础上不断升级。⑤对于居住功能，应营造与就业岗位分布相适应、相匹配的多元化的居住环境。

发展期的城市群，应在核心城市功能进一步提升的基础上，培育群内有潜力的城市区域服务功能，促进城市群网络化的功能体系形成。成熟期的城市群，规划关注新的区域功能节点的出现，进一步推进城市群获取更具战略性和前瞻性的发展机遇，同时整合城市群内部各类功能的布局，强化对区域生态网络保护的控制措施，引导重要设施的布局，优化城市群的空间结构。

专栏 9-6 城市群功能网络分析研究方法

重力模型法是分析城市群空间网络最简便的方法，但是否真实反映实际则需要使用其他证据进一步确认。

交通联系强度的量化分析是认识城市群网络结构的有效手段，交通联系强度反映了城镇之间相互关联的综合特征。这一方法是基于城市群内交通出行调查数据，分析城市群内部城镇之间交通联系的强弱，从一个角度认识城市群网络结构特征。

对城市群网络结构的功能解析可采取四个维度分别分析，包括生产联系、资本流动、人口流动、信息和技术流动，这四个维度分别体现了影响区域经济增长的四个方面。

对企业机构分布网络进行分析也是认识城市群网络结构的一种手段。可选择上市公司或外资企业的典型案例进行研究。通过企业机构在不同城市间的分布和联系情况来描述城市间经济往来联系，对城市群内城市之间的空间相互作用强度进行分析。

针对手机信令等大数据分析方法提供了一种新的分析途径，有条件的城市群可加以应用，来加深对城市群内功能网络关系的认识，但数据可能具有的局限性也需要在考虑之中。

二、生态环境共同治理

城市群生态环境保护需要协同治理，可重点从以下几个方面进行考虑。

生态环境要素识别与评价。城市群规划应分析水系、林地、山体、湿地、生物栖息地等重点生态要素，对各项生态要素的现状分布、质量、价值和保护状态进行评价。城市群规划也应分析和评估水、大气、固体废弃物等的环境污染状况，分析污染的来源。

保护目标与整体策略。城市群生态环境保护应明确生态环境保护的目标和整体策略，提出区域协同治理的措施和要求。

保护重点生态地区。研究城市群生态系统的基本构成和特征是一项基础性的工作，但至关重要，对保护修复生态网络结构，确定森林、河湖、湿地、滩涂、农田等生态功能价值突出地区的保护，优化城乡人居环境，保护区域性开放空间，以及营造高品质的区域休闲旅游场所，都有科学性和合理性的支撑作用。

环境保护应重点研究有区域环境影响的设施布局，对重化工业、垃圾焚烧厂、电厂、排污口、核电站等有邻避效应的设施空间落位，在区域中做出协调。

三、交通与基础设施共建共享

1. 构建网络化的综合交通支撑体系

"城市交通区域化、区域交通公交化"已成为城市群交通发展的显著特征。城市群交通规划涉及城市群对外、城市群内部、都市区内、城市内部等多个层次[1]，不同层次的交通衔接在于交通枢纽的构建和高效组织。根据不同交通方式的运行特征，在规划建设和运营上，针对城市群综合交通运输存在的主要矛盾和短板，进行系统完善，促进区域交通网络的一体化。

规划要整合各个城市的对外交通，扩大城市群交通服务的范围。城市群内大型交通基础设施如机场、港口、高铁站点的布局，应在区域层面统筹，谋求与城镇职能分工相适应，培育可共享、可带动的枢纽节点。

高质量的交通服务是城市群协调发展的重要基础。利用城镇服务中心、交通设施之间便捷的交通联系，促进区域内城镇职能和交通设施合理分工的形成。城市群内部交通系统规划不能单纯地考虑城市为单元进行布局，而应按照城市群内城镇职能分工和交通设施的服务范围来考虑区域内部的交通网络，形成以不同职能中心区、重大交通基础设施为核心，联系其服务地区的开放型交通网络，实现交通网络特征与城市服务职能以及重大交通设施与其服务范围联系的可达性要求一致。

---

[1] 也可根据城市群的尺度和具体情况调整相关的层次。

2. 协调市政基础设施布局

以供水、污水处理、电信、电力、环卫为重点促进市政设施的共建共享。应合理发挥政府—市场的机制作用，促进市政基础设施跨市域共建共管和共用共享，减少重复建设和资源浪费，促进区域一体化进程。同时，引导相邻城市基础设施在建设标准、时序、布局方面相互对接。整合高速公路、高速铁路、铁路、高压输电线路、通信光缆、油气输运管道等线性工程的空间布局，形成高效利用的基础设施走廊，减少对城乡发展空间的分割。

城市群规划应注重那些对区域环境有影响的设施规划布局，加强沟通协调。一方面应就那些对有环境质量要求的市政设施如水源地和水厂等的建设，对邻近城市提出相应的环境保护要求；另一方面应就有污染影响的市政设施，例如垃圾焚烧厂、垃圾填埋场、发电厂、排污口等进行协调，避免对邻近城市的不良影响。总之，城市群规划提供了相关城镇积极沟通协同发展的重要平台，各类市政设施的负外部性可以通过合理的空间布局，有效地加以减弱和消除。

第五节　城市群规划的实施管理

由于城市群具有多行政主体，规划的实施管理是城市群规划过程的难点。城市群规划关于实施管理主要涉及三个方面：一是发展管控，即规划提出的各类控制和引导要求；二是政策保障措施，即为促进城市群规划实施而需要制定的配套政策和近期的具体行动计划；三是行政协调机制，即城市群内各城市政府关于冲突协调的规则设定。

一、城市群规划的发展管控

1. 发展管控的目的

市场是城市群发展的决定性力量，但是在城市群内的某些区域或某些领域仍然需要强调政府管控和引导作用，包括以下三个方面：一是为保障公共利益而限制开发行为，以免对生态环境和自然资源造成破坏；二是由于市场收益较低，市场主体不愿意介入但社会需要的开发建设，如基础设施、对落后地区的扶持；三是具有跨区域影响的事项，如财政转移支付、生态补偿、鼓励产业区域间转移的政府间协调、具有区域影响的重大产业项目等。

2. 发展管控的主要方式

划定政策意图区并明确相关管控政策，是城市群管控的主要方式。政策区划分方式与相应的政策应与城市群管理的实际需要相结合，避免为了划区而划区。政策区的划分可以有多种角度。一是依据政府事权划分，可以分别按照中央、省、市三级政府及其规划主管部门的事权，划定分别归属不同层级政府监管的区域。二是依据管控力度划分，例如《珠江三角洲城市群协调规划》分为监管型管治、调控型管制、协调性管制、指引型管制，各类型中政府管理的强制性程度逐次降低。三是依据管控事项划分，例如《珠江三角洲城市群协调规划》将需要协调和管控的事项分为区域绿地、经济振兴扶持地区、区域性交通通道、城际规划建设协调地区等。四是依据不同次区域的发展要求划分，例如《海峡西岸城市群规划》分为发展重点单元、发展支撑单元和发展保障单元。五是依据控制开发强度划分，例如分别划定禁建区、限建区、适建区，其中禁建和限建地区往往是开发管控的重点①。六是从城市群内不同区域的产业发展管控角度，可以分为重点发展生产性服务业和创新的都市区核心区，以承担城市群核心产业为主的重点产业基地，应限制产业类型和容量的生态敏感地区，以发展休闲旅游和康养等功能为主的魅力休闲区域，以及对产业发展无须特别限制的一般区域。选择何种方式来开展发展管控，取决于城市群规划聚焦的主要问题以及城市群所在地域的经济社会和政治文化的特点。

----

① 在城市群中，除了法定的保护区和生态保护红线外，还应注重保护休闲旅游地、有历史文化保护价值的乡村聚落等地区。

3. 空间管制分区

城市群规划通常需要划定若干管控区域，作为空间管制分区。管制分区的划定既可以满覆盖也可以仅覆盖局部区域，分区之间既可以不交叠也可以有所重叠，应根据需要灵活设置。管制分区的划界依据可以是行政边界、法定政策区边界（譬如经批准的风景名胜区管理边界）、地理边界或者易于辨识的某种特征单元边界。

二、城市群规划政策保障措施

1. 法律法规

城市群规划实施可以以法律法规的形式加强对城市群的协调管理，立法建议的内容可以包括如下方面。①提出立法主体建议。省内城市群规划实施可以通过省级人大立法，例如《珠江三角洲城镇群协调发展规划（2004～2020）》中就明确提出应由人大制定并颁布《珠江三角洲城镇群规划条例》。②规划地位和法规效力。明确所编制的规划所具有的法律地位，规定该规划与同层级专项规划、下级次区域规划的关系，赋予本城市群规划以法定效力。③实施权责。提出各级人民政府及相关部门的主要职责，尤其是可以借助法规提出管辖权力的转移[1]。④协调性内容。将需要通过立法加以保障的规划内容加以提炼，作为立法的主要技术内容，通常是具有区域性影响的内容[2]。⑤违法行为的处理。提出违法行为的认定及相应的处罚办法。

---

① 法规中可上收一些权力，授权由上级政府代行一些本该由下级政府实施的权力，例如涉及区域性重大设施的选址审批可由省规划主管部门执行。如果城市群规划中按照政府事权划定了分别由省级和市级政府负责的管制区，则法规中也可以按照相应的事项分别授权相应的政府管理权责。

② 包括规划划定的城际规划建设协调地区内或者跨地级市行政区域的建设项目；交通、能源等基础设施建设项目；对区域自然环境与资源的开发利用和保护产生重大影响的内容；对区域历史人文资源的保护和利用造成重大影响的内容。

2006 年 7 月 28 日公布的《广东省珠江三角洲城镇群协调发展规划实施条例》包括十六条条款，明确了关于协调机构，《珠江三角洲城镇群协调发展规划》法定地位及其编制、审批与实施主体，领导小组与地方政府的规划管理事权及责任分工，违反条例的法律责任等相关内容。

2. 财政政策

城市群规划实施的财政政策主要用于平衡外部性问题，例如水资源跨行政区调配等，出于整体利益的考虑对一些地区资源环境的开发进行限制，同时兼顾这些地区的经济社会发展利益，而给予必要的财政补偿。根据城市群规划对各地区政府的不同影响，规划可以提出财政转移支付的支付方和受惠方。财政转移支付包括横向支付和纵向支付。横向转移支付制度通常可以形成市场交换关系，实现外部效应内在化。纵向转移支付是相对于横向转移支付而言，由该地区各政府共同的上级政府向非受益政府进行财政补偿。除了财政支付转移，也可研究建立区域共同财政发展基金，对区域公共物品建设资金按特定比例分担，同时实现收益共享。

3. 行动计划和重大建设项目库

制订近期行动计划是推进规划实施的有效手段，它可以包括起草相关法规规章，建立协调机构和机制，编制专项规划，实施重大建设项目等。规划在提出行动计划时应明晰事权，明确省政府组成部门与地方政府在行动中的职责，对行动目标、进度、考核等做出明确安排，并将行动计划的主要内容纳入近期工作计划。

三、行政协调机制

从当前城市群协调发展的实践看，行政协调机制的设计和创立是城市群的重点与关键。城市群规划实施的行政协调大致有三种模式。

1. 自上而下的行政协调机制

自上而下的行政协调机制指主要由城市群所覆盖的行政单元的共同上级政府为主而实行的区域协调，该类协调方式在解决相关利益方难以自行协调解决的矛盾冲突方面较为有效。

对跨省级行政区域的城市群而言，中央政府是重要的协调主体。改革开放以来，协调机制的建立不断积累了许多经验。在近年来国务院批复的跨省城市群规划中，规划在国家层面一般要求国务院各部门按照职能分工加强对该区域的支持，要求发改委会同有关部门负责对区域规划实施加以督促检查，重大问题向国务院报告；在省际层面一般要求建立所涉省级政府主要负责人参加的联席会议制度。京津冀是目前唯一在中央政府设有协调机构的城市群。

专栏 9-7　京津冀协同发展的协调机制

京津冀协同发展是党中央做出的重大战略部署。2014 年，国务院成立京津冀协同发展领导小组，由副总理任组长，领导小组设立相应办公室。同年，中央还成立了京津冀协同发展专家咨询委员会。领导小组召开多次会议，布置相关工作，有力地推动了城市群的协同发展。2015 年 4 月，中央政治局会议审议通过《京津冀协同发展规划纲要》，明确提出了建设"以首都为核心的世界级城市群""疏解北京非首都功能，优化首都核心功能"等要求。该文件成为指导京津冀协同发展的纲领性文件，此后陆续出台了大量文件予以落实，例如 2016 年 2 月《"十三五"时期京津冀国民经济和社会发展规划》印发实施，2017 年京津冀三地协同办联合发布了《加强京津冀产业转移承接重点平台建设的意见》。

对一省之内的城市群而言，在自上而下的协调中，省级政府是重要的协调主体。省内的城市群往往是该省经济社会环境的重点，在省一级设立自上而下的协调机构，并由省领导担任协调工作的领导人比较简便易行。常见的机制包括：建立省政府常设协调机构；在省级财政上对转移支付做出制度性安排；在

省级层面对城市群实施管理进行立法；充分发挥省级规划部门的管理职责；对于重要基础设施立项、选址、规划以及重要资源环境的保护直接由省政府统一管理。

省政府设立协调机构是较为有效的方式，例如长株潭城市群和武汉城市群，其协调领导小组的构成均为省级领导，加上省级相关主管部门，再加上城市群各城市市长。

市域内城市群的协调可以由市级政府进行组织。典型案例是浙江省金华市境内的浙中城市群。

专栏 9-8　浙中城市群的协调机制

　2006 年，金华市委、市政府成立浙中城市群领导小组，领导小组由市委书记任组长，市长、市委副书记、常务副市长和分管城建副市长为副组长，金华各县（市、区）党委书记、县（市、区）长和市政府相关部门主要负责人为成员，领导小组下设办公室，设在市委办。同时建立规划、交通、发改、贸易四个局长联席会议制度。

---

2. 自下而上的行政协调机制

自下而上的协调是城市群内各城市相互组织起来的协调机制，有利于发挥各城市的主动性，也较为灵活多样，但是由于该机制中各个城市是平行关系，在重大利益分歧面前常常会因为缺乏上级政府的协调而难以采取一致行动，订立的合作协议通常约束性也不够。

（1）建立行政负责人联席会议制度

早在 20 世纪 80 年代，城市群的合作发展曾出现过一次高潮，例如长江沿岸城市市长联席会议、南京经济协作区城市市长协作会议、武汉经济协作区协作会议、辽宁中部城市群区域协作理事会。这些协作组织的诞生在计划经济为主的时代，有些会议制度后来逐渐演变成为联席会议制度。目前，国内行政负责人联席会议主要有长江三角洲地区城市市长联席会议、泛珠三角行政首长联席会议、粤港合作联席会议等。

专栏9-9　长三角的协作组织

长江三角洲区域经济合作会议主要有三个层次：第一个层面为副省（市）长级别的"沪苏浙经济合作与发展座谈会"，每年举行1次，确定三省市合作的重大决策；第二个层面为30个成员城市（截至2018年）市长级别的"长江三角洲城市经济协调会"，是最具实质性的一个工作会议，两年举行1次，及时贯彻落实座谈会精神；第三个层面为自20世纪80年代后期就存在并一直持续至今的"协作办主任会议"，即长江三角洲各城市政府部门之间的协调会，该层面包括交通、科技、旅游、金融等30多个专业部门建立对口联系协调机制。

（2）签订共同遵守的协议和公约

近年来，针对一些区域共同面对的问题，地方政府采取了签订协议和公约的形式。例如，2003年，上海及江苏、浙江的20个城市人事部门签署了《长江三角洲人才开发一体化共同宣言》，以推进长江三角洲人才开发的资源共享、政策协调、制度衔接和服务贯通。2017年，京津冀三地共同发布《京津冀人才一体化发展规划（2017～2030年）》，促进人才的跨区域流动。

（3）开展各种论坛、峰会与合作洽谈会

自20世纪90年代起，我国部分城市群围绕经济发展开展了一系列论坛与合作洽谈会。政府性的论坛包括哈大长城市群核心城市长春牵头组织的东北亚经济论坛，京津冀城市群组织的环渤海东北亚合作论坛，中原城市群组织的中部崛起论坛，川渝经济合作与发展论坛等。商务性的展会、交易会、洽谈会则是由政府为区域内的企业提供经济交流的平台，旨在激发企业活力，促进区域经济蓬勃发展。这些政府高层论坛和贸易展会成为政府、企业、学术界、国际组织、投资商等共谋城市群发展的平台，也成为我国城市群组织协调机制的重要形式。

3. 上下双向结合的行政协调机制

该类城市群协调机制中存在着共同上级政府和主管部门的协调，也有着平行行政主体的自愿协调协商，因此，兼具自上而下和自下而上两种机制的作用。

跨省城市群应主要依靠自下而上协调机制，包括多层面的政府间横向协调机制，省际共同财政资金安排，行业组织、社会组织等积极参与的横向协调机制等。国务院近期批复的跨省城市群规划，大多规定省级政府是实施主体，主要发挥好省际协调机构作用，而中央政府主管部门加强对规划实施情况的跟踪分析和督促检查，适时组织开展规划实施情况评估，国务院其他有关部门按照职能分工予以配合。

省内城市群可建立上下结合的协调机制，发挥两类协调方式各自的优势。例如，长株潭城市群在湖南省发改委成立"长株潭城市群规划办公室"的基础上，建立了"长株潭经济一体化工作会议"年会制度，长沙、株洲、湘潭三市也都分别成立了各自的"长株潭办公室"，建立了三市市长联席会议机制，由此构成上下双向结合的协调机制。

第六节　对城市群规划编制工作的几点建议

综上，我们建议城市群规划编制的技术框架包括四大部分（图9-2）。

（1）基础研究部分。城市群规划的基础研究，主要是辨识城市群的发展规律和阶段特征，主要分析五个内容：第一，从国家发展战略来看城市群的发展定位以及城市群当前发展状况与国家战略要求之间的差距；第二，分析城市群在区域中的地位和作用；第三，分析本城市群的资源环境承载能力，并作为城市群发展目标、路径、动力等全过程管理的重要底线；第四，分析本城市群在经济、社会、发展阶段、空间演化、内部结构等方面的现状以及未来发展的趋势；第五，分析城市之间的发展矛盾和冲突。

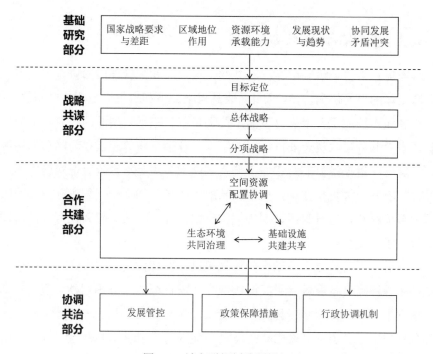

图 9-2　城市群规划编制框架

　　（2）战略共谋部分。这一部分工作的主要目的是为城市群内所有城市建立一个共同的发展目标和战略，作为各城市之间的协同发展的基本共识和努力行动的共同目标。首先确定城市群发展的目标定位和城市群发展的战略方向。一般而言，城市群规划可以提出总体发展战略，并在涉及城市群发展的重要领域提出分项战略。

　　（3）合作共建部分。该部分的主要目的是提出各城市需要相互合作、共同建设的三个主要领域，包括空间资源配置的相互协调、生态环境的共同治理、基础设施的共建共享。

　　（4）协调共治部分。这一部分的主要目的是为城市群的区域治理提供适合的方式方法。城市群规划中需要明确的区域共同治理一般有三个方面，明确政府对城市群规划控制引导所担负的责任、各城市之间的冲突协调机制以及促进城市群规划实施的政策保障措施。

　　城市群规划作为规划体系的重要组成部分，应注意与现有其他规划尤其是全国和省的城镇体系规划和城市总体规划衔接，在规划编制技术内容上应与这些规划的内容相呼应，实现规划技术内容的有效传导。

　　城市群规划与其他规划相比，在技术上的特点主要体现在三个方面。第一，需要研究城市群发展的规律，特别是资源环境超载问题、发展阶段特征、区域冲突问题产生的根源和解决对策。第二，城市群规划应将精力放在单个城市难以解决的事项上，不是具体地"为下一级城市做规划"，也不是拼合下一级城市的规划。城市群规划尤其要聚焦化解城市群内发展矛盾和冲突，协调城市间的相互关系，突出"控制""引导""协调"的特点。第三，城市群规划应尤其重视规划实施保障问题。由于跨行政区、内部冲突较多等特点，实施是城市群规划的普遍难题，因此，在规划编制过程中应从实施管理的角度出发，以管理为导向来确立城市群规划的出发点、"着力点"和落脚点，解决好特定时期、特定区域城镇化发展所具有的特定问题。城市群作为我国城镇化的主体形态，规划应在发展演化的进程中不断提升其综合竞争力，增进发展的可持续性，逐步创新我国区域空间治理的体制和机制。

参 考 文 献

[1] 安虎森：《区域经济学通论》，经济科学出版社，2004 年。

[2] 曹广忠、柴彦威："大连市内部地域结构转型与郊区化"，《地理科学》，1998 年第 3 期，第 234～241 页。

[3] 陈熳莎："美国东北海岸大城市连绵区的发展和借鉴"（硕士论文），中国城市规划设计研究院，2008 年。

[4] 陈清明、徐建刚、陈启宁："现代城市规划中的用地功能组织分析——以苏州工业园区为例"，《城市规划》，1999 年第 5 期，第 41～44 页。

[5] 陈睿：《都市圈空间结构的经济绩效》，中国建筑工业出版社，2013 年。

[6] 陈文娟、蔡人群："广州城市郊区化的进程及动力机制"，《热带地理》，1996 年第 2 期，第 122～129 页。

[7] 陈修颖、章旭健：《演化与重组：长江三角洲经济空间结构研究》，东南大学出版社，2007 年。

[8] 成田孝三：《転換期の都市と都市圏》，地人书房，1995 年。

[9] 崔功豪：《中国城镇发展研究》，中国建筑工业出版社，1992 年。

[10] 崔功豪：《当代区域规划导论》，东南大学出版社，2005 年。

[11] 丁成日："空间结构与城市竞争力"，《地理学报》，2004 年增刊，第 85～92 页。

[12] 董黎明：《中国城市化道路初探》，中国建筑工业出版社，1989 年。

[13] 董晓峰等："都市圈理论发展研究"，《地球科学进展》，2005 年第 10 期，第 1067～1074 页。

[14] 冯健："杭州城市郊区化发展机制分析"，《地理学与国土研究》，2002 年第 2 期，第 88～92 页。

[15] 冯健、周一星："杭州市人口的空间变动与郊区化研究"，《城市规划》，2002 年第 1 期，第 58～65 页。

[16] 福建省人民政府："海峡西岸城市群协调发展规划（2007～2020）"，2008 年。

[17] 富田和晓："わが国大都市圏の構造変容研究の現段階と諸問題"，《人文地理》，

1988 年第 1 期，第 40～63 页。

[18]　高汝熹、罗明义：《城市圈域经济论》，云南大学出版社，1998 年。

[19]　耿健："产业发展与村镇空间结构组织的关系分析"，《小城镇建设》，2011 年第 11 期，第 57～61 页。

[20]　顾朝林、俞滨洋、薛俊菲等：《都市圈规划：理论方法实例》，中国建筑工业出版社，2007 年。

[21]　顾朝林、于涛方、刘志虹等："城市群规划的理论与方法"，《城市规划》，2007 年第 10 期，第 40～43 页。

[22]　官卫华、姚士谋："城市群空间发展演化态势研究"，《现代城市研究》，2003 年第 2 期，第 82～86 页。

[23]　官卫华、姚士谋、朱英明等："关于城市群规划的思考"，《地理学与国土研究》，2002 年第 1 期，第 54～58 页。

[24]　国家发展和改革委员会、北京市人民政府、天津市人民政府等：《京津冀都市圈区域综合规划研究》，2004 年。

[25]　国家发展和改革委员会、广东省人民政府：《珠江三角洲地区改革发展规划纲要（2008～2020）》，2008 年。

[26]　国家发展和改革委员会、上海市人民政府、江苏省人民政府等：《长江三角洲地区区域规划》，2005 年。

[27]　哈尔滨市规划局：《哈尔滨都市圈总体规划（2005～2020）》，2005 年。

[28]　何磊、陈春良："苏州工业园区产城融合发展的历程、经验及启示"，《税务与经济》，2015 年第 2 期，第 1～6 页。

[29]　河南省发展和改革委员会：《中原城市群总体发展规划纲要（2006～2020）》，2006 年。

[30]　赫希曼著，曹征海、潘照东译：《经济发展战略》，经济科学出版社，1991 年。

[31]　湖北省人民政府：《武汉城市圈空间规划（2008～2020）》，2008 年。

[32]　湖南省发展和改革委员会：《长株潭城市群区域规划（2003～2020）》，2003 年。

[33]　湖南省发展和改革委员会：《长株潭城市群区域规划（2008～2020）》，2008 年。

[34]　胡序威："我国区域规划的发展态势与面临问题"，《城市规划》，2002 年第 2 期，第 23～26 页。

[35]　胡序威、周一星、顾朝林等：《中国沿海城镇密集地区空间集聚与扩散研究》，科学出版社，2000 年。

[36]　黄平：《发现义乌》，浙江人民出版社，2007 年。

[37]　霍尔、佩恩编著，罗震东等译：《多中心大都市——来自欧洲巨型城市区域的经验》，中国建筑工业出版社，2010 年。

[38]　李冬生：《大城市老工业区工业用地的调整与更新——上海市杨浦区改造实例》，同济大学出版社，2005 年。

[39] 李国平等：《首都圈结构、分工与营建战略》，中国城市出版社，2004 年。

[40] 李浩、邹德慈："当前'城镇群规划'热潮中的几点'冷思考'"，《城市规划》，2008 年第 3 期，第 79～86 页。

[41] 李宏瑾："中央银行、信用货币创造与'存差'——兼对近年中国人民银行货币操作行为的分析"，《金融研究》，2006 年第 10 期，第 8～22 页。

[42] 李小建等："欠发达地区经济空间结构及其经济溢出效应的实证研究——以河南省为例"，《地理科学》，2006 年第 1 期，第 1～6 页。

[43] 李晓江："城镇密集地区与城镇群规划——实践与认知"，《城市规划学刊》，2008 年第 1 期，第 1～7 页。

[44] 林奇著，林庆怡等译：《城市形态》，华夏出版社，2001 年。

[45] 刘静玉等："城市群形成发展的动力机制研究"，《开发研究》，2004 年第 6 期，第 66～69 页。

[46] 刘荣增："城镇密集区及其相关概念研究的回顾与再思考"，《人文地理》，2003 年第 3 期，第 13～17 页。

[47] 陆大道："关于'点—轴'空间结构系统的形成机理分析"，《地理科学》，2002 年第 1 期，第 1～6 页。

[48] 陆磊："中国的区域金融中心模式：市场选择与金融创新——兼论广州—深圳金融中心布局"，《南方金融》，2009 年第 6 期，第 9～21 页。

[49] 罗小龙、沈建法："'都市圈'还是都'圈'市——透过效果不理想的苏锡常都市圈规划解读'圈'都市现象"，《城市规划》，2005 年第 1 期，第 30～35 页。

[50] 苗长虹："城市群作为国家战略：效率与公平的双赢"，《人文地理》，2005 年第 5 期，第 13～19 页。

[51] 宁越敏、邓永成："上海城市郊区化研究"，载李思名、邓永成等编：《中国区域经济发展问题面面观》，台湾大学人口研究中心、香港浸会大学林思齐东西学术交流研究所联合出版，1996 年。

[52] 诺思著，厉以平译：《经济史上的结构和变革》，商务印书馆，1992 年。

[53] 沙森著，周振华等译：《全球城市：纽约、伦敦、东京》，上海社会科学院出版社，2005 年。

[54] 山东省人民政府：《山东半岛城市群总体规划（2006～2020）》，2004 年。

[55] 山西省建设厅：《太原经济圈规划纲要（2007～2020）》，2007 年。

[56] 陕西省发展和改革委员会：《关中—天水经济区发展规划》，2007 年。

[57] 沈洁、张京祥："都市圈规划：地域空间规划的新范式"，《城市问题》，2004 年第 1 期，第 23～27 页。

[58] 史育龙、周一星："关于大都市带（都市连绵区）研究的论争及近今进展述评"，《国外城市规划》，1997 年第 2 期，第 2～11 页。

[59] 汤芳菲："义乌城市治理发展与空间重构研究"（硕士论文），中国城市规划设计研究院，2008 年。

[60] 汤芳菲："面向空间行动的城市工业区更新改造尝试"，《城市规划和科学发展——2009 中国城市规划年会论文集》，2009 年，第 2772～2785 页。

[61] 唐路、薛德升、许学强："1990 年代以来国内大都市带研究回顾与展望"，《城市规划汇刊》，2003 年第 5 期，第 1～6 页。

[62] 藤田昌久、蒂斯著，刘峰等译：《集聚经济学——城市、产业区位与区域增长》，西南财经大学出版社，2004 年。

[63] 田霖：《区域金融成长差异——金融地理学视角》，经济科学出版社，2006 年。

[64] 王建：《区域与发展》，浙江人民出版社，1996 年。

[65] 王建："2030 年：中国空间结构大调整"，《中国改革》，2005 年第 8 期，第 53～56 页。

[66] 王鉴："中国城市化进程中的义乌模式"，《规划师》，2005 年第 B08 期，第 5～10 页。

[67] 王士君等："城市组群及相关概念的界定与辨析"，《现代城市研究》，2008 年第 3 期，第 6～13 页。

[68] 王兴平："都市区化：中国城市化的新阶段"，《城市规划汇刊》，2002 年第 4 期，第 56～59 页。

[69] 王学锋："都市圈规划的实践与思考"，《城市规划》，2003 年第 6 期，第 51～54 页。

[70] 王学锋：《城镇密集地区规划编制与管理》，东南大学出版社，2007 年。

[71] 王志乐：《2009 跨国公司中国报告》，中国经济出版社，2009 年。

[72] 魏后凯等："中国上市公司总部迁移的区位决定"，载赵弘主编：《中国总部经济发展报告（2009～2010）》，社会科学文献出版社，2009 年。

[73] 韦亚平、赵民："都市区空间结构与绩效——多中心网络结构的解释与应用分析"，《城市规划》，2006 年第 4 期，第 9～16 页。

[74] 吴传清、李浩："国外城市群发展浅说"，*Forward Position in Economics*，2003 年第 5 期，第 30～32 页。

[75] 吴启焰："城市密集区空间结构特征及演变机制——从城市群到大都市带"，《人文地理》，1999 年第 1 期，第 11～16 页。

[76] 谢守红："都市区、都市圈和都市带的概念界定与比较分析"，《城市问题》，2008 年第 6 期，第 19～23 页。

[77] 许庆军：《走近义乌——中国小商品城探秘》，中共党史出版社，2007 年。

[78] 徐海贤："都市圈空间规划模式研究"，《城市规划》，2003 年第 6 期，第 58～59 页。

[79] 徐永健、许学强、闫小培："中国典型都市连绵区形成机制初探——以珠江三角洲和长江三角洲为例"，《人文地理》，2000 年第 2 期，第 19～23 页。

[80] 闫小培、郭建国、胡宇冰："穗港澳都市连绵区的形成机制研究"，《地理研究》，1997 年第 2 期，第 23～30 页。

[81] 晏群："'都市圈'杂谈"，《城市》，2006 年第 1 期，第 24～26 页。

[82] 杨建荣："论中国崛起世界级大城市的条件与构想"，《财经研究》，1995 年第 6 期，第 45～54 页。

[83] 杨吾扬、杨齐："论城市的地域结构"，《地理研究》，1986 年第 1 期，第 1～11 页。

[84] 姚士谋：《中国的城市群》，中国科技大学出版社，1992 年。

[85] 姚士谋、陈爽、陈振光："关于城市群基本概念的新认识"，《现代城市研究》，1998 年第 6 期，第 15～17 页。

[86] 姚士谋、朱英明、陈振光等：《中国城市群（第二版）》，中国科学技术大学出版社，2001 年。

[87] 姚士谋等：《中国城市群》，中国科学技术大学出版社，2006 年。

[88] 义乌市建设局：《义乌市城乡建设志》，上海人民出版社，2010 年。

[89] 于洪俊、宁越敏：《城市地理概论》，安徽科技出版社，1983 年。

[90] 张从果、杨永春："都市圈概念辨析"，《城市规划》，2007 年第 4 期，第 31～36 页。

[91] 张京祥：《城镇群体空间组合》，东南大学出版社，2000 年。

[92] 张京祥、殷洁、何建颐：《全球化世纪的城市密集地区发展与规划》，中国建筑工业出版社，2008 年。

[93] 张京祥、邹军、吴启焰等："论都市圈地域空间的组织"，《城市规划》，2001 年第 5 期，第 19～23 页。

[94] 张伟："都市圈的概念、特征及其规划探讨"，《城市规划》，2003 年第 6 期，第 47～50 页。

[95] 张越："苏、锡、常三市人口郊区化研究"，《经济地理》，1998 年第 2 期，第 35～40 页。

[96] 赵弘：《中国总部经济发展报告（2009～2010）》，社会科学文献出版社，2009 年。

[97] 赵勇、白永秀："城市群国内研究文献综述"，《城市问题》，2007 年第 7 期，第 6～11 页。

[98] 中国城市规划设计研究院、北部湾经济区规划建设管理委员会、广西壮族自治区建设厅：《北部湾（广西）经济区城镇群规划》，2007 年。

[99] 中国人民银行：《中国货币政策执行报告》，2009 年。

[100] 中国人民银行货币政策分析小组：《中国区域金融运行报告》，2004～2009 年。

[101] 周惠来等："中国城市群研究的回顾与展望"，《地域研究与开发》，2007 年第 5 期，第 55～60 页。

[102] 周敏："杭州城市郊区化问题初步分析"，《经济地理》，1997 年第 2 期，第 85～88 页。

[103] 周一星："城市化与国民生产总值关系的规律性探讨"，《人口与经济》，1982 年第

1 期，第 28～33 页。

[104] 周一星："中国城市工业产出水平与城市规模的关系"，《经济研究》，1988 年第 5 期，第 74～79 页。

[105] 周一星："中国的城市地理学：评价和展望"，《人文地理》，1991 年第 2 期，第 54～58 页。

[106] 周一星："北京的郊区化及引发的思考"，《地理科学》，1996 年第 3 期，第 198～206 页。

[107] 周一星：《城市地理学》，商务印书馆，1997 年。

[108] 周一星、孟延春："沈阳的郊区化——兼论中西方郊区化的比较"，《地理学报》，1997 年第 4 期，第 289～299 页。

[109] 周一星、张莉："改革开放条件下的中国城市经济区"，《地理学报》，2003 年第 2 期，第 271～284 页。

[110] 周一星等："建立中国城市的实体地域概念"，《地理学报》，1995 年第 4 期，第 289～301 页。

[111] 周一星等："北京千户新房迁居户问卷调查报告"，《规划师》，2000 年第 3 期，第 86～89 页。

[112] 住房和城乡建设部、北京市人民政府、天津市人民政府等：《京津冀城镇群协调发展规划（2008～2020）》，2008 年。

[113] 住房和城乡建设部、广东省人民政府：《珠三角城镇群协调发展规划（2004～2020）》，2004 年。

[114] 住房和城乡建设部、上海市人民政府、江苏省人民政府等：《长江三角洲城镇群规划（2007～2020）》，2005 年。

[115] 住房和城乡建设部、四川省人民政府、重庆市人民政府：《成渝城镇群协调发展规划》，2009 年。

[116] 朱英明、姚士谋："国外区域联系研究综述"，《世界地理研究》，2001 年第 2 期，第 16～24 页。

[117] 邹军："都市圈与都市圈规划的初步探讨——以江苏都市圈规划实践为例"，《现代城市研究》，2003 年第 4 期，第 29～35 页。

[118] 邹军、王学锋：《都市圈规划》，中国建筑工业出版社，2005 年。

[119] Aguilar, G. A., Ward, M. P. 2002. Globalization, Regional Development, and Mega-city Expansion in Latin America: Analyzing Mexico City's Peri-urban Hinterland. *Cities*, 20(1), 3-21.

[120] Baldassare, M. , Hassol, J., Hoffman, W., et al. 1996. Possible Planning Roles for Regional Government: A Survey of City Planning Directors in California. *Journal of the American Planning Association*, 62(1), 17-29.

[121] Bar-El, R., Parr, B. J. 2003. From Metropolis to Metropolis-based Region: The Case of Tel-Aviv. *Urban Studies*, 40(1), 113-125.

[122] Bogart, W. 1998. *The Economics of Cities and Suburbs*. Prentice-Hall.

[123] Bourne, L., Ley, D. 1993. *The Changing Social Geography of Canadian Cities*. McGill-Queen's Press.

[124] Bunting, T., Filion, P., Priston, H. 2002. Density Gradients in Canadian Metropolitan Regions, 1971-96: Differential Patterns of Central Area and Suburban Growth and Change. *Urban Studies*, 39(13), 2531-2552.

[125] Cervero, R. 1996. Jobs-housing Balance Revisited: Trends and Impacts in the San Francisco Bay Area. *Journal of the American Planning Association*, 62, 492-511.

[126] Cervero, R. 1998. *The Transit Metropolis: A Global Inquiry*. Island Press.

[127] Cervero, R. 2001. Efficient Urbanisation: Economic Performance and the Shape of Metropolis. *Urban Studies*, 38(10), 1651-1671.

[128] Charney, I. 2005. Re-examining Suburban Dispersal: Evidence from Suburban Toronto. *Journal of Urban Affairs*, 27(5), 467-484.

[129] Clyde, M. W., David, M. 2000. Multilevel Governance and Metropolitan Regionalism in the USA. *Urban Studies*, 37(5-6), 851-876.

[130] Coffey, W., Shearmur, R. 2002. Agglomeration and Dispersion of High-order Service Employment in the Montreal Metropolitan Region, 1981-96. *Urban Studies*, 39(3), 359-378.

[131] Dickinson, E. R. 1934. The Metropolitan Regions of the United States. *Geographical Review*, 24(2), 278-291.

[132] Ehrlinch, S., Gyourko, J. 2000. Changes in the Scale and Size Distribution of US Metropolitan Areas during the Twentieth Century. *Urban Studies*, 37(7), 1063-1077.

[133] Fisher, C. R., Wassmer, W. R. 1998. Economic Influence on the Structure of Local Government in U.S. Metropolitan Areas. *Journal of Urban Economics*, 43, 444-471.

[134] Friedmann, J. 1973. *Urbanization, Planning and National Development*. Sage Publications.

[135] Friedmann, J. 1976. *Territory and Function: The Evolution of Regional Planning*. Edward Arnold.

[136] Friedmann, J. 1986. The World City Hypothesis. *Development and Change*, 17, 69-83.

[137] Friedmann, J., Alonso. 1964. *Regional Development and Planning: A Reader*. MIT Press.

[138] Fujita, M., Krugman, P., Venables, J. A. 1999. *The Spatial Economy: Cities, Regions and International Trade*. The MIT Press.

[139] Garreau, J. 1991. *Edge City: Life on the New Frontier*. Doubleday.

[140] Gehrig, T. 1998. Cities and the Geography of Financial Centers. CEPR Discussion Paper

Series No. 1894.

[141] Gottmann, J. 1957. Megalopolis: Or the Urbanization of the Northeastern Seaboard. *Economic Geography*, 3, 189-200.

[142] Hackler, D. 2003. High-tech Location in Five Metropolitan Areas. *Journal of Urban Affairs*, 25(5), 625-640.

[143] Hall, P. 1966. *The World Cities*. McGraw-hill Book Company.

[144] Hall, P. 1984. *The World Cities* (3rd Edition). Weidenfeld and Nicolson.

[145] Hall, P., Pain, K. 2006. *The Polycentric Metropolis: Learning from Mega-city Regions in Europe*. Earthscan.

[146] Hamilton, K. D. 2000. Organizing Government Structure and Governance Functions in Metropolitan Areas in Response to Growth and Change: A Critical Overview. *Journal of Urban Affairs*, 22(1), 65-84.

[147] Kain, J. 1993. The Spatial Mismatch Hypothesis: Three Decades Later. *Housing Policy Debate*, 3, 371-460.

[148] Kenworthy, J., Laube, F. 1999. *An International Sourcebook of Automobile Dependence in Cities: 1960-1990*. University Press of Colorado.

[149] Lang, E. R. 2003. *Edgeless Cities: Exploring the Elusive Metropolis*. Brookings Institution Press.

[150] Madden, F. J. 2003. The Changing Spatial Concentration of Income and Poverty among Suburbs of Large US Metropolitan Areas. *Urban Studies*, 40(3), 481-503.

[151] Marshall, A. 1952. *Principles of Economics*. Macmillan.

[152] McGee, T. G., Robinson, I. 1995. *The Mega-urban Regions of Southeast Asia: Policy Challenges and Responses*. UBC Press.

[153] Moulaert, F., Gallouj, C. 1996. Advanced Producer Services in the French Space Economy: Decentralisation at the Highest Level. *Progress in Planning*, 43, 139-153.

[154] Norris, D. F. 2001. Whither Metropolitan Governance. *Urban Affairs Review*, 36, 532-550.

[155] Olson, M. 1965. *The Logic of Collective Action: Public Goods and the Theory of Groups*. Harvard University Press.

[156] Parr, B. J. 1987. The Development of Spatial Structure and Regional Economic Growth. *Land Economics*, 63(2), 113-127.

[157] Portes, R., Rey, H. 2005. The Determinants of Cross-Border Equity Flows. *International Economics*, 65(2), 269-296.

[158] Prud'Homme, R. 1996. Urban Transportation and Economic Development. Paper presented at CODATU Ⅶ, New Delhi, India, February.

[159] Reinemann, W. M. 1960. The Pattern and Distribution of Manufacturing in the Chicago

Area. *Economic Geography*, 36(2), 139-144.

[160] Salet, W., Thornley, A., Kreukels, A. 2003. *Metropolitan Governance and Spatial Planning*. Spon Press.

[161] Sassen, S. 2001. *The Global City*. 2nd edition. Princeton University Press.

[162] Scott, A. J. 2001. *Global City Regions: Trends, Theory, Policy*. Oxford University Press.

[163] Shearmur, R., Alvergne, C. 2002. Intrametropolitan Patterns of High-order Business Services Location: A Comparative Study of Severnteen Sectors in Ile-de-France. *Urban Studies*, 39(7), 1143-1163.

[164] Stanback, M. T. 2002. *The Transforming Metropolitan Economy*. Rutgers.

[165] Stephens, G. R., Wikstrom, N. 2000. *Metropolitan Governance and Governance: Theoretical Perspectives, Empirical Analysis, and the Future*. Oxford University Press.

[166] Swanstrom, T. 1996. Ideas Matter: Reflections on the New Regionalism, Cityscape. *A Journal of Policy Development and Research*, 2(2), 5-21.

[167] Taylor, J. P. 2004. *World City Network: A Global Urban Analysis*. Routledge.

[168] Taylor, J. P., Evans D. M., Pain K. 2008. Application of the Interlocking Network Model to Mega-City-Regions: Measuring Polycentricity Within and Beyond City-Regions. *Regional Studies*, 10(42), 1079-1093.

[169] The London Plan. 2004. Spatial Development Strategy for London, February.

[170] Tiebout, C. M. 1956. A Pure Theory of Local Expenditures. *Journal of Political Economy*, 64(5), 416-424.

[171] URC. 1999. *Strategies for Sustainable Development of European Metropolitan Regions*. Essen.

[172] Winther, L. 2001. The Economic Geographies of Manufacturing in Greater Copenhagen: Space, Evolution and Process Variety. *Urban Studies*, 38(9), 1423-1443.

[173] Yeates, M. 1989. *The North American City*. Harper Collins Publisher.